Cours (la Correction)

1260

ENCYCLOPÉDIE
DES
TRAVAUX PUBLICS

Fondée par **M.-C. LECHALAS**, Inspecteur général des Ponts et Chaussées.
Médaille d'or à l'Exposition universelle de 1889

COURS DE NAVIGATION INTÉRIEURE

DE L'ÉCOLE NATIONALE DES PONTS ET CHAUSSÉES

RIVIÈRES A COURANT LIBRE

PAR

F. P. DE MAS

INSPECTEUR GÉNÉRAL DES PONTS ET CHAUSSÉES
PROFESSEUR A L'ÉCOLE NATIONALE DES PONTS ET CHAUSSÉES

*INTRODUCTION, ÉTAT NATUREL DES COURS D'EAU, OPÉRATIONS ET
OBSERVATIONS POUR L'ÉTUDE DES COURS D'EAU ET DE LEUR RÉGIME.
MATÉRIEL ET PROCÉDÉS DE LA NAVIGATION FLUVIALE.
PREMIÈRES AMÉLIORATIONS, TRAVAUX CONTRE LES INONDATIONS.
RÉGULARISATION DES FLEUVES ET RIVIÈRES. EXPLOITATION. ANNEXES.*

PARIS

LIBRAIRIE POLYTECHNIQUE
BAUDRY & Cie, LIBRAIRES-ÉDITEURS
15, RUE DES SAINTS-PÈRES,
MÊME MAISON A LIÈGE

ENCYCLOPÉDIE DES TRAVAUX PUBLICS

Fondateur M.-C. LÉCHALAS, 12, rue Alphonse de Neuville, PARIS

Volumes grand in-8°, avec de nombreuses figures.

Médaille d'or à l'Exposition universelle de 1889

OUVRAGES DE PROFESSEURS A L'ÉCOLE DES PONTS ET CHAUSSÉES

M. Bechmann, *Distributions d'eau et Assainissement.* 2° édit., 2 vol. à 20 fr....... 40 fr.

M. Bricka, *Cours de chemins de fer de l'École des ponts et chaussées.* 2 vol., 1.343 pages et 544 figures... 40 fr.

M. L. Durand-Claye, *Chimie appliquée à l'art de l'ingénieur,* en collaboration avec MM. Derôme et Feret, 2° édit. considérablement augmenté, 15 fr. — *Cours de routes de l'École des ponts et chaussées,* 606 pages et 234 figures, 2° édit., 20 fr. — *Lever des plans et nivellement,* en collaboration avec MM. Pelletan et Lallemand, 1 vol., 703 pages et 280 figures (cours des Écoles des ponts et chaussées et des mines, etc.)............ 25 fr.

M. Flamant, *Mécanique générale (Cours de l'École centrale),* 1 vol. de 544 pages, avec 203 figures, 20 fr. — *Stabilité des constructions et résistance des matériaux,* 2° édit., 670 pages, avec 270 figures, 25 fr. — *Hydraulique (Cours de l'École des ponts et chaussées),* 1 vol., 716 pages et 124 figures... 25 fr.

M. Gossot, *Traité de physique.* 2 vol., 448 figures..................... 20 fr.

M. de Mas, *Rivières à courant libre*.................................. 17 fr. 50

M. Hirsch, *Résumé du cours de machines à vapeur et locomotives.* 1 volume... 18 fr.

M. F. Laroche, *Travaux maritimes,* 1 vol. de 490 pages, avec 116 figures et un atlas de 46 grandes planches, 40 fr. — *Ports maritimes,* 2 vol. de 1006 pages, avec 524 figures et 2 atlas de 37 planches double (suite Cours de l'École des ponts et chaussées).... 50 fr.

M. Nivoit, Inspecteur général des mines, *Cours de géologie,* 2° édition, 1 vol. avec carte géologique de la France.................................... 20 fr.

MM. M. d'Ocagne, *Géométrie descriptive et Géométrie infinitésimale (cours de l'École des ponts et chaussées),* 1 vol., 340 fig........................... 12 fr.

M. J. Résal, *Traité des Ponts en maçonnerie,* en collaboration avec M. Degrand, 2 vol. avec 600 figures, 40 fr. — *Traité des Ponts métalliques,* 2 vol., avec 500 figures, 40 fr. — *Constructions métalliques, élasticité et résistance des matériaux : fonte, fer et acier,* 1 vol. de 632 pages, avec 203 figures, 20 fr. — Le 1er volume des *Ponts métalliques* est à sa seconde édition (revu, corrigé et très augmenté) — *Cours de ponts,* professé à l'École des ponts et chaussées, 1 vol. de 410 pages, avec 284 figures (Études générales et ponts en maçonnerie, 14 fr. — *Cours de résistance des matériaux (École des ponts et chaussées*.. 16 fr.

OUVRAGES DE PROFESSEURS A L'ÉCOLE CENTRALE DES ARTS ET MANUFACTURES

M. Deharme, *Chemins de fer. Superstructure;* première partie du cours de chemins de fer de l'École centrale, 1 vol. de 696 pages, avec 310 figures et 1 atlas de 73 grandes planches in-4° double (Voir *Encyclopédie industrielle pour la suite de ce cours*). 50 fr.
On vend séparément : Texte, 15 fr.; Atlas, 35 fr.

M. Denfer, *Architecture et constructions civiles. Cours d'architecture de l'École centrale :*
Maçonnerie, 2 vol., avec 795 figures, 40 fr. — *Charpente en bois et menuiserie,* 1 vol., avec 680 figures, 25 fr. — *Couverture des édifices,* 1 vol., avec 423 figures, 20 fr. — *Charpente métallique, menuiserie en fer et serrurerie,* 2 vol., avec 1.059 figures, 40 fr. — *Fumisterie (Chauffage et ventilation),* 1 vol. de 726 pages, avec 731 figures numérotées de 1 à 375, l'auteur affectant chaque groupe de figures d'un numéro seulement). 25 fr.
Plomberie — Eau, Assainissement, Gaz, 1 vol. de 568 p. avec 391 fig.......... 20 fr.

M. Haton, *Cours d'Exploitation des mines,* 1 vol. de 692 pages, avec 1.100 figures. 25 fr.
Ce Cours, professé à l'École centrale, est suivi du recueil complet des documents officiels, actuellement en vigueur, relatifs à l'exploitation des mines (lois, ordonnances et décrets, circulaires).

M. Monnier, *Électricité industrielle,* cours professé à l'École centrale, 2° édit. considérablement augmentée, 2 vol., à 12 fr. le volume (sous presse).

M. Mcel Pelletier, *Droit industriel,* cours professé à l'École centrale, 1 vol...... 15 fr.

MM. E. Rouché et Bussel, anciens professeurs de géométrie descriptive à l'École centrale, *Coupe des pierres,* 1 vol. et un grand atlas......................... 25 fr.

MM. C. Brisse, et H. Piquet, *Cours de géométrie descriptive de l'École centrale,* 1 vol. grand in-8° avec figures (Voir : *Encyclopédie industrielle*).............. 17 fr. 50

OUVRAGE D'UN PROFESSEUR AU CONSERVATOIRE DES ARTS ET MÉTIERS

M. E. Rouché, membre de l'Institut. *Éléments de statique graphique.* 1 vol..... 12 fr. 50

OUVRAGES DE PROFESSEURS A L'ÉCOLE NATIONALE SUPÉRIEURE DES MINES

M. Aguillon, *Législation des mines, française et étrangère,* 3 vol.............. 40 fr.

M. Pelletan, *Lever des plans et nivellement souterrains* (Voir ci-dessus : *Durand-Claye*).

OUVRAGE D'UN PROFESSEUR A L'ÉCOLE NATIONALE FORESTIÈRE

M. Thiéry, *Restauration des montagnes,* avec une *Introduction* par M. Léchalas père, 1 vol. de 442 pages, avec 173 figures.................................. 15 fr.

(Voir la suite ci-après)

NAVIGATION INTÉRIEURE

RIVIÈRES A COURANT LIBRE

Tous les exemplaires des **RIVIÈRES A COURANT LIBRE**
de M. DE MAS *devront être revètus de la signature de
l'auteur.*

ENCYCLOPÉDIE

DES

TRAVAUX PUBLICS

Fondée par **M.-C. LECHALAS**, Inspecteur général des Ponts et Chaussées.
Médaille d'or à l'Exposition universelle de 1889

COURS DE NAVIGATION INTÉRIEURE

DE L'ÉCOLE NATIONALE DES PONTS ET CHAUSSÉES

RIVIÈRES A COURANT LIBRE

PAR

F. B. DE MAS

INSPECTEUR GÉNÉRAL DES PONTS ET CHAUSSÉES
PROFESSEUR A L'ÉCOLE NATIONALE DES PONTS ET CHAUSSÉES

*INTRODUCTION. ÉTAT NATUREL DES COURS D'EAU. OPÉRATIONS ET
OBSERVATIONS POUR L'ÉTUDE DES COURS D'EAU ET DE LEUR RÉGIME.
MATÉRIEL ET PROCÉDÉS DE LA NAVIGATION FLUVIALE.
PREMIÈRES AMÉLIORATIONS. TRAVAUX CONTRE LES INONDATIONS.
RÉGULARISATION DES FLEUVES ET RIVIÈRES. EXPLOITATION. ANNEXES.*

PARIS

LIBRAIRIE POLYTECHNIQUE

BAUDRY & Cⁱᵉ, LIBRAIRES-ÉDITEURS

15, RUE DES SAINTS-PÈRES.

MÊME MAISON A LIÉGE

1899

TABLE DES MATIÈRES

FLEUVES ET RIVIÈRES A COURANT LIBRE

CHAPITRE PREMIER

ÉTAT NATUREL DES COURS D'EAU

CHAPITRE II

OPÉRATIONS ET OBSERVATIONS POUR L'ÉTUDE DES COURS D'EAU ET DE LEUR RÉGIME

§ 1. — *Relevé du terrain.*

§ 2. — *Observation des variations de l'état des cours d'eau.*

§ 3. — *Prévision des crues et des inondations.*

§ 4. — *Annonce des crues et des inondations.*

CHAPITRE IV

PREMIÈRES AMÉLIORATIONS

CHAPITRE V

TRAVAUX CONTRE LES INONDATIONS

§ 1. — Curages.

§ 2. — Emmagasinements d'eau vers les sources.

§ 3. — Endiguements insubmersibles.

§ 4. — *Endiguements submersibles.*

§ 5. — *Exécution des travaux avec le concours des riverains.*

CHAPITRE VI

RÉGULARISATION DES FLEUVES ET RIVIÈRES

CHAPITRE VII

EXPLOITATION

§ 5. — *Résultats financiers.*

ANNEXES

AVANT-PROPOS

Au moment où nous commençons la publication du Cours de Navigation intérieure, nous avons des devoirs à remplir, des dettes à acquitter, et tout d'abord vis-à-vis de notre éminent prédécesseur dans l'enseignement de l'École des Ponts et Chaussées, M. l'inspecteur général Guillemain. Son classique traité de Navigation intérieure (Rivières et Canaux) n'a pas seulement été notre guide. Nous avons constaté que dans toutes les questions où n'étaient pas intervenus des faits nouveaux, il était impossible de mieux faire comme fond et comme forme. L'ouvrage que nous présentons n'est donc, en quelque sorte, qu'une deuxième édition de ce traité. Le lecteur ne s'y trompera pas et reconnaîtra fréquemment la main du maître.

Nous avons eu la bonne fortune d'être, en diverses circonstances, le collaborateur de M. l'inspecteur général Guillemain; nous gardons précieusement le souvenir de l'extrême bienveillance qu'il nous a toujours témoignée. Nous nous permettons de lui en donner ici l'assurance en lui adressant l'hommage respectueux de nos sentiments de gratitude.

C'est en réalité M. l'inspecteur général Holtz, successeur immédiat de M. Guillemain, qui aurait dû publier ce cours, si les hautes fonctions auxquelles il a été appelé lui en avaient laissé le temps. La tâche lui eût été facile à en juger par les notes si complètes, si méthodiquement classées qu'il a eu l'obligeance de mettre à notre disposition et qui nous ont été d'un très grand secours. Qu'il veuille bien recevoir à ce sujet tous nos remerciements.

Tous nos remerciements aussi au fondateur de l'Encyclopédie des Travaux publics, non seulement pour le bon accueil qu'il a bien voulu nous faire, mais aussi pour toutes les lumières que nous avons trouvées tant dans son ouvrage sur l'Hydraulique fluviale que dans la correspondance et les conversations que nous avons échangées avec lui.

Il n'est, d'ailleurs, pas possible de parler d'Hydraulique fluviale sans nommer M. l'inspecteur général Fargue, dont les *lois* sont, comme il arrive de bien des choses, plus connues encore à l'étranger qu'en France, et dont nous avons eu aussi l'honneur et le grand plaisir d'être à diverses reprises le collaborateur.

Nous avons largement usé (abusé serait encore plus exact) de l'obligeance de nos collègues des divers services de navigation, mais nul n'a autant été mis à contribution que M. l'ingénieur en chef de la navigation du Rhône. Nous avons notamment, pour ce qui concerne la constitution et la configuration du lit des cours d'eau naturels ainsi que leur régularisation, fait des emprunts si fréquents et si importants qu'il serait impossible de les énumérer à son remarquable mémoire sur l'amélioration des rivières en basses eaux, présenté au VI⁰ Congrès international de navigation intérieure, à La Haye, en 1894.

A l'issue de la séance où l'auteur de ce mémoire avait développé et encore éclairé ses conclusions, nous avons entendu dire par un bon juge en la matière : « C'est une révolution ». C'est qu'en effet les travaux du Rhône, commencés par M. Jacquet et poursuivis depuis 1883 par M. Girardon, n'ont pas seulement, au point de vue de l'Hydraulique fluviale, la valeur d'un succès local; il s'en dégage une philosophie dont tous les ingénieurs appelés à *manier* des cours d'eau naturels ont grand intérêt à se pénétrer. La méthode repose avant tout sur une observation patiente, minutieuse des lois naturelles et consiste essentiellement à ne jamais violer ces lois, mais à les faire concourir à la réalisation du but poursuivi. C'est en quelque sorte satisfaire, dans l'ordre technique, au vœu formulé par le législateur lorsqu'il chargeait les assemblées administratives *de diriger les eaux vers un but d'utilité générale* (loi des 12-20 août 1790).

En ce qui concerne les travaux contre les inondations, nous devons beaucoup à l'obligeance de M. Guillon, ingénieur en chef de la 3ᵉ section de la Loire, et là encore il ne faut pas se borner à voir les résultats locaux. Les derniers travaux de la Loire n'ont pas eu jusqu'ici à subir le choc d'une crue exceptionnelle comme celles qui ont signalé le milieu du siècle. Mais, sans se préoccuper de la manière dont ils se comporteront le cas échéant, on peut affirmer que les principes sur lesquels reposent les solutions adoptées et les procédés employés pour l'application de ces principes méritent toute l'attention des ingénieurs.

Rendons encore un affectueux hommage à l'inépuisa-

ble complaisance des bureaux de la division de la navigation au ministère des Travaux publics et ajoutons, en
pur style administratif, que l'énumération qui précède
n'est nullement limitative.

L'adage latin : *Qui dicit de uno negat de altero,* ne saurait avoir ici son application. A tous ceux, qu'ils soient
ou non nommés, qui nous ont aidé de leurs conseils, de
leurs indications, de leurs renseignements, nous adres-
sons également nos remerciements les meilleurs.

F. B. DE MAS.

INTRODUCTION

---

§ 1

OBJET DU COURS. APERÇUS HISTORIQUES

1. Antiquité de la navigation intérieure. — La navigation intérieure n'a pas à être définie ; son nom dit assez son objet : elle est, d'ailleurs, aussi ancienne que le monde.

Par tous pays, dès l'origine des temps historiques, alors que sur le sol couvert de forêts impénétrables et hérissé d'obstacles de toute nature, apparaissent à peine de loin en loin quelques frayés, quelques sentiers accessibles aux seuls piétons, le cours d'eau, fleuve, rivière, ruisseau même, est la voie de communication par excellence. De grossières pirogues, des radeaux formés de troncs d'arbres mal joints ont été partout les premiers instruments des échanges, les premiers véhicules de la civilisation. Et plus d'une fois, les escales de cette navigation primitive ont marqué l'emplacement où devaient naître et grandir de puissantes cités.

De ce dernier fait les exemples sont nombreux, mais à Paris, il serait malséant d'en mentionner un autre que celui de Paris lui-même. Si notre grande capitale a pour emblème un navire qui se rit de la tempête (*fluctuat nec mergitur*),

1

ce n'est pas hasard ou caprice; c'est que la navigation a joué
un rôle prépondérant dans ses origines et dans son développement.

Dès les premiers temps de l'ère chrétienne il existait déjà
une corporation des mariniers parisiens ainsi que le prouve
d'une manière irrécusable un monument gallo-romain décou-
vert en 1710, sous le chœur de l'église Notre-Dame, et actuellement conservé au palais des Thermes [1].

D'autre part, les historiens signalent, au début du xɪ° siècle.
l'existence de la *Hanse des marchands de l'eau de Paris* qui
aurait été l'embryon de la municipalité parisienne.

**2. Date récente de l'amélioration des grands cours
d'eau naturels.** — Si nous considérons en particulier ce qui
s'est passé dans notre pays. nous pouvons constater que durant de longues séries de siècles, les grands cours d'eau sont
généralement restés tels que la nature les avait faits. Ou
plutôt, pendant cette période. l'homme n'est guère intervenu
que pour y créer des obstacles à la navigation. Obstacles, les
anciens ponts avec leurs arches étroites et leurs piles massives
reposant sur des substructions plus massives encore ; obstacles, les moulins avec leurs ouvrages de retenue; etc... L'amélioration de la navigation dans les fleuves et rivières est, sauf
quelques rares exceptions portant le plus souvent sur des cours
d'eau déjà très insuffisants aux époques lointaines et complètement délaissés aujourd'hui. une œuvre extraordinairement
récente, presque contemporaine.

En voici un exemple topique. La Seine, il est inutile d'insister davantage sur ce point, a joué de toute antiquité un rôle
prépondérant dans l'existence même de la capitale. L'impor-

---

1. Autel rectangulaire orné sur trois faces de bas-reliefs et portant sur la
quatrième l'inscription suivante :
TIB(ERIO) CESARE AVG(VSTO). JOVI OPTIMO MAXSVMO NAVTÆ
PARISIACI (PV)BLICE POSIERVN(T).
Sous Tibère César Auguste. A Jupiter très bon, très grand, les mariniers
parisiens ont élevé ce monument en un lieu public.

tance de ce rôle est attestée par de nombreux actes de l'ancienne législation. Eh bien ! le premier projet d'amélioration générale de la navigation de la Seine en amont de Paris date d'un peu plus de cinquante ans, du *8 février 1844*, et, dans son rapport à l'appui, M. l'ingénieur en chef de Sermet pouvait dire qu'avant *la loi du 19 juillet 1837*, aucune amélioration de quelque importance n'avait jamais été exécutée sur cette partie du fleuve.

3. Premières voies navigables artificielles. — L'établissement de voies navigables artificielles comme complément des voies naturelles remonte, au contraire, chez nous, à une époque fort ancienne. Dès le moyen-âge il existait de véritables canaux de navigation, particulièrement en Flandre. Dans ce pays, la communication entre deux voies ou deux parties de voie, deux *biefs*, comme on dit, de niveaux différents s'est longtemps faite au moyen de plans inclinés sur lesquels les bateaux étaient tirés à sec par divers procédés. Certains *overdracks* (c'est le nom qu'on donnait à ces ouvrages) ont, paraît-il, fonctionné jusqu'au commencement de ce siècle[1].

4. Invention de l'écluse à sas. — L'invention de l'écluse à sas est-elle due aux Hollandais et remonte-t-elle à l'année 1253 ainsi que le prétendent certains auteurs ? La première écluse à sas a-t-elle, au contraire, été construite en Italie en 1439 pour faciliter le transport des marbres destinés à la construction du dôme de Milan ? C'est là un point d'histoire que nous ne chercherons pas à tirer au clair. Dans tous les cas on sait en quoi consiste cet appareil génial. Un bassin ou *sas* est établi à la jonction de deux voies navigables ou biefs

---

1. On trouve d'intéressants détails sur ces anciens ouvrages dans une note de M. l'ingénieur des Ponts et Chaussées, Deschamps de Pas, intitulée, *Ce que c'était qu'un overdrack*. A cette note est jointe une copie d'une pièce extrêmement curieuse qui se trouve aux archives de la ville d'Ypres ; c'est la représentation, à grande échelle, des overdracks construits jadis sur le canal conduisant d'Ypres à Nieuport.

de niveaux différents, et communique avec chacun d'eux : 1° par une porte de dimensions suffisantes pour le passage d'un bateau ; 2° par des ventelles dont le jeu permet ou intercepte à volonté l'écoulement de l'eau [1]. Veut-on faire monter un bateau ? Les deux portes étant fermées on manœuvre les ventelles de manière à mettre l'eau dans le sas au niveau du bief inférieur ; on ouvre la porte de communication avec ce bief ou porte d'aval et après avoir fait pénétrer le bateau dans le sas, on la referme. On fait alors une nouvelle manœuvre de ventelles qui met l'eau dans le sas au niveau du bief supérieur ; il n'y a plus qu'à ouvrir la porte de communication avec ce bief ou porte d'amont, pour que le bateau y puisse pénétrer. Pour la descente, les opérations se succèdent en ordre inverse.

En France, les premières écluses à sas ont été établies sur l'Ourcq (affluent de la Marne) en 1528, sur la Vilaine en 1538 et sur le Lot à peu près à la même époque, pour franchir d'anciens barrages de moulin.

5. Développement des canaux. — Mais c'est à l'établissement des voies de navigation artificielles que la nouvelle invention devait être appliquée sur une grande échelle. A partir du XVII⁰ siècle, la construction des canaux prend son essor secondé ou entravé par la prospérité ou le malheur des temps. Les entreprises se multiplient ; deux sont restées justement célèbres, que nous ne saurions omettre de signaler.

Le canal de Briare qui relie la Loire à la Seine par la vallée du Loing est le premier canal franchissant le faîte séparatif de deux bassins, *le premier canal à point de partage, qui ait été établi.* C'est Henri IV et Sully qui eurent l'honneur d'en tenter l'exécution. En 1604, Hugues Cosnier de Tours, ingénieur de grande réputation à l'époque, fut chargé de dresser les plans ; le Trésor royal devait pourvoir à la dépense. Six

---

1. Dans certains pays et notamment en Flandre, on donne volontiers le nom d'écluse à un simple pertuis fermé par une porte, une vanne ou autrement. Une écluse à sas comprend, en réalité, deux ouvrages de ce genre.

mille hommes de troupe furent employés aux travaux, mais la mort du roi vint bientôt les interrompre et l'œuvre ne fut reprise que sous le ministère de Richelieu. La concession du canal fut alors donnée à *Guillaume Bouteroue et à Jacques Guillon*, par lettres patentes de septembre 1638. Quatre ans plus tard, en 1642, la nouvelle voie était ouverte au commerce.

Le canal du Midi, également à point de partage, qui réunit les vallées de la Garonne et de l'Aude, qui permet aux bateaux de passer de l'Océan à la Méditerranée, à travers le midi de la France, a immortalisé le nom de Riquet. Concédé à Pierre-Paul Riquet en 1665, il fut terminé par son fils aîné et complètement ouvert en 1681.

Sans entrer dans plus de détails, il peut être intéressant de faire connaître ici quelle était à certaines époques marquantes de notre histoire, la longueur totale des canaux livrés à la navigation en France. Cette longueur atteignait[1] :

	Kilomètres
A la fin du xvie siècle.....................	156,5
A la fin du xviie siècle.....................	677,6
A la fin du xviiie siècle.....................	1.004,2
A la fin de l'Empire (1814)...............	1.212,9
A la fin de la Restauration (1830)........	2.128,9
A la fin du règne de Louis-Philippe (1847).	4.125,5
En 1870.......................	4.888,0

En 1871, divers canaux ayant été cédés à l'Allemagne en vertu du traité de Francfort, ce chiffre est retombé à 4.486,6 ; mais depuis il a repris son mouvement ascendant, il était de 5.243,5 au 31 décembre 1896[2].

6. Invention des barrages mobiles. Canalisation des fleuves et rivières. — Nous avons déjà vu que les tra-

1. Les chiffres ci-dessous sont extraits de l'intéressant ouvrage publié par le ministère des Travaux publics, sous le titre : *Statistique de la navigation intérieure. Dépenses de premier établissement et d'entretien concernant les fleuves, rivières et canaux*, 3e édition, 1898.

2. La statistique commerciale indique pour la longueur totale des canaux classés à la même date 4.928 kilomètres seulement. La différence provient de ce qu'un certain nombre de rivières canalisées ou de sections de rivières canalisées ont été inscrites au chapitre des canaux, dans la statistique financière, et rétablies au chapitre des rivières dans la statistique commerciale.

vaux pour l'amélioration de la navigation dans les cours d'eau
naturels n'avaient pris quelque importance dans notre pays
qu'à une époque relativement récente. Leur développement
rationnel date, à vrai dire, de l'invention des barrages mobiles dont le premier spécimen a été construit par Poirée, sur
l'Yonne, à Basseville, en 1834.

A la suite de cette invention, la canalisation des fleuves et
rivières a pris un rapide essor.

Canaliser un cours d'eau c'est le diviser au moyen de barrages, en un certain nombre de biefs où le niveau de l'eau est
relevé à la hauteur commandée par les besoins de la batellerie
et entre lesquels la communication est assurée par des ouvrages appropriés, le plus souvent par des écluses. L'avantage
capital des barrages mobiles est qu'ils peuvent s'effacer complètement et permettent de rétablir le cours naturel de la rivière toutes les fois que l'écoulement des eaux le rend nécessaire.

Il résulte des chiffres inscrits dans l'article suivant que près
de la moitié des voies navigables naturelles, en France, est
maintenant canalisée, et parmi celles qui ont subi cette transformation, figurent les plus fréquentées, la Seine, l'Oise, la
Marne, l'Yonne, la Saône, la Meuse, etc...

**7. Développement actuel du réseau des voies navi-
gables en France.** — D'après les documents statistiques
publiés annuellement par le ministère des Travaux publics,
la longueur totale des voies navigables *effectivement fréquentées*, en 1897, a été de 12.259 kilomètres. Dans ce total les
fleuves et rivières, lacs et étangs comptent pour 7.408 kilomètres et les canaux pour 4.851. Si parmi les voies navigables
naturelles on fait la distinction entre celles qui sont canalisées
et celles qui ne le sont pas, on trouve que ces dernières doivent
figurer pour une longueur ensemble de 4.109 kilomètres et
les premières pour 3.299. En définitive, la longueur totale des
voies navigables du réseau français effectivement fréquentées
en 1897 se répartit comme il suit :

Fleuves et rivières à courant libre........	4.109ᵏ	soit 0,33
Fleuves et rivières canalisés............	3.299	id. 0,27
Canaux...........................:	4.851	id. 0,40
Totaux..........	12.259	id. 1,00

soit à peu près par tiers dans chacune des catégories considérées.

§ 2

CONDITIONS ACTUELLES D'ÉTABLISSEMENT ET DE FONCTIONNEMENT DES VOIES NAVIGABLES EN FRANCE.

8. Administration des voies navigables. — Tout
mode de transport comporte trois facteurs essentiels et généralement distincts, la voie, le véhicule et le moteur.

En ce qui concerne les transports qui s'effectuent par les
eaux intérieures de notre pays, la règle est, actuellement, que
l'État fournit la voie et la met gratuitement à la disposition
des usagers qui fournissent, eux, le véhicule et le moteur.

En France, en effet, les voies navigables, naturelles ou artificielles, appartiennent au Domaine public national, inalié-
nable et imprescriptible. Elles font partie des choses que
l'État administre dans l'intérêt général, mais sans pouvoir en
disposer pour un autre usage. Ce principe fondamental domine
toute la législation qui les régit.

Les dérogations qui y ont été apportées dans les temps passés par quelques concessions perpétuelles, d'ailleurs aujour-
d'hui presque toutes rachetées, ne sauraient infirmer cette
règle générale. Les concessions plus récentes n'ont été con-
senties que pour une durée limitée ; c'est seulement à titre
temporaire qu'elles sont autorisées par la loi du 5 août 1879.
Les lignes qui en font l'objet doivent faire retour à l'État
dans un délai déterminé, et jusque-là restent placées sous son
contrôle.

Les lignes concédées ne constituent d'ailleurs qu'une très faible partie de la longueur totale du réseau. Dans les 12.259 kilomètres effectivement fréquentés en 1897, elles ne comptaient que pour 747 kilomètres, soit 6 0/0 ; et depuis le 1er juillet 1898, date du rachat du canal du Midi et du canal latéral à la Garonne, ces chiffres sont tombés respectivement à 255 kilomètres et 2 0/0. On peut donc dire que le réseau des voies de navigation intérieure est en entier administré par l'État.

Cette administration s'exerce, sous l'autorité du Ministre des Travaux publics, par les ingénieurs et le personnel des Ponts et Chaussées [1].

Tout ce qui concerne le véhicule et le moteur est, avons-nous dit, du ressort de l'industrie privée. L'État n'exerce, en général, en la matière, que des pouvoirs de contrôle et de police ; cependant on peut citer quelques exceptions à cette règle : l'installation par l'État de services de traction mécanique dans certains biefs de canaux, l'organisation du halage par relais obligatoire sur quelques lignes extraordinairement fréquentées, etc...

9. Budget de la navigation intérieure. — La conséquence de ce régime est que les dépenses nécessaires tant pour le premier établissement que pour la conservation et le fonctionnement des voies navigables qui constituent notre réseau national, sont portées au budget général de l'État. Antérieurement à la loi du 17 mai 1837, ces deux natures de dépenses étaient confondues, mais depuis, la distinction est

1. Pour être complet, il faut citer encore comme concourant à l'administration des voies navigables :

1° Les inspecteurs des ports et garde-ports dont l'institution fort ancienne a été confirmée par le décret du 21 août 1852, mais n'a été conservée à titre obligatoire que dans le bassin de la Seine ; partout ailleurs elle est demeurée facultative et, en fait, a été supprimée ;

2° L'inspecteur général et les inspecteurs de la navigation et des ports dans le ressort de la préfecture de police de la Seine.

nettement établie entre celles qui ont pour objet l'entretien et
les grosses réparations des ouvrages (budget ordinaire) et
celles qui s'appliquent aux travaux neufs ou d'amélioration
(budget extraordinaire ou 2º section du budget).

Les sommes affectées à l'entretien et aux grosses réparations
des ouvrages varient peu d'une année à l'autre. Rationnellement, elles devraient augmenter au fur et à mesure que le
réseau se développe et se perfectionne, mais les nécessités
budgétaires ne permettent pas toujours de se conformer à
cette règle de prudence. Les prévisions du budget de 1897
(exercice non encore complètement liquidé) s'élevaient à
11.600.000 francs, savoir :

Pour les rivières............   5.945.000
Pour les canaux............   5.655.000
                             _____
                             11.600.000

La moyenne des dépenses effectivement faites sur les fonds
du Trésor pendant la période décennale 1887-1896, est de
11.190.724 francs par an, dont :

Pour les rivières............   5.499.730
Pour les canaux............   5.690.994
                             _____
                             11.190.724

Il y a lieu de remarquer :

1º Que les dépenses d'un certain nombre de services annexes,
étrangers à l'entretien proprement dit (annonce des crues, communications télégraphiques, publications statistiques, etc.),
sont imputées sur les mêmes chapitres ;

2º Que les chiffres ci-dessus ne comprennent pas les frais
de personnel (ingénieurs et personnel des Ponts et Chaussées
et agents spéciaux de la navigation) ;

3º Que l'État tire des voies navigables, bien qu'il les mette
gratuitement à la disposition des usagers, des revenus et pro-
fits (le principal est la location de la pêche), qui ne laissent
pas d'être importants.

En définitive, on peut estimer à 13 millions, en nombre
rond, la charge annuelle qui incombe au Trésor du fait de
l'entretien et du fonctionnement des voies navigables.

Les sommes affectées aux travaux neufs ou d'amélioration

varient au contraire considérablement, suivant que l'outillage
national a plus ou moins besoin d'être complété ; suivant,
aussi, que la situation financière est plus ou moins prospère.
L'exemple de ces dernières années est, à ce point de vue,
particulièrement suggestif.

En 1883, année où les sacrifices faits pour la réalisation du
grand programme de travaux publics qui porte le nom de
M. de Freycinet ont atteint leur maximum, la somme dépen-
sée sur les fonds du Trésor pour la création ou la transformation des voies navigables n'a pas été inférieure à
71.646.208 francs. Pendant la période décennale déjà considérée de 1887-1896, elle a passé de 17.593.076 à 11.814.949 francs.
Les prévisions du budget de 1897 (exercice non encore complètement liquidé) étaient de 10.000.000.

Peut-on avoir une idée du total des frais de premier établissement de notre réseau de voies navigables ?

Le total des dépenses faites en travaux extraordinaires de
navigation intérieure de 1814 à 1897 inclusivement s'élève,
en nombre rond, à un milliard cinq cents millions. Mais si,
comme il convient de le faire, on déduit certaines dépenses
qui ne se rattachent qu'indirectement à la navigation intérieure et qui ne devraient pas, régulièrement, figurer à son
passif, [1] ce total se réduit à *douze cents millions de francs.*

1. Telles sont les dépenses ci-après dont le montant ne peut être également donné qu'en nombres ronds :

1º Construction de canaux maritimes .... 60 millions.
2º Amélioration des sections maritimes des fleuves, effec-
tuée dans l'intérêt de l'accès des ports de Rouen, Nantes,
Rochefort et Bordeaux...........................,..... 65   —
3º Travaux d'endiguement, établissement de réservoirs
sur des cours d'eau non classés, exécutés dans l'intérêt de
l'agriculture, de la défense des propriétés, de l'écoulement
des eaux, etc...; construction de ponts de Paris.......... 40   —
4º Travaux de navigation effectués sur le territoire cédé à
l'Allemagne... 65   —
5º Construction de canaux nouveaux non encore terminés
(de la Marne à la Saône, de Montbéliard à la Haute-Saône). 70   —
                    Ensemble...................... 300 millions.

Ces renseignements sont extraits de communications faites par l'Administration à diverses commissions parlementaires.

§ 3

ROLE ÉCONOMIQUE

10. Importance du mouvement commercial sur les voies de navigation intérieure en France. — Pour apprécier l'importance du mouvement des marchandises transportées sur une voie de communication, on peut considérer :

1° Le tonnage absolu exprimant le poids des marchandises transportées, c'est-à-dire le nombre de tonnes effectives qui ont parcouru cette voie, à toute distance ;

2° Le tonnage ramené au parcours d'un kilomètre ou tonnage kilométrique, qui s'obtient en multipliant les tonnes effectives par la longueur du trajet qu'elles ont respectivement effectué sur la voie considérée ;

3° Le tonnage ramené à la distance entière ou tonnage moyen, c'est-à-dire le tonnage obtenu en divisant par la longueur de la voie la somme des tonnes kilométriques.

Voici les chiffres relatifs à ces diverses espèces de tonnages pour l'ensemble du réseau des voies navigables de la France en 1897 [1] :

Tonnage effectif (embarquements).   30.609.226 tonnes
Tonnage kilométrique..........   4.365.814.460 tonnes kilomét.
Tonnage moyen...............   356.431 tonnes

Si on cherche quelle est, dans ce mouvement, la part respective des fleuves, rivières, etc... et des canaux, en distinguant

1. Extrait de l'ouvrage publié par le ministère des Travaux publics sous le titre : *Statistique de la navigation intérieure. Relevé général du tonnage des marchandises. Année 1897.*

encore pour les premiers, ceux qui sont canalisés de ceux qui
ne le sont pas, on trouve :

TONNAGE	Fleuves et rivières à courant libre.		Fleuves et rivières canalisés.		Canaux.	
Effectif.........	3.603.340	12	9.950.010	32	17.055.876	56
Kilométrique...	238.601.804	6	1.587.569.094	36	2.539.643.562	58
Moyen.........	58.067	»	181.227	»	523.529	»

Les canaux, les fleuves et rivières canalisés, c'est-à-dire
les voies navigables qui comportent la sujétion du passage à
des écluses, ont donc, chez nous un rôle absolument prépondérant.

11. Comparaison avec les chemins de fer. — La statistique des chemins de fer étant en retard d'un an sur celle
de la navigation intérieure, il faut remonter à l'année 1896
pour trouver les éléments d'une comparaison entre l'importance des transports commerciaux par eau et sur rails ; ces
éléments sont réunis ci-dessous.

Longueurs moyennes exploitées en 1896.	Voies navigables.	12.364 kilomètres
	Chemins de fer...	36.472 —
	Pourcentage.....	34 0/0

Tonnage kilométrique total.	Voies navigables.	4.191.122.912 tonnes kilom.
	Chemins de fer...	13.217.395.129 —
	Pourcentage......	31 0/0

Tonnage moyen rapporté à la longueur du réseau.	Voies navigables.	338.978 tonnes
	Chemins de fer...	362.398 —
	Pourcentage......	94 0/0

Ce tableau montre que si le développement des voies navigables reste très inférieur à celui des voies ferrées (34 0/0),
leur tonnage moyen est tout à fait comparable (94 0/0). Il
fait ressortir la part importante que se sont faite les voies na-

vigables dans l'ensemble des transports de marchandises $\left(\frac{31}{131} = 23,7 \; 0/0\right)$ et les services que, concurremment avec les chemins de fer, elles rendent au commerce, à l'agriculture et à l'industrie.

En ce qui concerne les voyageurs, les transports par eau ont complètement cessé pour les distances un peu importantes, mais dans les grandes villes et dans leur banlieue ils rendent encore de sérieux services. C'est ainsi qu'à Paris et aux environs, la Compagnie des bateaux parisiens transporte annuellement de vingt à trente millions de voyageurs (24.931.879 en 1897)

12. Inégale répartition du trafic. — A la statistique de la navigation intérieure publiée annuellement par le ministère des Travaux publics est jointe une carte figurative du tonnage des voies navigables et des ports, en France. Les rivières et les canaux sont indiqués par des bandes coloriées dont la largeur représente, à l'échelle de 1 millimètre pour 100.000 tonnes, la fréquentation de chaque section c'est-à-dire le tonnage moyen rapporté à la longueur de la section.

L'examen de cette carte montre que si on joint par une ligne droite Le Havre à Montluçon et, par une autre, Montluçon à Lyon, le mouvement commercial des voies navigables en France est presque entièrement concentré dans la partie du pays située au Nord-Est de cette ligne brisée. Au Sud-Ouest, on ne trouve que des voies d'une fréquentation presque insignifiante. Il y a à cela beaucoup de raisons géographiques, techniques, économiques sur lesquelles nous aurons l'occasion de revenir dans la suite ; il en est une, cependant, qui doit être immédiatement signalée.

Au Sud et au Sud-Est, les frontières de la France avec l'Espagne, l'Italie et la Suisse ne sauraient donner passage à aucune voie navigable. Au Nord et au Nord-Est, au contraire, les rivières et les canaux qui traversent la frontière, sont nombreux.

13. Le réseau des voies navigables dans l'Ouest de l'Europe. — La France, au moins pour une partie de son territoire, la Belgique, la Hollande, et la portion de l'Allemagne située sur la rive gauche du Rhin, forment ainsi, à l'Ouest de l'Europe, une région dans laquelle la navigation est très active et où les transports internationaux ont une sérieuse importance. Cette région qui nous intéresse tout particulièrement, il n'est pas besoin de le dire, présente encore au point de vue qui nous occupe ce caractère spécial que les canaux avec les fleuves et rivières canalisés y jouent un rôle prépondérant.

Nous nous sommes déjà expliqué sur ce sujet en ce qui concerne la France.

En Belgique, la longueur totale du réseau est de 2.196 kilomètres à savoir:

	Kilomètres	
Fleuves et rivières à courant libre..	682	31 0/0
Fleuves et rivières canalisés,.....	549	25 0/0
Canaux......................	965	44 0/0
Total égal.........	2.196	

En Hollande, le réseau des voies de navigation comprend:

	Kilomètres	
Rivières balisées et autres cours d'eau navigables.	763	19 0/0
Canaux et rivières canalisées................	3.300	81 0/0
Ensemble.........	4.063	

Enfin en Allemagne, sur la rive gauche du Rhin on ne trouve, en dehors des canaux de l'Alsace-Lorraine, que la Moselle et la Sarre qui ne sont ou ne peuvent être fréquentées par la navigation qu'à la condition d'être canalisées.

14. Les grands fleuves de l'Europe centrale. — Dans l'Europe centrale, au contraire, le mouvement de la navigation est surtout concentré sur les voies naturelles à courant libre et, sur quelques-unes, il atteint une intensité vraiment extraordinaire.

Il faut d'abord citer les trois grands fleuves de l'Allemagne, l'Oder, l'Elbe et le Rhin, sensiblement parallèles dans leur direction générale du Sud-Est au Nord-Ouest et dont les longueurs navigables sur le territoire de l'Empire sont respectivement :

	Kilomètres
Pour l'Oder, de Kosel[1] à Stettin....................	618
Pour l'Elbe, de la frontière autrichienne à Hambourg.	615
Pour le Rhin, de Kehl[2] à la frontière néerlandaise....	568

Sur cette longueur de 568 kilomètres, en faisant donc complète abstraction de son parcours en Hollande, le Rhin est encore la ligne de navigation la plus puissante de l'Europe.

Actuellement le tonnage kilométrique y atteint 3 milliards de tonnes kilométriques soit près de 70 0/0 du tonnage kilométrique de la totalité du réseau français en 1897 ; au cours de cette même année 1897, 10.444.767 tonnes ont franchi la frontière néerlandaise.

Le réseau des canaux en Allemagne est surtout développé à l'Est de l'Elbe ; l'opinion publique s'y préoccupe des jonctions à établir entre l'Elbe et le Rhin.

Traversant toute l'Europe centrale de l'Ouest à l'Est, le Danube, le fleuve international par excellence, ne mesure pas moins de 2.860 kilomètres entre sa source et la mer Noire. C'est, surtout depuis la récente amélioration des Portes de fer, une ligne de navigation de premier ordre, bien que le mouvement commercial soit loin d'y atteindre l'intensité prodigieuse que l'on constate sur le Rhin. Le Danube est relié, mais dans des conditions médiocres, avec ce dernier fleuve. L'amélioration de cette jonction et l'établissement de grands

1. A l'amont de Kosel, la navigation sur l'Oder n'existe guère que de nom. La distance de Kosel à la frontière autrichienne est de 95 kilomètres.

2. La grande navigation sur le Rhin s'arrête actuellement en réalité à Mannheim, à 131 kilomètres en aval de Kehl.

canaux qui le feraient communiquer avec l'Elbe et l'Oder, sont
depuis de longues années déjà à l'ordre du jour en Autriche-
Hongrie ; des projets importants sont à l'étude.

Enfin, il faut encore citer le Pô qui, avec ses affluents et ses
canaux historiques, forme la plus grande partie du réseau des
voies navigables de l'Italie. Ce dernier comprend :

	Kilomètres
Fleuves, rivières, etc..	1.834
Canaux..................	1.071
Ensemble....	2.905

**15. Les systèmes de navigation dans l'Empire
Russe.** — Les fleuves et rivières de la Russie ont un développement énorme, en rapport avec l'étendue de l'Empire. On
évalue la longueur totale des cours d'eau navigables de la
Russie d'Europe à 85.000 kilomètres. Leur caractère commun, conséquence du faible relief de cet immense pays, est
que les courants et les pentes y sont en général très faibles.
D'autre part, presque tous prennent leur source à peu de distance les uns des autres sur des plateaux peu élevés, parsemés
de lacs et de marécages. Cela a permis de constituer assez facilement ce qu'on appelle en Russie des *systèmes* de navigation,
c'est-à-dire de mettre presque tous les fleuves en communication les uns avec les autres, en réunissant quelques-uns de
leurs affluents, sur les plateaux, par de très courts canaux
artificiels. Le plus ancien de ces systèmes a été entrepris en
1702, c'est-à-dire il y a près de deux siècles : eu égard à l'état
de la civilisation, à cette époque, dans le grand empire de l'Est,
c'est là un fait bien digne de remarque.

Le plus important de tous les systèmes de la Russie d'Europe est le système Marie qui met en communication la Néva
et le Volga, établissant ainsi entre la mer Baltique et la mer
Caspienne, de Saint-Pétersbourg à Astrakan, une ligne de
navigation intérieure qui ne mesure pas moins de 3.950 kilomètres de longueur. L'importance du mouvement commercial

sur cette ligne est en rapport avec son développement, étant donné surtout que la navigation n'y est possible que pendant la moitié de l'année. Le trafic du système Marie était de 1.100.000 tonnes en 1890 et le gouvernement impérial a fait exécuter depuis des travaux qui permettront de le porter à 2 millions.

Un système de navigation a été établi tout récemment en Sibérie, entre l'Obi et l'Iénisseï [1]. Les affluents de ces deux puissants fleuves se rapprochent à tel point, dans une de ces régions marécageuses dont il a été parlé plus haut, qu'il a suffi d'ouvrir un canal de 8 kilomètres de longueur pour établir une jonction entre les deux bassins ; or, cette jonction assure la continuité de la navigation entre Tiumène, au pied du versant oriental de l'Oural, Irkoutsk, sur l'Angara, et même la frontière de Chine, auprès de Kiachta. De Tiumène à Irkoutsk, la distance est de 5.400 kilomètres environ ; jusqu'à la frontière de Chine, elle est de près de 6.000 kilomètres.

16. Les grands lacs de l'Amérique du Nord. — Donner des indications, même les plus sommaires, sur les fleuves, les rivières et les canaux de l'Amérique du Nord, nous entraînerait beaucoup trop loin, bornons-nous à y signaler l'existence d'une ligne de navigation intérieure qui est, certainement et de beaucoup, la plus importante du monde entier. Elle est formée par les grands lacs, et le Saint-Laurent. Un premier groupe comprenant les lacs Supérieur, Michigan et Huron, est mis en communication avec le lac Erié par la rivière Saint-Clair, le petit lac du même nom et la rivière Détroit ; le lac Erié communique par le Niagara avec le lac Ontario et de ce dernier sort le Saint-Laurent Il est à peine besoin de dire qu'entre le lac Erié et le lac Ontario, pour contourner les chutes du Niagara, un canal a dû être établi, c'est le canal

1. C'est en 1888 qu'un bateau a pu, pour la première fois, passer du bassin de l'un dans le bassin de l'autre.

Welland ; la facile communication entre les lacs Supérieur,
Michigan et Huron a aussi exigé l'exécution d'importants ouvrages sur la rivière Sainte-Marie.

Quoi qu'il en soit, si on mesure le développement de la voie
navigable, de Duluth au fond du lac Supérieur, jusqu'à Belle-
Isle à l'embouchure du Saint-Laurent, on trouve qu'elle est
supérieure à la traversée de l'Océan, de Belle-Isle à Liverpool :
3.820 kilomètres de Duluth à Belle-Isle ; 3.580 de Belle-Isle à
Liverpool.

Sur ces lacs, véritables mers intérieures, sur les canaux qui
les réunissent et dont on travaille incessamment à accroître
la profondeur, des bateaux aussi grands que les navires de
mer transportent des quantités colossales de marchandises.
Le mouvement total annuel est actuellement estimé à 30 milliards de tonnes kilométriques [1].

En réunissant ici ces divers renseignements, nous n'avons
pas eu la prétention de tracer un tableau de la navigation intérieure dans les différents pays ; nous avons seulement voulu
indiquer la physionomie spéciale de ce genre de communication sur certains points où cette physionomie est particulièrement intéressante. Nous aurons atteint notre but si nous
avons pu donner une idée de la variété et de l'ampleur des
questions qui se rattachent à la navigation intérieure.

---

1. Les chiffres ci-après, bien qu'un peu anciens (ils sont extraits d'un
rapport présenté au Congrès de navigation tenu à Paris en 1892) et certainement bien inférieurs à la réalité actuelle, nous paraissent conserver leur intérêt à raison de leur précision et de la manière suggestive dont ils sont
présentés.

En 1890, à l'écluse de Sault Sainte-Marie qui, sur le territoire des États-
Unis, met en communication le lac Supérieur d'une part avec les lacs Huron
et Michigan d'autre part, le trafic s'est élevé à 9.041.213 tonnes.

Sur la rivière Détroit, entre le lac Huron et le lac Érié, il atteignait déjà
en 1889, 36.203.586 tonnes. Pour cette même année 1889, les entrées et les
sorties totales des deux ports de Londres et de Liverpool ensemble ne montent
qu'à 21.120.617 tonnes, les entrées et les sorties pour le *commerce extérieur*
dans l'ensemble des ports maritimes des États-Unis ne dépassent pas
26.983.313 tonnes.

§ 4

DIVISION DU COURS

17. Fleuves et rivières à courant libre, fleuves et rivières canalisés, canaux. — Nous avons eu occasion de constater que dans les documents officiels émanant du ministère des Travaux publics, aussi bien que dans le budget, distinction complète était faite entre les voies navigables naturelles (fleuves, rivières, lacs et étangs) et les voies navigables artificielles (canaux). C'est là une première et essentielle division.

Nous estimons, en outre, que parmi les voies navigables naturelles, il y a lieu de distinguer entre celles qui sont canalisées et celles qui ne le sont pas, ainsi que nous l'avons déjà fait à plusieurs reprises.

Sans doute, actuellement, chez nous, les fleuves et rivières à courant libre ont, dans l'ensemble des transports par eau, une part qui n'est ni en rapport avec leur développement, ni comparable à ce qu'on voit dans d'autres pays. Mais il ne faut pas oublier que la France possède maintenant un vaste empire colonial où l'utilisation immédiate, sans transformations lentes et coûteuses, des voies navigables naturelles, présenterait le plus grand intérêt. D'autre part, l'étude des fleuves et rivières à courant libre comporte un certain nombre de questions, fixation des berges, travaux contre les inondations, etc., qui tiennent aussi une grande place dans une autre branche très importante de l'art de l'ingénieur, la *correction des cours d'eau* en général ; elles demandent donc à être traitées avec un certain développement.

En conséquence, notre cours sera divisé en trois parties distinctes :

Fleuves et rivières à courant libre ;

Fleuves et rivières canalisés ;

Canaux.

Il est bien entendu que cette division, rationnelle et utile à notre avis, ne sera pas tellement rigoureuse qu'elle puisse devenir gênante. Si, à propos des fleuves et rivières à courant libre, il se rencontre, et il s'en rencontrera, des questions qui rentrent également dans l'étude des fleuves et rivières canalisés, elles seront traitées complètement de prime abord de manière à n'avoir plus à y revenir. Il en sera de même pour celles qui sont du domaine aussi bien des canaux que des rivières canalisées.

Disons encore, pour finir, que tout ce qui a trait à la partie maritime des fleuves et aux embouchures sera laissé de côté, comme ressortissant au cours de Travaux maritimes.

FLEUVES & RIVIÈRES

A COURANT LIBRE

CHAPITRE PREMIER

ÉTAT NATUREL DES COURS D'EAU

---

§ 1. *Origine et régime des eaux fluviales.* — § 2. *Constitution du lit des cours d'eau.* — § 3. *Forme du lit des cours d'eau.*

§ 1

ORIGINE ET RÉGIME DES EAUX FLUVIALES

14. Origine des eaux fluviales. — Sur l'étendue des mers, la chaleur solaire donne naissance à une évaporation constante. Emporté par les mouvements atmosphériques dus à cette même chaleur, l'air chargé d'humidité rencontre au-dessus des continents des montagnes, des forêts, des courants en sens inverse qui l'arrêtent et le refroidissent ; il en résulte une condensation de la vapeur et une précipitation d'eau qui est la pluie.

La pluie, après sa chute, se partage en trois parties variables avec l'état du sol qu'elle arrose. Une portion s'infiltre dans les terrains, une autre ruisselle à la surface, la troisième s'évapore à nouveau ou est absorbée par la végétation. Nous ne nous occuperons pas de cette dernière et nous nous bornerons à parler des deux premières auxquelles les cours d'eau doivent naissance.

Les eaux fluviales ont donc leur origine dans le vaste réservoir où elles viennent se confondre après avoir effectué à travers les continents un trajet plus ou moins considérable. Le cycle est complet.

19. Eaux d'infiltration. — Les eaux qui s'infiltrent dans les terrains, *eaux d'infiltration*, rencontrent, en pénétrant dans le sol, des conduits, le plus souvent capillaires, par lesquels elles se répandent dans la masse et l'imbibent. Cheminant lentement, sous la double influence de la gravité qui les pousse à descendre et de la capillarité qui les retient, elles vont sortir aux points de plus facile émergence et y constituent les sources. Ces sources sont d'autant plus durables que les terrains perméables dans lesquels les eaux sont emmagasinées, véritable éponge qui se vide peu à peu, présentent une masse plus considérable. Elles deviennent même permanentes quand chaque année le retour des pluies renouvelle la réserve avant que celle de l'année précédente soit épuisée ; quand, pour reprendre le terme de comparaison employé déjà, l'éponge a un volume suffisant. Si, au contraire, elle n'a qu'un volume insuffisant, la source est éphémère.

Le produit des sources, réuni à la partie inférieure de chaque vallée, y constitue un cours d'eau dont l'écoulement peut se faire dans des conditions bien différentes suivant la nature des terrains qu'il traverse. Ainsi, si le lit qui le renferme est imperméable, son volume total est apparent ; si ce lit est ouvert dans une masse importante de dépôts perméables, l'écoulement est en partie caché et en partie visible ; enfin, le fond de la vallée peut présenter une constitution ou des accidents tels que le cours d'eau disparaisse entièrement. On a de ce dernier fait des exemples frappants : on sait que le Rhône disparaît un peu au-dessous de Genève ; le Loiret passe pour n'être qu'une dérivation souterraine de la Loire ; la perte de la Meuse en amont de Neufchâteau est tellement complète, que lors de la construction d'un pont établi il y a un certain nombre d'années en ce point de la rivière, on a dû envoyer chercher à un kilomètre de distance, avec des tonneaux, l'eau nécessaire à la

confection des mortiers. Il arrive même, quelquefois, que ces
eaux sont complètement perdues pour le bassin dans lequel
elles ont pris naissance. Il en est ainsi lorsqu'elles rencontrent
une couche géologique perméable, comprise entre deux
couches imperméables, qui les conduit à de grandes distances
alimenter des nappes souterraines dans un autre bassin. Cet
effet, peu sensible quand les eaux sont abondantes, peut, au
contraire, devenir très marqué quand leur volume est faible.

Une autre conséquence de cette formation des cours d'eau,
c'est que, dans les vallées étendues dont les versants renferment
de puissantes couches perméables, comme le bassin de la Seine
par exemple, où dominent les terrains de craie, on peut, dans
une certaine mesure, pressentir le volume des eaux d'été par
l'abondance des pluies d'hiver qui s'y emmagasinent.

20. Eaux de surface. Eaux sauvages. — Les eaux qui
ne peuvent pénétrer dans le sol ruissellent à la surface (*eaux
de surface ou eaux sauvages*), descendent le long des versants
et se réunissent au fond de la vallée en une onde ou crue qui
s'écoule par le thalweg. La proportion de ces eaux de surface
varie naturellement avec la perméabilité du sol et, on peut
dire, en raison inverse de cette perméabilité ; leur action est
prédominante dans les terrains imperméables, effacée dans
ceux où les eaux pénètrent dans le sol avec grande facilité.
On conçoit dès lors comment, plus les terrains imperméables
sont étendus plus les crues sont hautes et rapides. C'est un
point sur lequel nous reviendrons avec détail lorsque nous
nous occuperons des inondations.

Il convient, néanmoins, d'observer dès à présent que les
mots *perméables* et *imperméables* ne doivent pas être pris dans
un sens trop absolu. Il n'y a guère de terrain, si imperméable
qu'il soit, dont la surface, après des sécheresses, ne soit susceptible d'absorber des pluies assez abondantes. Réciproque-
ment, un terrain perméable, quand il est saturé dans ses
couches supérieures, laisse aussi bien ruisseler l'eau qu'un

autre. Nombre de circonstances peuvent modifier la situation telle que l'a faite la constitution géologique du sol. Supposons, par exemple, des terrains éminemment perméables, mais devenus momentanément imperméables par suite de la congélation de la surface, recouverts d'une épaisse couche de neige. Qu'une pluie tiède survienne, l'eau provenant tant de cette pluie que de la fonte de la neige, ruissellera toute entière et pourra produire une crue subite et désastreuse.

Si certaines circonstances peuvent précipiter l'afflux des eaux de surface, d'autres sont susceptibles de le modérer, de le retarder. C'est ainsi que les lacs produisent sur les cours d'eau torrentiels un effet régulateur analogue à celui des terrains perméables. Le lac de Genève pour le Rhône, le lac de Constance pour le Rhin, les lacs de la Haute Italie pour le Pô et surtout les grands lacs de l'Amérique du Nord pour le Saint-Laurent, sont des modérateurs qui calment le flot produit par l'écoulement rapide des eaux dans les affluents supérieurs. Pendant tout le temps que le niveau des lacs monte, il est évident qu'ils laissent échapper moins d'eau qu'ils n'en reçoivent ; au contraire, lorsqu'ils se vident, c'est qu'ils donnent plus que le tribut des affluents et il s'ensuit que la crue à la sortie du lac est plus longue et moins forte qu'elle ne l'aurait été si le lac n'avait pas existé et n'avait donné lieu à cet emmagasinement temporaire des eaux sauvages.

21. Régime des cours d'eau. Étiage. Niveau des plus hautes eaux. — Le régime d'un cours d'eau est l'ensemble des phénomènes qui se produisent dans ses états successifs : *l'étiage* et le *niveau des plus hautes eaux* sont parmi les éléments du régime, particulièrement intéressants à connaître.

On appelle *étiage*, en chaque point d'un cours d'eau, le niveau des basses eaux normales, de celles qui se produisent généralement chaque année. Ce n'est pas la situation qui correspond au minimum connu du débit, mais celle que les précédents font considérer comme probable, en moyenne. Le niveau de l'étiage est très utile à connaître, parce qu'il est habituellement celui qui sépare, dans les constructions, les fondations du reste de l'ouvrage ; la partie supérieure sera vraisemblablement accessible et visible, au moins d'une manière intermittente, la partie inférieure exigera, au contraire, des moyens spéciaux d'exécution.

C'est généralement à partir de l'étiage que l'on mesure les hauteurs correspondant aux divers niveaux du cours d'eau. Aussi, à moins de modification profonde dans le régime, il convient, on le comprend aisément, de conserver sans changement la cote d'étiage une fois fixée, alors même que de plus basses eaux se produiraient postérieurement. Autrement, les observations faites à diverses époques cesseraient d'être, *a priori*, comparables. C'est pour ce motif qu'on donne souvent à l'étiage, tel qu'il vient d'être défini, le nom d'*étiage conventionnel*.

Le *plus bas étiage* est celui qui correspond réellement aux plus basses eaux observées dans le passé. C'est sur lui qu'on se base pour déterminer le mouillage minimum assuré à la navigation.

Le *niveau des plus hautes eaux* est le plus élevé de ceux qui se sont produits lors des grandes crues, des crues qui sortent du lit et inondent toute la vallée. Sur les fleuves et rivières de France, en dehors des montagnes, elles s'élèvent rarement à plus de 6 à 8 mètres au-dessus de l'étiage. La Garonne a cependant dépassé *10 mètres* et l'Ardèche, en 1894, a atteint *17 m. 30*. En Italie, le Pô monte à 10 mètres. Le Nil, pour une crue de 7 m. 40 au Caire, donne 9 mètres à Assouan, à 700 kilomètres au-dessus. Sur le Mississipi, à Cairo, au confluent de l'Ohio, on a constaté, en 1883, près de 16 mètres au-dessus de l'étiage, tandis que la surélévation des crues se réduit à moins de 5 mètres devant la Nouvelle-Orléans [1]. Ce

---

[1]. *La navigation aux États-Unis*, Rapport de mission par M. l'ingénieur en chef Vétillart.

sont là les plus hautes eaux connues sur lesquelles il est
nécessaire d'être renseigné en chaque point, pour déterminer
la hauteur des ouvrages qui doivent être insubmersibles.

**22. Plus hautes eaux de navigation. Eaux moyennes.
Eaux ordinaires.** — Le niveau des *plus hautes eaux de
navigation*, c'est-à-dire le niveau des eaux *au delà duquel
toute navigation cesse*, serait assurément utile à connaître à
plusieurs points de vue. D'abord, c'est au-dessus de ce niveau
qu'il semble naturel de compter l'espace à laisser libre sous
les ponts pour le passage des bateaux. En second lieu, les
ouvrages exclusivement réservés à la navigation pourraient
s'arrêter à ce niveau, si on admet qu'au-dessus elle ne se pratique plus ou ne se pratique qu'exceptionnellement. Mais en
y regardant d'un peu près, il est facile de constater qu'actuellement ce niveau échappe à toute définition précise ; c'est un
point sur lequel il convient d'insister quelque peu.

Nous verrons plus loin que la considération du niveau
auquel les cours d'eau commencent naturellement à déborder
a une très grande importance au point de vue juridique.
Autrefois, alors que le halage était le seul moyen de traction
des bateaux, on pouvait admettre qu'il devenait impossible et
par conséquent, que la navigation cessait, dès que la submersion des berges les rendait impraticables : on pouvait donc considérer que le niveau des plus hautes eaux de navigation était
précisément celui auquel le cours d'eau commençait à déborder.

Mais aujourd'hui, avec l'emploi de la vapeur, il n'y a plus
de corrélation nécessaire, ni même possible entre le niveau
où la navigation cesse et celui où la submersion des berges
commence. D'ailleurs, les difficultés et les dangers qui forcent
à suspendre la navigation ne viennent pas uniquement du
niveau des eaux. Difficultés et dangers tiennent pour beaucoup à la vitesse du courant qui, avec une même hauteur
d'eau en un point déterminé, peut considérablement varier
suivant que la crue est croissante, étale ou décroissante. Dif-

licultés et dangers varient également dans une large mesure,
selon que les hautes eaux sont ou non accompagnées d'intempéries : tempête, brouillards, neige, etc... En fait, aujour-
d'hui, la principale cause d'arrêt de la navigation est le manque
de hauteur sous les ponts et il peut suffire de la transformation d'un de ces ouvrages pour changer du tout au tout le
niveau des plus hautes eaux de navigation sur une rivière.
Les indications données sous cette rubrique ne doivent donc
être admises que sous bénéfice d'inventaire.

Les eaux moyennes sont, d'une façon générale, celles qui, se
produisant pendant une partie notable de l'année, assurent à
la navigation un mouillage convenable sans que leur vitesse
soit assez développée pour devenir gênante. Plus encore peut-
être que la précédente, cette désignation est rien moins que
précise et est sujette à caution.

Les ingénieurs allemands appellent *eaux ordinaires* celles
dont la hauteur est aussi souvent dépassée que non atteinte,
dans le courant d'une année.

23. Mobilité du régime des cours d'eau. — On ne
saurait considérer ces divers états des cours d'eau comme se
reproduisant toujours identiquement sous l'influence des
mêmes circonstances atmosphériques.

L'étiage s'appauvrit de plus en plus. Est-ce par suite de la
destruction des forêts qui facilitaient l'imbibition du sol et,
comme conséquence, l'emmagasinement des eaux sur les sommets ; du dessèchement général des étangs qui diminue aussi
cet emmagasinement; du développement des irrigations qui
utilisent les sources à leur origine, augmentant ainsi la partie
des eaux pluviales absorbées par l'évaporation? Quelles qu'en
soient les causes multiples, la diminution des débits d'étiage
est un fait constant démontré par de nombreuses observations et dont il faut nécessairement tenir compte.

Quant aux crues, d'autres causes agissent sur elles et tendent à en aggraver les effets. Nous étudierons plus loin l'in-

fluence des cultures à ce point de vue. Je me borne pour le moment à signaler les conséquences des *endiguements* et des *curages* parce que ces opérations offrent une preuve immédiate des variations possibles du régime des rivières sous l'action de la main de l'homme. Il est évident, en effet, que lorsque les eaux d'un cours d'eau débordent, le débit, à ce moment, diminue de la quantité qui s'emmagasine dans la vallée ; la crue monte moins haut et dure plus longtemps. Si l'on empêche cet emmagasinement sur une partie notable de la vallée, soit par des digues, soit par des curages, on jette plus d'eau dans le même temps sur les parties placées en aval et on y aggrave ainsi les submersions. Toutes choses égales d'ailleurs, les grandes crues y atteindront un niveau de plus en plus élevé, tandis que les crues jadis moyennes y produiront les inondations que donnaient autrefois les grandes.

Dans le même ordre d'idées, il y a lieu de signaler les inconvénients des constructions faites sur des terrains submersibles ; il faut encore citer les dépôts industriels, tels que les amas de scories de forges, qui se développent dans certaines vallées, celles de la Meurthe et de la Moselle par exemple, et qui, sans être un danger immédiat, n'en constituent pas moins une menace pour l'avenir.

Heureusement, ces circonstances aggravantes ne sont pas les seules qui agissent sur le phénomène : il en est d'autres en sens contraire. Autrefois, les ponts n'avaient, ni la légèreté, ni les grandes ouvertures qu'on leur donne aujourd'hui ; de nombreuses usines étaient établies sur les rivières ; les digues de ces usines arrêtaient les eaux et soulevaient les crues à des niveaux exceptionnels. Toutefois, on n'a pas le droit d'en conclure que l'intensité des crues diminue et que le volume débité en grandes eaux n'est pas plus considérable qu'il ne l'était autrefois pour une pluie de même intensité se produisant dans des conditions identiques. Les observations faites sur le Pô par les ingénieurs italiens, depuis plusieurs siècles, confirment au contraire l'augmentation de la violence des crues, à mesure que les endiguements se développent et se fortifient, et le fait nous semble trop rationnel pour qu'il soit possible de le contester.

21. Époques d'étiage et de grandes eaux. — Les époques d'étiage et de grandes eaux varient beaucoup avec les régions où naissent les fleuves et rivières. Ceux dont la vallée est commandée par des massifs montagneux d'une grande hauteur, où la précipitation de la vapeur d'eau se fait sous forme de neige, ont un étiage d'hiver et un étiage d'été. L'hiver, la neige s'accumule et le débit diminue à mesure que les froids se font sentir ; c'est ainsi que le Rhône, qui sort des glaciers des Alpes a d'ordinaire son plus bas étiage au mois de février. L'été, au contraire, sous l'action du soleil, les neiges fondent et alimentent le cours d'eau dont le débit est abondant à l'époque des chaleurs et ne s'appauvrit qu'à la fin de la belle saison, alors que la fusion se ralentit. Les autres cours d'eau n'ont généralement qu'un seul étiage, pendant l'été.

Pour ce qui est des grandes eaux, les fleuves et rivières de la première catégorie, ceux qui prennent naissance dans les hautes montagnes, sont caractérisés par la fréquence des crues de printemps, ce qui ne les empêche pas, d'ailleurs, d'en avoir aussi en automne et même en hiver. C'est ainsi que dans le cours de ce siècle, sur 28 crues du Rhône, 7 ont eu lieu en mai et juin et 13 en octobre, novembre et décembre. Sur 19 crues de la Garonne, 10 se sont produites en mai et juin et 6 en janvier et février.

Sur les autres fleuves et rivières, les crues sont presque exclusivement d'automne et d'hiver. Sur 22 crues de la Loire, 18 ont eu lieu dans les mois d'octobre, novembre, décembre et janvier. Sur 11 crues de la Seine, 10 se sont produites en décembre, janvier, février et mars [1].

1. Les données statistiques relatives aux crues qui se sont produites depuis le commencement du siècle jusqu'en 1883, sur la Garonne, la Loire, le Rhône et la Seine, sont empruntées à l'*Hydraulique fluviale* de M. l'inspecteur général Lechalas.

L'intensité et la durée des pluies, surtout leur simultanéité dans toutes les parties d'un même bassin sont le principal facteur des crues ; aussi ces dernières coïncident-elles généralement avec la prédominance des vents venant de la mer.

C'est ainsi que dans le bassin de la Seine, les crues sont, le plus souvent, la suite du refroidissement des vapeurs amenées en abondance par les vents d'Ouest ou du Sud-Ouest. Pour les cours d'eau qui prennent leur source dans le plateau central de la France, les vents du Sud-Est. c'est-à-dire venant de la Méditerranée, sont particulièrement à craindre, surtout s'ils se rencontrent sur ces hauts plateaux avec un courant du Nord qui abaisse la température. Dans la région pyrénéenne, ce sont les vents du Nord-Ouest qui, viennent s'engouffrer dans des gorges étroites et se heurter à des montagnes à pic, le long desquelles les masses d'air chargées de vapeur sur l'Atlantique stationnent en s'élevant.

25. Débits de quelques cours d'eau. — Le nombre de mètres cubes d'eau qui passent dans l'unité de temps (la seconde) de l'amont à l'aval d'un profil transversal est ce qu'on appelle le *débit* du cours d'eau en ce point.

Il peut être intéressant de compléter l'esquisse que nous venons de faire du régime des cours d'eaux, en indiquant le débit de quelques-uns d'entre eux à l'étiage et lors des plus hautes eaux ; mais il importe de ne pas dissimuler l'incertitude des données qu'on peut recueillir en pareille matière.

A l'étiage, le débit apparent, le seul qu'il soit possible de déterminer, de jauger, peut, ainsi que nous l'avons expliqué plus haut, être fort différent du débit réel ; le rapport entre les deux dépend d'ailleurs de la nature des terrains dans lequel le lit du cours d'eau est ouvert, si bien qu'il peut, parfois, se trouver que le débit constaté soit moindre en aval qu'en amont.

Lors des grandes crues, la forme irrégulière de la section mouillée et l'inégale distribution des courants rendent fort aléatoires les résultats d'opérations qui présentent parfois de sérieux dangers et sont, dans tous les cas, extrêmement difficiles. D'autre part, l'expansion de la crue au travers des élargissements de la vallée donne lieu à des emmagasinements d'eau qui peuvent avoir pour conséquence une diminution, au moins momentanée, du débit en aval. Là encore il ne faut pas s'étonner d'enregistrer parfois des résultats qui semblent contradictoires.

C'est sous le bénéfice de ces réserves que nous avons dressé le tableau suivant où sont inscrits les débits à l'étiage et dans

DÉSIGNATION DES COURS D'EAU et des LIEUX D'OBSERVATION.	DÉBIT PAR SECONDE		RAPPORT DES DÉBITS de hautes eaux et d'étiage.	OBSERVATIONS
	à l'étiage	Dans les plus hautes eaux		
Loire, à *Briare*.	35	9.118	261	Étiage conventionnel; crue de septembre 1846.
Loire, à *Tours*.	37	5.949	161	
Garonne, à *Toulouse*.	36	6.000	167	
Garonne, à *Langon*.	91	13.000	143	
Moselle, à *Liverdun*.	8	1.100	138	Le débit en hautes eaux est peut-être un peu exagéré.
Saône, à *Châlon*.	40	3.000	75	Hautes eaux de 1840.
Meuse, à *Sedan*.	13	700	54	Étiage de 1893, le plus bas connu. Crue de 1846, la plus haute du siècle.
Rhône, *en aval du confluent de la Saône*.	150	7.000	47	Débits minima observés en 1884, maxima en 1856.
Rhône, *en aval du confluent de la Durance*.	370	13.900	38	
Seine, à *Paris*.	48	1.652	34	Débit d'étiage mesuré le 12 août 1858; l'échelle du Pont-Royal marquait 0. Hautes eaux du 17 mars 1876.
Somme, à *Abbeville*.	27	60	2.2	Étiage le plus bas, du 12 octobre 1874; grande crue du 25 mars 1873.

les plus hautes eaux, d'un certain nombre de nos cours d'eau[1]. Une colonne spéciale fait ressortir, dans chaque cas, la valeur du rapport entre le débit en hautes eaux et le débit à l'étiage. Une valeur élevée de ce rapport est caractéristique d'un régime torrentiel. Il est difficile de ne pas voir dans les valeurs très modérées dudit rapport pour le Rhône, un résultat des effets modérateurs du lac de Genève.

Disons, enfin, qu'on appelle *module* d'un cours d'eau son débit moyen par seconde calculé sur l'année entière. Le module du Rhône serait de 865 mètres cubes à Lyon et de 1.900 mètres cubes à Beaucaire, celui de la Garonne, à Langon, de 687 mètres cubes.

§ 2

CONSTITUTION DU LIT DES COURS D'EAU

26. Lit mineur, lit majeur, berges. — Le *lit mineur* est le sillon dans lequel se maintiennent habituellement les eaux ; la portion de la vallée recouverte par les plus grandes eaux constitue le *lit majeur*. Le rapport entre la largeur de l'un et la largeur de l'autre varie dans des limites extrêmement étendues.

Le Pô, suivant le point de son cours où on le considère, a un lit mineur large de 1 à 2 kilomètres et un lit majeur dont la largeur varie de 5 à 60 kilomètres.

La Loire, pour un lit mineur de 300 à 1000 mètres, n'a sur

---

1. Les chiffres inscrits dans ce tableau sont dus à l'obligeance de nos collègues des différents services de navigation. Ils ont été, autant que possible, mis en concordance avec ceux qu'on peut lire dans le mémoire de M. l'ingénieur Bresse, publié dans les *Annales des Ponts et Chaussées*, 1897, 3e trimestre, sous le titre : *Étude sur la statistique des jaugeages effectués dans les principaux bassins français.*

la plus grande partie de son cours, qu'un lit majeur de 2 kilomètres dont la largeur se réduit parfois à 500 et même à
400 mètres.

Le Nil, dont le cours régulier offre un lit mineur de 600 à
700 mètres, se répand sur 16 kilomètres de largeur dans sa
basse vallée.

Le Mississipi, vers Cairo, au confluent de l'Ohio, étend ses
grandes eaux sur des largeurs qui vont jusqu'à 130 kilomètres,
alors que son lit mineur assez régulier n'a que 900 mètres entre les deux rives jusqu'aux environs de la Nouvelle-Orléans.

Les *berges* sont les bords du sillon qui constitue le lit mineur; elles surmontent l'étiage et restent généralement au-
dessous des grandes crues. Leur relief varie dans les limites
les plus étendues, non seulement d'un cours d'eau à l'autre,
mais encore d'une section à l'autre d'un même cours d'eau. Il
serait sans intérêt de citer des chiffres.

27. Mobilité du lit. — Les fleuves et rivières que nous
avons à étudier, coulent le plus souvent dans des vallées dont
le sol est constitué par des alluvions anciennes, d'épaisseur
généralement considérable.

Parfois, il est vrai, les montagnes qui bordent la vallée se
rapprochent et le cours d'eau n'a plus d'issue que par une
étroite gorge rocheuse. D'autres fois, et sans resserrement
aussi prononcé de la vallée, un banc de rochers la traverse
d'un versant à l'autre et affleure le fond du lit en y formant le
plus souvent des rapides.

Mais, d'une façon générale, c'est dans des couches alternées
de gravier et de sable plus ou moins vaseux que le lit mineur
est ouvert, et ces mêmes dépôts recouverts de terre végétale
forment la presque totalité de la surface du lit majeur.

Les eaux, dans leur cours, sont donc en contact constant avec
un sol qu'elles peuvent corroder, affouiller et qu'elles corrodent,
qu'elles affouillent effectivement, dès que leur puissance d'entraînement est suffisante. Dès que cette dernière a dépassé une

limite variable avec la résistance du sol, les matériaux qui
constituent celui-ci se mettent en mouvement, pour s'arrêter
et se déposer aussitôt que, par des causes quelconques, la
puissance d'entraînement est retombée au-dessous de la limite
d'efficacité. Ainsi, la mobilité du lit se manifeste avec inter-
mittence et le déplacement des matériaux se fait par étapes.

La puissance d'entraînement augmente avec la masse des
eaux en mouvement et avec la pente[1]. Quant à la résistance
du sol, elle varie avec une foule de circonstances, au premier
rang desquelles il faut assurément placer la grosseur et le
poids spécifique des matériaux qui le composent. La forme et
la position de ces matériaux ont aussi une grande influence.
Tout le monde comprend aisément qu'un caillou rond sera
plus facile à déplacer qu'un caillou plat et que la résistance de
ce dernier au courant sera toute différente s'il se trouve posé à
plat ou de champ. Enfin, le mélange, l'enchevêtrement des
matériaux constitutifs du sol peuvent encore modifier du tout
au tout sa résistance.

Quoi qu'il en soit, le déplacement des matériaux sous l'action de l'eau courante peut s'effectuer de deux façons ; tantôt
ils sont *entraînés* en roulant sur le lit, tantôt ils sont *suspendus* dans la masse liquide malgré leur poids spécifique supérieur[2].

28. Entraînement. — L'entraînement se constate facilement par des observations directes. On n'a qu'à prêter l'oreille
au bord d'un cours d'eau torrentiel, lors d'une crue, pour per-

---

1. D'après M. l'ingénieur en chef du Boys, cette puissance est directement
proportionnelle à la masse et à la pente des eaux en mouvement de sorte que
l'effort exercé sur un mètre carré de fond par un prisme de même base et de
hauteur égale à la profondeur H de l'eau a pour valeur, en appelant i la
pente :

$$F \quad 1000 \, Hi.$$

2. Les diverses questions relatives à l'entraînement et à la suspension des
matériaux constitutifs du lit des fleuves et rivières sont traitées avec tous les
développements désirables dans *l'Hydraulique* de M. l'inspecteur général
Flamant, où elles forment le § 2 du chapitre VI.

cevoir le bruissement des cailloux qui roulent les uns sur les autres. En ce qui concerne le sable, il est facile de le voir se déplacer dans les eaux claires et peu profondes de certains cours d'eau comme la Loire. Dans quelques cas la nature géologique des matériaux accuse leur venue de régions lointaines, tandis que leur forme arrondie est la preuve de chocs et de frottements répétés.

Des expériences, mais en très petit nombre, ont été faites pour déterminer les vitesses de courant auxquelles commence ou cesse l'entraînement des diverses matières qui peuvent constituer le lit d'un cours d'eau. Voici, par exemple, les chiffres trouvés par du Buat pour les vitesses limites au-dessous desquelles les matières cessent d'être entraînées.

Indication des matières	Vitesses Mètres
Argile brune propre à la poterie	0,081
Sable déposé par cette argile	0,162
Gros sable jaune anguleux	0,216
Graviers de la Seine { Gros comme un grain d'anis	0,108
Gros comme un pois	0,189
Gros comme une petite fève de marais	0,325
Galets de mer arrondis, d'un pouce au plus	0,650
Pierres à fusil anguleuses, du volume d'un œuf de poule	0,975

29. Suspension. — Quant au transport par suspension dans un courant, il est plus difficile à comprendre, mais plus aisé à constater. Et, d'abord, à mesure que le débit augmente les eaux deviennent louches, puis troubles, puis boueuses. Si on recueille de l'eau pendant une crue, à diverses profondeurs, et si on la laisse reposer, on trouvera au fond du vase, au-dessous de l'eau devenue limpide, une certaine quantité de matières; celles-ci étaient incontestablement en suspension. On a remarqué que dans les crues de la Loire, alors que les berges sont surmontées et qu'un certain courant se dessine sur les parties basses de la vallée, il se formait, en dehors du lit et à l'abri de chaque buisson, un petit dépôt de sable. Ce sable n'a pas été emprunté aux environs puisque le sol y est partout couvert d'herbe, il vient évidemment du fleuve ; il n'a pu être entraîné sur le talus de la berge qui est souvent à pic et très éloignée ; il fallait donc qu'il fût en suspension. Enfin, il n'est pas rare de voir, après une forte crue du Rhône, des galets gros comme le poing, parfois comme la tête, déposés hors du lit, au delà de digues de 3 à 4 mètres de hauteur au-dessus de l'étiage, par dessus lesquelles ils ont été lancés.

Nous n'avons pas à donner ici une explication de ces phénomènes ; il nous suffit que le fait soit certain, et il est indéniable. Ainsi donc, dès que la force du courant devient suffisante, les matières qui constituent le lit des cours d'eau subissent soit par entraînement, soit par suspension des déplacements dans le sens de ce courant. Ce sont d'abord les éléments les plus ténus et les plus légers qui se mettent en mouvement, puis successivement et par ordre de résistance, des matériaux de plus en plus gros et de plus en plus lourds. De même, quand la force du courant diminuera, les matériaux se déposeront successivement, mais en ordre inverse, les plus gros et les plus lourds d'abord jusqu'aux plus ténus et aux plus légers.

30. Travail des torrents et autres phénomènes de destruction. — Les phénomènes que nous venons d'analyser sommairement se reproduisent, non-seulement sur toute l'étendue du cours d'eau principal, mais encore sur tous ses affluents depuis les plus puissants jusqu'aux plus infimes, et ils s'y manifestent avec une intensité essentiellement variable suivant le régime des eaux d'une part, la consistance et la configuration du sol, d'autre part. C'est précisément sur des affluents de dernier ordre, non loin des lignes de faîte, dans certaines régions montagneuses comme les Alpes, par exemple, qu'on en trouve les manifestations les plus éclatantes. Le travail des torrents qui désolent ces régions est si saisissant, si suggestif qu'il est impossible de ne point s'y arrêter un instant.

Tout d'abord, qu'est-ce qu'un torrent ? Dans le langage ordinaire, tout cours d'eau impétueux, à crues subites et violentes, prend le nom de torrent ; mais ce mot a une signification technique plus précise.

Si nous nous reportons à l'ouvrage devenu classique[1], de l'illustre ingénieur Surell, nous y trouvons la définition suivante. *Les torrents coulent dans des vallées très courtes, parfois même dans de simples dépressions ; leur pente excède 6 centimètres par mètre sur la plus grande longueur de leur cours ; elle varie très vite et ne s'abaisse pas au-dessous de 2 centimètres par mètre ; ils ont une propriété tout à fait spécifique : ils affouillent dans la montagne, ils déposent dans la vallée et divaguent ensuite par suite de ces dépôts ...*.

Dans un torrent tel qu'il vient d'être défini, il y a lieu de distinguer : 1° le *bassin de réception* ; 2° le *canal d'écoulement* appelé aussi *gorge* ; 3° le *lit* ou *cône de déjection*.

Toute la région supérieure du torrent, celle d'où proviennent les eaux et les matériaux qu'il charrie, constitue le bassin de réception. Cette région a souvent la forme d'un entonnoir, d'un vaste cône dont le sommet serait tourné vers le bas.

C'est encore la forme d'un cône, mais d'un cône dont le sommet est tourné vers le haut qu'affectent les matériaux entraînés en se répandant dans la vallée où ils se déposent ; de là le nom de cône de déjection donné le plus souvent à ce dépôt.

Entre le goulot de l'entonnoir que constitue le bassin de réception et le sommet du cône formé par le lit de déjection, au passage du déblai au remblai, se trouve le canal ou couloir d'écoulement par lequel passent les matières charriées de la montagne à la vallée.

Lorsqu'un système hydraulique de ce genre a commencé à se dessiner dans des terrains facilement attaquables, comme il y en a tant dans les Alpes, on conçoit que le mal fasse de rapides progrès. Vienne une violente pluie d'orage ou une

1. *Étude sur les torrents des Hautes-Alpes.*

subite fonte de neiges, l'eau se précipite de toutes parts dans les dépressions qui sillonnent les flancs du bassin de réception et y provoque des éboulements considérables. Les matériaux détachés s'accumulent au fond de l'entonnoir, se détrempent et forment une masse pâteuse qui, sous la pression de l'eau, se dirige vers le couloir d'écoulement avec les allures des laves volcaniques. Aussi a-t-on donné dans le pays le nom de laves à cette masse qui se lamine entre les parois du canal d'écoulement et, à l'issue, se répand dans la vallée. Ces effets se produisent parfois sur une échelle immense ; il y a dans les bassins de réception des sillons de 80 à 100 mètres de hauteur; il y a des cônes de déjection dont la base présente un développement de plusieurs kilomètres.

A mesure que ces phénomènes se renouvellent, le lit de déjection s'avance à travers la vallée : si, comme il arrive souvent, celle-ci n'est pas bien large, il ne tarde pas à rencontrer la rivière qui y coule et alors la lutte entre les deux commence. Tantôt la rivière attaque le cône, tantôt elle est repoussée, barrée même par lui dans les moments de grande activité du torrent ; mais alors les eaux de la rivière se gonflent, sa puissance d'entraînement augmente et bientôt une crue fait brèche à travers la masse des déjections. En dernière analyse, la rivière emporte les matériaux apportés par le torrent.

Que les choses se passent partout et toujours avec cette netteté et cette simplicité, on ne saurait le prétendre. Notre intention n'a pas été de traiter ici la question des torrents, mais seulement de mettre sous les yeux du lecteur une image à grande échelle des phénomènes d'entraînement, de transport et de dépôt des matériaux sous l'action de l'eau, telle que certains torrents peuvent la présenter.

D'ailleurs, l'affouillement par le travail des torrents n'est pas le seul mode de destruction de la montagne; tous les agents atmosphériques y concourent à l'envi. Chaleur, humidité, pluie, grêle, gel, dégel ont raison des roches les plus dures. Chaque jour, des débris se détachent des escarpements ; quelquefois, des pans entiers s'écroulent ; une partie des blocs détachés roulent jusqu'au fond des vallées et tombent dans les cours d'eau qui les entraînent.

C'est donc la montagne *qui fournit* ou *qui a fourni* à certaines époques, les matériaux qui, d'affluent en affluent, et finalement dans le cours d'eau principal, sont alternativement soulevés, transportés et déposés au gré des crues successives des uns et des autres. Mais au fur et à mesure qu'ils cheminent, ces matériaux se transforment ; les *blocs* roulés s'écornent et se brisent : les fragments s'arrondissent et se changent en *galets ;* sous l'action plus prolongée des chocs et du frottement les galets deviennent *graviers*, les graviers *sables*, et ceux-ci à leur tour, arrivant au dernier degré de la ténuité, forment la *vase* que roulent beaucoup de cours d'eau en tombant dans la mer.

Dans certaines régions aurifères, quand il s'agit d'extraire le précieux métal des masses de sable dans lesquelles il est disséminé, c'est à la force hydraulique que l'on a recours. Sous l'action de puissants jets d'eau, le sol est miné, désagrégé, délayé et ses éléments constitutifs, emportés dans un courant artificiel, vont en dernière analyse se déposer suivant un ordre qui permet les recherches fructueuses.

Chaque bassin fluvial constitue, à vrai dire, un immense atelier de cette espèce. C'est l'atmosphère qui porte les agents destructeurs de la montagne et notamment le plus efficace de tous, la pluie ; c'est le réseau des cours d'eau qui emporte les produits de la destruction, charriant lui aussi des trésors, ces limons fertilisants qui ne sont malheureusement que trop rarement utilisés et vont le plus souvent sans profit se perdre dans la mer.

Il n'est pas dans la nature de l'homme d'assister impassible à cette destruction de son domaine et il s'est évertué à y mettre obstacle. En ce qui concerne les phénomènes qui ont l'atmosphère pour théâtre, son ambition paraît jusqu'ici s'être bornée à les prévoir dans une certaine mesure ; mais dès que l'eau touche la terre, il peut modifier les conditions de son écoulement; quand elle donne naissance à des courants dévastateurs, il peut chercher à défendre le sol contre ses ravages.

L'homme n'a pas toujours été bien inspiré dans ses efforts; souvent même, par des entreprises inconsidérées, il s'est fait le complice des agents de destruction. C'est ainsi, par exemple, que la destruction des forêts et l'excès de la dépaissance ont développé, dans une large mesure, les ravages des torrents dans les Alpes. Cependant, il n'y a pas que des échecs à enregistrer dans cette lutte. Depuis nombre d'années déjà, l'administration forestière a entrepris et poursuivi avec un entier succès d'importants travaux pour la restauration des montagnes. Dans le cours de ce volume nous aurons aussi à mentionner les heureux effets de certains travaux, notamment de ceux entrepris pour fixer les rives et le lit des fleuves et rivières.

31. Débit solide des cours d'eau. — Quoi qu'il en soit, on peut déjà tirer de ce qui précède des conclusions importantes. Elles ont été formulées par M. l'ingénieur en chef Girardon, au VI° Congrès international de navigation intérieure tenu à la Haye, en 1894, dans des termes que nous croyons devoir reproduire textuellement :

Les cours d'eau naturels entraînent avec leurs eaux des matériaux solides. La quantité de ces matériaux dépend de la résistance des terrains du bassin et du lit; elle augmente, toutes choses égales d'ailleurs, avec la masse des eaux et avec leur pente.

Le mouvement des eaux est périodique; elles passent d'un débit faible à un débit fort et inversement, mais une fois lancées elles continuent leur mouvement jusqu'à la mer. Le mouvement des matériaux suit les périodes du mouvement des eaux, mais au lieu d'être continu, il est intermittent; leur cheminement vers la mer s'effectue par étapes.

La considération du *débit solide* des cours d'eau est d'un intérêt capital, nous aurons occasion de signaler les mécomp-

tes qu'on a éprouvés pour l'avoir méconnue. L'importance de
ce débit dépend, comme on l'a dit plus haut, de la masse et de
la pente des eaux d'une part, de la nature et de la consistance
des matériaux à transporter, d'autre part. Quand cette importance est telle que la moindre addition de matière entraînerait
un dépôt, on dit que le cours d'eau est *saturé* ou à l'état de
saturation.

Le débit solide d'un cours d'eau est-il susceptible d'une
évaluation numérique ? Peut-on déterminer la vitesse avec
laquelle se fait le transport des matières qu'il charrie ?

Pour les matériaux qui présentent un certain volume, la
chose paraît bien difficile. Ils ne sont soulevés qu'à des intervalles plus ou moins longs et pendant des périodes assez
courtes ; d'ailleurs, en cheminant ils se transforment, et enfin
de nombreux échanges se font en route par l'effet des attéris-
sements et des corrosions. Il semble cependant résulter de
certaines indications que la quantité débitée est moindre
qu'on ne pourrait le penser, *a priori*.

Voici un fait. Le Serein et l'Armançon sont deux affluents
de rive droite de l'Yonne qui se jettent dans cette rivière à
quelques kilomètres seulement l'un de l'autre, le premier
entre les barrages de Bassou et de la Gravière, le second,
entre les barrages de la Gravière et d'Épineau (fig. 1). Ces

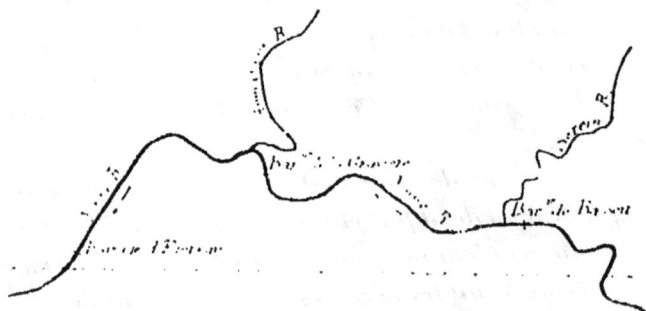

Fig. 1.

deux cours d'eau prennent naissance dans des terrains imperméables présentant des déclivités très prononcées ; leur régime

est torrentiel; leurs berges ne sont rien moins que fixées; ils
charrient des sables et des graviers qui, en dernière analyse,
viennent se déposer dans l'Yonne. Le maintien du chenal,
dans cette partie de la voie navigable, exige des dragages
périodiques : depuis 1874 jusqu'à la fin de 1896, soit pendant
une période de 23 ans, on a extrait, en tout, 27.679 mètres
cubes de sable et de gravier entre les barrages de Bassou et de
la Gravière, d'une part, et 23.089 entre les barrages de la
Gravière et d'Épineau, d'autre part. On peut, sans trop grandes
chances d'erreur, considérer ces matériaux comme provenant
respectivement du Serein et de l'Armançon. Les cubes ci-dessus correspondent à 1.200^{m3} par an pour le premier, dont le
bassin a une superficie totale de 1.361 kilomètres carrés, et
à 1.000^{m3} pour le second, dont le bassin mesure 3.042 kilomètres carrés. Ces chiffres ne tiennent pas compte des quantités de sable et de gravier qui ont pu être extraites par les
riverains, pour divers usages, sur toute la longueur des cours
d'eau considérés.

D'après M. l'inspecteur général Lechalas, le cube de sable
et de gravier débité annuellement par la Loire ne dépasserait
pas un million de mètres cubes dont 600.000 seraient extraits
par les riverains du lit du fleuve, si bien qu'en définitive, la
Loire n'amènerait à la mer que 400.000 mètres cubes de matières déjà plus ou moins transformées, en dehors des limons.

Des calculs plus précis ont pu être faits pour déterminer la
quantité de ces derniers que certains cours d'eau charrient et
qui, en dernière analyse, sont jetés à la mer. C'est ainsi qu'on
a été amené à penser qu'il sortait de la Garonne 3,5 millions
de mètres cubes de limon par an ; du Rhône 21 millions ; du
Var, qui n'est qu'un torrent, 11 millions ; du Pô, 40 millions ;
du Danube, 60 millions ; du Mississipi, 170 millions. Franzius
porte même ce dernier chiffre à 600 millions.

Lorsque le jeu des marées et l'action des courants n'y mettent pas d'obstacle, il se forme, à l'embouchure des fleuves,
des dépôts d'alluvions dont on peut deviner l'importance à la

simple lecture des chiffres relatés ci-dessus. Ces alluvions s'avancent dans une direction variable avec le régime de la côte, en dessinant ces promontoires habituellement bas, humides, marécageux. le plus souvent sillonnés de bras nombreux, qu'on appelle les deltas. Le delta peut être considéré, ainsi qu'on l'a souvent fait remarquer. comme le cône de déjection du fleuve dont toute la vallée serait le bassin de réception.

Les deltas atteignent d'ailleurs souvent des proportions immenses. Le delta du Rhône (l'île de Camargue) a 650 kilomètres carrés ; celui du Nil, 23.000; celui du Gange. 48.000 ; celui du Fleuve Jaune, 250.000 : La Cochinchine française n'est autre chose que le delta du Mei-Kong.

§ 3

FORME DU LIT DES COURS D'EAU

32. Plan. — Supposons un lit rectiligne et de section rectangulaire, où l'eau ait une profondeur et une pente telles que sa force d'entraînement soit impuissante à mettre en mouvement les matériaux qui constituent le fond et les berges ; l'écoulement pourra se continuer indéfiniment sans qu'il se produise aucune modification ni du plan ni du profil en travers.

Que le débit et. par suite, la profondeur et la force d'entraînement augmentent, un moment viendra où. si le fond n'est pas absolument résistant, les matériaux se mettront en mouvement. Or. d'une façon générale, non-seulement le fond n'est pas absolument résistant. mais il est inégalement résistant : il se corrodera donc d'abord suivant la ligne de moindre résistance et cela d'autant plus vite que chaque corrosion, en un point. augmentant la profondeur en ce point, y augmente la force d'entraînement et est. par conséquent. la cause de corrosions nouvelles et plus importantes. Il se formera ainsi un thalweg, une ligne des plus grandes profondeurs, jusqu'à ce qu'il se réalise une nouvelle forme du profil en travers sur chaque point de laquelle il y ait équilibre du travail.

Du coup, le courant aura perdu sa direction primitive parallèle aux deux rives et sera lancé sur l'une d'elles. Si celle-ci est inattaquable, il usera sa force vive en tourbillons qui creuseront encore le fond, il se réfléchira sur l'obstacle et sera rejeté vers la rive opposée en suivant une route plus ou moins sinueuse déterminée par sa nouvelle direction initiale et par la consistance du fond. Si, au contraire, la rive est attaquable elle sera affouillée, la déviation du courant s'accentuera et cela jusqu'à ce qu'une résistance suffisante l'oblige à se réfléchir. Dans l'un et l'autre cas, le résultat essentiel sera le même.

On comprend d'ailleurs qu'une première réflexion sera suivie d'une deuxième, celle-ci d'une troisième et ainsi de suite, si bien que, quelle que soit la nature des rives, le courant suivra une ligne sinueuse et passera continuellement d'une rive à l'autre. Et si les rives sont attaquables, ce qui est, à vrai dire,

Fig. 2

le cas normal, elles prendront une forme sinueuse en rapport avec les directions successives du courant (fig. 2).

Ce phénomène, qu'on appelle quelquefois le *serpentement* des rivières, est donc la conséquence nécessaire, inéluctable, de la composition hétérogène de leur lit. On voit aussi de suite quelle influence peut avoir sur la fixité d'un cours d'eau la solidité ou la consolidation de ses berges ainsi que leur tracé.

Quand cette solidité fait défaut, les sinuosités peuvent s'accentuer et la longueur du cours d'eau se développer d'une manière vraiment extraordinaire ; c'est ainsi que la Theiss affluent du Danube, présente un cours développé de 1.180 kilomètres dans une vallée dont la longueur n'est que de 560. Puis, les excès mêmes du serpentement amènent des phénomènes contraires ; une grande crue survenant, le courant change de direction et ouvre brusquement un nouveau lit à travers une boucle trop accentuée (fig. 3).

L'ancien lit abandonné, ABCDE, se sépare alors peu à peu de la rivière et forme une sorte d'étang que l'on appelle *boire* sur la Loire, *lône* sur le Rhône, et dans d'autres contrées *bras mort, morte, noue,* etc.

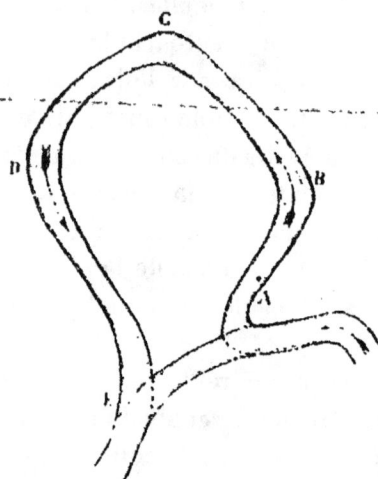

Fig. 3

D'ailleurs, cette rectification ne manque pas de donner lieu à de nouvelles érosions suivies de nouvelles déformations, et c'est ainsi que le lit de nombre de cours d'eau abandonnés à leur état primitif, offre le spectacle de déplacements successifs entre les deux versants de la vallée où il est ouvert.

33. Profils en travers. — En étudiant, au point de vue de la forme en plan, ce qui se passerait sur un cours d'eau supposé d'abord rectiligne et de section rectangulaire, nous avons déjà vu que l'horizontalité de la ligne de fond n'était pas plus stable que la direction en ligne droite du courant. Dès que la force d'entraînement acquiert une certaine intensité, le fond est attaqué sur les points de moindre résistance ; il en résulte immédiatement sur ces points une augmentation de la profondeur et, par conséquent, de la force d'entraîne-

ment qui varie alors d'un point à l'autre du profil. Un thalweg
se forme au gré des variations de la résistance du fond et de
la force d'entrainement du courant et celui-ci est jeté sur une
des rives.

Qu'il se heurte à une rive inattaquable sur laquelle il ne
peut que se réfléchir, ou à une berge attaquable qu'il creuse
en courbe concave, un même phénomène se produit. Par
l'effet de la pression qu'exercent les unes sur les autres les
tranches liquides arrêtées par l'obstacle dans le premier cas,
par l'effet de la force centrifuge dans le second, le niveau se
relève le long de la rive sur laquelle le courant est jeté. Dans
les profils en travers correspondants, la surface des eaux n'est
plus horizontale, il se forme du côté de cette rive *un dévers
d'eau* souvent assez sensible pour apparaître aux yeux.

Cette pression des tranches liquides les unes sur les autres
a d'ailleurs pour effet de provoquer la formation d'un courant transversal qui est dirigé à la surface vers la rive heur-
tée, qui descend ensuite le long de cette rive, puis se porte sur
la rive opposée le long de laquelle il remonte. En sorte que les
eaux emportées dans le mouvement général de translation de
la masse et animées en même temps d'un mouvement pour
ainsi dire circulaire dans le profil transversal, suivent en définitive une sorte de mouvement hélicoïdal.

Il est aisé de concevoir l'influence que ce mouvement peut
avoir sur celui des matériaux. Admettons que le fond soit encore horizontal, il commencera à s'attaquer à la rive où, par
suite du dévers d'eau, la profondeur et la puissance d'entrainement sont plus grandes ; les matériaux soulevés seront portés à la rive opposée ; comme la puissance d'entrainement y
est moins grande, ils s'y déposeront ; et cet effet ira en s'accentuant au fur et à mesure que la différence de profondeur
augmentera, jusqu'à ce que le talus du côté où les matériaux se
déposeront ait pris une déclivité suffisante pour que la gravité
s'oppose à leur transport.

Si le lit est très large il se peut que la puissance de transport du courant transversal de fond ne soit pas suffisante pour faire faire aux matériaux le trajet complet d'une rive à l'autre ; le dépôt s'opèrera entre les deux et il se formera deux thalwegs séparés par une barre orientée à peu près suivant la direction des rives.

Si, au contraire, cette puissance est en rapport avec la largeur du lit, le transport des matériaux se fera sans arrêt d'une rive à l'autre, de la rive concave à la rive convexe ; il n'y aura qu'un thalweg dans le voisinage de la première et le profil en travers affectera la forme d'un triangle dont la ligne d'eau serait la base et dont le sommet serait au thalweg (fig. 4).

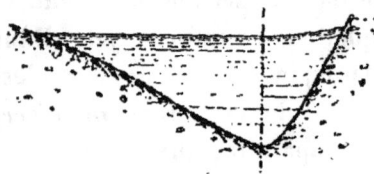

Fig. 4

Plus la courbure de la rive concave sera prononcée, plus le dévers d'eau s'accentuera, plus le courant transversal sera énergique. Le lit se creusera profondément tout près de la rive concave ; les dépôts seront considérables et pourront se maintenir sur un talus très raide à la rive convexe qui s'avancera en rétrécissant le lit au fur et à mesure qu'il s'approfondira. Un chenal très profond, très voisin de la rive concave et très étroit sera donc la caractéristique des courbes les plus raides.

Des effets analogues se produiront le long de tout obstacle, de toute saillie brusque contre lesquels le courant viendra se heurter.

Si l'obstacle présente un talus doucement incliné sur lequel les eaux puissent s'étaler facilement, le dévers d'eau sera peu marqué, l'approfondissement peu considérable. Si, au contraire, l'obstacle présente un talus raide ou à pic, tels que ceux d'une digue, d'un mur de quai, etc..., le dévers d'eau sera plus prononcé et l'approfondissement plus important. Si, enfin, l'obstacle est très élevé, de telle sorte que les mêmes effets se produisent par tout état des eaux, ils atteindront leur maximum d'intensité.

En résumé, tout obstacle, toute rive résistante, oblique ou concave, provoquera dans son voisinage l'approfondissement du lit et cela d'autant plus que l'obstacle sera plus brusque, plus à pic, plus oblique, à courbure plus accentuée, et aussi plus élevée; et comme la cause du phénomène est permanente, au moins relativement, non seulement les profondeurs se produiront, mais encore elles se maintiendront dans ce voisinage.

34. Profil en long. — Nous avons reconnu que le lit des cours d'eau affectait nécessairement une forme sinueuse en plan et que les profondeurs étaient inégalement réparties dans les profils en travers ; nous constaterons sans étonnement que la pente du profil en long n'est rien moins qu'uniforme.

La répartition des profondeurs dans un profil en travers dépend, d'une part, de la résistance du fond, d'autre part, de la nature et de la forme des berges qui modifient le mouvement des eaux et leur puissance d'entraînement. Il est donc certain que, dans les profils successifs, les profondeurs ne seront pas les mêmes ni placées de la même manière. D'un autre côté, le courant devant passer successivement d'une rive à l'autre, on trouvera alternativement sur chacune d'elles des dispositions qui provoquent et retiennent les profondeurs, des dispositions qui sont défavorables à la formation des dépôts. Lorsqu'à la fin d'une crue les matériaux en mouvement se déposeront, ce sera dans l'intervalle de ces points défavorables, généralement au passage du courant d'une rive à l'autre, la forme, l'orientation et l'importance de ces dépôts, variant d'ailleurs avec les circonstances locales et le régime particulier de la crue. Celle-ci passée, le profil en long du thalweg présentera une série de points alternativement bas et hauts, de pentes et de contrepentes oscillant autour de la pente moyenne du cours d'eau ; le lit sera constitué par une série de fosses généralement situées tantôt contre une rive, tantôt contre l'autre, séparées par des seuils dont la hauteur, la forme et l'orientation varieront d'un point à l'autre.

L'observation est ici complètement d'accord avec le raisonnement. Cette conformation du lit est confirmée par tous les sondages en rivière ; elle apparaît quelquefois avec une grande netteté dans les cours d'eau à débit très variable lors des très basses eaux et elle se manifeste d'une façon topique dans les bras de rivière accidentellement mis à sec. Au lieu d'un lit complètement desséché, on y rencontre une succession de bassins remplis d'une eau absolument tranquille et séparés par des bancs entièrement émergeants.

Cette forme du profil en long du thalweg réagit sur celle du profil en long des eaux. Ce dernier présente une succession de biefs à pentes douces correspondant aux *fosses* ou *mouilles*, séparés par des rapides au droit des *seuils*, *maigres* ou *hauts-fonds* (fig. 5). C'est très justement qu'on a assimilé cette forme

Fig. 5

de profil en long à un escalier dont les paliers correspondraient aux fosses et les marches aux seuils. L'expression *profil en long en escalier* doit être admise comme classique.

L'écoulement dans les cours d'eau naturels se fait donc, en quelque sorte, comme dans les rivières artificiellement barrées. Il y a cependant une différence capitale, en dehors même de l'importance du relief des barrages, c'est que les ouvrages au moyen desquels les rivières sont artificiellement barrées sont absolument fixes, tandis que les seuils des cours d'eau naturels sont généralement de forme, de hauteur et d'orientation variables.

Supposons, en effet, un cours d'eau naturel dont le débit soit assez faible pour qu'il ne se produise aucun transport de matériaux ; la forme du lit et la consistance des seuils resteront sans changement tant que le débit n'augmentera pas. Vienne une crue, dès que la puissance d'entraînement sera devenue suffisante, les matériaux se mettront en mouvement, le lit se déformera et la déformation ira en s'accentuant jusqu'au maximum de la crue. Quand viendra la décroissance, il se produira un remaniement en sens inverse qui se continuera jusqu'au moment où le débit sera redevenu assez faible pour qu'en chaque point la force d'entraînement reste au-dessous de la résistance du lit. Alors il ne se fera plus aucun transport, le lit restera sans changement, mais les matériaux qui le tapissaient avant la crue auront disparu et fait place à ceux qui se sont déposés au moment de la décroissance des eaux. Ces derniers pourront fort bien n'être ni en même quantité ni à la même place que les premiers.

Les crues, en effet, comme les jours, se suivent et ne se ressemblent pas ; leur importance et leur nature peuvent varier du tout au tout. Chacune d'elles laissera, comme la précédente, un lit sinueux, formé d'une succession de fosses et de seuils ; ce sont là des dispositions qui résultent inévitablement de l'inégale résistance du lit ; mais quant à la forme même du lit, à la configuration des rives, à la situation des profondeurs, à la position, à l'orientation et à la forme des seuils, elles seront assurément modifiées suivant les circonstances spéciales à chaque crue. Ces modifications varient d'importance avec celle des crues successives, mais elles se réduisent à peu de choses dans les cours d'eau dont les rives sont solidement fixées.

Quoi qu'il en soit, le profil en long en escalier se retrouve à un état plus ou moins marqué sur toutes les rivières. Cette forme s'accuse d'autant plus nettement que les eaux sont plus basses ; au fur et à mesure que le débit augmente, elle s'atténue et la pente de l'eau tend à s'uniformiser.

35. Pente moyenne. — En traitant plus haut de la constitution du lit des cours d'eau, nous avons parlé du passage
de ces derniers, soit à travers des gorges rocheuses ouvertes
entre des massifs de montagnes resserrés, soit sur des bancs
de rochers qui traversent la vallée d'un versant à l'autre. Il y a
là autant de points du profil en long immuables (au moins dans
les périodes de temps que nous pouvons utilement considérer) qui suffiraient à fixer la pente générale, la pente moyenne
de l'un à l'autre. Mais dans l'intervalle de ces accidents géologiques, cette pente peut être modifiée par d'autres circonstances, notamment par le jeu des affluents.

Considérons, en effet, ce qui se passe, lors d'une crue, au
confluent du cours d'eau principal et d'un de ses affluents. A
l'amont, chacun d'eux a une puissance d'entraînement qui
dépend de sa pente et de son débit liquide, et un débit solide
qui est en rapport avec la consistance de son lit. Une fois la
réunion opérée, la puissance d'entraînement du cours d'eau
principal est celle qui correspond à sa pente et à la somme des
débits liquides et cette puissance peut être au-dessous ou au-
dessus de ce qui est nécessaire pour charrier la somme des
débits solides.

Dans le premier cas, le cours d'eau principal est plus que
saturé, il y a dépôt de matières ; le lit s'exhausse ; le confluent
est suivi de pentes plus fortes que celles qui le précèdent.

Dans le second cas, le cours d'eau principal n'est pas saturé ;
il emprunte un supplément de débit solide à son lit qui se
creuse ; le confluent est suivi de pentes moins fortes que celles
qui le précèdent.

Le Rhône offre une remarquable confirmation de ces
vues théoriques dans la partie de son cours où il reçoit l'Ain,
la Saône et l'Isère, trois affluents qui, sans être aussi considérables que lui, sont cependant de grands cours d'eau.

L'Ain est plus torrentiel que le Rhône et charrie une masse
de matériaux. La pente moyenne du fleuve qui est de 0 m. 30
par kilomètre sur environ 30 kilomètres à l'amont du confluent.

(depuis les chutes du Sault), monte à l'aval à 0 m. 81 par kilomètre sur 34 kilomètres, soit jusqu'au confluent de la Saône.

Cette dernière est, au contraire, un cours d'eau tranquille ; son débit solide est très faible par rapport à son débit liquide. La pente moyenne du fleuve, de 0 m. 81 par kilomètre à l'amont du confluent, tombe à 0 m. 50 entre ce dernier et celui de l'Isère, sur 104 kilomètres de longueur.

L'Isère, comme l'Ain, a un régime plus torrentiel que le Rhône, l'effet produit doit être le même. En effet, la pente moyenne du fleuve qui est de 0 m. 50 par kilomètre à l'amont du confluent, s'élève, à l'aval, à 0 m. 775 par kilomètre sur 87 kilomètres de longueur.

Il n'est donc pas possible de poser en principe général que la pente moyenne des cours d'eau va en décroissant d'une manière continue de la source à l'embouchure.

Le fait peut se vérifier pour quelques-uns d'entre eux. Ainsi, la pente moyenne de la Loire décroît régulièrement de 0 m. 70 par kilomètre vers Roanne à 0 m. 17 entre Saumur et Nantes ; celle de la Garonne, de 1 m. 20 au confluent de l'Ariège, près de Toulouse, à 0 m. 04 entre Langoiran et Bordeaux ; celle du Pô, de 0 m. 40 vers Pavie à 0 m. 06 au-dessous de Ferrare ; celle de la Seine, de 0 m. 23 entre Marcilly et Montereau, à 0 m. 19 de Montereau à Paris et à 0 m. 10 entre Paris et Rouen.

Mais le fait contraire est également fréquent. Nous avons donné plus haut l'exemple du Rhône ; nous pouvons encore citer : la Marne, dont la pente moyenne qui est de 0 m. 16 par kilomètre à l'aval d'Epernay, va en croissant d'une manière continue jusqu'au confluent avec la Seine, à Charenton, où elle atteint 0 m. 33 ; la Saône, dont la pente moyenne presque nulle (0 m. 04 par kilomètre) entre Verdun et Saint-Bernard-sur 132 kilomètres de longueur, dépasse 0 m. 20 par kilomètre entre Saint-Bernard et l'entrée de Lyon.

Il serait sans intérêt de multiplier les exemples ; il est plus suggestif d'indiquer pour un certain nombre de fleuves importants la distance comprise entre leur embouchure et le point où ils parviennent à l'altitude de 100 mètres. C'est là une donnée caractéristique ; si on la rapproche du débit en basses eaux, on peut avoir une prévision très nette des conditions dans lesquelles la navigation est praticable sur les uns ou sur les autres.

L'altitude de 100 mètres est atteinte par :

Le Rhône, à Valence, à......................... 215 kil. de la mer
La Garonne, à l'aval de Toulouse, à................ 360 —
La Loire, à 2 kilomètres en amont d'Orléans, à...... 398 —
Le Weser, à 8 kilomètres en amont de Karlshafen, à.. 399 —
L'Oder, à 43 kilomètres en aval de Breslau, à........ 524 —
La Seine, en amont de Marcilly, à.................. 556 —
Le Rhin, vis-à-vis de Carlsruhe, à................ 624 —
L'Elbe, à 25 kilomètres en aval de Dresde, à......... 662 —
Le Volga, au dela de Nijni-Novgorod, à plus de...... 2.000 —

36. Résumé des notions précédentes. — Comme nous l'avons déjà fait à propos de la constitution du lit des cours d'eau, nous emprunterons textuellement le résumé des notions précédentes à la communication faite par M. l'ingénieur en chef Girardon au VIe Congrès international de navigation intérieure tenu à La Haye, en 1894.

La forme de tous les cours d'eau est sinueuse en plan, elle est constituée par une série de courbes et de contre-courbes qui se succèdent en sens inverse, réunies par des raccordements plus ou moins brusques.

La profondeur est inégalement répartie dans le profil en travers, elle est plus grande dans les parties du lit qui présentent le moins de résistance à l'entraînement. Les obstacles résistants, saillants, raides ou élevés et les courbes concaves appellent et retiennent les profondeurs.

Le profil en long du thalweg ne présente ni une pente uniforme ni une pente continue, mais un certain nombre de pentes principales dont les brisures et l'inclinaison sont déterminées par les seuils de rochers ou les grands affluents. Dans l'inter-

valle de ces points de passage, il est composé d'une suite de
pentes et de contre-pentes formant une ligne sinueuse qui os-
cille, en s'en rapprochant plus ou moins, autour de la pente
moyenne de la région. Les reliefs et les creux de cette ligne sinueuse sont déterminés par les affluents secondaires et par la
distribution des résistances dans l'étendue du lit.

Le lit est constitué par une série de fosses (ou mouilles) séparées par des seuils (ou hauts fonds, maigres), et le profil
en long de la surface des eaux affecte la forme d'un escalier
dont les paliers correspondent aux fosses et dont les marches
correspondent aux seuils. Cette forme est d'autant plus accentuée que la pente générale du cours d'eau est plus forte ; elle
est surtout sensible quand les eaux sont très basses, elle s'atténue et la pente superficielle tend vers la régularité, à mesure
que le débit augmente.

Chaque crue renouvelle les matériaux qui tapissent le lit et
modifie sa forme. La nouvelle forme se rapproche de l'ancienne
par ses dispositions générales, sinuosités des rives et du profil
du thalweg ; elle en diffère plus ou moins, suivant les circonstances, par le tracé des sinuosités, la position des profondeurs,
la situation, l'orientation et le relief des seuils.

Mais quand, sur un cours d'eau, les rives sont solidement
fixées, les crues ordinaires ne modifient plus que dans des proportions très restreintes la forme du plan et, après leur passage, les profondeurs se reproduisent aux mêmes points, les
seuils se reforment aux mêmes places et ne diffèrent plus que
par le relief et l'orientation.

CHAPITRE II

OPÉRATIONS ET OBSERVATIONS POUR L'ÉTUDE DES COURS D'EAU ET DE LEUR RÉGIME

§ 1

RELEVÉ DU TERRAIN

37. Nivellements. — Les opérations à faire pour l'étude d'un cours d'eau consistent d'abord en opérations sur le terrain qui comportent essentiellement des nivellements et des sondages.

Avant de procéder au nivellement qui est l'opération la plus importante en raison de l'influence prédominante de la pente sur le régime des cours d'eau, il convient de se donner une base d'opération sûre et durable à laquelle on puisse se reporter au besoin. A cet effet, on trace dans la vallée, sur la rive la plus accessible, la plus découverte, en suivant le mieux possible les sinuosités du cours d'eau, une ligne de base que jalonnent des points fixes aisés à voir et à reconnaître.

Dans le voisinage de cette base, on cherche une succession de repères solides, inébranlables si faire se peut, et on y rat-

tache les points saillants de la ligne d'opération par des nivellements vérifiés avec soin. Il ne faut pas hésiter, quand les
repères existants n'inspirent pas une sécurité absolue, à en
créer de nouveaux qui se composent généralement d'un massif en maçonnerie surmonté d'une pierre de taille dans laquelle est scellé le repère.

De distance en distance, sur la base d'opération, on jette
des profils en travers, autant que possible perpendiculaires
au cours de la rivière, et on les prolonge, si faire se peut, au
delà de la limite des submersions. Un nouveau nivellement
permet de rapporter au niveau de la mer tous les points mar-
quants du terrain qui sont rencontrés et on a ainsi une coupe
de la vallée, le cours d'eau lui-même excepté.

38. Sondages. — Le profil en travers du lit s'obtient par
des sondages qui donnent les ordonnées, entre le niveau de
l'eau et le fond, tandis que les abscisses sont fournies par un
cordeau gradué que l'on tend d'une rive à l'autre, quand le
courant n'est pas trop fort, la largeur trop grande, la navigation trop active.

Quand le courant est trop fort, la largeur trop grande, la
navigation trop active, il n'est plus possible de tendre un cordeau à travers la rivière. Dans ce cas les deux extrémités du
profil ayant été repérées sur les berges, il faut que le bateau
qui porte les observateurs suive exactement la ligne droite
jalonnée par ces deux points en marchant avec une vitesse
aussi uniforme que possible. On admet alors que les sondages
faits à intervalles de temps égaux divisent en parties égales la
longueur de cette ligne droite. Le profil ainsi obtenu peut
n'être pas perpendiculaire au cours de la rivière, il servira
néanmoins à définir le lit.

L'opération décrite en dernier lieu manque assurément de
précision ; on peut, d'ailleurs, en dire autant, quoique à un
degré moindre, du cas où un cordeau peut être tendu d'une
rive à l'autre ; mais il convient de remarquer qu'ici une approxi-

mation est suffisante. Le lit d'une rivière n'est pas une chose tellement fixe que l'on puisse donner aux bateaux un tirant d'eau très voisin de la profondeur et leur faire suivre le thalweg sans s'en écarter quelque peu. Il faut avoir de la marge, et une erreur locale de quelques centimètres est sans inconvénient pourvu qu'elle ne se reporte pas.

C'est pour cela que la ligne de base ainsi que le terrain jusqu'à la berge doivent être soigneusement nivelés, l'approximation étant exclusivement réservée aux sondages dans les limites de chaque profil en travers. C'est pour cela aussi, à un autre point de vue, qu'il est bien inutile de charger les cotes d'altitude de trois décimales.

39. Plan. — En rapportant la série des profils en travers sur le plan de la ligne de base, on obtient le plan de la rivière. On y fait figurer les berges, les accidents du sol, les cotes de nivellement et les cotes de sondages à l'aide desquelles on détermine le chenal. Celui-ci n'est pas le thalweg; c'est une zone plus ou moins large, dans toute l'étendue de laquelle les bateaux doivent toujours trouver *au moins* la profondeur d'eau qui leur est nécessaire. Lorsque les cotes de sondages sont assez multipliées, on peut tracer dans tout l'espace occupé par le cours d'eau des courbes de niveau dont l'inspection rend facile la détermination du chenal.

40. Profil en long. — Dans le même plan coté se trouvent les éléments du profil en long sur lequel on fera ressortir en lignes de couleurs différentes :

Le thalweg, avec, en tant que de besoin, des indications sur la consistance du chenal tel qu'il est défini ci-dessus ;

Les berges, sur l'une et l'autre rive, avec indication de l'embouchure des affluents, des ponts, aqueducs, égouts et autres ouvrages ;

Enfin les niveaux d'étiage et des plus grandes crues, les hautes eaux de navigation, etc.

L'échelle la plus convenable pour rapporter les dessins d'ensemble dépend, naturellement, de l'étendue de terrain que l'on doit embrasser. Pour les plans de détail des ouvrages d'art, on adopte généralement $\frac{1}{100}$ ou $\frac{1}{200}$.

Ces opérations sont tout à fait analogues à celles qu'exige toute étude faite sur le terrain ; la seule particularité consiste dans la détermination du niveau des eaux qui doit effectivement figurer sur les diverses pièces comme étant celui des *eaux du jour*. L'état des cours d'eau éprouve, en effet, des variations d'un jour à l'autre et souvent d'une heure à l'autre. Pour tenir compte de ces changements, il faut, en même temps que les opérations de nivellement et de sondage, faire, en des points convenablement choisis, une suite non interrompue d'observations de hauteur d'eau. Pour chaque point, ces hauteurs peuvent former les ordonnées d'une courbe dont le temps détermine les abscisses et qui montre comment le niveau de l'eau a varié du commencement à la fin des études. On déduit alors des relevés faits, le niveau qui aurait été constaté si, sur toute l'étendue de cours d'eau considérée, toutes les opérations avaient pu être faites le même jour à la même heure.

§ 2

OBSERVATION DES VARIATIONS DE L'ÉTAT DES COURS D'EAU

11. Observations hydrométriques. — Le relevé des variations du niveau de l'eau, qui fait l'objet des observations hydrométriques, constitue un élément important de l'étude des cours d'eau. Ces observations sont effectuées le plus souvent au moyen d'échelles graduées placées de distance en distance et notamment à tous les changements de régime. Les échelles doivent être établies en des points d'*accès facile* de jour et de nuit, *à l'abri des chocs* et des mouvements tumultueux de l'eau qui, trop souvent, gênent les constatations. Il est à peine besoin d'ajouter que la graduation ne saurait être trop *lisible*, si on veut éviter les erreurs.

Généralement les observations sont, en temps normal, simplement *quotidiennes*. Pendant les crues ordinaires, on en fait *trois par jour* et, pendant les grandes crues, on va jusqu'à une observation par heure sur les rivières torrentielles. Ces observations répétées peuvent être utiles, à titre exceptionnel, mais il faut y avoir recours le moins possible, parce que la première qualité des données recueillies doit être l'exactitude; or, l'expérience montre qu'une trop grande fréquence nuit à l'attention des observateurs. Dans le même ordre d'idées, il y a généralement lieu de proscrire les observations de nuit qui, l'hiver surtout, sont pénibles, dangereuses même et dont la sincérité peut être parfois contestée. Or, dans l'usage qui doit être ultérieurement fait du résultat de ces observations, une cote inexacte est susceptible d'entraîner de graves mécomptes, et il y a toujours lieu de préférer un petit nombre de constatations sûres à des données plus nombreuses mais incertaines.

En somme, les heures généralement adoptées sont 7 heures du matin quand il n'y a qu'une observation; 7 heures du matin, midi et 5 heures du soir, quand il y en a trois.

Il est assez naturel, bien que nullement nécessaire, de placer le zéro des échelles au niveau de l'étiage conventionnel; mais si l'étiage venait à changer, il faudrait bien se garder de déplacer l'échelle. En la déplaçant on rendrait difficile la comparaison des cotes relevées aux diverses époques, comparaison qui est peut-

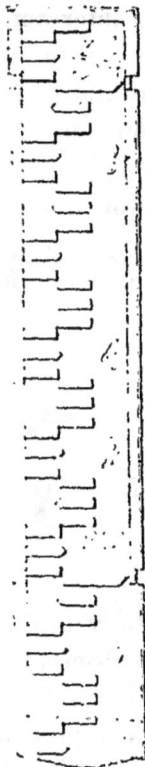

Fig. 6

être l'élément le plus utile au point de vue de la pratique.

D'autres fois, les échelles sont graduées en prenant le niveau de la mer pour base de nivellement, de telle sorte que la cote lue est une cote d'altitude. C'est le cas des nouvelles échelles employées sur les ponts de Paris, depuis 1879 (voir la figure 6, page 61).

42. Fluviographes. — Là où les observations ont une importance exceptionnelle, on peut placer un *fluviographe*.

Le fluviographe le plus simple consiste essentiellement en un flotteur dont les oscillations sont accusées par un curseur susceptible de se mouvoir verticalement au-devant d'une règle graduée.

Les oscillations du flotteur peuvent être transmises à un crayon et reportées par celui-ci sur un cylindre auquel un mouvement d'horlogerie donne une rotation continue. On a alors un fluviographe enregistreur.

Enfin, si on n'a pas à reculer devant une dépense notable, on peut, en faisant intervenir l'électricité, combiner des fluviographes avertisseurs, des fluviographes enregistreurs à distance qui permettent de suivre les variations du niveau de l'eau sur un point éloigné, etc.

Le lecteur désireux de faire plus ample connaissance avec ces divers appareils, trouvera à la fin du volume (annexe A) une note très intéressante et très complète sur les fluviographes en service au barrage de Suresnes, sur la Seine, que nous devons à l'obligeance de M. l'ingénieur Equer.

43. Courbes des hauteurs d'eau. — Pour chaque échelle hydrométrique on peut dresser une courbe dans laquelle les temps figurent comme abscisses et les hauteurs constatées à l'échelle comme ordonnées ; c'est la *courbe des hauteurs d'eau*. L'examen d'une courbe de ce genre est toujours très intéressant, surtout si elle embrasse une période un peu longue ; elle fait immédiatement ressortir la fréquence et l'amplitude des crues, leur physionomie générale et les traits particuliers que peuvent présenter certaines d'entre elles, etc...

Pour que cet examen soit aussi suggestif qu'on peut le désirer, le choix des échelles est loin d'être indifférent ; il est essentiel, en effet, de bien mettre en évidence les phénomènes généraux et de ne pas les laisser confondre avec certains accidents locaux.

Un centimètre par jour pour les temps, *un centimètre* par mètre pour les hauteurs conviennent aux cours d'eau tranquilles.

Pour les comptes rendus annuels des observations hydrométriques dans le bassin de la Seine, l'échelle des temps est de *deux millimètres* par jour.

Au contraire, pour les cours d'eau torrentiels où les observations sont plus fréquentes, il peut être préférable de prendre *cinq centimètres* par jour.

Dans tous les cas, il est rarement nécessaire d'agrandir beaucoup l'échelle des hauteurs, si on veut obtenir un dessin d'ensemble sur lequel la forme générale se perçoive mieux que les oscillations.

Les figures 7 et 8 (page 64) représentent respectivement aux échelles de *un millimètre* par jour et *un centimètre* par mètre, les deux plus grandes crues observées depuis quatre-vingts ans sur la Garonne[1] et sur la Seine[2] ; elles montrent bien quelles différences peut présenter la physionomie des crues, d'un cours d'eau à l'autre. Le mode de représentation adopté dans ces figures, et très fréquemment employé d'ailleurs, revient à supposer que pendant toute la durée de chaque jour, le niveau de l'eau reste horizontal à la hauteur relevée lors de l'observation quotidienne.

On peut aussi, en reliant par un trait continu les points déterminés par ces observations, tracer une véritable courbe sur laquelle on s'applique, notamment, à faire ressortir le

[1]. A Agen, le 24 juin 1875.
[2]. A Paris, à l'échelle du pont d'Austerlitz, le 17 mars 1876.

moment exact où se sont produits les maxima ; ce dernier
mode de représentation se prête mieux aux différents usages

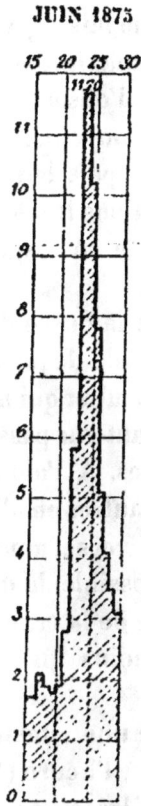

JUIN 1875

Fig. 7

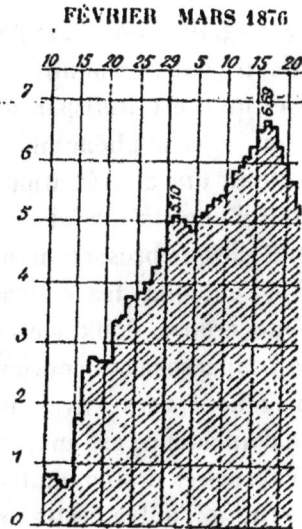

FÉVRIER   MARS 1876

Fig. 8

que l'on peut faire des courbes de hauteur. Il permet des comparaisons et des déductions qui sont particulièrement intéressantes lorsque les courbes se rapportent à des stations échelonnées le long d'un même cours d'eau, dans une partie où il
ne reçoit aucun affluent de quelque importance.

44. Vitesse de propagation des crues. — Si sur ces
différentes courbes, on considère une crue en particulier, on

peut relever l'intervalle de temps écoulé entre la production du maximum aux échelles successives et, en rapprochant cet intervalle de la distance entre les stations correspondantes, déterminer la vitesse de propagation de la crue.

Dans la pratique, cette manière de procéder ne laisse pas de donner lieu à certaines difficultés. L'heure du maximum est, en effet, d'une appréciation très délicate pour l'observateur, parce que ce maximum est fréquemment accompagné d'un étale assez long. Pendant cet étale, où l'onde principale demeure horizontale, il peut se produire encore des variations locales ou temporaires qu'il est indispensable de laisser de côté, quand on veut bien juger le phénomène d'ensemble.

Pour obtenir une appréciation plus exacte de la durée de la propagation d'une station à l'autre, il est préférable de profiter de la similitude que présentent (dans le cas particulier qui nous occupe, bien entendu) les courbes correspondant au passage d'une même crue à deux stations consécutives. A l'aide de calques, on superpose ces courbes les unes aux autres en allant tantôt de l'amont vers l'aval, tantôt de l'aval vers l'amont ; lorsque la coïncidence est aussi complète que possible, la différence des abscisses donne, en temps, la marche de la crue.

D'une crue à l'autre, cette marche varie moins qu'on ne pourrait le supposer de prime abord.

Ainsi la Loire, entre Roanne et Nevers, offre une vitesse de propagation comprise entre 4 et 6 kilomètres à l'heure (45 à 30 heures pour 184 kilomètres), suivant que les crues sont moyennes ou grandes. En général, les grandes crues sont les plus rapides, sans que cette loi soit absolue. Du Bec d'Allier à Châtillon-sur-Loire, c'est-à-dire sur un parcours de 84 kilomètres sans affluents, la vitesse de propagation a paru constante et correspond pour les crues grandes ou petites, à un temps total de 18 heures, soit 4 k. 66 par heure.

Sur la Marne, entre La Chaussée (département de la Marne) et Meaux, les vitesses ci-après ont été constatées :

En 1872...........	2ᵏ63 à l'heure.	
1876...........	2,97	id.
1877...........	2,74	id.
Id...........	3,30	id.

On voit que les écarts ne sont pas bien grands ; il est donc possible de se rendre compte avec une approximation suffisante de la vitesse de propagation des crues, étant donné surtout qu'on borne ses comparaisons à des crues d'une amplitude analogue et généralement à celles qui sont assez fortes pour causer des submersions.

Au-dessous de cette intensité, en effet, les phénomènes locaux prennent souvent une importance telle que l'on n'a plus une onde générale, mais une série de petites ondes dont l'étude serait compliquée et n'aurait pas le même intérêt pratique.

45. Hauteur des crues. — Dans le cas particulier que nous avons exclusivement considéré jusqu'ici, c'est-à-dire celui de stations échelonnées le long d'un même cours d'eau, dans une partie où aucun affluent de quelque importance, où aucun changement notable de régime ne fait sentir son influence, on peut trouver une relation simple soit entre les hauteurs lues aux échelles de deux stations consécutives, soit entre les montées mesurées aux mêmes échelles. On appelle *montée* la quantité dont l'eau s'élève au-dessus du niveau qu'elle avait quand elle a commencé à croître. Ainsi, d'après M. Guillemain, l'observation d'un certain nombre de crues sur la Marne, à La Chaussée et à Damery, a montré que la hauteur dans la seconde de ces localités était égale à la hauteur observée dans la première multipliée par un coefficient compris entre 1,20 et 1,25.

On conçoit aisément que les procédés graphiques peuvent être d'un grand secours dans la recherche de ces relations.

Si, par exemple, on prend pour abscisses les maxima à la station d'amont et pour ordonnées les maxima correspondants.

à la station d'aval, on obtient une courbe représentative de la relation qui peut exister entre ceux-ci et ceux-là.

On peut encore procéder autrement, à la condition d'admettre que la durée de la propagation des crues entre les deux stations est constante et égale à n heures, par exemple. On prend alors pour abscisses les hauteurs observées à l'échelle d'amont et pour ordonnées les hauteurs observées n heures après à l'échelle d'aval ; on a pour chaque crue une courbe qui représente le mouvement des eaux à cette dernière échelle d'après les hauteurs lues à la première. Si les courbes ainsi relevées pour un certain nombre de crues sont suffisamment rapprochées, on peut tracer de sentiment une courbe moyenne qui permet de prévoir l'allure probable d'une crue à la station d'aval d'après les observations faites à la station d'amont [1].

Il nous a paru utile d'entrer dans ces détails un peu minutieux afin de bien montrer tout le parti qu'on peut tirer des courbes de hauteurs d'eau pour l'étude du régime d'un cours d'eau envisagé isolément. Il va de soi que les comparaisons et les déductions auront d'autant plus de chances de conduire à des résultats exacts qu'elles porteront sur des crues de même nature, des crues entraînant débordement, par exemple.

Lorsqu'il s'agit d'un cours d'eau recevant d'importants affluents, l'étude devient plus difficile ; nous aurons à y revenir plus loin.

46. Débit d'un cours d'eau. Jaugeages. — La connaissance des débits d'un cours d'eau à ses différents états constitue, assurément, une donnée d'étude des plus importantes. Les jaugeages ont pour but de déterminer ces débits.

On trouve dans les Traités d'hydraulique [2] l'exposé des diverses méthodes généralement suivies pour jauger les cours d'eau, ainsi que la description des instruments employés à cet

---

1. Voir pour plus de détails sur cette méthode, l'*Étude sur la prévision des crues de l'Yonne, du Serein et de l'Armançon* par M. l'ingénieur Brouillé. *Annales des Ponts et Chaussées*, 1896, 2ᵉ semestre.

2. Notamment dans l'*Hydraulique* de M. l'inspecteur général Flamant.

effet. Nous n'avons donc pas à les reproduire ici ; nous nous contenterons de rappeler brièvement en quoi consistent essentiellement ces méthodes et quels sont les plus usités parmi ces instruments.

Le procédé de jaugeage, dit par déversoir, qui se recommande par son exactitude, n'est applicable, en général, qu'à de très petits cours d'eau. Pour ceux qui nous intéressent, on peut dire que le seul mode de jaugeage praticable consiste à déterminer : 1° La surface de la section transversale du cours d'eau au point considéré, opération relativement facile ; 2° la vitesse moyenne de l'eau dans cette section ; le produit de la surface par la vitesse moyenne donne le débit. La question revient donc à mesurer la vitesse moyenne et le résultat sera d'autant plus précis qu'on aura relevé la vitesse effective de l'eau sur un plus grand nombre de points de la section transversale considérée.

Les instruments servant à mesurer la vitesse de l'eau dans les cours d'eau, sont de deux sortes : les flotteurs et les hydromètres.

Les flotteurs peuvent être disposés de manière à donner soit la vitesse superficielle de l'eau, soit la vitesse moyenne de l'eau sur une verticale, soit encore la vitesse d'un des filets non superficiels situés à une profondeur donnée.

La vitesse des filets liquides placés à une certaine profondeur se détermine plus exactement au moyen des hydromètres. Ces appareils se divisent eux-mêmes en deux catégories, selon que la vitesse de l'eau est mesurée par l'intermédiaire d'un équilibre statique ou d'un équilibre dynamique.

Dans le premier cas, on mesure la pression produite par la vitesse de l'eau sur une surface fixe donnée ; le prototype des appareils de cette catégorie est le tube de Pitot qui a été perfectionné par Darcy et duquel dérive l'hydrotachymètre de M. Ritter.

Dans le second cas, on mesure la vitesse imprimée par l'eau à des organes mobiles ; le type des appareils de ce genre est le moulinet de Woltmann qui a d'abord été amélioré par Baumgarten, mais dont l'usage est surtout devenu beaucoup plus commode et beaucoup plus précis depuis les perfectionnements qu'y a apportés Harlacher.

Le savant professeur à l'École polytechnique de Prague a également indiqué une méthode spéciale pour calculer le débit d'un cours d'eau lorsqu'on a mesuré les vitesses en un grand nombre de points d'une section transversale, mais nous ne nous y arrêterons pas, non plus qu'aux autres procédés en usage pour déduire de ces vitesses la vitesse moyenne applicable au profil considéré.

Malgré l'importance des perfectionnements mentionnés ci-dessus, la détermination du débit d'un cours d'eau reste toujours une opération difficile et délicate. Il faut lire les mémoires publiés par les observateurs les plus autorisés, les Baumgarten, les Darcy, les Harlacher, pour se rendre un compte exact des minutieuses précautions qu'exigent le tarage et l'usage des instruments. D'autre part, si la mesure des vitesses présente de grandes difficultés, leur distribution dans un courant présente de non moins grandes incertitudes. Il faut en conclure que les chiffres relatifs aux débits des fleuves et rivières doivent être admis avec beaucoup de réserve.

47. Courbes des débits. — Quoi qu'il en soit, on peut concevoir que l'on construise une courbe en prenant pour abscisses les intervalles de temps auxquels le débit en un point donné d'un cours d'eau aura été successivement relevé, et pour ordonnées les débits mesurés ; la surface de la courbe fera connaître la quantité totale d'eau qui aura passé en ce point durant la période considérée. Si on admet qu'une courbe de ce genre ait pu être dressée pour une année entière, la hauteur du rectangle de surface équivalente à celle de la courbe et de longueur égale à celle qui représente l'année à l'échelle des abscisses, sera précisément le *module* dont nous avons parlé plus haut (page 34).

Mais le nom de courbe des débits est généralement réservé à celle qui, ayant toujours les débits pour ordonnées, a pour abscisses les hauteurs mesurées à une échelle hydrométrique installée au point considéré du cours d'eau. Cette courbe, qui serait plus exactement nommée *courbe des débits en fonction des hauteurs d'eau*, permet, au moyen d'une simple lecture à l'échelle, de se faire une idée du volume d'eau débité par la rivière à un instant donné. On a quelquefois cherché l'équation algébrique des courbes des débits, mais les formules de ce genre sont, à notre avis, dépourvues de toute utilité pratique. Il sera toujours plus simple et aussi précis de mesurer au décimètre le débit correspondant à une hauteur donnée, d'autant plus qu'il ne faut pas se faire illusion sur l'exactitude des indications qu'on peut obtenir.

En effet, le débit d'un cours d'eau en un point, ne dépend pas seulement de la section mouillée, c'est-à-dire de la hauteur de l'eau, mais aussi de la pente. Or, celle-ci peut être très différente pour une même hauteur d'eau, selon que la rivière est en crue, étale ou en décroissance : elle peut aussi, toujours pour une même hauteur d'eau, être complètement modifiée par le jeu des affluents. Les points ayant la hauteur relevée à l'échelle pour abscisse et le débit pour ordonnée, ne forment donc pas, en réalité, une courbe, mais une zone plus ou moins large et c'est seulement à la suite d'opérations multipliées pendant une longue suite d'années qu'il sera possible de tracer dans la zone une courbe moyenne. Cette courbe elle-même ne sera jamais qu'une approximation, une probabilité, mais si elle est déduite d'un nombre suffisant d'opérations dignes de foi, elle n'en constitue pas moins un élément d'appréciation des plus utiles.

48. Mesure des volumes d'eau débités lors des grandes crues. Formules de M. l'inspecteur général Sainjon pour la Loire. — Nous avons déjà eu occasion d'indiquer les difficultés que rencontre la mesure des volumes d'eau débités par les fleuves et les rivières dans les grandes crues (page 32) ; les méthodes ordinaires de jaugeage cessent alors d'être applicables. Mais d'autres procédés peuvent être employés : nous considérons comme tout à fait opportun de faire connaître ici la méthode qui a été imaginée pour la Loire par M. l'inspecteur général Sainjon et qui est maintenant consacrée par une expérience de près de quarante ans. Nous devons à l'obligeance de M. Guillon, ingénieur en chef de la 3ᵉ section de la Loire, à Orléans, d'avoir eu communication d'une note des plus intéressantes sur cette question ; nous ne saurions faire mieux que d'en reproduire textuellement les parties les plus saillantes.

Tout d'abord, M. Guillon met en évidence l'impossibilité de se servir dans l'espèce des procédés ordinaires de jaugeage.

« En effet, dit-il, l'observation directe des vitesse ne peut « être d'un grand secours dans la question ; en admettant « même que l'installation des appareils soit possible avec la « violen   es courants, ce procédé, pour être utile, exigerait « que l'on observât un grand nombre de vitesses, en différents « points, à différentes profondeurs et *au même instant*. En « admettant encore que l'on soit parvenu à vaincre toutes les « difficultés et que l'on ait un nombre suffisant d'observateurs « exercés et de bons instruments pour pouvoir mesurer *à un* « *moment donné* toutes les vitesses que l'on juge utile de con- « naître, les observations ne conduisent souvent pas à un « résultat utilisable ; en effet, l'écoulement est alors soumis « par la nature même des choses, à des agitations que cons- « tatent les instruments, et l'on ne sait comment faire entrer « dans le calcul de la vitesse moyenne, des observations qui « ne donnent pas clairement des vitesses positives et à peu « près parallèles à la direction générale. En fait, les jaugeages « directs n'ont donné sur la 3ᵉ section de la Loire aucuns « résultats dignes de confiance toutes les fois que les eaux « marquaient plus de 2 mètres aux échelles. »

Voici maintenant comment, dans un rapport du 31 décembre 1860, M. l'inspecteur général Comoy, directeur des études de la Loire exposait la méthode de M. Sainjon.

« Si l'on considère deux points d'un fleuve assez rappro-
« chés l'un de l'autre, *et entre lesquels il n'arrive aucun*
« *affluent*, le débit total de la crue calculé depuis le moment
« où les eaux commencent à croître jusqu'à celui où elles
« cessent de décroître, doit être le même dans les deux
« points.

« *Si un affluent arrive* entre les deux points du fleuve que
« l'on considère, le débit total de l'affluent doit former la dif-
« férence entre les débits totaux du fleuve en aval et en amont
« de l'embouchure de l'affluent. Toutefois, dans les apprécia-
« tions de cette nature, le débit total, soit de l'affluent, soit du
« fleuve ne doit pas être limité au commencement et à la fin
« de chaque crue. Les crues des affluents ne coïncident
« presque jamais avec celles du fleuve. Elles sont presque
« toujours en avance. Pour avoir des éléments comparables,
« on doit alors calculer les différents débits totaux dans la
« période de temps comprise entre le moment où l'eau com-
« mence à croître sur l'affluent, jusqu'à celui où elle cesse
« de décroître sur le fleuve. Ces débits renferment ainsi,
« outre le débit total de la crue proprement dite, un certain
« débit total de l'état ordinaire des eaux qui précède la crue
« du fleuve et qui suit celle de l'affluent ; la durée de l'écoule-
« ment qui donne ces derniers débits dépendant du temps
« plus ou moins grand dont la crue de l'affluent devance celle
« du fleuve.

« Mais reprenons le cas *où aucun affluent n'arrive* entre
« les deux points du fleuve que l'on considère et que j'appel-
« lerai A et B.

« Supposons que l'on construise pour chacun de ces points
« une courbe dont les temps soient les abscisses et dont les
« ordonnées soient les débits correspondants aux diverses
« hauteurs d'eau observées (fig. 9).

« Les aires de ces courbes aMs et $a'M's'$ donnent les débits
« totaux de la crue aux points A et B.

« Supposons en outre que les courbes de débit soient mises
« en corrélation exacte par rapport au temps, c'est-à-dire que
« si le commencement *a* de la crue au point A est séparé de
« l'instant choisi pour origine des coordonnées par le temps *t*,
« le commencement *a'* de la crue au point B soit séparé du
« même instant par le temps *t'* ; de telle manière que *t'* — *t*
« soit exactement le temps qui s'est écoulé entre les instants
« où la crue a commencé à se manifester aux points A et B.

« Si l'on considère ce qui se passe en ces deux points, pen-
« dant un même temps compris dans les deux périodes de
« croissance, entre les instants *cdef* et *c'd'e'f'*, par exemple,

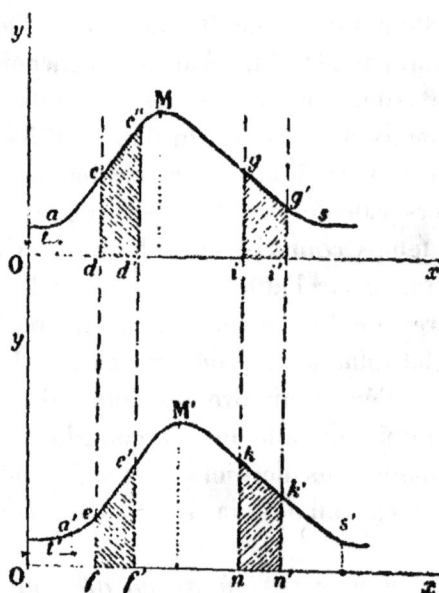

Fig. 9

« le débit total qui s'est écoulé au point A pendant ce temps
« est donné par l'aire *cdd'c'*, et celui qui s'est écoulé au point
« B par l'aire *eff'e'*.

« Ces deux débits ne sont pas égaux ; celui du point A est
« plus grand que celui du point B, et la différence est exacte-
« ment égale au volume d'eau qui s'est emmagasinée dans le

« lit même du fleuve, pendant le temps en question, entre les
« points A et B.

« Si le temps pendant lequel se produisent les débits totaux
« que l'on compare, se trouve dans la période de décrois-
« sance; si, par exemple, les débits sont donnés par l'aire
« $gii'q'$ au point A et par l'aire $knn'k'$ au point B, le débit du
« point A est plus faible que celui qui a lieu au point B, et la
« différence est égale au volume d'eau dont le lit du fleuve
« s'est vidé entre les deux points A et B pendant le temps
« que l'on considère.

« Il est toujours possible, au moyen de profils en long et
« en travers levés dans le lit du fleuve, et des cotes de hau-
« teur observées aux échelles des points A et B, pendant
« toute la durée de la crue, de calculer le volume d'eau qui,
« dans un temps donné, s'est emmagasiné dans le lit du fleuve
« entre les points A et B, ou en est sorti, suivant la période
« de temps que l'on considère.

« Telles sont les diverses relations au moyen desquelles on
« peut déterminer les coefficients de telle formule empirique
« que l'on veut essayer et s'assurer si la formule satisfait ou
« ne satisfait pas aux conditions naturelles de l'écoulement
« des crues.

« La dernière des relations que je viens d'indiquer a en
« outre l'avantage d'introduire dans les calculs un terme qui
« est en dehors de toute hypothèse, à savoir, le volume d'eau
« dont le lit du fleuve se remplit pendant la période de crois-
« sance, ou se vide pendant la période de décroissance. Dans
« ces conditions, les formules qui représentent avec une exac-
« titude suffisante les faits généraux observés aux différentes
« époques des crues ont plus de certitude. Car les résultats
« d'une formule dans laquelle on introduit ainsi un élément
« qui échappe à toute influence de la fonction adoptée, ne
« peuvent être concordants qu'à la condition que la fonction
« convienne aux phénomènes dont on s'occupe.

« M. Sainjon a employé, pour ses calculs, la formule empi-
« rique :

$$Q = m\sqrt{h^3}$$

« dans laquelle Q est le débit par seconde, h la hauteur d'eau
« *au-dessus du fond moyen* du fleuve et m un coefficient
« constant.

« Cette formule n'est autre que celle qu'emploient les ingé-
« nieurs italiens, en supposant que, pour chaque lieu, la
« pente soit constante et entre par suite, ainsi que la largeur
« du fleuve également constante, dans la composition du coef-
« ficient m.

« La formule des ingénieurs italiens se déduit, comme on
« le sait, de celle du mouvement uniforme donnée par Prony,
« en négligeant le terme qui renferme la première puissance
« de la vitesse.

« M. Sainjon a en outre admis, en empruntant sa formule
« empirique au mouvement permanent, que le rayon moyen
« est égal à la hauteur, ce qui est sensiblement vrai dans un
« fleuve comme la Loire où la largeur est si grande par rap-
« port à la hauteur d'eau[1].

« Le coefficient de la formule adoptée par M. Sainjon a été
« calculé pour chaque échelle de la Loire, en aval du Bec d'Al-
« lier et pour l'une des dernières échelles de chacun des grands

1. La formule de Prony est comme on sait,

$$Ri = aU + bU^2;$$

si on néglige le terme qui renferme la première puissance de la vitesse, et si
on admet que $R = h$, elle devient :

$$hi = b_1 U^2;$$

d'où

$$U = \sqrt{\frac{hi}{b_1}}$$

D'autre part, le débit est égal au produit de la surface de la section par la vitesse,

$$Q = lhU = l\sqrt{\frac{i}{b_1}} \times \sqrt{h^3};$$

si on admet que l et i sont invariables, les trois facteurs l, $\sqrt{i}$ et $\sqrt{\frac{i}{b_1}}$ peuvent être compris dans une constante unique et on a la formule

$$Q = m\sqrt{h^3}.$$

« affluents, en se servant des diverses conditions ci-dessus
« énoncées. Quelques-uns de ces coefficients ont été détermi-
« nés au moyen de plusieurs crues d'importance différente,
« et les diverses valeurs ainsi obtenues n'ont présenté que de
« très légères variations. »

On aura une idée du travail accompli et du service rendu
par M. Sainjon, quand on saura qu'il n'a pas établi moins de
49 formules applicables chacune à un poste d'observation du
fleuve ou de ses grands affluents. Nous nous contenterons d'en
rapporter ici deux, applicables : la première, à la Loire à
Cuissy, à 56 kilomètres à l'amont d'Orléans (échelle de Cuissy)

$$Q = 359 \sqrt{(c - 0,25)^3} \; ;$$

la seconde, également à la Loire, à Orléans (échelle principale
d'amont du pont) [1]

$$Q = 326 \sqrt{(c + 0,29)^3} \; ;$$

c exprimant la cote de hauteur d'eau lue à l'échelle indiquée
pour chaque poste d'observation. Les hauteurs h qui entrent
dans la formule générale ne sont pas les cotes mêmes observées aux échelles, mais les hauteurs au-dessus du fond moyen
du cours d'eau ; aussi ces cotes sont-elles augmentées ou diminuées d'une quantité constante pour chaque échelle, suivant
la position moyenne du fond du lit par rapport au zéro de l'é-
chelle.

Les formules de M. Sainjon, en raison même de la méthode
qui a servi à leur établissement, ne sont applicables que pour
les grandes hauteurs, à partir de 3m00 par exemple, à l'échelle
d'Orléans ; cependant on peut en continuer l'usage jusqu'à
2m50 et même 2m00, mais avec de moindres garanties d'exactitude. Au-dessous de ce niveau les inégalités du lit, les dis-

---

1. Le calcul des coefficients de débit de la Loire, pour ces deux stations de
Cuissy et d'Orléans, a été donné comme type d'application de la méthode, dans
un rapport de M. Sainjon en date du 26 juillet 1859. Le calcul, au moyen du
coefficient de débit de la Loire à Orléans, des coefficients qui conviennent à
d'autres points du fleuve, est également donné dans le même rapport.

positions locales ne sont plus négligeables, et les formules ne peuvent plus s'appliquer.

49. Observations pluviométriques. — Il y a, si manifestement, entre la quantité d'eau de pluie tombée dans le bassin d'un cours d'eau et la quantité d'eau débitée par ce cours d'eau, rapport de cause à effet qu'il serait impossible, dans un chapitre intitulé *Opérations et observations pour l'étude des cours d'eau et de leur régime*, de ne pas parler, fût-ce sommairement, des observations pluviométriques.

Les observations qui ont pour but de mesurer les quantités de pluie tombée, les observations pluviométriques, se font aujourd'hui dans un très grand nombre de stations en France. On emploie à cet effet des instruments dénommés Udomètres ou Pluviomètres, à la description desquels nous ne nous attarderons pas ; elle se trouve dans les divers traités de météorologie [1] auxquels nous ne pouvons que renvoyer le lecteur. Nous nous occuperons seulement des constatations faites.

50. Distribution des pluies. — Les pluies jettent sur le sol des quantités d'eau qui, superposées, formeraient annuellement une couche dont l'épaisseur varie suivant les localités et les années ; l'épaisseur moyenne de cette couche calculée pour un nombre suffisamment grand d'années est une des caractéristiques du climat de chaque localité.

En général, les pays montagneux reçoivent plus d'eau que les pays de plaine. La loi de Belgrand, qui se vérifie très bien pour le bassin de la Seine et qui est très suggestive, est ainsi conçue : *En général, la quantité annuelle de pluie dans un même bassin, varie en sens inverse de la distance à la mer, puis dans le même sens que l'altitude, du moins jusqu'à une certaine limite de celle-ci.* Dans le bassin de la Seine, la hauteur de pluie

1. On trouve dans l'*Hydraulique fluviale* de M. l'inspecteur général Lechalas la description du pluviomètre de l'Association scientifique de France, qui est le plus usité.

tombée annuellement atteint à peu près son minimum à Paris où elle n'est que de 0m58 tandis qu'aux Settons, dans le Morvan, presque à la ligne de faite, elle s'élève à 1m78.

Mais ces moyennes annuelles n'ont pas de signification au point de vue des variations de l'état des cours d'eau. Ce qui occasionne les crues, ce qui produit les inondations, c'est la chute subite d'une grande quantité d'eau Si nous continuons à prendre comme exemple le bassin de la Seine, nous constaterons qu'à Paris la plus grande quantité de pluie observée en 24 heures, depuis trente ans, a été de 53 millimètres (27 juillet 1872) et que les orages les plus violents n'y donnent guère que 20 à 30 millimètres. Même sur les sommets du Morvan, la crue exceptionnelle de septembre 1866 n'a été produite que par 143 millimètres tombés en trois jours, dont 100 millimètres en 24 heures [1].

Tout autre est le régime pluviométrique des régions montagneuses du centre et du midi de la France. A Perpignan, une pluie presque continue de 90 millimètres en 24 heures est un fait des plus ordinaires. Lors des grandes pluies qui ont amené les inondations de la Garonne en 1875, on a constaté dans la nuit du 22 au 23 juin une chute d'eau de 0m166 à Bagnères-de-Bigorre et l'ingénieur en chef Michelier estimait que, dans la vallée de Campan, la pluie avait été beaucoup plus intense. A Barèges, dans la matinée du 23, on a recueilli, d'après le même auteur, une hauteur de 0m230.

Enfin, l'ingénieur en chef de Mardigny rapporte, d'après M. de Montravel, qu'en 1827, la ville de Joyeuse, dans l'Ardèche, a reçu 2m193 de pluie dans l'année, dont 0m974 dans le seul mois d'octobre et 0m792 le 9 de ce même mois, dans l'espace de 21 heures. En 1890, à l'époque de la dernière grande inondation de l'Ardèche, on a observé, du 19 au 23 septembre, à

1. Ces chiffres, comme presque tous ceux qui sont mentionnés dans le même article, sont empruntés au mémoire de M. l'ingénieur en chef G. Lemoine inséré dans les *Annales des Ponts et Chaussées*, 1896, 2e semestre, sous le titre: *Essai sur le problème de l'annonce des crues pour les rivières des départements de l'Ardèche, du Gard et de l'Hérault*.

Montpezat, 971 millimètres, à Vialas, 885 millimètres. Et ces pluies extraordinaires ne sont pas des phénomènes purement locaux et accidentels ; elles s'étendent à toute la région des Cévennes, mais seulement dans les parties voisines de la ligne de partage.

Encore si l'averse se répartissait également entre les 24 heures du jour pendant lequel se constatent ces pluies torrentielles, mais les choses ne se passent pas ainsi et la chute d'eau a dans la journée même des intensités fort diverses. C'est ainsi qu'à Paris, où la plus grande quantité de pluie observée en 24 heures depuis trente ans n'a pas dépassé 53 millimètres, on admet, dans la pratique du service des égouts, qu'il peut tomber jusqu'à 0^m00075 [1] de pluie par minute, ce qui correspondrait à 1^m08 en 24 heures.

On voit, par ces exemples, comme les quantités de pluie qui tombent sont inégalement réparties.

51. Coefficient d'écoulement. — Il peut être intéressant de comparer la pluie tombée sur une région, pendant une période déterminée, et le volume débité, pendant le même temps, par les cours d'eau qui en sortent : le rapport du second de ces cubes d'eau au premier s'appelle *coefficient d'écoulement.* Il varie naturellement avec le degré de perméabilité des terrains ; tandis que dans une année moyenne, les granites du Morvan écoulent environ 0,75 de la pluie tombée à leur surface, cette proportion descend à 0,17 ou même 0,14 pour le bassin de l'Eure. Le coefficient d'écoulement varie aussi d'une saison à l'autre ; il est beaucoup plus faible pendant le semestre chaud (1er mai-30 octobre) que pendant le reste de l'année. C'est ainsi que si on compare le volume d'eau qui passe sous les ponts de Paris à celui de la pluie qui tombe

1. En réalité, ce chiffre est quelquefois dépassé, et de beaucoup. Le 20 septembre 1867, on a constaté la chute de 0^m041 de pluie en 20 minutes, soit 0^m00205 par minute, ce qui correspondrait à 2^m952 en 24 heures.

sur le bassin de la Seine, en amont de cette ville, pendant l'un et l'autre semestres, on trouve que la proportion est de

0,43 pour le semestre froid,

0,17 seulement pour le semestre chaud,

0,28 pour l'année entière.

Les pluies d'été ne profitent pas aux cours d'eau, suivant la remarque si justement formulée par Dausse.

Mais pas plus que les moyennes annuelles de pluie tombée, ces coefficients calculés sur de longues périodes n'ont de signification au point de vue des variations de l'état des cours d'eau. Ce qui serait significatif ce serait de savoir, après la chute subite d'une grande quantité de pluie, quelle portion va se rendre immédiatement au cours d'eau et y provoquer une crue plus ou moins forte. Mais dans cet ordre d'idées on se heurte à des difficultés le plus souvent insurmontables.

Tout d'abord, la transmission de la pluie qui se déverse au cours d'eau chargé de l'écouler n'est pas instantanée. Il se fait pendant le temps plus ou moins long que l'eau ruisselle à la surface du sol, et alors même que celui-ci serait complètement imperméable, une sorte de compensation grâce à laquelle le volume débité par le cours d'eau qui sert d'émissaire peut subir des oscillations notablement moindres que la quantité d'eau tombée.

La mesure de cette atténuation est inconnue ; nous en avons toutefois une limite supérieure extrême dans ce qui se pratique à Paris pour les égouts. Là, le terrain sur lequel tombe la pluie peut être considéré comme tout à fait imperméable ; et, par les toits, les cours et les rues, l'eau se rend aussi rapidement que possible à l'égout qui doit l'écouler. On est donc à la limite des exigences en matière d'écoulement des eaux pluviales et la règle suivie donne bien un maximum. Cette règle est que l'égout doit pouvoir débiter par seconde *le tiers* de ce qui tombe, par seconde, sur le bassin qu'il dessert. On admet qu'il peut tomber au maximum 0^m00075 de pluie par minute, ce qui correspond à 125 litres par seconde et par hectare, il s'ensuit que l'égout doit pouvoir débiter autant de fois 42 litres par seconde qu'il y a d'hectares dans le bassin qu'il assèche. Cette règle n'est, assurément, pas susceptible d'application aux cours d'eau naturels, mais elle donne une idée de ce qui se passe sur un bassin de faible étendue et parfaitement imperméable.

C'est précisément quand on veut se rendre compte de la faculté d'absorption des terrains exposés à la pluie que l'on rencontre les plus sérieuses difficultés. En effet, ainsi que nous l'avons déjà fait remarquer (page 25), la perméabilité ou l'imperméabilité du sol sont toujours des choses relatives. Tel terrain, très absorbant, se comportera comme un terrain imperméable, s'il est saturé ou gelé. Tel autre terrain imperméable, s'il est couvert de forêts et d'étangs, aménagera les eaux à la façon d'un sol légèrement perméable. En fait, pour un même cours d'eau, les hauteurs de crue produites par la chute d'une même quantité d'eau tombant dans des conditions identiques ne sont généralement pas comparables.

§ 3

PRÉVISION DES CRUES ET DES INONDATIONS

52. Importance de la question. — Les observations faites, comme il a été expliqué au paragraphe précédent, tant sur la hauteur que sur le débit des cours d'eau et sur les quantités de pluie tombée, n'ont pas seulement une valeur statistique et documentaire ; elles peuvent servir à prévoir et à annoncer à l'avance, dans une certaine mesure, les variations qui doivent se produire dans l'état des cours d'eau. On conçoit facilement l'intérêt qui s'attache à ces prévisions.

S'agit-il simplement d'une crue ordinaire ?

C'est d'abord la *batellerie* qui peut profiter d'un gonflement des eaux pour franchir un passage difficile, organiser un mode de traction en rapport avec le courant qui résultera de la crue, adopter, en un mot, en vue des circonstances, les dispositions les plus avantageuses ou les moins nuisibles ; ce sont ensuite les *riverains* qui sont mis à même d'éviter les pertes que pourrait causer un débordement inopiné ; c'est enfin, *l'administration* elle-même qui, dans les travaux qu'elle exécute, a besoin d'être prévenue à l'avance des variations de niveau susceptibles d'entraver ses chantiers.

Mais s'il s'agit d'une crue extraordinaire, d'une de ces crues qui causent l'inondation de territoires considérables, la prévision du phénomène prend véritablement le caractère d'utilité publique, en permettant d'éviter ou au moins d'atténuer les désastres qui peuvent être la conséquence de ce phénomène.

Il paraît inutile d'insister, mais il nous est agréable de pouvoir dire tout de suite que, dans cet ordre d'idées, le service des Ponts et Chaussées, en France, est arrivé à des résultats remarquables.

53. Méthode générale de prévision. — La première pensée qui a dû, tout naturellement, venir à l'esprit, est de chercher une relation entre la quantité de pluie tombée dans le bassin d'un cours d'eau et l'importance de la crue qui en est la conséquence, mais, ainsi que nous l'avons déjà fait pressentir, ces recherches sont, jusqu'ici du moins, restées vaines, sauf dans des cas tout particuliers. Ceci étant, *il faut attendre que la crue se soit dessinée à l'origine des vallées, pour déduire des premières manifestations du phénomène ce qu'il pourra être dans leurs parties moyenne et basse.*

Nous avons vu plus haut comment, lorsqu'il s'agit d'un cours d'eau sans affluent de quelque importance, on peut déduire des observations faites sur une crue à une station supérieure, ce que deviendra cette crue à une station inférieure. Mais ce n'est là qu'un cas particulier ; dans le cas ordinaire, celui d'un cours d'eau avec affluents importants, la question se complique singulièrement.

La déduction se fait généralement, alors, au moyen de règles empiriques établies d'après les résultats des observations antérieures. A raison même de cette circonstance, ces règles n'obéissent à aucune loi générale ; elles varient d'un bassin à l'autre et sont même susceptibles de se modifier au fur et à mesure que l'expérience en révèle la convenance.

Cependant, le problème pourrait être résolu d'une manière scientifique, au moyen des courbes des hauteurs et des courbes des débits en fonction des hauteurs, en admettant, bien entendu, que les unes et les autres aient pu être dressées avec une exactitude suffisante pour tous les points où elles sont nécessaires.

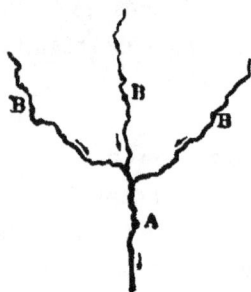

Fig. 10

Considérons, en effet (fig. 10), une station A sur un cours d'eau, et des stations B établies en amont, tant sur le cours d'eau lui-même que sur ses affluents de quelque importance, à des distances respectives telles que pour toutes ces stations la durée de propagation de B en A soit la même, 48 heures par exemple. Aujourd'hui à midi, on relève les hauteurs d'eau aux diverses stations B et on cherche sur les courbes des débits respectives, les débits correspondants. La somme de ces débits, majorée en tant que de besoin pour tenir compte de l'eau qui peut parvenir aux différents thalwegs dans l'intervalle des stations, donnera le débit en A après-demain à midi. En se reportant à la courbe des débits de la station A, on en déduira la hauteur qui devra être relevée à ladite station le même jour et à la même heure.

Cette solution n'est, d'ailleurs, pas restée à l'état de spéculation pure ; elle a été appliquée à l'Elbe et à ses affluents en Bohême ; mais, sauf erreur, cette application est, jusqu'ici, restée unique.

54. Prévision des crues de l'Elbe en Bohême. — Le bassin supérieur de l'Elbe constitue un vaste cirque dont les limites se confondent à peu près avec celles de la Bohême. La navigation y présente une grande importance et dépassait déjà 2.000.000 de tonnes, à Tetschen, à la frontière de la Bohême et de la Saxe, lorsque nous y sommes passé, en 1888.

D'autre part, la région que l'Elbe traverse entre Aussig, le grand port d'embarquement des lignites de Bohême, et Dresde, sur un parcours de 110 kilomètres, est montagneuse ; la pente est forte, les rapides sont nombreux, les crues subites et vio-lentes et le régime du fleuve très irrégulier, tantôt assez calme, tantôt presque torrentiel. L'importance de la navigation et ces variations du régime donnaient un double intérêt à l'annonce des crues de l'Elbe en Bohême ; voici comment Harlacher et Richter[1] ont résolu le problème.

Fig. 11

En amont d'Aussig, le bassin de l'Elbe se partage en trois bassins secondaires, ceux de la Moldau, de la petite Elbe et de l'Eger (fig. 11). En des points convenablement choisis sur chacun de ces cours d'eau, Prague sur le premier, Brandeis sur le deuxième et Laun sur le troisième, Harlacher a déterminé la courbe des débits en fonction des hauteurs ; il en a fait autant à Tetschen où toutes les eaux sont réunies. Il a effectué les jaugeages tantôt avec le moulinet perfectionné par lui, tantôt au moyen de flotteurs de surface, en adoptant comme vitesse moyenne, sur une même verticale, 0,85 de la vitesse superficielle.

Ces éléments ainsi connus, Harlacher et Richter, ont con-sidéré que la somme des débits des trois affluents à un mo-

1. Harlacher et Richter, *Zeitschrift für Bauwesen*, 1887.

ment donné, était égale à la quantité d'eau qui serait débitée à Tetschen 24 heures environ après. Toutefois, ils ont admis que pour tenir compte de l'appoint fourni par le territoire situé en dehors des bassins de ces trois affluents, territoire qui représente environ 1/10 du bassin de l'Elbe en amont de Tetschen, on devrait augmenter de 1/10 la somme des trois débits partiels.

Connaissant les hauteurs d'eau aux postes d'observation établis sur les trois affluents, on en déduit les débits ; on en fait la somme ; on majore le total de 1/10 ; et on a ainsi le débit de l'Elbe à Tetschen. En se reportant alors à la courbe des débits établie pour ce dernier point, on obtient la hauteur probable à Tetschen, puis, par comparaison, dans les autres localités situées sur le cours de l'Elbe.

Les prévisions atteignent un grand degré de précision et devancent la crue d'environ *24 heures* à Aussig et à Tetschen ; *d'un jour et demi* à Dresde. Elles ne s'étendent pas au delà de cette dernière ville, en aval de laquelle le fleuve coule dans une vaste plaine à faible pente et change de régime. Elles sont portées par la voie du télégraphe dans les localités intéressées et affichées, avec les hauteurs des jours précédents, à proximité des ports fluviaux.

Ces résultats sont, à coup sûr, fort remarquables. Mais il faut reconnaître que la forme du bassin, la coïncidence des crues des affluents supérieurs, la concentration de toutes les eaux en amont d'Aussig, enfin la faible longueur du parcours auquel s'appliquent les prévisions, constituent un ensemble rare de circonstances favorables qui ont singulièrement contribué au succès.

55. Prévision des crues dans le bassin de la Seine. — Dès 1854 (trente ans environ avant les travaux d'Harlacher et de Richter), la prévision des crues dans le bassin de la Seine, avait été organisée par Belgrand, d'après des principes tout différents qu'il importe de rappeler ici.

Nous avons vu plus haut comment les cours d'eau sont alimentés par les eaux pluviales.

Lorsqu'une pluie se produit, une partie de l'eau tombée, variable suivant le degré de perméabilité des terrains, pénètre dans le sol et, après y avoir cheminé plus ou moins longtemps, va sortir aux points de plus facile émergence, sous forme de sources qui livrent aux cours d'eau, avec lenteur et mesure, ce qu'on peut appeler leur *alimentation permanente*. Une autre partie est rendue immédiatement à l'atmosphère à l'état de vapeur ou est absorbée par la végétation. Le reste ruisselle à la surface du sol et de tous les points des coteaux mouillés, roule à la fois jusqu'au thalweg où, par cela même, se produit une intumescence qui constitue une crue. Dans chaque crue, il faut distinguer deux parties séparées par le point le plus élevé ou *maximum* : d'une part, la *montée* ou période de croissance ; d'autre part, la *décroissance*. La montée totale est la différence de niveau entre le maximum et la cote constatée à l'origine du mouvement ascensionnel.

L'intumescence dont nous avons parlé se produit vite, prend de grandes proportions et disparaît presque aussi rapidement, lorsque le sol de la vallée dans laquelle elle est née n'est pas susceptible d'absorber la pluie ; en d'autres termes, les terrains imperméables donnent naissance à des crues subites et hautes. Les terrains essentiellement perméables, au contraire, se bornent à maintenir pendant un espace de temps beaucoup plus long et à un niveau moyennement élevé, les cours d'eau qui les traversent.

Lorsqu'une vallée renferme, et c'est le cas général, des terrains perméables et des terrains imperméables, ce sont ces derniers qui produisent la crue, tandis que les premiers se bornent à la *soutenir*, suivant l'expression de Belgrand. C'est donc aux terrains imperméables qu'il faut demander les données destinées à asseoir les prévisions, c'est dans les vallées imperméables qu'il faut aller constater les premières manifestations de la crue pour en déduire ce qu'elle deviendra ultérieurement.

Il y a, d'ailleurs, un avantage évident à faire ces constatations le plus loin possible du point pour lequel les prévisions doivent être établies. Celles-ci n'ont, en effet, d'utilité que si elles peuvent être connues assez longtemps à l'avance, et cette dernière condition ne peut être remplie que si la crue met un temps suffisant à se propager des premières stations d'observations à la station de prévision.

En organisant la prévision des crues dans le bassin de la Seine, Belgrand avait Paris pour principal objectif. Conformément aux principes énoncés ci-dessus, il a négligé les terrains perméables et s'est borné à envisager près de leur origine, non loin de la ligne de faîte, certains cours d'eau appartenant à des vallées imperméables. Il les a considérés comme des *indicateurs*, comme des *témoins* de ce qui se passe dans toute l'étendue imperméable du bassin, et en comparant leurs hauteurs à celle de la Seine à Paris, il en a déduit une loi empirique rattachant les *montées* de ces affluents à celle du fleuve qui les reçoit tous, en dernière analyse.

D'après cette loi, la *montée* probable de la Seine à Paris, au pont d'Austerlitz, s'obtient en multipliant par 2 la moyenne des *montées* totales observées aux huit échelles hydrométriques suivantes : Yonne à Clamecy, Cousin à Avallon, Armançon à Aisy, Marne à Chaumont, Marne à Saint-Dizier, Aisne à Sainte-Menehould (pont des Bois), Aire à Vraincourt (près de Clermont-en-Argonne), Saulx à Vitry-en-Perthois (voir la planche I, page 88).

Quand les meulières des plateaux de la Brie sont saturées d'eau et qu'il est permis de considérer toute cette région comme imperméable, il peut être avantageux de remplacer les montées de l'Aisne à Sainte-Menehould et de la Saulx à Vitry-en-Perthois, par celle du Grand-Morin à Pommeuse : on double alors la moyenne de sept observations, au lieu de huit.

On ne manquera pas de remarquer que l'Aisne et l'Aire sont des affluents de l'Oise qui se jette dans la Seine à l'aval de Paris et, par conséquent, n'ont pas d'influence directe sur le débit du fleuve dans la traversée de cette ville. Le caractère

Pl. I. CARTE DU BASSIN DE LA SEINE

PARTIE A L'AMONT DE PARIS.

d'*indicateurs*, de *témoins*, des cours d'eau considérés par Belgrand se trouve ainsi mis en pleine lumière.

Le coefficient 2 se réduit à 1,55 lorsque la crue dont on veut prévoir le maximum est une crue nouvelle se greffant sur l'ancienne pendant la décroissance de celle-ci.

On pourra chercher et on cherche à améliorer les règles de Belgrand ; mais l'expérience des années qui se succèdent fait ressortir de plus en plus l'heureuse inspiration du génie pratique qui dominait chez cet illustre ingénieur.

Des règles semblables ont été établies par M. l'ingénieur en chef G. Lemoine, sous la direction de Belgrand pour les principaux affluents de la Seine.

La montée de l'*Aisne à Pontavert*, près du confluent de la Suippe, est considérée comme devant être égale à la montée de l'Aisne à Sainte-Menehould, augmentée de la moitié de la montée de l'Aire à Vraincourt. La montée de l'*Oise à Compiègne* se calcule en ajoutant la moitié de la montée observée à Hirson et les 4/10 de la montée qui se prépare sur l'Aisne à Pontavert, etc....

Les chiffres obtenus sont transmis aux diverses administrations intéressées, aux journaux et au public. C'est, habituellement, de deux à quatre jours avant son arrivée que le maximum est annoncé dans chaque localité. Ce délai varie nécessairement avec la distance qui sépare ces localités de la source et avec la rapidité des communications postales et télégraphiques.

56. Prévision des crues de la Loire (2° section). — M. l'inspecteur général Guillemain a beaucoup étudié la question de la prévision des crues dans la 2° section de la Loire (partie comprise entre Roanne et Briare). Comme point de départ de ces recherches, il avait choisi, sur le fleuve et ses principaux affluents, des stations placées de telle sorte que les eaux mettent à peu près le même temps (trente-six heures, par exemple) à parcourir la distance qui sépare ces stations du point pour lequel les prévisions étaient à faire.

Pl. II. CARTE DU BASSIN DE LA LOIRE.

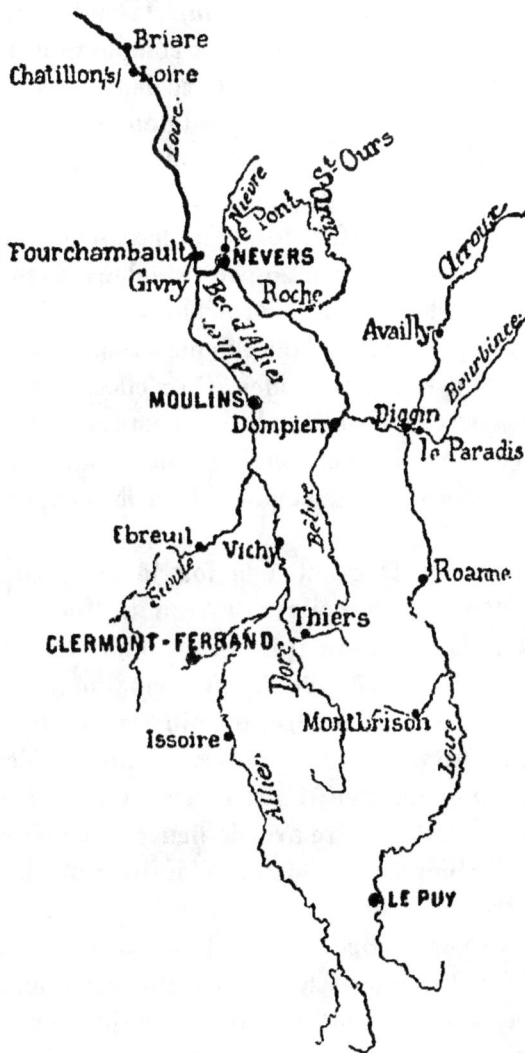

Briare
Chatillon s/ Loire

Loire

Nièvre
le Pont
St Ours

Arroux

Fourchambault
NEVERS
Givry
Roche

Bec d'Allier
Allier

Availly

Bourbince

MOULINS
Dompierre
Digoin
le Paradis

Besbre

Ebreuil
Vichy

Sioule

Roanne

Thiers

CLERMONT-FERRAND

Dore

Montbrison

Issoire

Allier

Loire

LE PUY

DEUXIÈME SECTION. — DE ROANNE A BRIARE.

En procédant de cette manière, on connaît à un instant donné les diverses hauteurs *composantes* qui doivent avoir, trente-six heures après, pour *résultante*, la hauteur cherchée. Il reste alors à affecter chaque hauteur composante d'un coefficient qui représente sa part d'influence dans la hauteur résultante ; ce coefficient se détermine par tâtonnement, en étudiant chaque inondation dont on a les éléments. On prend, d'ailleurs, le terme de comparaison le plus rationnel que l'on peut. Ce sera, par exemple, la surface totale du bassin de chaque cours d'eau, si tous les bassins sont à peu près dans les mêmes conditions, au point de vue de la perméabilité ; ce sera la surface des terrains imperméables dans chaque bassin, si des étendues importantes sont très perméables. On s'efforcera, en un mot, d'adopter les bases qui ont le plus de chances d'être vraies et on les corrigera empiriquement à chaque inondation, pour les amener à satisfaire le mieux possible à la moyenne des cas observés.

C'est ainsi qu'envisageant à la fois la Loire supérieure à Digoin, la Bèbre à Dompierre, l'Aron à Roche, l'Allier à Vichy, la Sioule à Ebreuil (pl. II), et multipliant la hauteur de ces cours d'eau, relevée à un même moment, chacune par un coefficient fixe, M. Guillemain était arrivé à former une courbe hydrométrique de prévision qui ne s'écartait pas trop de la réalité constatée 24 à 36 heures après au Bec d'Allier, au confluent de cette rivière avec le fleuve. La prévision de la cote au Bec d'Allier servait ensuite à fournir celle de Châtillon-sur-Loire, 18 à 20 heures après, en sorte que, dans cette contrée où la Loire développe d'habitude son onde la plus forte en temps de débordement, les avertissements pouvaient parvenir deux jours à l'avance, ce qui constituait un immense avantage.

C'est, en somme, on l'aura sans doute déjà remarqué, une manière de procéder tout à fait analogue à celle que nous avons vu employer pour la prévision des crues de l'Elbe, en Bohême. La différence consiste en ce que, sur l'Elbe, la part d'influence de chaque hauteur composante dans la hauteur ré-

sultante est déterminée mathématiquement, au moyen des
courbes des débits, tandis qu'ici elle se mesure par un coefficient fixé empiriquement.

Les recherches de M. l'inspecteur général Guillemain ont
été depuis lors poursuivies par MM. les ingénieurs en chef
Moreau et Mazoyer. Aujourd'hui, la prévision des crues sur la
2ᵉ section de la Loire se fait, pour une station déterminée, au
moyen de la hauteur du fleuve observée (ou calculée) à une
station supérieure, et de celles des affluents compris entre ces
deux stations, ces dernières hauteurs étant affectées de coefficients sensiblement proportionnels à la surface des bassins
correspondants.

C'est ainsi que le maximum à Nevers se déduit du maximum
à Digoin et de l'état des affluents ci-après : l'Arroux à Availly,
la Bourbince au Paradis, la Bèbre à Dompierre, l'Aron à Roche
et la Nièvre au Pont-Saint-Ours (voir la planche II, page 90).
L'expérience montre que la durée de la propagation de ce maximum est de 36 heures en moyenne, de telle sorte que les avertissements peuvent généralement se faire en temps opportun.

Au Bec d'Allier, le maximum est déduit de celui de la Loire
à Nevers et de celui de l'Allier à Moulins ; mais il y a là une
particularité qu'il importe de signaler. Moulins est assez éloigné du confluent pour qu'on puisse attendre que le maximum
s'y soit produit et se servir de la cote observée ; Nevers est, au
contraire, trop rapproché du confluent pour qu'on puisse utilement se servir de la cote observée ; il faut faire entrer en ligne
de compte la cote prévue, calculée d'après la règle exposée ci-
dessus.

Pour Châtillon-sur-Loire, le fleuve ne recevant entre cette
station et le Bec d'Allier que des affluents sans importance, la
prévision se fait simplement d'après le maximum du Bec
d'Allier.

En rapprochant les observations faites pendant un grand
nombre de crues, on peut établir des barèmes ou des formules
algébriques, et en pareil cas, l'emploi des procédés graphiques

est susceptible de rendre de grands services, comme le montrent les intéressantes applications qu'en a faites M. l'ingénieur en chef Mazoyer à ces mêmes crues de la Loire [1].

Prenons pour exemple la détermination du maximum probable du fleuve au Bec d'Allier ; ainsi que nous l'avons dit plus haut, il est fonction des maxima de la Loire supérieure à Nevers et de l'Allier à Moulins. Si les trois maxima correspondant à une même crue sont pris comme coordonnées rectangulaires d'un point dans l'espace (x maximum à Nevers, y maximum à Moulins, z maximum au Bec d'Allier), le lieu des points similaires est une surface dont l'équation est $z = f(x,y)$. Cette fonction peut être considérée comme connue d'après l'ensemble d'une centaine de crues observées, et la surface sera commodément représentée par les courbes de niveau $f(x,y) = 1$, $f(x,y) = 2$, etc... (fig. 12), que l'on trace d'après les observations, en ayant recours à quelques interpolations. Dès lors, il est aisé de déterminer immédiatement la valeur de z correspondante à des valeurs données de x et de y ; une simple lecture suffira.

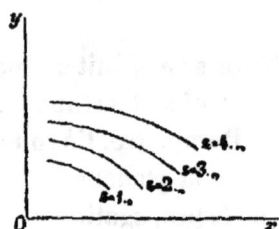

Fig. 12

57. Prévision des crues de la Loire (3ᵉ section). — Sur la 3ᵉ section de la Loire (de Briare aux ponts de Nantes), le service d'annonce des crues fonctionne dans des conditions spéciales qui méritent une mention particulière, il donne chaque jour, pour les deux jours suivants, la prévision des cotes de hauteur d'eau aux échelles du fleuve. C'est M. l'inspecteur général Sainjon qui a posé les principes, établi le système, dressé les tables dont il sera parlé plus loin ; c'est son successeur, M. l'ingénieur en chef Guillon [2], qui a assuré

1. *Annales des Ponts et Chaussées*, 1890, 2ᵉ semestre.
2. À l'obligeance duquel nous devons les très intéressants renseignements consignés ci-après.

PL. III. CARTE DU BASSIN DE LA LOIRE.

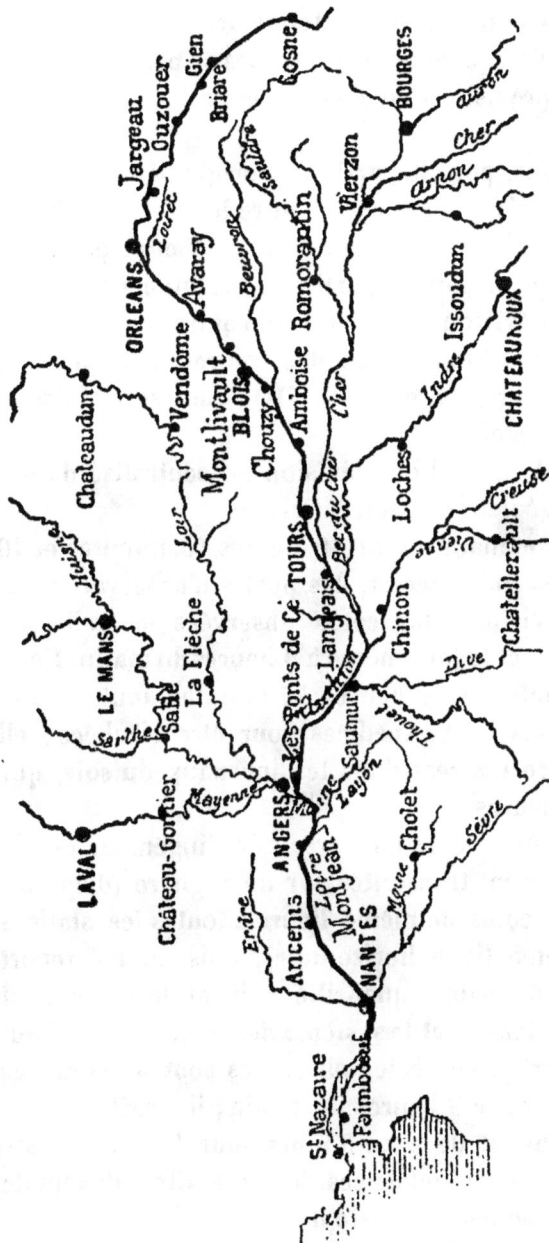

ORLEANS
Jargeau
Ouzouer
Gien
Briare
Cosne
BOURGES
auron
Cher
argon
Vierzon
Sauldre
Beuvron
Loiret
Avaray
Vendôme
Montlivault
BLOIS
Chouzy
Amboise
Romorantin
Indre
Issoudun
CHATEAUNEUF
Loir
Châteaudun
Cher
Bec du Cher
Loches
Creuse
Huisne
LE MANS
La Flèche
Les Ponts de Cé
TOURS
Langeais
Indre
Chinon
Vienne
Châtellerault
Sarthe
Sarthe
Dive
LAVAL
Château-Gontier
Mayenne
ANGERS
Saumur
Thouet
Ancenis
Erdre
Loire
Montjean
Layon
Cholet
Mayne
Sèvre
NANTES
St Nazaire
Paimbœuf

TROISIÈME SECTION. — DE BRIARE AUX PONTS DE NANTES.

le fonctionnement officiel du service en poussant tous les détails au point de perfectionnement qu'ils présentent aujourd'hui. Voici comment les choses se passent.

Les prévisions sont faites pour les échelles régulatrices, savoir :

Orléans, pour la partie de l'origine au confluent du Cher ;

Langeais, pour la partie entre le Cher et la Vienne ;

Saumur, pour la partie entre la Vienne et la Maine ;

Montjean, pour la partie de la Maine à Nantes exclus.

Les prévisions sont faites, en outre, pour d'autres échelles à raison de l'importance des centres, notamment pour Gien, Blois, Tours, Ancenis (pl. III) ; elles se déduisent facilement des précédentes.

Tout le travail de prévision est centralisé dans les bureaux de l'ingénieur en chef, à Orléans.

Chaque matin entre 10 heures 15 minutes et 10 heures 45 minutes, on y reçoit, des postes d'observations utilisés pour les prévisions, les cotes observées la veille à midi et à 4 heures et le jour même à 8 heures du matin. Entre 11 heures 15 minutes et 11 heures 45 minutes, toutes les dépêches de prévisions sont expédiées pour être affichées ; elles peuvent ainsi être insérées dans les journaux du soir, qui paraissent vers 5 heures.

Les cotes reçues au bureau de l'ingénieur en chef sont immédiatement transcrites sur un registre (disposé de manière que les cotes de même heure à toutes les stations soient sur une même ligne horizontale), puis on les reporte sur une feuille de papier quadrillé suivant le système duodécimal, pour les temps, et le système décimal, pour les hauteurs d'eau. Les courbes des cotes observées sont ainsi tracées jusqu'au jour même, à 8 heures du matin ; il s'agit alors de les pousser en avant de 2 ou 3 jours pour les postes correspondant aux échelles régulatrices. Voici, à titre d'exemple, comment on procède pour le poste d'Orléans.

La cote de l'Allier à Moulins, le matin même à 8 heures,

et celle de la Loire supérieure, à Digoin, la veille à 2 heures du soir, déterminent la cote de la Loire à Orléans pour le surlendemain soir à 2 heures. Cette cote est donnée par des tables à double entrée.

Mais ces tables ne donnent pas les cotes exactes ; elles ne peuvent pas les donner, attendu que la cote à Orléans ne dépend pas seulement des cotes de Digoin et de Moulins, mais encore de bien d'autres éléments : l'apport des affluents entre Digoin et Moulins, d'une part, et Orléans, d'autre part, la rapidité de montée de la crue, l'état initial du fleuve, etc...; les tables ne peuvent donner que des moyennes, des probabilités et l'erreur est souvent importante.

On considère ensuite la cote de Givry (près Fourchambault) un peu en aval du confluent de l'Allier (voir la planche II, page 90) ; elle détermine également la cote à Orléans, mais pour 36 heures après, c'est-à-dire pour le lendemain à 8 heures du soir. Cette dernière cote est donnée par une table à une entrée ; elle ne peut non plus être exacte et pour les mêmes raisons, mais les causes d'erreur sont moindres (proportion du bassin versant négligé bien moindre, etc...), c'est donc simplement une cote plus probable.

On corrige l'une et l'autre en prolongeant la courbe des cotes observées d'après le sentiment de la continuité et en tenant compte de l'importance et du sens des erreurs et des rectifications des jours précédents. Cette opération est assurément délicate, mais la pratique donne le tact nécessaire ; on connaît l'allure des courbes de différentes crues et on arrive, en fait, à n'avoir généralement que des erreurs de quelques centimètres.

La courbe une fois prolongée, on y lit les cotes de midi à annoncer pour les deux jours suivants.

Les populations des localités secondaires qui trouvent dans les journaux les cotes probables aux échelles régulatrices, peuvent en déduire immédiatement les cotes probables à l'échelle qui les intéresse, au moyen de tables de concordance déposées dans les mairies de toutes les communes riveraines. Ainsi, les habitants de Jargeau sachant que la cote de tel jour à midi, sera à Orléans de 2 m. 54, lisent dans la table que la cote à Jargeau sera de 3 m. 21 le même jour à 8 heures du matin.

Les différentes mesures adoptées, comme il a été dit ci-dessus, pour porter les prévisions à la connaissance des intéressés par voie d'affichage, d'insertion dans les journaux, etc..., ainsi que les transmissions d'ordre intérieur, c'est-à-dire au personnel des Ponts et Chaussées, sont d'ailleurs tout à fait indépendantes du système officiellement adopté pour la diffusion des annonces de crues, système sur lequel nous reviendrons plus loin.

58. Prévision des crues par l'observation de la pluie tombée. — La méthode générale de prévision dont nous venons de passer en revue quelques applications, et qui consiste essentiellement à attendre que la crue se soit dessinée à l'origine des vallées pour déduire des premières manifestations du phénomène ce qu'il pourra être dans leurs parties moyenne et basse, exige nécessairement qu'il s'écoule un temps suffisant entre le moment où ces premières manifestations peuvent être constatées et celui où la crue arrive au point pour lequel les prévisions doivent être faites. Elle cesse donc d'être applicable dans la partie supérieure des vallées ou sur les cours d'eau qui, à raison de leur pente, de la nature et de la configuration de leurs versants, ont un régime tout à fait torrentiel.

Dans l'un et l'autre cas, il y aurait grand avantage à prévoir, ne fût-ce que d'une manière encore moins précise, les crues par la quantité de pluie tombée, telle que la donnent les pluviomètres. On gagnerait ainsi le temps que les eaux pluviales mettent à se rendre au thalweg, ce qui constituerait un bénéfice inappréciable. Il est d'ailleurs facile, en théorie du moins, d'imaginer une méthode d'après laquelle les recherches pourraient être dirigées dans cette voie.

7

En prenant les temps pour abscisses et les quantités de pluie pour ordonnées, on peut construire une courbe des hauteurs de pluie tombée moyennement dans la vallée ; on peut aussi construire une courbe du même genre pour chacune des localités que l'expérience aurait fait reconnaître comme *caractéristiques*.

En regard de ces courbes pluviométriques, on place la courbe hydrométrique du cours d'eau au point où la prévision est à faire et on compare les ondulations des courbes. Il va sans dire que la comparaison aura été facilitée par un choix judicieux des échelles ; c'est ainsi, notamment, qu'on aura adopté pour toutes une même échelle des temps.

La distance horizontale comprise entre le centre de figure de chaque ondulation représentant une période de pluie et le maximum de l'ondulation représentant la crue correspondante, mesure précisément le temps que cette crue a mis à atteindre son maximum, à partir du centre de la période pluvieuse envisagée.

D'autre part, en comparant la quantité d'eau tombée pendant chaque période pluvieuse avec le maximum de la crue correspondante, on aura l'autre élément de la prévision, c'est-à-dire, la hauteur de crue à redouter pour une chute d'eau déterminée.

Mais c'est précisément cette comparaison qui est hérissée de difficultés. Les pluviomètres font connaître la quantité totale de pluie réellement tombée, tandis que la crue est effectivement causée par une partie seulement de cette quantité totale, par celle qui ruisselle à la surface, qui tombe une fois que les terrains ont été complètement imprégnés d'eau. Nous avons déjà, à plusieurs reprises, montré combien il était malaisé de déterminer le rapport de la pluie *effective* à la pluie totale constatée par les instruments. Il y a encore, entre autres, une circonstance dont il faudrait tenir compte, c'est la rapidité de la chute ; une même quantité de pluie tombée en une heure ou également répartie sur 24 heures, n'aura évidemment pas le même effet sur le cours des eaux.

Doit-on considérer ces difficultés comme insurmontables? On ne saurait assurément le dire. Toujours est-il que pour les bassins où les pluies sont médiocres et où l'on veut, en outre, prévoir, non-seulement les crues d'inondation, mais encore les crues moyennes, on n'est arrivé jusqu'ici dans cette voie à rien de bien satisfaisant.

Mais dans certaines vallées où les pluies ont une intensité exceptionnelle et les crues d'inondation une extrême violence, on paraît avoir obtenu, dès maintenant, des résultats pratiques.

59. Prévision des crues sur les rivières des départements de l'Ardèche, du Gard et de l'Hérault. — Les cours d'eau auxquels nous faisons allusion sont ceux des départements de l'Ardèche, du Gard et de l'Hérault. L'Ardèche en est le prototype. Nous connaissons déjà par quelques chiffres l'intensité des pluies qui sévissent dans son bassin; dans la partie supérieure les formations géologiques sont imperméables, les versants ont des pentes considérables, le déboisement des montagnes est lamentable ; tout est réuni pour donner à cette rivière un régime éminemment torrentiel. On s'en fera une juste idée quand on saura qu'en septembre 1890, au pont de Vallon, la crue de l'Ardèche a été de 17 m. 30. La soudaineté de ces crues est peut-être aussi surprenante que leur amplitude ; c'est un dicton populaire qu'on peut laver le linge le soir dans une rivière qui, le matin, a tout ravagé.

L'annonce des crues dans les départements de l'Ardèche, du Gard et de l'Hérault fait l'objet d'un très intéressant mémoire de M. l'ingénieur en chef G. Lemoine [1] dont nous extrayons à peu près textuellement ce qui suit.

« Le temps disponible pour les avertissements peut être
« notablement augmenté, en prenant pour base directe d'ap-
« préciations la hauteur de pluie tombée. Dans le bassin de

---

1. *Essai sur le problème de l'annonce des crues pour les rivières des départements de l'Ardèche, du Gard et de l'Hérault*, publié dans les *Annales des Ponts et Chaussées*, 1896, 2e semestre.

« la Seine, les recherches faites dans cette voie n'ont point
« abouti, parce qu'on s'occupe, non-seulement des grandes
« crues, mais des crues moyennes et qu'il ne s'agit aussi que
« de pluies médiocres ; la portion correspondant à l'imbibi-
« tion du sol est alors une fraction très importante de la hau-
« teur totale.

« Au contraire, dans les conditions où se posent les pro-
« blèmes à résoudre pour l'Ardèche, le Gard et l'Hérault, il
« n'est pas téméraire de vouloir établir une relation de cause
« à effet entre la hauteur des rivières et la quantité de pluie
« tombée. Comme des prévisions, même d'une approximation
« grossière, peuvent rendre déjà de grands services, nous
« croyons que cette solution est la plus pratique. Il y a cepen-
« dant certaines réserves à faire sur lesquelles nous ne sau-
« rions trop insister.

« La première est de se borner à l'annonce des grandes
« crues d'inondation, les seules qui intéressent les riverains
« de ce pays. Alors, en effet, devant une quantité de pluie
« qui atteint de 500 à 800 millimètres en 2 ou 3 jours, la
« quantité à défalquer pour correspondre à l'imbibition des
« terrains, soit 50 millimètres en nombres ronds, n'est plus
« qu'une fraction insignifiante de la quantité totale.

« La seconde réserve à faire, non moins essentielle, est de
« n'utiliser pour les calculs que les hauteurs de pluie obser-
« vées dans les régions supérieures, voisines des lignes de
« partage, où se forment les crues : les pluies tombées dans
« les parties basses sont absolument sans influence, car la
« quantité d'eau, d'ailleurs très faible, qu'elles peuvent ame-
« ner dans les rivières, est négligeable vis-à-vis de celle qui
« arrive de la montagne.

« Une autre remarque très importante est de s'appuyer sur-
« tout sur les stations d'observations pour lesquelles on pos-
« sède les relevés correspondant aux plus grandes crues
« connues. C'est qu'en effet, pour établir des relations de ce
« genre, il faut s'adresser avant tout aux phénomènes les plus

« saillants : les courbes empiriques que l'on cherche à cons-
« truire sont définies, surtout, par leurs points extrêmes.

« Différents faits d'observation justifient encore ces essais
« de prévisions d'après la quantité de pluie tombée. Ainsi,
« dans beaucoup de grandes inondations les pluies ont duré
« plusieurs jours : dans certains cas, deux crues se sont suc-
« cédé à quelques jours d'intervalle.

« Sans vouloir donner de ce problème une solution défini-
« tive qui appartient aux ingénieurs des départements intéres-
« sés, nous citerons seulement quelques exemples.

« Pour l'Ardèche, on peut admettre qu'une inondation plus
« ou moins dangereuse est à craindre dès qu'une chute de
« pluie atteignant en 48 heures 250 ou 300 millimètres au
« moins est signalée dans les régions supérieures.

« Pour les Gardons réunis, on peut admettre qu'une grande
« crue est à craindre dès qu'une chute de pluie atteignant en
« 48 heures au moins 200 ou 250 millimètres est signalée.

« Pour l'Hérault, on peut admettre qu'une grande crue est
« à craindre dès qu'une chute de pluie atteignant en 2 ou
« 3 jours de 200 à 300 millimètres est signalée.

« Pour l'Orb, une grande crue est à craindre dès qu'une
« chute de pluie atteignant en 2 ou 3 jours de 150 à 300 mil-
« limètres est signalée. »

§ 4

ANNONCE DES CRUES ET DES INONDATIONS

60. Organisation des services d'annonce des crues.
— Il ne suffit pas de prévoir, il faut encore avertir les intéressés et faire parvenir l'avertissement à temps, dans des conditions telles qu'il leur inspire confiance. Tel est l'objet des
services d'annonce des crues qui fonctionnent actuellement
dans tous les bassins fluviaux en France. Tous ces services

ayant été organisés sur des bases uniformes, il suffira de donner quelques détails sur celui du bassin de la Seine [1].

D'une manière générale, le service de l'annonce des crues comporte deux séries d'opérations bien distinctes dont l'une ressortit aux agents techniques, aux agents des Ponts et Chaussées, et l'autre aux autorités administratives, préfets, sous-préfets et maires.

Les premiers, par la nature de leurs fonctions et de leurs études préalables, sont naturellement indiqués pour faire les observations, tant sur les mouvements de l'eau dans les rivières que sur la pluie, pour en centraliser les résultats et en déduire, en temps utile, les avertissements qu'il convient de porter à la connaissance des populations.

C'est aux secondes qu'il appartient d'assurer la diffusion de ces avertissements. De cette manière les responsabilités sont parfaitement fixées. D'autre part, il faut remarquer que le personnel technique, généralement peu nombreux, fait absolument défaut dans certaines localités : il n'en est pas de même des autorités administratives qui ont, d'ailleurs, à leur disposition la gendarmerie, les gardes champêtres, etc...

Les obligations de l'un et de l'autre personnels sont parfaitement définies et fixées à l'avance par un ensemble de mesures qui comprennent :

1° Une instruction générale applicable à tout l'ensemble du bassin ;

2° Des règlements relatifs aux départements dont le territoire se trouve compris dans ce bassin, et prescrivant les mesures à prendre pour assurer la diffusion des annonces de crues ;

3° Des règlements particuliers aux stations hydrométriques désignées pour concourir à l'annonce des crues ;

4° Des règlements particuliers aux stations d'observations

---

1. Voir le recueil publié par le ministère des Travaux publics, en 1885, sous le titre : *Service hydrométrique et de l'annonce des crues. — Bassin de la Seine. — Règlements et instructions concernant l'annonce des crues et l'étude du régime des rivières.*

sur les pluies, désignées comme pouvant donner des renseignements utiles pour l'annonce des crues ;

5° Une instruction spéciale pour les observateurs ;

6° Les modèles à employer dans le service.

Nous passerons une revue rapide des divers documents compris dans cette énumération.

61. Instruction générale. — L'instruction générale qu'on trouvera à la fin du volume (annexe B-I), est un règlement du service intérieur des Ponts et Chaussées, fixant l'organisation générale du service. Elle a pour but de déterminer, dans tout l'ensemble du bassin de la Seine, les obligations des ingénieurs chargés de calculer à l'avance la hauteur probable des crues de chacune des principales rivières ; elle fixe, notamment, les cotes probables pour lesquelles ces ingénieurs doivent adresser leurs prévisions aux autorités administratives chargées par les règlements départementaux de pourvoir à la diffusion des avertissements.

Au texte de l'instruction générale sont joints sept tableaux annexes dont nous nous contenterons de faire connaître ici les titres.

Tableau A. — Liste des stations (au nombre de 93) d'observations sur les cours d'eau, qui sont destinées à concourir à l'annonce des crues.

Tableau B. — Liste des stations d'étude (au nombre de 78) où se font des observations sur les cours d'eau, mais qui sont en ce moment simplement destinées à fournir des documents pour l'étude de leur régime.

Tableau C. — Liste des écluses ou barrages des rivières navigables où doivent être affichées chaque jour les cotes des principales échelles servant à l'observation des hauteurs d'eau.

Tableau D. — Liste des personnes auxquelles des annonces devront être adressées par les fonctionnaires chargés de préparer les avertissements relatifs aux crues ordinaires.

Tableau E. — Liste des personnes auxquelles des annonces

devront être adressées par les fonctionnaires chargés de préparer les avertissements relatifs aux crues d'inondation.

Tableau F. — Liste des stations (au nombre de 24) d'observations sur la pluie destinées à concourir à l'annonce des crues.

Tableau G. — Liste des stations d'étude (au nombre de 125) destinées à fournir des documents pour déterminer le régime des pluies dans les différentes parties du bassin de la Seine.

62. Règlements départementaux. — Les règlements spéciaux aux départements ou règlements départementaux fixent les obligations des autorités administratives pour assurer la diffusion des avertissements préparés par les ingénieurs : ils déterminent la marche à suivre pour que ces avertissements soient transmis dans un bref délai à toutes les communes exposées aux inondations.

Nous donnons à la fin du volume (annexe B-II), à titre de spécimen, le texte du règlement spécial au département de Seine-et-Oise pour la transmission des avertissements relatifs aux crues de la Seine, en amont du département de la Seine. Il prévoit l'emploi des trois modes de transmission auxquels on doit, suivant le cas, avoir recours : le télégraphe, l'envoi par la gendarmerie et l'envoi par les gardes champêtres ou par des exprès spéciaux.

Les prescriptions relatives à la publicité à donner aux avertissements, notamment par voie d'affichage, ainsi qu'à l'emploi du pavillon bleu aux maisons éclusières, sont reproduites dans tous les règlements départementaux.

63. Règlements des stations hydrométriques. — Les règlements des stations hydrométriques sont des règlements du service intérieur des Ponts et Chaussées. Ils ont pour but de déterminer les conditions auxquelles les ingénieurs et les agents sous leurs ordres doivent se conformer, soit pour observer la marche des crues, soit pour en informer les services publics.

Ces stations sont de trois espèces, savoir :

1° Les *stations principales,* où doit se faire l'appréciation de la hauteur présumée des crues, par les ingénieurs qui y ont leur résidence, et où, par conséquent, sont préparés les avertissements destinés à être transmis aux populations riveraines, suivant la marche tracée par les règlements départementaux ;

2° Les *stations secondaires,* où les agents qui y sont attachés sont chargés de tenir les stations principales au courant des crues, au moyen de dépêches ayant pour but d'en faire connaître la marche et la hauteur ;

3° Les *stations d'étude,* ainsi dénommées parce que les stations principales et secondaires, qui sont suffisantes pour l'annonce des crues, ne le sont pas toujours pour l'étude du régime de chaque rivière, et que, dès lors, il convient de leur ajouter quelques autres stations placées dans les endroits les plus convenables au point de vue de cette étude.

On trouvera aux annexes (annexe B-III), à titre de spécimen, le règlement de la station hydrométrique principale d'Auxerre sur l'Yonne ; il comprend cinq articles dont les prescriptions s'expliquent d'elles-mêmes :

Art. 1. — Heures des observations ;

Art. 2. — Bulletins de l'observateur ;

Art. 3. — Avis de crue ;

Art. 4. — Télégrammes ;

Art. 5. — Avertissements relatifs au maximum des crues.

Pour certaines stations, divers articles peuvent être annulés, notamment les articles 3 et 5 pour les stations secondaires.

Quant aux stations d'étude, elles n'ont pas de règlement particulier ; tout ce qui les concerne est déterminé par l'instruction spéciale pour les observateurs.

64. Règlements des stations d'observations sur la pluie. — Naguère encore, les stations d'observations sur la

pluie étaient considérées comme ne pouvant concourir que
dans une mesure incertaine et bien faible à l'annonce des
crues, comme constituant surtout des stations d'études statistiques. Nous avons vu que dans certains bassins elles peuvent
être appelées à prendre un rôle prépondérant, aussi donnons-
nous aux annexes (annexe B-IV), à titre de spécimen, le règlement de la station d'observations sur la pluie établie aux
Settons, près Montsauche (Nièvre).

**65. Instruction spéciale pour les observateurs. Mo-
dèles à employer dans le service.** — Instruction et modèles facilitent singulièrement la tâche des agents chargés des
observations ; mais on comprend aisément qu'ils ont un caractère trop spécial pour que nous puissions en faire ici un examen même sommaire. Il suffit de les avoir dénommés pour
les signaler à l'attention du lecteur qui pourra toujours les
retrouver au recueil déjà cité, publié par M. le ministre des
Travaux publics.

66. Remarque essentielle. — La lecture des explications
qui précèdent et l'examen des documents reproduits en annexes,
à titre de spécimen, permettent de se faire une juste idée de
l'importance de l'œuvre accomplie en France, par le département des Travaux publics, en vue de l'annonce des crues et
des inondations. On peut constater : d'une part, que les services techniques sont certains de recevoir, dans le plus bref
délai possible, tous les renseignements nécessaires, tant pour
asseoir leurs prévisions que pour contrôler sans cesse et per-
fectionner les méthodes qui servent à les établir ; d'autre part,
que toutes les mesures sont prises pour assurer la diffusion
et la prompte remise aux intéressés des avertissements préparés par les services techniques.

En ce qui concerne plus particulièrement la diffusion des
avertissements, ne convient-il pas d'user avec quelque mesure
d'un mécanisme certainement très perfectionné, mais à coup

sûr aussi compliqué? C'est là une question délicate sur laquelle il était indispensable d'appeler l'attention.

Si on en use trop souvent, on risque de fatiguer le nombreux personnel mis en mouvement, et le public n'attachera bientôt plus d'importance à des avertissements qu'il aura trop fréquemment vu n'être pas suivis d'effets en rapport avec les moyens de publicité employés.

Si, au contraire, on en use trop rarement, on risque de laisser passer, sans l'avoir signalée, quelque crue d'autant plus dommageable, que les intéressés comptaient sur un avertissement, et il pourra se faire que le mécanisme insuffisamment exercé ne soit plus en état de fonctionner lorsqu'on se décidera à y recourir.

L'article 5 de l'instruction générale indique, pour chaque échelle, la cote de submersion à partir de laquelle les avertissements doivent être préparés et portés à la connaissance du public, conformément aux règlements départementaux. La fixation de ces chiffres a donné lieu à de longs et minutieux débats provoqués par le désir d'éviter le double écueil signalé ci-dessus ; les ingénieurs feront bien de s'inspirer de la même préoccupation pour la rédaction et la mise en circulation de leurs prévisions.

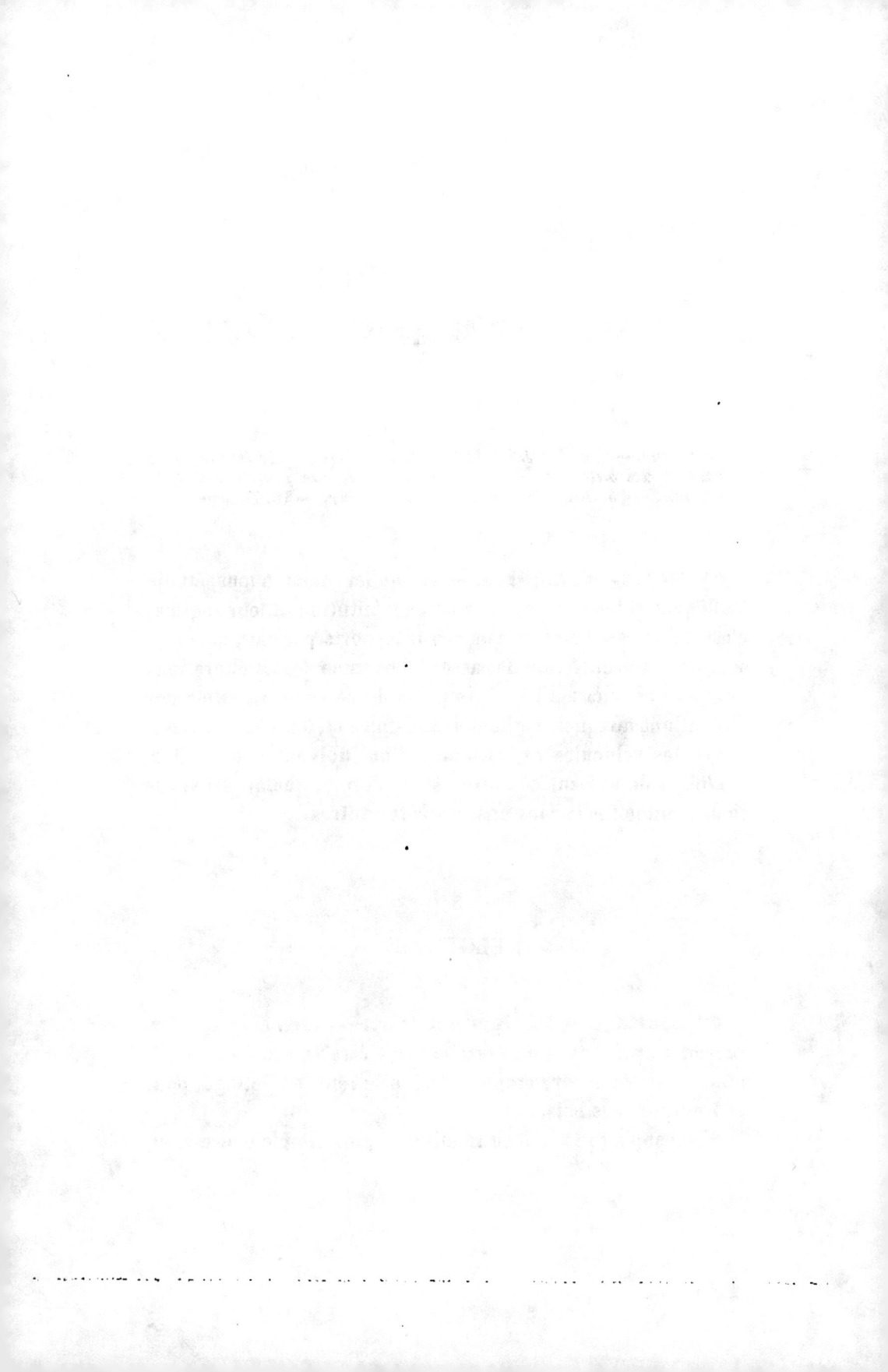

CHAPITRE III

MATÉRIEL ET PROCÉDÉS DE LA NAVIGATION FLUVIALE

---

§ 1. *Flottage.* — § 2. *Matériel de la batellerie.* — § 3. *Résistance à la traction des bateaux.* — § 4. *Premiers modes de propulsion et de traction.* — § 5. *Bateaux à vapeur à propulseur.* — § 6. *Touage.*

67. Objet du chapitre. — Jusqu'ici nous avons étudié les fleuves et les rivières dans leur constitution et leur régime, c'est-à-dire, au point de vue des transports par eau, la voie à son état naturel. Avant de passer à l'examen des améliorations dont elle est susceptible, il importe de se rendre compte des obligations auxquelles elle doit satisfaire et, à cet effet, de connaître les véhicules et les moteurs qui doivent l'emprunter.

L'objet du présent chapitre est de donner quelques indications sommaires sur les uns et sur les autres.

§ 1

FLOTTAGE

68. Flottage à bûches perdues. — La navigation au moyen de radeaux a dû certainement être la première pratiquée ; elle est encore employée sous le nom de flottage, pour le transport des bois.

Si on suppose le radeau réduit à sa plus simple expression,

c'est-à-dire à une bûche de bois à brûler, c'est le flottage à bûches perdues qui remonte à une époque fort ancienne et qui, dans notre pays, a été réglementé par des ordonnances dont on retrouve la trace dès le quinzième siècle. Dans le bassin de la Seine, en particulier, le flottage à bûches perdues était, effectivement, le premier acte de l'approvisionnement de Paris en bois de chauffage, seul combustible alors connu. On comprend quelle importance, non-seulement commerciale mais même politique, s'attachait à cette opération. Il n'est dès lors pas étonnant que les marchands de bois de Paris qui s'approvisionnaient dans le Nivernais, la Bourgogne et la Champagne, aient obtenu des priviléges spéciaux et notamment celui de confier aux petits cours d'eau les bois de leurs exploitations. Ils durent donner à toutes les bûches une longueur fixe de 3 pieds 1/2 et les frapper de la marque de leur propriétaire, moyennant quoi ils purent les suivre dans leur trajet à travers les propriétés particulières, les déposer sur les bords, sauf payement d'une indemnité fixe, et faire lever les vannes des pertuis des moulins pour assurer leur passage. L'ordonnance de décembre 1672 qui stipule tous ces droits, n'a fait que codifier les règlements préexistants qui assuraient le flottage sur la Seine, ainsi que sur les rivières navigables et flottables et les ruisseaux qui y affluent.

Voici, en quelques mots, comment le flottage à bûches perdues se pratique encore dans le bassin de l'Yonne. Les bois ont été préalablement amenés des coupes au bord des ruisseaux, ils sont marqués ; on les jette à l'eau en profitant d'une crue naturelle ou le plus souvent d'une crue artificielle appelée *flot*. Ce flot est obtenu en faisant écouler soudainement, en *lâchant* l'eau des étangs placés sur la route, étangs dont les marchands de bois sont autorisés à faire usage moyennant indemnité. Les bûches ainsi emportées isolément par le flot, de ruisseau en ruisseau et de ruisseau en rivière, sous la conduite d'ouvriers nommés *écouleurs*, parviennent enfin en un point où le cours d'eau est suffisamment fort pour porter bateaux ou trains. Elles trouvent là un barrage de chevalets (*arrêt*), sorte d'estacade en charpente qui les arrête. Des ouvriers spéciaux, appelés *flotteurs*, les sortent de l'eau (*tirage*), les séparent par marque de marchand (*tricage*), et les mettent en piles de dimensions déterminées (*empilage*) sur les propriétés riveraines situées aux abords de l'arrêt, frappées de servitude, à cet effet, et affectées à l'usage de ports. On conçoit qu'une opération de ce genre ne saurait s'effectuer sans qu'une certaine quantité de bûches coulent à fond. Un délai de quarante jours est accordé après chaque flot pour le *repêchage* de ces bûches coulées à fond d'eau, dites *bois canards*.

L'exercice du flottage à bûches perdues n'est donc pas aussi simple qu'on pourrait le croire tout d'abord ; il comporte des servitudes pour les riverains et pour les usiniers qui sont tenus non-seulement de manœuvrer en temps utile, mais encore de maintenir en bon état les ouvrages qui servent à franchir leurs retenues ; il exige fréquemment des travaux dans le lit des ruisseaux ou de la rivière pour assurer le passage du flot ; il entraîne nécessairement des dépenses importantes. Ces considérations, entre autres, ont depuis longtemps amené les marchands de bois à reconnaître l'impossibilité des opérations individuelles et les ont déterminés à s'associer. Parmi les *communautés* ainsi formées, trois existent encore : 1° la Compagnie du flottage à bûches perdues sur la Haute-Yonne (Yonne, de la source à Clamecy, et ruisseaux flottables du Haut-Morvan) ; 2° la Compagnie des intéressés aux flots des petites rivières (Beuvron, Sozay et autres affluents) ; 3° la Compagnie des intéressés au flottage de la Cure et de ses affluents (Cure, Cousin et ruisseaux y affluant).

Cependant, le flottage à bûches perdues diminue chaque année d'importance, au fur et à mesure que les voies de transport par terre se développent et se perfectionnent. Il faut bien dire aussi que le bois flotté ayant perdu sa sève par suite de son long séjour dans l'eau, sèche plus complètement que le bois non flotté et brûle avec une plus grande rapidité, ce qui lui enlève un peu de sa valeur marchande. Autrefois, les flots de la Haute-Yonne déversaient sur les ports de Clamecy et de Coulanges de *20* à *25.000 décastères* de bois par année ; ceux des petites rivières amenaient *11.000* décastères à Clamecy et ceux de la Cure *15.000* à Vermenton. En 1897, le total des bois flottés n'a pas dépassé 5.314 décastères, dont 4.162,60 amenés par la Haute-Yonne et 1.151,40 par la Cure.

69. Trains de bois à brûler. — Qu'ils aient été flottés ou non, les bois à brûler déposés sur les ports de l'Yonne sont aujourd'hui transportés exclusivement par bateaux, mais c'est depuis quelques années seulement que leur flottage en trains, imaginé par Jean Rouvet en 1549, a complètement disparu. Pendant plus de trois siècles, ce mode de transport a rendu de signalés services ; il n'est donc pas sans intérêt de dire ici en quoi consistait un train de bois à brûler, œuvre beaucoup plus compliquée qu'on ne pourrait le penser à première vue.

L'élément primitif qui entrait dans la composition de ces trains portait le nom de *mise* (fig. 13) ; c'était un paquet de bois de 0 m. 65 (2 pieds) de largeur sur 0 m. 65 de hauteur, avec la longueur d'une bûche (3 1/2 pieds ou 1 m. 14), cubant, par conséquent, environ 1/2 stère.

Six mises juxtaposées et attachées aux mêmes *chantiers* ou perches transversales, formaient une *branche*, c'est-à-dire un cube de 3 stères environ.

Quatre branches réunies formaient un *coupon* de quatre longueurs de bûche, avec un cube d'un décastère et vingt centièmes environ.

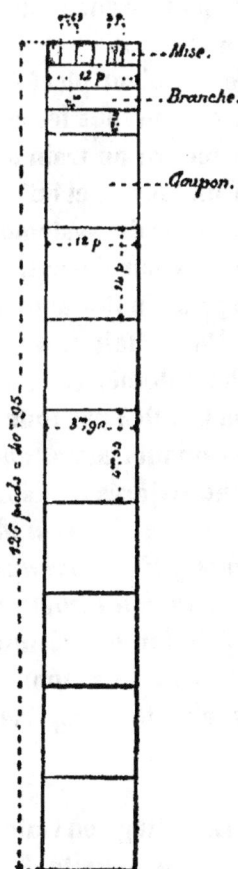

Fig. 13

Neuf coupons constituaient une *part* (c'est une part entière qui est représentée dans la figure 13) et deux parts un *train* lequel contenait, par suite, un peu plus de 20 décastères.

Enfin, dès que la largeur de la rivière le permettait, on réunissait deux trains pour former un *couplage* que deux mariniers et un aide suffisaient à diriger, et qui représentait une masse de 200 tonnes, en nombre rond. La règle est, en matière de trains de bois, de compter 2 stères pour une tonne.

Le bois était employé à l'exclusion de toute autre matière dans la confection de ces trains, de sorte que lorsqu'ils étaient arrivés à Paris, tous les éléments qui les constituaient, sans exception, pouvaient être utilisés et vendus pour le chauffage. C'était là un des mérites caractéristiques du système.

Disons encore que les bois les plus légers étaient placés à l'avant du train et les plus lourds à l'arrière, que tous les assemblages étaient assez élastiques pour permettre au train de s'infléchir comme la rivière dans ses parties sinueuses, et qu'on le guidait de l'arrière en agissant sur cette partie du système, tout en aidant cette action d'un effort accessoire sur l'avant.

D'après l'ingénieur en chef Vignon, le prix du flottage en trains d'un stère de bois entre Clamecy et Paris était moyennement de 1 f. 80. Le parcours étant de 269 kilomètres, cela faisait 0 f. 0067 par stère et par kilomètre ou 0 f. 013 par tonne kilométrique, ce qui était assurément économique. Mais, aujourd'hui, ces prix seraient considérablement majorés à raison du renchérissement de la main-d'œuvre et surtout *à raison de la canalisation de la Seine et de ses affluents qui impose aux trains de bois une marche fort lente et une traction coûteuse.* Si on tient compte, en outre, de la dépréciation qui résulte d'un séjour prolongé dans l'eau, il n'y a pas lieu de s'étonner que le flottage en trains des bois à brûler ait été complètement abandonné.

70. Trains de bois de charpente. — Le flottage en trains des bois de charpente présente encore une certaine activité. Les trains se construisent suivant des règles et des procédés analogues à ceux indiqués pour les trains de bois à brûler. Il y a lieu cependant de distinguer entre les bois de sapin qui sont très légers et les bois de chêne dont le poids spécifique se rapproche parfois beaucoup de celui de l'eau. Dans les trains de charpente de chêne, on est souvent obligé d'intercaler un certain nombre de barriques vides hermétiquement fermées, pour soutenir les parties les plus lourdes et équilibrer la masse.

Lorsque ces trains sont destinés à naviguer sur des voies pourvues d'écluses, ils doivent pouvoir se décomposer en parties susceptibles d'être contenues dans le sas de ces écluses ; mais sur les grands fleuves à courant libre, cette précaution est inutile et les trains peuvent atteindre des dimensions énormes. C'est ainsi que sur le Rhin, on a constaté en 1896 le passage d'un train qui ne contenait pas moins de 1.340 tonnes soit, d'après la règle relatée ci-dessus, 2.680 stères de bois. On peut admettre que l'épaisseur du train approchait de 1 m. 00 ; le cube ci-dessus correspondrait donc, en nombre rond, à une surface de 30 ares. Le personnel, assez nombreux, nécessaire pour diriger une pareille masse, est installé dans des cabanes en bois disséminées sur le train ; l'ensemble a un aspect tout à fait pittoresque, et fait penser de suite à une île flottante. Le flottage a d'ailleurs conservé une réelle importance sur le Rhin. Le total des bois flottés entrés dans les ports prussiens seulement, s'est élevé, en 1896, à 319.918 tonnes.

D'après la statistique de la navigation intérieure publiée par le ministère des Travaux publics, le total des bois flottés en France, en 1897, a été de 207.918 tonnes, soit moins de 1 0/0 du tonnage effectif du réseau national (30.609.226 t.), et un peu moins de 9 0/0 des bois de toute nature transportés par eau (2.344.116 t.).

§ 2

MATÉRIEL DE LA BATELLERIE

71. Recensements de la batellerie. — L'administration des Travaux publics fait procéder périodiquement au recensement de la batellerie. Lors du dernier recensement qui a eu lieu le 16 mai 1896, on a constaté la présence sur le réseau français : 1° de 15.793 bateaux ordinaires, sans vapeur, pouvant porter ensemble à pleine charge, 3.442.250 tonnes de 1.000 kilos ; 2° de 651 bateaux à vapeur répartis comme il suit :

Bateaux à voyageurs..........	254
Bateaux porteurs.............	98
Remorqueurs.................	222
Toueurs.....................	77

(total 651)

Ces chiffres sont, naturellement, susceptibles de varier d'une année à l'autre, mais ils peuvent donner une idée de l'importance du matériel de la batellerie dans son ensemble et de la valeur respective des divers groupes entre lesquels se partage ce matériel.

72. Diversité des types. — Les quinze ou seize mille bateaux sans vapeur qui en constituent la partie prépondérante, appartiennent à des types excessivement nombreux, présentant les formes et les dimensions les plus diverses, depuis la barque de 3 tonnes des petites rivières du bassin de la Charente, jusqu'au chaland de 1.000 tonnes qui circule sur la Seine, de Paris à Rouen. Cette extrême variété est surtout un legs du passé, de l'époque encore très peu lointaine d'ailleurs, où les différents éléments du réseau présentaient des conditions de navigabilité tellement différentes qu'ils restaient pour ainsi dire isolés les uns des autres. Dans chaque région, les bateaux tendaient à reproduire les types que les habitudes, les traditions, les besoins locaux avaient fait adopter. On distinguait alors, notamment, les bateaux de rivières des bateaux de canaux.

Les premiers généralement plus longs, plus larges, avec un tirant d'eau susceptible de varier à la demande de l'état de la rivière. Leur genre de construction était d'ordinaire assez robuste pour pouvoir résister à ces variations, et supporter les efforts de traction et les manœuvres que comporte une navigation en rivière, surtout à la remonte. Cependant, à une époque où la main-d'œuvre et les matériaux étaient encore à bon marché, il se construisait sur certains cours d'eau, la Loire et la Saône par exemple, des bateaux légers et peu coûteux qui ne faisaient qu'un voyage à la descente ; au bout de ce voyage ils étaient vendus pour le bois et dépecés. Il y a longtemps que cette spéculation est devenue impossible en France, mais elle se pratique encore dans certains pays, notamment sur les grands cours d'eau de la Russie.

Quant aux bateaux de canaux, destinés à une navigation facile et exempte de dangers, ils étaient trop souvent dépourvus d'agrès suffisants et révélaient une construction par trop économique. Ils étaient, d'ailleurs, moulés sur les écluses qu'ils devaient traverser. Or celles-ci, construites à des époques souvent anciennes et sans plan d'ensemble, présentaient les dimensions les plus différentes. Il n'est pas besoin d'insister sur les inconvénients de cette diversité qui obligeait les bateaux à limiter leurs dimensions à celles des écluses les plus petites qu'ils eussent à traverser sur leur parcours, ou à rester cantonnés dans une voie déterminée.

73. Effets de la loi du 5 août 1879. — La loi du 5 août 1879, en assignant à toutes les écluses des lignes *principales* de navigation, des dimensions suffisantes pour assurer le passage de bateaux longs de 38 m. 50 et larges de 5 m. 00, avec un tirant d'eau de 1 m. 80, a été le point de départ d'une ère nouvelle pour la batellerie en France. Des travaux considé-

rables ont été exécutés pour transformer les écluses et arriver
à l'uniformité qui, dès à présent, est réalisée sur une grande
partie du réseau, notamment dans le Nord et l'Est où a lieu
la navigation la plus active. A l'heure actuelle, la batellerie
trouve dans la plupart des directions et sur de longs parcours
les mêmes conditions de navigabilité ; elle peut aborder les
transports à grande distance pour lesquels, surtout, elle est
avantageuse. Or, le réseau français est essentiellement un
réseau mixte ; il est peu de parcours d'une certaine longueur
qui ne comportent à la fois des rivières et des canaux ; les
bateaux appelés à rendre les plus grands services sont donc
ceux qui sont susceptibles de naviguer alternativement sur les
unes et sur les autres et qui, pouvant traverser les écluses des
canaux, en utilisent convenablement les dimensions. Cette
catégorie de bateaux est appelée à se développer et à former
l'élément prépondérant de la flotte des eaux intérieures. Sans
doute, il subsistera toujours sur le Rhône, la Seine et quelques
autres voies navigables, un matériel spécial approprié aux conditions de navigabilité qu'on y rencontre et affecté au trafic
local ; mais l'extrême variété des types qu'on trouve encore
aujourd'hui disparaîtra certainement dans une large mesure,
et, dès maintenant, la distinction entre les bateaux de rivières
et les bateaux de canaux n'a plus de raison d'être.

La loi du 5 août 1879 a eu pour premier effet (c'était d'ailleurs son but) d'ouvrir toutes les grandes lignes de navigation
au type des bateaux du Nord appelé *Péniche flamande* qui,
avec les dimensions ci-dessus rappelées, est susceptible de
prendre un chargement utile de 300 tonnes environ. La
péniche est un bateau ponté au moyen de panneaux mobiles,
dont la forme massive est caractéristique. Elle se rapproche
autant que possible du parallélipipède rectangle susceptible
d'être inscrit dans le gabarit des écluses, de manière à utiliser toute la capacité de ces ouvrages. Mais nous verrons plus
loin que cet avantage est compensé par l'inconvénient d'une
traction plus difficile.

74. Tirant d'eau, mouillage. — Il est nécessaire de donner ici certaines définitions qui ont une très réelle importance.

En ce qui concerne les dimensions des bateaux, la longueur et la largeur n'appellent aucune observation ; il n'en est pas de même du tirant d'eau. Nombre d'auteurs, et des plus estimés, emploient, en effet, indistinctement ce terme pour désigner deux choses bien différentes, l'enfoncement du bateau et la profondeur de l'eau dans le chenal où il circule. Le *tirant d'eau*, c'est exclusivement la distance entre le plan d'eau et le fond du bateau, l'enfoncement de celui-ci (fig. 14). Pour désigner la profondeur de l'eau dans le chenal, la distance entre le plan d'eau et le fond de ce dernier, le mot propre qui doit être exclusivement employé, est *mouillage*. Il est évident, *a priori*, que pour que la navigation soit possible, une notable différence doit exister entre le mouillage et le tirant d'eau. On conçoit dès lors à quelles confusions peut donner lieu un emploi abusif de ce dernier terme.

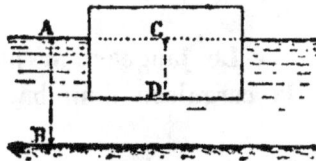

AB Mouillage
CD Tirant d'eau.

Fig. 14

75. Mode de représentation des coques. — Il peut être utile de dire, en passant, qu'il est d'usage de représenter les coques par leurs projections sur trois plans rectangulaires : l'une faite sur un plan horizontal et appelée *horizontal* ; la deuxième faite sur une plan vertical passant par l'axe du bateau et dénommée *longitudinal* ; la troisième faite sur un plan perpendiculaire audit axe et appelée *vertical*. En réalité, cette dernière comprend les deux demi-projections obtenues en considérant d'un côté l'avant, d'autre côté l'arrière du bateau, d'où les dénominations de vertical avant (*AV*) et vertical arrière (*AR*) (voir la planche VI, page 130).

Sur ces projections figurent les courbes obtenues en coupant les coques par trois séries de plans respectivement parallèles, à savoir : des plans horizontaux, des plans verticaux perpendiculaires à l'axe du bateau et des plans verticaux parallèles audit axe.

Les premières courbes dites *lignes d'eau* se projettent en vraie grandeur sur *l'horizontal* et suivant des lignes droites horizontales, tant sur le *longitudinal* que sur le *vertical*.

Les deuxièmes qui dessinent les courbes, les membrures du bateau, se projettent en vraie grandeur sur le *vertical* et suivant des lignes droites sur les deux autres plans.

Les dernières se projettent en vraie grandeur sur le *longitudinal* et suivant des lignes droites tant sur *l'horizontal* que sur le *vertical*.

76. Jaugeage des bateaux. — Le jaugeage a pour objet de déterminer le poids de la cargaison d'un bateau d'après son enfoncement.

Le poids total d'un bateau étant égal à celui du volume d'eau qu'il déplace, le poids de la cargaison est égal au poids du volume d'eau déplacé par le bateau chargé, diminué du poids du volume d'eau déplacé par le bateau vide. Le nombre qui exprime en mètres cubes la différence des déplacements exprime, en tonnes de 1.000 kilogrammes, le poids de la cargaison du bateau.

L'unité de jauge des bateaux de navigation intérieure est donc la *tonne* ; on doit se servir exclusivement de ce mot, et ne jamais employer celui de *tonneau* qui s'applique à la jauge des bateaux de mer et qui a une tout autre signification.

Le volume à mesurer est le volume extérieur de la portion de la coque comprise entre : 1º le plan du plus grand enfoncement autorisé par les règlements sur les différentes voies navigables que le bateau est destiné à fréquenter ; 2º un plan pris soit au niveau de la flottaison à vide tel qu'il est défini ci-après, soit au niveau du dessous du bateau. Est considéré comme plan de flottaison à vide celui qui correspond à la position que prend le bateau lorsqu'il porte seulement : 1° les agrès, les provisions et l'équipage indispensables pour lui permettre de naviguer ; 2° l'eau qu'il est impossible d'enlever de la cale par les moyens ordinaires d'épuisement ; 3° si c'est un bateau à vapeur, l'eau remplissant la chaudière jusqu'au niveau normal.

La portion de la coque à mesurer est divisée en tranches par des plans horizontaux. Le volume de chaque tranche s'obtient en multipliant la demi-somme des aires des sections supérieure et inférieure par la hauteur. Le quotient du volume d'une tranche par le nombre de centimètres qui exprime sa hauteur, est considéré comme donnant le déplacement du bateau pour chaque centimètre d'enfoncement de cette tranche.

Des échelles de jauge sont placées sur les flancs du bateau ; leur zéro doit correspondre au plan limitant inférieurement le volume à mesurer, c'est-à-dire soit au plan de flottaison à vide, soit au niveau du dessous du bateau. On admet que la hauteur du plan de flottaison au-dessus du plan limitant inférieurement le volume à mesurer, est égale à la moyenne arithmétique des cotes lues sur toutes les échelles.

Dans le premier cas (zéro des échelles au plan de flottaison à vide), une lecture suffit pour déterminer le poids de la cargaison, mais le résultat peut être entaché d'erreur par suite des variations du plan de flottaison à vide ; dans le second cas (zéro des échelles au niveau du dessous du bateau), deux lectures sont nécessaires, mais le résultat est toujours exact.

Les définitions et les règles ci-dessus énoncées sont empruntées à la convention internationale pour l'unification des méthodes de jaugeage en Allemagne, en Belgique, en France et en Hollande, qui a été signée à Bruxelles, le 4 février 1898, par les représentants des pays intéressés.

77. Coefficient de déplacement. — Nous avons déjà signalé l'extrême variété de types des bateaux de navigation intérieure. C'est en vain qu'on chercherait à établir une classification d'après les formes, mais sans entrer dans aucun détail de ce genre, on peut très utilement caractériser les bateaux par leur *coefficient de déplacement*.

Supposons un bateau à son maximum d'enfoncement, le produit de la plus grande longueur immergée par la plus grande largeur (largeur au maître-couple) et par le tirant d'eau, donne le volume du parallélipipède rectangle circonscrit à la partie immergée de la coque. Le quotient, toujours inférieur à l'unité, du déplacement réel par le volume de ce parallélipipède, est le *coefficient de déplacement*. Il donne très exactement la mesure du sacrifice fait à la forme dans la construction d'un bateau. Nous avons eu l'occasion de dire plus haut que les péniches flamandes étaient caractérisées par leur forme massive ; on en aura une notion très précise quand on saura que leur coefficient de déplacement atteint 0,99.

Les bateaux signalés comme particulièrement intéressants, en ce qu'ils sont susceptibles de naviguer alternativement sur les rivières et les canaux, en France, ne sauraient avoir plus de 38^{m}50 de longueur, 5^{m}00 de largeur et 1^{m}80 de tirant d'eau. Le produit de ces trois dimensions 38,50 $\times$ 5,00 $\times$ 1,80 = 346,50. soit, en nombre rond, 350 mètres cubes. C'est là le maximum possible de leur déplacement, poids mort et poids utile ensemble. Comme d'ailleurs, dans les limites où peut varier la forme des coques, leur poids doit être considéré comme à peu près constant, on peut admettre que la réduction du déplacement porte tout entière sur le chargement et que celui-ci diminue de *3 t. 50* par chaque centième de diminution dans le coefficient de déplacement. On peut donc apprécier immédiatement, au point de vue de leur capacité, les conséquences d'un sacrifice fait à la forme de ces bateaux.

§ 3.

RÉSISTANCE A LA TRACTION DES BATEAUX

78. Résistance propre des bateaux. Coefficient de résistance de la voie. — Si on suppose un bateau flottant sur une nappe d'eau douce indéfinie dans tous les sens, la résistance totale à la traction de ce bateau dépend d'éléments multiples, de ses dimensions, de ses formes, de la nature et de l'état de sa surface, de sa vitesse relativement à l'eau, mais tous ces éléments appartiennent en propre au bateau lui-même. Si, sur une autre nappe d'eau douce également indéfinie en tous sens, le même bateau se retrouve dans des conditions identiques, la résistance totale se retrouvera la même ; elle constitue donc à vrai dire la *résistance propre* du bateau.

Si, au contraire, ce bateau s'engage dans une voie navigable de dimensions limitées, comme un canal, sa résistance à la traction se modifie ; elle augmente, mais elle devient fonction à la fois d'éléments qui sont propres à l'embarcation et d'éléments qui dépendent de la voie particulière dans laquelle celle-ci se trouve. Pour apprécier les résultats constatés dans ce dernier cas, on est naturellement conduit à les comparer avec ceux obtenus en eau indéfinie, à considérer la résistance du bateau dans une voie de dimensions limitées comme égale à sa résistance propre multipliée par un coefficient qui représente l'influence spéciale de la voie, qui constitue le *coefficient de résistance* particulier à cette voie.

Si on désigne ce coefficient par C, par R la résistance à la traction d'un bateau sur la voie considérée et par r la résistance propre du bateau, on a : $R = Cr$.

79. Expériences faites en exécution de la décision ministérielle du 19 novembre 1889. — En exécution d'une décision ministérielle du 19 novembre 1889, nous avons fait pendant huit années consécutives (1890 à 1897) des recherches sur la résistance à la traction des bateaux de navigation intérieure, question dont l'étude était restée jusque là fort incomplète. Ce serait sortir de notre cadre que d'entrer dans tous les détails que comporterait la description de la méthode suivie et des instruments employés dans ces recherches. Nous devons nous contenter de quelques indications sommaires en renvoyant les lecteurs que la question pourrait intéresser particulièrement, à l'ouvrage publié sous le titre de : *Recherches expérimentales sur le matériel de la batellerie* [1].

Les expériences ont été faites par voie de remorquage direct et sont, croyons-nous, à l'abri des critiques auxquelles cette méthode n'a pas laissé de donner quelquefois prise. Les instruments employés sont, en effet, tellement combinés qu'ils donnent à chaque instant : d'une part, l'effort de traction exercé sur le bateau remorqué ; d'autre part, la vitesse relative réelle du bateau et de l'eau.

L'effort de traction est exercé par l'intermédiaire d'un dynamomètre hydraulique ; la pression de l'eau et, par conséquent, l'effort sont mesurés avec un manomètre enregistreur.

Le dispositif employé pour mesurer la vitesse de l'eau par rapport au bateau, comporte un moulinet relié électriquement avec un enregistreur de vitesses (cinémographe) sur lequel s'inscrivent immédiatement les vitesses relatives réelles.

Manomètre et cinémographe enregistrent simultanément toutes les variations de l'effort et de la vitesse. Lorsque, pendant un temps suffisamment long, l'un et l'autre sont restés constants, ce qui se manifeste par l'horizontalité des lignes tracées sur les enregistreurs, on peut conclure que l'effort est bien celui qui correspond à la vitesse. On a donc les coordonnées d'un point de la courbe de résistance totale, courbe cons-

---

1. Paris, Imprimerie Nationale, 1891-1897 ; en vente chez Baudry et Cie, Chaix et Cie, Vicq-Dunod et Cie, éditeurs.

truite avec les vitesses comme abscisses et les efforts de traction comme ordonnées.

La comparaison des courbes de résistance totale obtenues
permet de constater immédiatement comment la résistance varie suivant les circonstances.

80. Étude de la résistance propre des bateaux.—Les
expériences destinées à déterminer la résistance propre de
bateaux appartenant aux types les plus répandus ont été faites
sur la Seine, en amont du barrage de Port-à-l'Anglais. A coup
sûr, on ne saurait prétendre que cette partie du fleuve constitue, dans la rigoureuse acception du mot, une nappe d'eau
douce indéfinie dans tous les sens ; mais comme la section est
très considérable par rapport à la surface de la portion immergée
du maître-couple des bateaux expérimentés (de 70 à 120 fois),
comme la profondeur est importante (plus de 5 mètres en
moyenne dans le chenal), il est permis de penser que le coefficient de résistance est extrêmement voisin de l'unité et qu'il
n'y a aucun inconvénient à prendre pour résistances propres
des divers bateaux, les résistances relevées dans la partie de
la Seine considérée.

Un premier résultat des expériences a été de justifier la
conception théorique suivant laquelle la résistance totale
serait due à une double cause, la pression de l'eau refoulée
par le bateau et le frottement de l'eau sur les parois de la
coque : à la pression dépendant de la section immergée au
maître-couple et des formes du bateau, répondrait la *résistance de forme* ; au frottement dépendant de la surface mouillée totale et de la nature de cette surface, répondrait la *résistance de surface* ; la résistance totale, la résistance propre du
bateau serait la somme de la résistance de forme et de la
résistance de surface.

Il a été reconnu que cette dernière entrait pour une part
importante dans la résistance totale. C'est ainsi que pour une
coque en bois maintenue dans un bon état de propreté, expé-

rimentée à l'enfoncement de 1ᵐ60 et présentant dans ces conditions une surface mouillée totale de 312ᵐⁱᑫ, la part du frottement, à la vitesse de 1ᵐ50, a été trouvée égale à près d'un tiers de la résistance totale, soit à 110 kilogrammes.

On a encore constaté que malgré cette influence du frottement et par conséquent de la surface mouillée totale, la résistance d'un bateau était, dans de certaines limites, indépendante de la longueur, toutes autres choses restant égales d'ailleurs. C'est ainsi que trois bateaux du type appelé *Flûte* présentant mêmes formes à l'avant et à l'arrière, même état de la surface, même largeur, même enfoncement, mais ayant des longueurs respectives de 20ᵐ55, 30ᵐ03 et 37ᵐ99, ont donné aux diverses vitesses des résistances identiques. Ce résultat, d'apparence paradoxale, s'explique si on admet avec du Buat que la résistance de forme est égale à la somme de la *pression vive* exercée sur l'avant et de la *non pression* exercée sur l'arrière du bateau, la première indépendante de la longueur, la seconde variant en sens inverse de cette longueur ou plutôt du rapport de ladite longueur à la largeur.

Les formes des trois bateaux étant pareilles, la *pression vive* est la même pour tous ; mais, pour les plus courts, la *non pression* est plus considérable, par conséquent aussi, la *résistance de forme*. On peut admettre que l'augmentation dans la *résistance de forme*, résultant de la moindre longueur s'est trouvée précisément compensée par la diminution dans la *résistance de surface* résultant de la même cause[1].

Enfin, il a été reconnu que des changements, en apparence peu importants, apportés aux formes de la proue et de la poupe pouvaient, sans affecter grandement le coefficient de déplacement des bateaux et, par conséquent, leur capacité, faire varier leur résistance à la traction dans des proportions considérables. Les expériences comparatives ont porté sur des bateaux appartenant aux cinq types dénommés : *Péniche*,

---

1. Ce fait ne doit être considéré comme acquis que dans les limites des expériences où il a été constaté.

Péniche

Élévation.

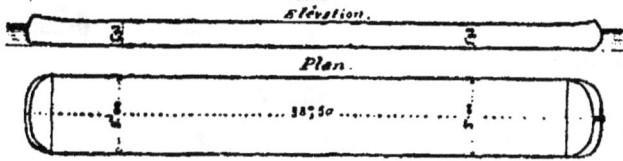

Plan.

Flûte

Élévation.

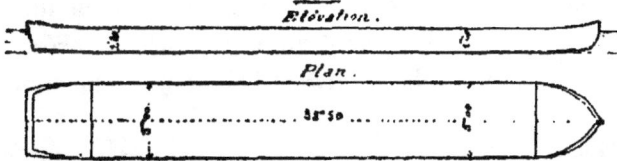

Plan.

Toue

Élévation.

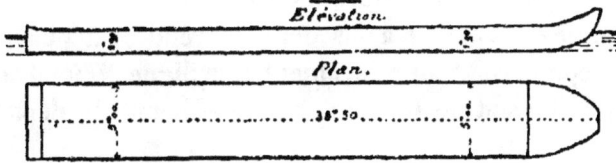

Plan.

Bateau prussien

Élévation

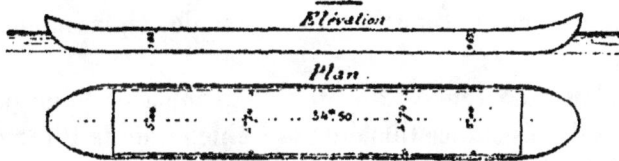

Plan.

Margotat

Élévation

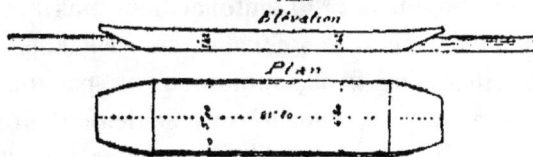

Plan

PI. IV. CROQUIS SCHÉMATIQUES DE DIFFÉRENTS TYPES DE BATEAUX.

Flûte, Toue, Bateau prussien et *Margotat* et représentés dans la planche IV.

La *Péniche*, nous l'avons déjà dit, se rapproche autant que possible du parallélipipède rectangle ; son coefficient de déplacement atteint 0,99.

La *Flûte* est caractérisée par l'. forme de l'avant, ogival en plan, avec étrave légèrement convexe un peu inclinée sur la verticale, et léger relèvement du fond ; l'arrière présente aussi certaines formes ; elle a un coefficient de déplacement égal à 0,95.

La *Toue*, absolument carrée à l'arrière, présente à l'avant un relèvement curviligne très prononcé du fond ; son coefficient de déplacement s'élève à 0,97.

Le *Bateau prussien* a les deux extrémités à peu près pareilles, comportant un relèvement curviligne du fond analogue à celui de l'avant de la toue ; son coefficient de déplacement est d'environ 0,94.

Le *Margotat* a l'avant et l'arrière pareils, presque sans aucun affinement, mais avec relèvement du fond, suivant un plan doucement incliné ; le coefficient de déplacement tombe à 0.82.

La planche V (page 128) montre groupées : d'une part, les courbes de résistance totale de la Péniche, de la Flûte et de la Toue à l'enfoncement de 1ᵐ60, et d'autre part, les courbes de résistance totale de la Flûte, du Bateau prussien et du Margotat, à l'enfoncement de 1ᵐ30, enfoncement maximum possible avec les deux derniers. Ces courbes de résistance s'étendent jusqu'à la vitesse de 2ᵐ50, mais pour ne pas multiplier les chiffres outre mesure, considérons seulement la vitesse de 1ᵐ50 par seconde (5 k. 400 à l'heure) qui est une vitesse très convenable et très couramment pratiquée dans les eaux calmes des rivières canalisées.

A cette vitesse, les résistances respectives de la Péniche, de la Flûte et de la Toue sont 694, 355[1] et 266 kilogrammes. Si la

1. C'est bien 355 qu'il faut lire et non 305 comme sur la planche V.

I. — PÉNICHE, FLUTE ET TOUE.

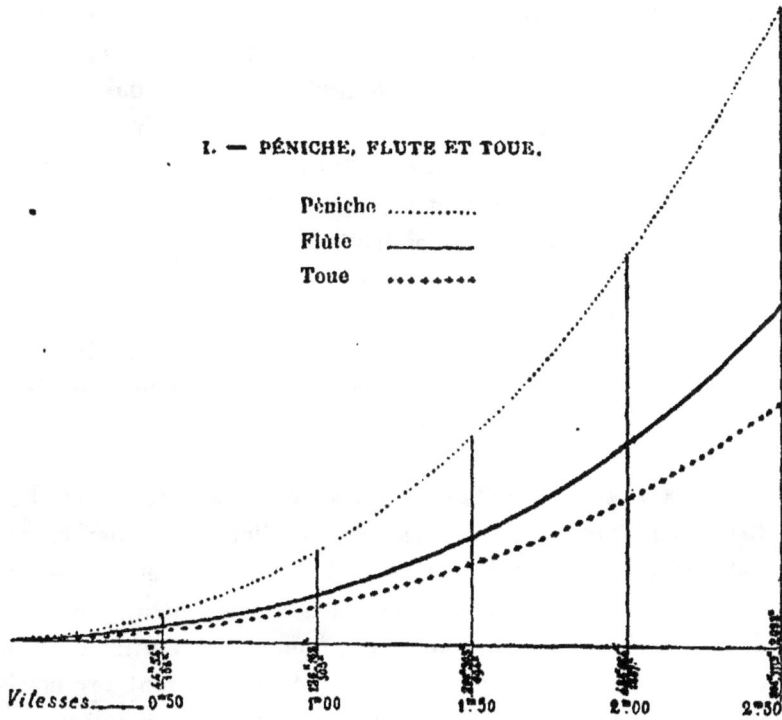

Péniche ....

Flûte ————————

Toue ....

Vitesses____ 0ᵐ50   1ᵐ00   1ᵐ50   2ᵐ00   2ᵐ50

II. — FLUTE, BATEAU PRUSSIEN, MARGOTAT.

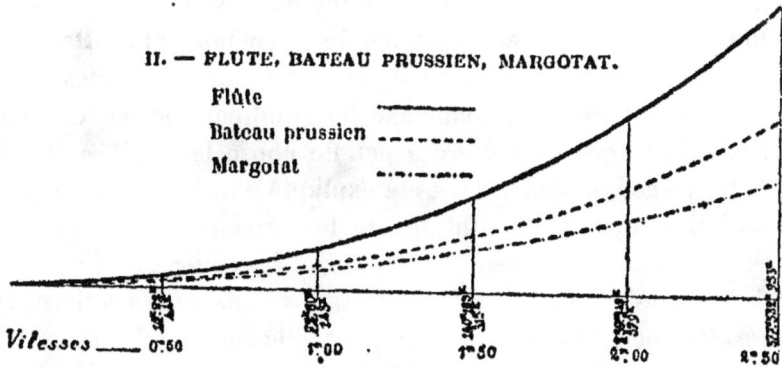

Flûte ————————

Bateau prussien ————————

Margotat ————————

Vitesses____ 0ᵐ50   1ᵐ00   1ᵐ50   2ᵐ00   2ᵐ50

Pl. V. COURBES DE RÉSISTANCE TOTALE.

résistance de la Flûte est prise pour unité, celle de la Péniche est 1.96 (presque double) et celle de la Toue seulement de 0,75. Ce dernier résultat est d'autant plus remarquable que la Toue n'a aucune forme à l'arrière ; il fait ressortir l'avantage que présente le relèvement du fond à l'avant.

A cette même vitesse de 1ᵐ50 par seconde, mais pour l'enfoncement de 1ᵐ30, les résistances respectives de la Flûte, du Bateau prussien et du Margotat sont 315, 185 et 140 kilogrammes. Si la résistance de la Flûte est prise pour unité, celle du Bateau prussien n'est que de 0,59 et celle du Margotat tombe à 0,44 ; l'heureux effet du relèvement du fond aux deux extrémités est manifeste.

81. Conclusions pratiques. Indications sur les formes à donner aux bateaux. — Pour diminuer la résistance à la traction d'un bateau, on peut être tenté, soit de lui donner des extrémités effilées de manière à lui permettre de *fendre l'eau*, soit de relever ces mêmes extrémités de manière qu'il puisse *monter sur l'eau*, comme disent les mariniers. Pour caractériser les deux systèmes d'une manière plus scientifique, nous dirons que dans le premier cas les lignes d'eau, aux extrémités, font des angles très aigus avec l'axe longitudinal du bateau ou même lui sont tangentes. Dans le second cas, au contraire, les lignes d'eau aux extrémités sont perpendiculaires à ce même axe longitudinal. Or, ce dernier système permet de réduire à peu de chose le sacrifice fait à la forme ce qui, comme il a été expliqué plus haut, a une importance capitale au point de vue des bateaux appelés à naviguer alternativement sur les canaux et les rivières.

D'études sommaires auxquelles nous nous sommes livré, il résulte que tout en conservant des coefficients de déplacement supérieurs à 0,90 (variant de 0,90 à 0,95) on peut donner aux deux extrémités un relèvement susceptible de réduire déjà considérablement la résistance à la traction. Les extrémités ainsi relevées présentent une conformation qui rappelle assez

9

PREMIER TYPE

SECOND TYPE

Longitudinal

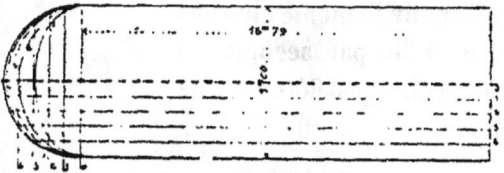

Longitudinal

Horizontal

Horizontal

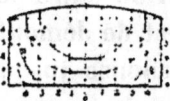

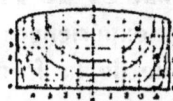

Vertical AV et AR

Vertical AV et AR

Pl. VI. FORMES A DONNER AUX BATEAUX.

celle d'une *cuiller*; c'est le mot que nous avons adopté pour
caractériser les formes (pl. VI) que nous croyons devoir recommander aux constructeurs de bateaux appelés à naviguer
alternativement sur les canaux et les rivières. Nous avons
même indiqué qu'en adoptant ces formes, on pourrait sans
doute réduire la résistance propre à *0,30* et même *0,25* de ce
qu'elle est pour les péniches flamandes.

Il faut bien reconnaître que ces indications n'ont pas
amené, jusqu'ici, de grands changements dans la construction
des bateaux ; cependant, deux entrepreneurs de transports au
moins, à notre connaissance, en ont fait application dans une
certaine mesure et n'ont pas eu à le regretter. Pour ne citer
qu'un exemple, les nouveaux bateaux que MM. Leneru, Gué-
rin et Cie, marchands de sable à Paris, ont fait faire en appli-
quant en partie seulement les idées exposées ci-dessus, présentent une résistance à la traction qui, pour le même chargement maximum et à la même vitesse de 1^{m}50 par seconde, a
été trouvée égale seulement aux 2/3 de celle des flûtes qu'ils
faisaient construire auparavant [1].

**82. Expression de la résistance propre en fonction
de la vitesse et de l'enfoncement.** — A un autre point
de vue, nos expériences ont eu pour résultat de démontrer
l'inexactitude de la formule généralement admise jusqu'ici
pour représenter la résistance propre des bateaux servant à
la navigation fluviale,

$$r = K\omega V^2$$

dans laquelle ω désigne la surface de la portion immergée du
maître-couple, V la vitesse relative du bateau et de l'eau et K
un coefficient constant pour un bateau de forme déterminée.
Elles ont permis, en effet, de vérifier : 1° que pour un bateau
animé d'une vitesse donnée la résistance n'est pas proportionnelle à la surface ω, elle croît moins vite ; 2° que pour un

1. Voir le *Génie Civil* du 19 janvier 1895.

bateau immergé d'une quantité donnée la résistance n'est pas
proportionnelle au carré de la vitesse, elle croît plus vite;
3° que pour un bateau donné, le rapport $\frac{r}{\omega V^2}$ n'est pas constant.

A cette formule qui, à défaut d'autre mérite, avait au moins
celui de la simplicité, est-il possible de substituer une autre
expression qui permette de calculer aisément, avec une approximation suffisante, la résistance propre d'un bateau de
type déterminé en fonction de la vitesse et de l'enfoncement?
Ce que nous avons dit plus haut incite à penser qu'une expression de cette nature ne devrait jamais être employée qu'avec
une grande circonspection. Entre deux bateaux de même type
construits en matériaux de même nature, il peut effectivement
y avoir dans l'état de la surface et dans les dispositions de
détail des extrémités, des différences qui modifient sensiblement la résistance. Mais, d'autre part, il est incontestable que
la possibilité de déterminer rapidement cette résistance, ne
fût-ce que d'une façon approchée, présenterait de très grands
avantages. Aussi avons-nous repris dans ces dernières années
l'étude de la question et avons-nous, à cet effet, déterminé
aussi exactement que possible la résistance propre d'un certain nombre de bateaux de divers types, pour des vitesses
variant de 0^m25 en 0^m25 jusqu'à 2^m50 par seconde, et aux
enfoncements successifs de 0^m60, 0^m80, 1^m00, 1^m30, 1^m60 et
1^m83.

Presque simultanément, en 1895, la société I. R. P. de
navigation sur le Danube faisait, pour déterminer la résistance à la traction des divers éléments qui constituent son
matériel flottant, des expériences [1] d'autant plus intéressantes

1. Le compte rendu de ces expériences se trouve dans une brochure
publiée par l'Union allemande-austro-hongroise pour la navigation intérieure
sous le titre : *Mittheilungen über die derzeitige und angestrebte Schiffbarkeit der Hauptströme und ihrer Nebenflusse. 1 Heft, Schiffbarkeit
der Donau und ihrer Nebenflüsse;* Berlin, 1897, Siemenroth et Troschel.
Nous en avons donné un résumé dans le *Génie Civil* (numéro du 13 juillet 1897).

pour nous qu'elles portent sur des vitesses supérieures, comprises entre 2^m50 et 5^m00 par seconde. A la suite de ces expériences, les ingénieurs de la société de navigation ont adopté comme représentant les résultats obtenus par eux, avec une exactitude suffisante, la formule :

$$r = KV^{2.25}$$

r étant la résistance à la traction en kilogrammes; V la vitesse relative du bateau et de l'eau, en kilomètres par heure ; K, un coefficient variable, suivant le type et l'enfoncement du bateau.

Il est fort à regretter que ces expériences, dont l'intérêt au point de vue industriel ne saurait être méconnu, donnent lieu à certaines critiques au point de vue scientifique, et que les résultats ne puissent en être acceptés qu'avec quelques réserves [1]. Toujours est-il qu'elles fournissent sur la loi de variation de la résistance avec la vitesse, une indication d'autant plus digne d'attention qu'elle est d'accord avec nos propres constatations. En effet, ainsi que nous l'avons rappelé plus haut, nos premières expériences avaient déjà montré que la résistance croît plus vite que le carré de la vitesse.

Elles avaient aussi fait voir que pour un bateau animé d'une vitesse donnée, la résistance croît moins vite que la surface ω de la portion immergée du maître-couple, c'est-à-dire pour des bateaux à maître-couple rectangulaire (ce qui est le cas général pour les bateaux de navigation intérieure). moins vite que l'enfoncement t. Nos dernières expériences ont permis de reconnaître que pour un bateau animé d'une vitesse déterminée, la résistance est une fonction linéaire de l'enfoncement de la forme :

$$P + Mt$$

Dès lors, nous nous sommes demandé si la résistance propre des bateaux que nous avons expérimentés ne pour-

1. Voir le *Génie Civil* du 31 juillet 1897 ou les *Recherches expérimentales sur le matériel de la batellerie*, pages 110 et 111.

rait pas être convenablement représentée par l'expression :

$$r = (a + bt)\mathrm{V}^{2.25}$$

dans laquelle a et b seraient des constantes caractéristiques de chaque bateau ou de chaque type de bateau, si tous les bateaux d'un même type présentent exactement même état de la surface et mêmes formes.

La vitesse V étant exprimée en mètres par seconde et l'enfoncement t en mètres, les valeurs des coefficients a et b ont été calculées par la méthode des moindres carrés ; on a trouvé :

Pour une péniche............ $a = 21.3$ $b = 123.6$
Pour une flûte................ $a = 21.5$ $b = 78.1$
Pour une toue................ $a = 14.2$ $b = 52.4$

Les valeurs données par la formule concordent d'une manière très satisfaisante avec les résultats de l'observation pour les vitesses de 1m00 et au-dessus. Les différences en plus ou en moins n'atteignent que tout à fait exceptionnellement 10 0/0 ; or, ce serait sans doute s'illusionner que d'attribuer aux observations une exactitude d'un ordre supérieur.

Aux vitesses de 0m50 et surtout de 0m25, les résistances calculées restent *fort au-dessous* des résistances observées ; les écarts *en moins* sont encore notables à la vitesse de 0m75 pour les bateaux les plus légers, la Flûte et la Toue ; mais ces écarts n'ont rien qui doive surprendre.

On sait combien il est difficile de diriger une embarcation qui manque d'erre ; elle n'obéit plus bien au gouvernail. Il en est de même quand, l'embarcation n'ayant qu'un faible enfoncement, le gouvernail plonge insuffisamment dans l'eau. Lors des expériences, il est, dans l'un et l'autre cas, très difficile de maintenir exactement l'axe du bateau dans la direction de la remorque. Or, pour peu que le bateau soit placé obliquement par rapport à la remorque, l'effort de traction doit vaincre, outre la résistance propre, la pression de l'eau sur le flanc du bateau et aussi sur le gouvernail auquel on est obligé d'avoir incessamment recours pour rectifier la direction de l'embarcation.

D'autre part, lorsque la résistance à la traction est faible, la remorque cesse d'être tendue et fait, au point où elle s'attache au bateau remorqué, un angle notable avec l'horizon. Or, ce qu'on observe, c'est l'effort suivant la remorque dont la résistance à la traction n'est, en réalité, que la composante horizontale.

Les très petites résistances observées sont donc nécessairement exagérées et d'autant plus exagérées qu'elles sont plus petites. Il n'y a pas à s'étonner si la formule qui reproduit avec une approximation très suffisante les résistances observées, pour des vitesses supérieures à 0ᵐ75, donne des résultats fort au-dessous de ceux de l'observation pour les vitesses inférieures et surtout pour la vitesse de 0ᵐ25.

En résumé, jusqu'à ce que de nouvelles expériences à l'abri de toute critique aient été faites aux grandes vitesses, nous pensons qu'il y a lieu d'adopter l'expression :

$$r = (a + bt)\, V^{2.25}$$

§ 4

PREMIERS MODES DE PROPULSION ET DE TRACTION

83. Navigation au fil de l'eau, à l'aviron, à la gaffe. — La descente au fil de l'eau a été, sans nul doute, le premier mode de navigation adopté, à raison de sa simplicité et de son économie.

Les bateaux avalant au fil de l'eau ont une vitesse supérieure à celle du courant. Le fait a été maintes fois observé ; l'explication du phénomène est matière à controverse. A ceux que cette question pourrait intéresser, nous nous bornerons à signaler la brillante discussion à laquelle elle a donné lieu dans les *Annales des Ponts et Chaussées* de 1886 [1].

1. Le mémoire de M. l'ingénieur du Boys, intitulé : *Étude sur la marche des bateaux dans les courants rapides* (nᵒ 4), n'a pas provoqué moins de cinq notes en réponse, observations ou répliques (nᵒˢ 21, 27, 39, 60 et 78).

Ce qu'il y a de certain, c'est que les bateaux avalant au fil de l'eau obéissent au gouvernail, au moins dans une certaine mesure. Quand l'action du gouvernail est insuffisante, on y supplée au moyen d'avirons ou de gaffes. Sous cette dernière dénomination, on doit comprendre toutes les espèces de bâtons, ferrés ou non, au moyen desquels le marinier, prenant un point d'appui fixe sur le fond ou sur les berges, peut exercer un effort qui se transmet à l'embarcation où il se trouve.

Parmi les engins de cette catégorie, une mention spéciale est due à celui que les mariniers appellent *Picart*. C'est un bâton, gros et court (sa longueur ne dépasse pas beaucoup le mouillage du cours d'eau), attaché au bateau par une corde d'une certaine longueur. Son extrémité inférieure est ferrée ; la tête est taillée de manière à pouvoir s'engager dans les crans de crémaillères fixées aux flancs du bateau, à la proue. Pour se servir de cet engin, le marinier le lance en avant, dans la direction de la marche du bateau, de façon à faire pénétrer la pointe ferrée dans le fond de la rivière, et en même temps il guide la tête de manière qu'elle s'engage dans un des crans des crémaillères dont il a été parlé plus haut. A ce moment, le bateau venant, en vertu de sa vitesse, buter contre le bâton fiché dans le sol, est violemment repoussé. Inutile d'insister sur la brutalité de ce procédé.

L'aviron et la gaffe ne constituent d'ailleurs pas seulement un moyen de direction, mais aussi un véritable moyen de propulsion et peuvent être employés soit pour accélérer la descente, soit même pour remonter le courant.

84. Navigation à la voile. — La voile peut rendre certains services, même à l'intérieur des terres, sur les lacs ou sur les cours d'eau qui coulent au milieu de vastes plaines comme celles du Nord de l'Europe. En fait, elle est fréquemment employée en Hollande ou dans le Nord de l'Allemagne ; en France, elle ne l'est pour ainsi dire pas en dehors de la partie maritime des fleuves. La force motrice du vent ne peut

guère s'utiliser dans nos vallées généralement étroites et
sinueuses ; les ponts sont d'ailleurs très multipliés et les chenaux fort rétrécis ; ce procédé de navigation ne doit donc être
regardé, chez nous, que comme un auxiliaire dont on profite
accidentellement quand l'occasion s'en présente, mais qui est
parfois dangereux et sur lequel il est impossible de compter.

85. Halage. — Le procédé employé de toute antiquité sur
les voies de navigation intérieure pour faire mouvoir les bateaux contre le courant ou simplement pour accélérer leur
marche à la descente, est le halage, c'est-à-dire la traction
exercée de la berge au moyen d'une corde sur laquelle tirent
des hommes ou des animaux.

L'effort des haleurs est généralement oblique par rapport à
la direction que doit suivre le bateau, d'où une tendance à
amener ce dernier à la rive, tendance que l'on
doit combattre soit par l'action du gouvernail,
soit par un mode particulier d'attache de la remorque à l'embarcation (fig. 15). Dans l'un et
l'autre cas, l'axe du bateau est placé dans une
direction légèrement inclinée sur la route à suivre. La pression de l'eau développée sur le flanc
du bateau par suite de cette inclinaison suffit
pour compenser l'attraction à la rive, mais elle
augmente d'autant l'effort à exercer par les haleurs.

Bien des circonstances, d'ailleurs, peuvent entraîner des variations dans la résistance au
mouvement.

C'est d'abord le vent. S'il est de bout, il agit
comme force directement opposée et repousse
la coque ; s'il souffle de côté, il oblige le bateau
à se placer très obliquement sous peine d'être
jeté à la rive. Il n'est pas besoin d'entrer dans
plus de détails pour faire comprendre que la puissance du

Fig. 15

moteur ne doit pas être strictement limitée à ce que nous avons appelé plus haut la résistance propre du bateau.

A la remonte, le halage est pénible, mais sûr ; le bateau se guide à volonté. Bien que la vitesse absolue soit faible, le gouvernail a toujours beaucoup d'action, cette action étant due à la vitesse relative du bateau et de l'eau. Par cette raison même, c'est tout le contraire à la descente, le bateau ne peut bien gouverner que s'il a une marche notablement supérieure à celle du courant. Le halage devient donc difficile et quand on y a recours, on est souvent obligé de suppléer à l'insuffisance du gouvernail en se servant d'avirons, de gaffes, de picarts, ainsi que nous l'avons déjà expliqué.

Dans tous les cas, pour favoriser le halage, il est utile de rapprocher, autant que faire se peut, le chenal de la rive, d'allonger la corde qui sert à la traction et de la placer à une hauteur suffisante pour éviter tout frottement sur la berge. C'est pour obtenir ce dernier résultat que nombre de bateaux sont munis de mâts et que, d'autre part, on coupe soigneusement les accrues qui s'élèvent au-dessus des berges.

86. Halage par chevaux. — Le halage par des hommes (halage à bras ou à col d'homme) n'est pratiqué, en France du moins, que sur les canaux. Pour le halage sur les fleuves et rivières, les chevaux sont employés d'une façon presque exclusive. On rencontre cependant aussi, dans certaines régions, des ânes et des mulets. Les bœufs n'ont été employés, croyons-nous, qu'à titre d'essai.

Les chevaux vont habituellement par *courbes*, c'est-à-dire réunis deux à deux sous la conduite d'un charretier ; ils se divisent en trois catégories : les uns appartiennent au batelier et sont logés à bord ; d'autres sont loués par des charretiers ou des cultivateurs auxquels on donne le nom de *haleurs aux longs jours* et font avec le même bateau un certain nombre d'étapes ; d'autres, enfin, sont groupés en relais organisés, soit par des industriels, soit par l'État ou ses ayants droit.

Il y a peu de choses à dire des deux premières catégories. Quand les chevaux appartiennent au batelier, il en fait tel usage qu'il veut. Toutefois, il lui est difficile de les bien utiliser en raison des nombreux arrêts que subissent les bateaux du fait des chômages annuels, des crues et des glaces, ainsi que des délais d'embarquement et de débarquement des marchandises.

Le halage aux longs jours a le double inconvénient de laisser planer une grande incertitude sur le prix de la traction, en même temps qu'une certaine insécurité sur la continuité des transports. En effet, les cultivateurs reprennent leurs chevaux lorsque les travaux des champs l'exigent et les bateliers restent alors à la merci des haleurs de profession qui ne disposent, en général, que d'une cavalerie insuffisante. D'autre part, en rivière, au moment des crues, la traction devenant beaucoup plus pénible, il faut multiplier les attelages. Par suite, les prix du halage aux longs jours subissent d'énormes variations suivant la saison, l'activité des transports et le régime de la voie suivie.

C'est pour remédier à ces inconvénients que l'on a, dans certains cas, recours au halage par relais, dont le nom seul indique suffisamment le principe. Quant aux détails d'organisation, ils ne peuvent être exposés sans d'assez amples développements qui seront mieux à leur place quand nous traiterons de l'exploitation des rivières canalisées ou des canaux, seules voies navigables où le halage par relais ait été installé.

§ 5

BATEAUX A VAPEUR A PROPULSEUR

87. Avantages de l'emploi de la vapeur. — L'emploi de la vapeur a résolu de la façon la plus complète et la plus heureuse la question de la navigation sur les fleuves et rivières ; on en saisit de suite les principaux avantages.

En ayant recours aux machines, on n'a plus à compter avec la fatigue du moteur ; la vitesse et le parcours journalier peuvent s'accroître dans une large mesure. La navigation devient indépendante du chemin de halage et reste possible quel que soit, pour ainsi dire, l'état des eaux. Enfin, la force motrice agit dans le sens même du mouvement, ce qui permet au bateau de se placer partout dans les meilleures conditions soit pour suivre le chenal, soit pour éviter les forts courants.

Il ne sera question ici que des bateaux munis de propulseurs qui prennent leur point d'appui sur l'eau elle-même ; nous réservons pour un examen ultérieur (§ 6), tout ce qui se rapporte aux toueurs, c'est-à-dire aux vapeurs qui se halent sur une chaîne ou sur un câble. Il est bien entendu, d'ailleurs, que nous nous occuperons des uns et des autres d'une manière sommaire et au point de vue exclusif de la navigation, en laissant au cours de Machines tout ce qui concerne les moteurs et leur rendement.

88. Bateaux à roues à aubes ou à hélice. — La pratique a consacré deux genres de propulseurs, les roues à aubes et l'hélice.

A la mer, aujourd'hui, cette dernière est employée presque exclusivement. C'est que les roues à aubes *craignent le roulis* qui fait varier d'un côté à l'autre l'enfoncement des pales et la résistance opposée à l'action de la machine. L'hélice, toujours ou presque toujours complètement immergée, constitue un appareil plus parfait.

En matière de navigation intérieure, la question est discutable et la solution dépend surtout de la plus ou moins grande régularité du lit. Sur les fleuves et rivières à courant libre, à mouillage médiocre et irrégulier, les roues sont évidemment plus sûres : elles agissent à la surface ; exigent une moindre profondeur d'eau et ne sont pas exposées à des chocs sur les hauts fonds.

Sur les cours d'eau à grand mouillage, les cours d'eau canalisés notamment, l'hélice reprend d'autant mieux la supériorité qu'elle n'est pas encombrante comme les roues avec leurs tambours, au passage des écluses. On a bien essayé de remédier à ce dernier inconvénient des roues à aubes en les plaçant à l'arrière et non plus sur le côté du bateau, mais cette disposition n'est pas sans présenter certains désavantages. L'emploi de l'hélice et surtout de deux hélices donne encore aux bateaux de précieuses facilités d'évolution.

A la vérité, lorsqu'il y a abondance d'herbes flottantes ou de roseaux, l'emploi de l'hélice peut se heurter à certaines difficultés, cet engin, complètement immergé, étant bien moins aisé à dégager, à nettoyer que les aubes des roues, mais en définitive, dès que le mouillage le permet, l'hélice semble devoir être préférée.

Quoi qu'il en soit, le propulseur peut être appliqué, soit au bateau même qui porte les marchandises et qui est dit alors *bateau à vapeur porteur*, soit à un bateau spécial qui entraîne à sa suite, une ou plusieurs coques porteuses, suivant sa force, et qui prend alors le nom de *remorqueur*.

89. Bateaux à vapeur porteurs. — Les bateaux à vapeur porteurs sont susceptibles d'une marche plus rapide. Ils peuvent, en outre, pénétrer dans les canaux, à la double condition que les roues à aubes, s'ils en sont munis, soient placées à l'arrière et que leurs dimensions ne dépassent pas celles que commande le gabarit des voies navigables artificielles.

En dehors des difficultés spéciales auxquelles peut se heurter la circulation des bateaux à vapeur dans les canaux et dans le détail desquelles nous n'avons pas à entrer ici, cette dernière condition impose, notamment en France, l'adoption d'une coque de dimensions restreintes dans laquelle on ne trouve plus, prélèvement fait de l'espace réservé pour la machine, la chaudière, les soutes à charbon, etc...., que bien peu de place pour les marchandises. D'autre part, la machine reste

inutilisée pendant le temps souvent fort long consacré aux
opérations de chargement et de déchargement. Si on diminue
l'importance de la machine, on tombe dans un autre inconvénient. Chacun sait, en effet, que la force produite par les
petites machines est, toutes choses égales d'ailleurs, plus
coûteuse que celle produite par des machines plus considérables.

En fait, il semble que l'emploi des bateaux à vapeur porteurs tende plutôt à se restreindre en France. Le recensement
du 15 octobre 1887 avait permis de constater la présence sur
nos voies navigables, de 120 porteurs d'une force totale de
13.695 chevaux. Le 16 mai 1896, on n'en a plus rencontré que
98 ayant ensemble une force de 12.805 chevaux. Il y a diminution à la fois sur le nombre (18 0/0) et sur la force motrice
(6,5 0/0).

90. Remorqueurs. — Pour les remorqueurs, au contraire, on trouve d'un recensement à l'autre un progrès considérable. Le 15 octobre 1887, on recensait 184 remorqueurs
d'une force totale de 13.278 chevaux, et le 16 mai 1897, 222
remorqueurs ayant ensemble 25.850 chevaux de force. Si
l'augmentation n'est que de 17 0/0 sur l'effectif, elle atteint
95 0/0 sur la puissance.

Sur les rivières à courant libre, et sur les rivières canalisées
qui, comme la Seine et la Saône, par exemple, ont des écluses
assez vastes pour recevoir ensemble le remorqueur et son
convoi, ce genre de navigation présente, en effet, le grand
avantage de permettre l'utilisation complète de moteurs puissants exigeant une moindre consommation par force de cheval.
Il n'est pas rare de voir sur la Seine des convois de 10, 12
bateaux et plus.

91. Grapins du Rhône. — Mentionnons enfin, bien que
la chose n'ait plus qu'un intérêt historique, un système de remorqueurs qui, à une certaine époque, a rendu de sérieux ser-

vices sur le Rhône, les *Grapins*. C'étaient de grands vapeurs munis de roues à aubes latérales, comme les autres bateaux du Rhône, mais ayant de plus, dans l'axe, montée à l'extrémité d'une élinde qui permettait de la laisser porter sur le fond du lit, une robuste roue armée de fortes dents en fer, susceptible d'être actionnée par la machine. Dans les mouilles, le grapin se mouvait au moyen de ses roues à aubes ; sur les maigres, on laissait descendre la roue à dents qui, mordant sur les graviers, formait avec le fond du lit un véritable système à crémaillère et déterminait une traction extrêmement énergique. Ces engins, assurément très ingénieux, ne sont plus employés aujourd'hui.

§ 6

TOUAGE

92. Principe du touage [1]. — Tandis que les remorqueurs prennent leur point d'appui sur l'eau qui se dérobe, le toueur agit, en réalité, sur un point fixe ; il se hale, avec le convoi qui le suit, sur une chaîne noyée suivant toute la longueur du chenal. En principe, le toueur est évidemment supérieur au point de vue de l'utilisation de la force motrice.

Si T et T_0 représentent respectivement le travail demandé à un remorqueur et à un toueur pour traîner un même convoi, à une même vitesse, contre un même courant, on admet que le rapport entre T et T_0 est donné par la formule :

$$\frac{T}{T_0} = \frac{2(V + S)}{V},$$

1. Les principes et aussi les difficultés du touage sont exposés d'une façon succincte mais très nette dans un mémoire, dû en réalité à M. de Bovet, publié dans l'*Engineering* sous le titre *Electric towage on rivers and canals*, vol. LXIII, pages 583, 591, 602, 627 et 832.

dans laquelle V est la vitesse absolue du convoi (vitesse par rapport aux berges) et S celle du courant.

On voit de suite qu'en eau morte un toueur de 100 chevaux équivaut à un remorqueur de 200. Si on suppose que la vitesse absolue du convoi est égale à celle du courant, c'est 400 chevaux que le remorqueur devra développer pour équivaloir au même toueur. Mais en général, la vitesse absolue du convoi est très inférieure à celle du courant, quand ce dernier est rapide. Supposons, par exemple, que la vitesse du courant soit de 3m00 à la seconde et celle du convoi de 0m60 seulement ; dans ce cas, c'est un remorqueur de 1200 chevaux qu'il faudrait mettre en regard du toueur de 100.

93. Touage sur chaîne noyée de la Haute-Seine. — Comme exemple d'application du touage sur chaîne noyée, nous prendrons le touage de la Haute-Seine entre Paris et Montereau, une des premières entreprises de ce genre qui aient été organisées en France [1].

Le bateau toueur (pl. VII) est symétrique, aussi bien par rapport à un plan vertical médian transversal que par rapport à un plan vertical médian longitudinal ; il a deux gouvernails et peut marcher de l'avant comme de l'arrière.

La chaîne immergée a un peu plus de longueur que le chenal, de manière à pouvoir prendre du mou partout où il en est besoin. Elle est supportée par le toueur en marche qui la reçoit par une extrémité et la file par l'autre, se glissant ainsi sous elle dans toute l'étendue du trajet. Le toueur se relie à la chaîne par deux poulies folles placées aux extrémités du bateau et surtout par deux tambours ou treuils situés au milieu du pont.

Ces tambours portent cinq gorges dans lesquelles la chaîne

---

[1]. Le touage de la Haute-Seine a été organisé en vertu d'un décret du 13 août 1856 ; le touage de la Basse-Seine entre l'écluse de la Monnaie, à Paris, et Conflans, installé en vertu du décret du 6 avril 1854, est seul antérieur.

Plan

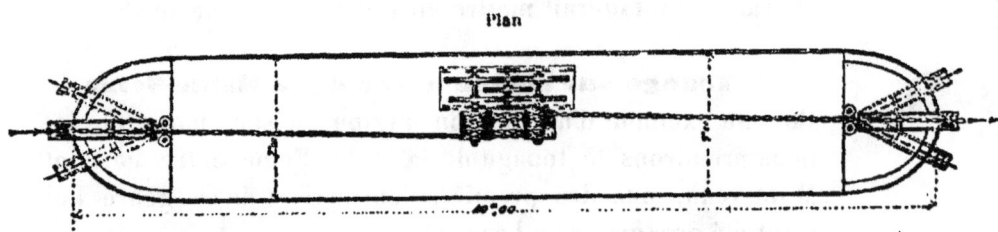

Mode d'enroulement de la chaîne.

Commande des tambours.

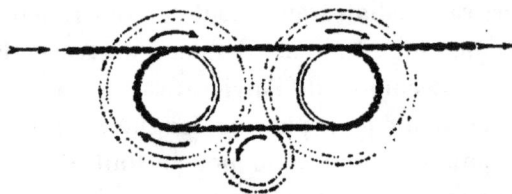

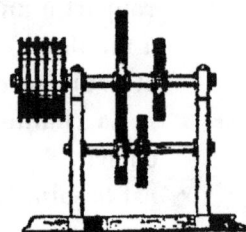

Pl. VII. TOUEUR DE LA HAUTE-SEINE

se place pour faire quatre tours du système conjugué, c'est-à-dire pour contourner quatre fois les deux tambours, en ne touchant que la moitié extérieure du périmètre de chacun d'eux. En actionnant les deux tambours à la fois par la machine et en les faisant tourner comme les aiguilles d'une montre, la chaîne se tend sur la gauche et fournit un point d'appui constant, tandis qu'elle se dépose librement à droite. Une rotation en sens contraire déterminerait le mouvement inverse.

Ces deux tambours à gorge sont indispensables pour maintenir constamment la chaîne dans la même place; car on sait qu'en cas d'enroulement sur un treuil unique, les tours chevauchent les uns sur les autres, si la chaîne ne se déplace pas latéralement. Quant aux quatre circuits, ils ont pour but de développer sur les tambours un frottement suffisant pour qu'il n'y ait pas de glissement. Ces tambours sont, d'ailleurs, soit en porte-à-faux, soit soutenus latéralement par un appui mobile, afin que l'on puisse, par le côté, à l'aide d'un mou suffisant, enrouler ou dérouler la chaîne, c'est-à-dire la prendre ou la laisser.

Les poulies placées aux deux extrémités sont portées par des aiguilles mobiles autour d'un axe vertical. Elles peuvent décrire un arc de cercle qui les transporte à droite ou à gauche suivant les besoins. Cette disposition est destinée à corriger, dans les courbes, l'appel fait par la chaîne, vers la rive convexe. On conçoit en effet, que sur son étendue soulevée, la chaîne se tendant en ligne droite dessine toujours une corde de l'arc décrit par le chenal et que par suite, si le bateau obéit, il la laisse toujours, lorsqu'il la dépose, un peu plus près du centre qu'il ne l'avait prise.

Grâce à l'orientation variable des poulies extrêmes qui permet au toueur de suivre une direction oblique à l'appel, le déplacement est diminué, au prix, il est vrai, d'un peu d'effet utile de la machine. Ajoutons que le remède n'est généralement pas complet; alors la remise en place de la chaîne est l'occupation des toueurs lorsqu'ils descendent à vide.

Lorsque la chaîne casse, le convoi mouille et l'équipage du toueur procède lui-même à la réparation, en remplaçant le maillon brisé par une maille (*nahot*) du même gabarit.

Le touage est installé et fonctionne en vertu d'une autorisation administrative aux conditions fixées par un cahier des charges. Les taxes maxima que la Compagnie peut percevoir, sont les suivantes :

Pour un bateau vide ou chargé à la remonte :

Par tonne de jauge possible et par kilomètre, 0 f. 0028.

Par tonne de jauge effective et par kilomètre, 0 f. 0120.

Pour un bateau vide ou chargé, à la descente, le quart des prix ci-dessus.

Ces taxes correspondent, pour un bateau à pleine charge, au prix de 14 mill. 8 à la remonte et de 3 mill. 7 à la descente, par tonne kilométrique.

94. Autres applications en France et à l'étranger.

— De nombreux services de touage sur chaîne noyée ont été installés dans des conditions analogues ; nous nous bornerons à mentionner ici ceux qui comportent un parcours d'une certaine importance.

En France, il faut citer le touage de la Basse-Seine (*a*) entre Paris et Conflans, (*b*) entre Conflans et Rouen, et le touage de l'Yonne.

En Allemagne, le touage sur chaîne noyée existe encore sur la partie bavaroise du Danube, entre Ratisbonne et Hofkirchen[1] ; il fonctionne sur l'Elbe et sur la Saale, sur le Neckar et sur le Mein. Le touage de l'Elbe a été organisé de 1870 à 1874 sur le modèle de celui de la Seine ; il s'étend maintenant, sans solution de continuité, depuis Hambourg jusqu'au grand port fluvial d'Aussig, en Bohême, sur un parcours de plus de 600 kilomètres. C'est la plus importante application que nous

---

1. Sur la partie autrichienne du Danube, à l'amont et à l'aval de Vienne, il a été récemment abandonné ; les ruptures de chaîne incessantes et les inconvénients qui en étaient la conséquence ne lui laissant plus aucun avantage.

connaissions du touage. L'ensemble des services organisés sur la Seine, de Montereau à Rouen s'applique à un parcours total de 344 kilomètres seulement.

On peut encore citer, en Russie, les touages de la Scheksna et du Swir.

95. Système Bouquié. — Un ingénieur belge, M. Bouquié, a imaginé d'appliquer au touage la roue à empreintes avec chaîne calibrée usitée depuis longtemps dans la marine, et de la substituer au double tambour à gorges dont nous avons parlé plus haut. On est ainsi dispensé des quatre tours nécessaires pour assurer un frottement énergique et la manœuvre à accomplir pour prendre ou laisser la chaîne est singulièrement facilitée. Nous ne croyons pas que ce système, employé en France sur le 4° bief du canal Saint-Martin et en Belgique sur le canal de Bruxelles au Rupel, ait été appliqué sur les rivières.

96. Touage sur câble noyé. — C'est également en Belgique, sur la Meuse, qu'ont été faits les premiers essais pour substituer à la chaîne un câble en fil de fer et au double tambour à gorges, la poulie à mâchoires dite poulie Fowler. Beaucoup plus léger que la chaîne, le câble coûte moins cher ; d'autre part, les manœuvres pour le placer sur la poulie et pour l'en détacher sont plus faciles. Néanmoins, ce système n'a pas réussi. La légèreté du câble qui, à certains points de vue est un avantage, est un inconvénient sous d'autres rapports. Ainsi, dans les courbes, il y a intérêt évident à avoir une lourde chaîne, de telle sorte que la partie qui se soulève à l'avant soit la moins longue possible ; le convoi est alors moins entraîné vers la rive convexe. Un grave inconvénient du câble c'est la difficulté d'accommoder sa longueur à celles des courbes. Avec une chaîne, il suffit d'ajouter ou de retirer quelques maillons, avec un câble la chose est beaucoup plus difficile. Enfin, en cas de rupture, la chaîne se répare très aisément et très vite ; il n'en est pas de même du câble.

L'insuccès des essais de touage sur câble noyé a été général, non seulement sur la Meuse, mais encore sur le Danube, sur la Moskwa, etc... A notre connaissance, il n'existe plus que sur le Rhin ; mais il est limité à la région des rapides et les inconvénients y sont moins sensibles parce que le cours du fleuve est peu sinueux et que les moyens de gouverner sont assez puissants pour éviter les grands déplacements du câble. Encore doit-on compter que celui-ci, une fois usé, ne sera pas remplacé.

97. Avantages et inconvénients du touage. — Si le touage sur chaîne noyée a, en principe, sur le remorquage, une incontestable supériorité au point de vue de la meilleure utilisation de la force motrice, en pratique, les toueurs ne conservent l'avantage sur les remorqueurs que dans les cours d'eau à courant très rapide et à faible mouillage.

Il y a lieu d'observer que parmi les cours d'eau qui répondent à ce signalement, beaucoup ont des allures torrentielles et amènent pendant leurs crues des dépôts qui peuvent inspirer des doutes sur la possibilité de dégager la chaîne à un moment donné.

Disons encore, en passant, que la canalisation des rivières, alors même que les biefs sont longs et que les écluses ont des dimensions suffisantes pour recevoir tout un convoi, est fatale au touage puisqu'elle a pour effet de réaliser au moins pendant la plus grande partie de l'année un mouillage important et un courant insensible. C'est seulement pendant la saison des hautes eaux, alors que la rivière rendue à son cours naturel présente un courant exceptionnellement rapide, que le touage reprend ses avantages à la remonte. Par contre, dès que le courant est un peu fort, le service du touage à la descente devient très malaisé sinon impossible.

D'autre part, le mode d'entraînement sur la chaîne universellement adopté, l'emploi des tambours ou treuils à gorges conjugués, présente de graves inconvénients. Au point de vue de la conservation de la chaîne, il est très défectueux. Si les voies des gorges des tambours ne sont pas, et ne restent pas malgré l'usure, de diamètres identiques, les enroulements d'une gorge à l'autre devenant différents, il faut que la chaîne glisse. Il se produit alors sur les brins intermédiaires des tensions anormales qui peuvent dépasser de beaucoup l'effort de traction sur le brin tendu à l'avant du toueur. En fait, c'est le plus souvent sur les treuils que se produisent les ruptures de chaîne. De ce mode d'enroulement résultent encore de sérieuses difficultés pour détacher le toueur de sa chaîne. La conséquence est que le service du touage se fait par relais, chaque toueur restant sur la chaîne aussi bien à la descente qu'à la remonte et faisant la navette entre celui qui le précède et celui qui le suit. A chaque relais, il y a échange de convois entre les toueurs ; cette opération, à laquelle on donne le nom de *troquage*, cause de sérieuses pertes de temps et n'est pas sans danger.

98. Remorqueurs-toueurs. Poulie magnétique de Bovet. — De cet ensemble de considérations est venue l'idée de substituer aux anciens toueurs des remorqueurs-toueurs, c'est-à-dire des bateaux munis à la fois d'un propulseur et d'un appareil de touage, ce dernier ne devant être utilisé qu'à la remonte. Dans cette combinaison, le service en navette et en relais serait supprimé. Les toueurs à la remonte conduiraient leur convoi à destination sans troquage ; à la descente, ils fonctionneraient comme les remorqueurs libres. Le service se ferait ainsi à deux voies ; il gagnerait, par conséquent, en régularité, en célérité, en puissance de trafic et en économie.

Pour rendre cette idée applicable, il fallait trouver un appareil de touage simple, non susceptible de détériorer la chaîne et permettant de la jeter à l'eau sans difficulté en tout point du parcours ; or, cette dernière condition suppose nécessairement un système d'entraînement qui soit efficace avec une très faible longueur de chaîne.

M. de Bovet, directeur de la Compagnie du touage de la Basse-Seine entre Paris et Conflans, a résolu le problème d'une manière aussi pratique qu'ingénieuse. Il a substitué aux treuils à gorges une poulie magnétique. L'aimantation de cette poulie, obtenue au moyen d'une dynamo installée à bord du toueur, détermine l'adhérence de la chaîne. Il suffit que cette dernière fasse trois quarts de tour sur la poulie et elle peut, dans ces conditions, s'en détacher avec la plus grande facilité.

Nous n'entrerons pas dans les détails de cet ingénieux système [1] ; nous devons nous borner ici à en faire connaître le principe. Ajoutons seulement que la chaîne est guidée par deux petites poulies ou galets, à l'entrée et à la sortie de la poulie de touage (fig. 16). La poulie de sortie B est aimantée légèrement de manière à arracher la chaîne de la poulie de

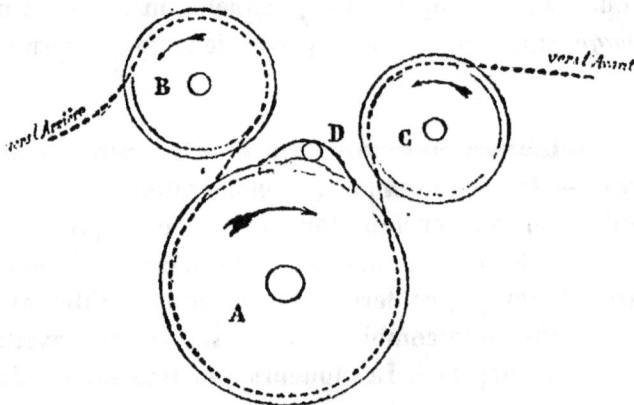

vers l'Avant

vers l'Arrière

B

D   C

A

Fig. 16

touage A. Un doigt en bronze D contribue, en cas de besoin, à assurer le décollement, mais, en général, il ne sert pas. Quant à la poulie d'entrée C, c'est le plus souvent un simple galet porteur, cependant il peut être transformé en poulie aimantée

1. Ces détails se trouvent : 1° dans les publications du V° Congrès international de navigation intérieure, tenu à Paris en 1892 ; 2° dans les Mémoires de la Société des ingénieurs civils, 1893 ; 3° dans la *Revue universelle* du mois de mai 1893.

dans les cas où on a besoin d'un supplément d'adhérence totale.

Le premier bateau de ce système, mis en service à Paris en 1893, a fonctionné depuis lors d'une manière très satisfaisante, soit comme toueur, soit comme remorqueur, répondant parfaitement au programme en vue duquel il avait été construit. La Compagnie a fait depuis construire trois nouveaux toueurs du même type en y introduisant divers perfectionnements de détail et on peut regarder le succès comme complet.

99. Touage sur câble par relais. — Mentionnons enfin un nouveau mode de touage sur câble dont le premier essai a été fait sur le Rhône, par des entrepreneurs de travaux publics, en vue d'effectuer économiquement le transport de grandes quantités d'enrochements.

Leurs bateaux vides étaient remontés, sur un parcours de quelques kilomètres, par de petits toueurs à vapeur qui se halaient sur un léger câble métallique, mais qui, au lieu de le déposer par l'arrière, l'emmagasinaient à bord ; lors de la descente, le câble se déroulait et retombait à l'eau. De cette manière, si on fait abstraction du point d'amarrage établi en dehors du chenal, le câble n'est immergé que d'une façon intermittente, seulement pendant le temps qui sépare la descente de la remonte ; le danger d'ensablement se trouve complètement écarté ; on comprend d'ailleurs qu'au point de vue de l'emmagasinement à bord, la légèreté du câble lui donne une grande supériorité sur la chaîne.

La Compagnie générale de navigation H. P. L. M. a récemment appliqué ce système sur une grande échelle dans les parties les plus rapides du Rhône. Nous y reviendrons avec quelques détails lorsque nous traiterons du matériel et de la traction sur les fleuves et rivières à courant libre (Chapitre VII, § 2).

CHAPITRE IV

PREMIÈRES AMÉLIORATIONS

100. Considérations générales et division du chapitre. — Pour qu'un fleuve, une rivière soit effectivement, pratiquement navigable, il est évidemment indispensable que le cours en soit bien déterminé et connu.

On aura donc dû, tout d'abord, procéder à la reconnaissance du chenal et, en tant que de besoin, à son balisage. Le corollaire naturel de cette opération est, d'ailleurs, l'enlèvement, dans la limite des moyens dont on dispose, des obstacles au passage des embarcations, dont elle aura permis de constater l'existence.

Une autre nécessité se fait bientôt sentir, celle de défendre, de fixer et même de rétablir certaines parties des berges trop vivement attaquées par les eaux, soit que le développement de la corrosion puisse occasionner un déplacement du lit du cours d'eau, soit que les matières provenant de la destruction des rives causent manifestement l'obstruction du chenal, soit encore que la dégradation des berges mette obstacle à la pratique du halage.

Il faut, d'autre part, que ce halage puisse s'exercer dans les meilleures conditions possibles, ce qui ne peut être assuré que

par un ensemble de dispositions, les unes légales, les autres
techniques.

Enfin, dès qu'une navigation devient un peu active, la facilité de l'embarquement et du débarquement des marchandises
exige, dans les localités où se font ces opérations, l'appropria-
tion, à cet effet, de certaines parties des rives, la création d'installations spéciales désignées sous le nom générique de quais.

En conséquence, sous la rubrique *Premières améliorations*,
ce chapitre comprendra les six sections ci-après : Travaux
exécutés dans le chenal ; Défenses de rives ; Digues ; Chemins
de halage ; Délimitation du lit des cours d'eau navigables ou
flottables ; Quais.

§ 1.

TRAVAUX EXÉCUTÉS DANS LE CHENAL

101. Reconnaissance et balisage du chenal. — Il
est aisé de concevoir en quoi peut consister la reconnaissance du
chenal d'un cours d'eau ; les sondages y jouent nécessairement
un rôle important. Le balisage est, en somme, une opération
assez exceptionnelle sur les voies de navigation intérieure et
ressortit plutôt au cours de Travaux maritimes ; nous ne nous
y arrêterons pas. Mais il n'est pas inutile de rappeler combien
sont fréquentes les modifications du chenal dans certains cours
d'eau à fond mobile. Dans ces cours d'eau, la reconnaissance
du chenal n'est pas une opération qui se puisse faire une fois
pour toutes ou à de longs intervalles ; elle doit être répétée très
souvent, quelquefois chaque jour ou même à chaque passage
de bateau.

Voici ce que nous avons pu voir sur le Volga, à bord d'un
majestueux steamer dont les dimensions et l'aménagement ré-
pondaient, à l'époque, aux derniers perfectionnements de l'art
des constructions nautiques. A l'avant, se tenait un matelot

armé d'une sonde qu'il manœuvrait presque incessamment dans certaines parties du fleuve, et c'est d'après les profondeurs ainsi relevées et annoncées à haute voix que le pilote déterminait sa route.

102. Enlèvement des écueils isolés. — Un genre d'écueil très dangereux sur les cours d'eau naturels est celui que forme un tronc d'arbre incliné dont une extrémité est engagée dans le fond du lit tandis que l'autre reste en saillie (fig. 17). L'arbre avait crû sur le bord de la rivière ; il y est

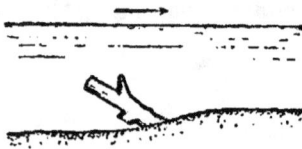

Fig. 17

tombé miné par l'âge ou déraciné par le vent, ou encore par suite de la corrosion de la berge. Entraîné par une crue, il a d'abord suivi le courant, puis les eaux baissant, il a rencontré un obstacle quelconque, il s'est arrêté et a été en partie recouvert par des dépôts de matériaux. Qu'un bateau vienne à heurter les parties en saillie sur le fond il sera infailliblement crevé et coulé. Il est donc essentiel de rechercher avec le plus grand soin ces épaves forestières, de les signaler et de les enlever dès que la chose est possible[1].

Il en est de même des épaves provenant de précédents naufrages.

Il en est de même aussi des roches isolées, qu'elles restent en saillie sur le fond décapé par les courants ou qu'elles proviennent de l'éboulement de quelque berge corrodée.

Lorsque ces écueils présentent en place un volume trop considérable, les explosifs puissants dont on dispose aujourd'hui donnent le moyen de les diviser en morceaux susceptibles d'être aisément enlevés.

Après avoir fait disparaître les écueils isolés, on est tout na-

1. On trouve sur ce sujet des détails très intéressants dans le *Journal de mission* de M. Malézieux en Amérique (page 276). Durant l'automne 1868, on a retiré du lit du Minnesota 780 *snags* ou arbres implantés dans le sable.

turellement amené à tenter de faire disparaître aussi les obstacles qui résultent de la présence de hauts fonds et la première idée qui vienne à l'esprit est de les draguer. Ici il y a lieu de distinguer.

103. Ouverture d'un chenal dans un seuil fixe. — Certains hauts fonds sont dus à la présence dans le sol de couches dures qui résistent à l'érosion et forcent le cours d'eau à les franchir en déversoir (voir article 27) ; ils sont fixes et ne se déplacent jamais.

L'ouverture d'un chenal d'une largeur déterminée dans un seuil de cette espèce aura pour résultat une transformation permanente du haut fond. Elle peut réaliser une amélioration, mais il est difficile de prévoir à l'avance quelle sera la profondeur d'eau effectivement obtenue. D'autre part, il faut veiller avec le plus grand soin à ce que cet accroissement de section, en livrant un passage plus considérable aux eaux de la mouille, n'entraîne pas un abaissement général de niveau susceptible d'amener l'émersion des hauts fonds supérieurs. Il est donc prudent de limiter au strict nécessaire, en largeur et en hauteur, le chenal artificiel.

104. Travaux du Bingerloch, sur le Rhin. — Les travaux du Bingerloch, sur le Rhin, méritent assurément d'être mentionnés dans un chapitre intitulé *Premières améliorations* si, comme on l'affirme, ils ont été commencés dès le règne de Charlemagne [1]. Ils ne forment d'ailleurs qu'une faible partie des travaux de dérochement exécutés dans le lit du fleuve, notamment entre Bingen et St-Goar.

Immédiatement en aval du confluent de la Nahe, à Bingen, le Rhin est barré par deux bancs de rochers à peu près parallè-

1. Mémoire (*Denkschrift*) sur les principaux fleuves de la Prusse, publié en 1888 par le ministère des Travaux publics de Prusse, à l'occasion du III⟶ Congrès international de navigation intérieure, tenu à Francfort-sur-le-Mein au mois d'août de la même année.

les et distants de 600 mètres environ qui, partant de la rive droite du fleuve, se dirigent obliquement vers l'île de la Tour des Souris (Mausethurm-Insel). Le banc d'aval est particulièrement gênant pour la navigation ; il aurait même constitué un obstacle le plus souvent infranchissable s'il n'avait présenté, tout près de la rive droite, une échancrure connue depuis bien des siècles sous le nom de *Trou de Bingen* (Bingerloch).

Les premiers travaux avaient eu pour objet d'augmenter les dimensions de cette échancrure naturelle ; plus tard, un second chenal fut ouvert près de la rive gauche, entre cette rive et l'île de la Tour des Souris. Dans l'une et l'autre passe, les dérochements furent plusieurs fois repris, non sans provoquer de violentes réclamations des riverains d'amont qui craignaient de voir troubler profondément le régime de cette partie du fleuve. *Mais malgré les sondages les plus soignés, lit-on dans le mémoire publié par le ministère des Travaux publics de Prusse, toujours quelque nouvel endroit venait se révéler comme ne laissant qu'une hauteur d'eau insuffisante sur une étendue peu considérable.* Le document officiel confirme donc expressément ce que nous avons dit plus haut de l'incertitude des résultats obtenus dans les opérations de cette nature et des appréhensions qu'elles peuvent faire naître au point de vue des hauts fonds supérieurs.

105. Amélioration des cataractes du Bas-Danube. — Comme exemple mémorable de ce genre de travaux, on peut surtout citer la grande entreprise qui vient à peine d'être terminée, pour l'amélioration des cataractes du Bas-Danube, et qui est le plus souvent désignée sous le nom de régularisation des Portes de Fer [1].

Les Portes de Fer ne sont, en réalité, que la dernière et la plus périlleuse des cataractes au nombre de cinq qui rendaient la navigation du Danube très précaire et souvent même im-

---

1. *L'Amélioration des Portes de Fer et des autres cataractes du Bas-Danube*, par M. l'ingénieur Bela de Gonda, Budapest, 1896.

possible entre Basias et Turn-Severin. Voici la désignation de
ces cataractes formées par des seuils rocheux plus ou moins
importants qui traversent le lit du fleuve, et leur distance respective à Basias :

Cataracte Stenka..........	45 kilomètres de Basias.		
id. Kozla-Dojke	61-62	id.	
id. Izlas-Tachtalia ..	70-73	id.	
id. Jucz..........	85-86	id.	
Les Portes de fer..........	128-131	id.	

Aux deux premières cataractes, les travaux ont consisté
purement et simplement dans l'ouverture d'un chenal régulier,
mesurant 60 mètres de largeur au plafond et dont la profondeur
a été déterminée dans l'espérance d'avoir un mouillage de 2 m. 50

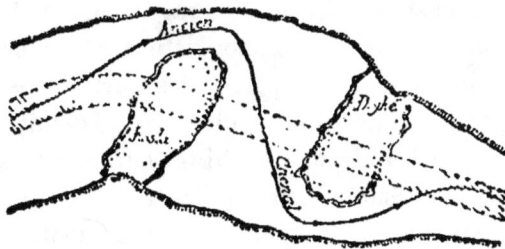

Fig. 18

au minimum au-dessous du niveau normal des très basses
eaux.

Le croquis ci-contre (fig. 18) donne une idée générale de la
disposition de la cataracte de Kozla-Dojke formée par deux
seuils rocheux peu distants l'un de l'autre, partant le premier
de la rive droite, le second de la rive gauche ; il montre bien
quelle difficulté il devait y avoir, indépendamment du manque de mouillage, à suivre à travers les écueils, les tourbillons, etc..., l'ancien chenal qui, après avoir été toucher pour
ainsi dire la rive gauche, se retournait à angle droit pour aller
se jeter sur la rive droite et s'infléchir de nouveau, brusquement, de 90°. Le nouveau chenal est indiqué par une zone cou-

verte de hachures ; il est aisé de concevoir que son ouverture
constitue une sérieuse amélioration.

Quant à l'importance du travail, on en aura une idée quand
on saura qu'à Kozla-Dojke seulement, il comportait l'extraction,
en pleine eau, de 66.000 mètres cubes de rocher d'une grande
dureté. Les masses rocheuses à enlever étaient désagrégées
par l'écrasement ou à la dynamite ; les débris étaient enlevés
à l'aide de dragues à godets ou d'excavateurs Priestman.

Les dérocheuses par écrasement qui ont été employées
sont d'un système fort simple basé sur la chute libre. Le
rocher est écrasé par un trépan mesurant 9^{m}00 de longueur
avec une section carrée de $\frac{0^m40}{0^m40}$ au milieu et de $\frac{0^m22}{0^m22}$ au bout,
pesant 8,5 tonnes.

Un autre système de dérochement, qui a été également
appliqué sur le Bas-Danube, consiste à forer dans la masse
des trous de mine et à y placer des cartouches de dynamite
dont on provoque ensuite l'explosion. Le détail le plus caractéristique est celui-ci : les machines perforatrices sont installées à bord d'un bateau qui, à l'aide de quatre tréteaux disposés sur ses flancs, peut être soulevé au-dessus du niveau
de l'eau et constituer ainsi un appontement parfaitement fixe.
Chaque perforatrice est d'ailleurs placée dans un tuyau serré
contre le fond, contreventé solidement de manière que le
courant ne puisse pas le dévier. Grâce à ces précautions, la
foreuse peut plonger bien verticalement et fonctionner régulièrement.

106. Dragage de hauts-fonds accidentels. — Les
travaux exécutés pour l'ouverture d'un chenal à travers un
seuil rocheux ont un effet durable. Il est très difficile de déterminer à l'avance quel en sera le résultat, mais quel qu'il soit,
il est définitivement acquis. En est-il de même des dragages
exécutés sur des hauts-fonds composés de matériaux plus ou
moins mobiles ?

Si le haut-fond est produit par une cause accidentelle, comme serait, par exemple, l'écroulement d'une berge élevée dont les débris auraient obstrué le chenal, il est clair qu'il suffira de dragages pour faire disparaître cette obstruction. Il sera cependant prudent d'exécuter, en même temps, les travaux nécessaires pour défendre la berge et, en supprimant la cause, de prévenir le retour des mêmes effets.

Le dragage peut encore être la solution, alors même qu'il est impossible d'empêcher l'accident de se reproduire. Ainsi, nous avons eu occasion, plus haut (art. 31), de mentionner ce qui se passe dans l'Yonne à l'embouchure de deux affluents torrentiels, le Serein et l'Armançon. L'Yonne joue le rôle d'un bassin de décantation ; le chenal est périodiquement menacé d'obstruction par les déjections des deux torrents ; les dragages périodiques s'imposent. Un autre exemple analogue peut être relevé sur la même rivière. Au confluent de l'Yonne et de la Seine, à Montereau, les crues des deux cours d'eau sont rarement concordantes, elles ne sont d'ailleurs pas du même genre. La crue de la Seine est généralement tardive et se prolonge notablement ; elle forme barrage par rapport à l'Yonne dont les eaux retenues et relevées perdent leur vitesse et subissent une véritable décantation. Des dragages périodiques dans l'Yonne, immédiatement en amont de son confluent avec la Seine, sont indispensables.

107. Dragage des seuils naturels. — Mais quand on est en présence de seuils naturels ?....... Lorsque nous avons étudié la constitution et la forme du lit des cours d'eau, nous avons fait des constatations qu'il convient de rappeler ici.

Si le lit d'un cours d'eau est ouvert à travers des terrains plus ou moins mobiles, et c'est le cas normal, il présente inévitablement une succession de fosses profondes (mouilles) séparés par des seuils (hauts-fonds).

Chaque crue renouvelle les matériaux qui tapissent le lit et peut modifier la forme de celui-ci.

S'il s'agit d'un cours d'eau à l'état sauvage, la forme nouvelle, tout en reproduisant les dispositions générales de l'ancienne, peut en différer sensiblement ; l'emplacement des seuils peut changer aussi bien que leur orientation et leur relief.

Mais s'il s'agit d'un cours d'eau dont les rives sont solidement fixées, la nouvelle forme ne présente généralement avec l'ancienne que des différences peu importantes ; les seuils se reproduisent à la même place ; il n'y a que leur orientation et leur relief qui changent.

Il résulte clairement de là que le dragage des seuils naturels ne peut avoir d'effets durables.

Cependant s'il s'agit d'un seuil sur lequel les dépôts sont peu abondants, si d'autre part, l'activité de la navigation est de nature à justifier des dépenses importantes, ce peut être une solution que de procéder par voie de dragages renouvelés toutes les fois que cela est nécessaire. A la vérité, c'est alors un système d'entretien et non un mode d'amélioration, et ce système ne laisse pas de présenter un inconvénient et même quelque danger. L'inconvénient c'est que, les dépôts se faisant brusquement et leur enlèvement demandant toujours un certain temps, la navigation peut être interceptée ou gênée pendant une période plus ou moins longue après chaque crue. Le danger c'est que si on drague trop on peut affamer la mouille supérieure, provoquer l'apparition de nouveaux hauts-fonds et dans tous les cas rendre le passage plus difficile sur le seuil précédent.

Nous verrons plus loin comment, après avoir fixé l'emplacement des seuils, on arrive, au moyen de travaux rationnellement conduits, à modifier leur orientation et, dans une certaine mesure, à réduire leur relief. Dans ces travaux, les dragages peuvent tenir une certaine place, mais accessoire, et nous estimons, en règle générale, qu'on ne saurait obtenir l'amélioration durable d'un seuil naturel par l'emploi exclusif des dragages.

Tout ce qui concerne les procédés et les engins employés

pour effectuer les dragages ressortit au cours des Procédés généraux de construction ; nous n'en parlerons pas.

On s'est servi à certaines époques, et on se sert encore aujourd'hui sur divers cours d'eau, d'appareils spéciaux qui ont pour but de maintenir ou d'augmenter la profondeur du chenal sans enlever les matières, sans les draguer au sens propre du mot, mais en les dispersant simplement dans le lit. Les indications, très sommaires d'ailleurs, qu'il peut être à propos de donner sur ces appareils, seront mieux à leur place lorsque nous traiterons de l'entretien des voies navigables.

§ 2

DÉFENSES DE RIVES

108. Partie située au-dessus de l'étiage. — Les revêtements protecteurs qui constituent les travaux de défense de rives comprennent deux parties bien distinctes, l'une au-dessus de l'étiage et l'autre au-dessous : la première, visible et accessible pendant la plus grande partie de l'année, est exposée aux alternatives de sécheresse et d'humidité, de gelée et de soleil ; la seconde, qui sert de support à l'autre, est presque constamment noyée, par conséquent invisible et inaccessible. Nous nous occuperons d'abord de la première.

Pour l'établissement de la partie supérieure du revêtement, les procédés peuvent varier à l'infini suivant la nature de la berge à défendre et la destination de l'ouvrage, suivant les ressources dont on dispose et les matériaux que l'on trouve à portée. Cependant, dans notre pays, la pierre est l'élément le plus employé et c'est aux perrés qu'on a le plus souvent recours ; ils peuvent être maçonnés ou à pierres sèches.

109. Perrés maçonnés. Perrés à pierres sèches. — Les perrés maçonnés (fig. 19) consistent en un revêtement de

maçonnerie à bain de mortier appliqué sur la berge, préalablement réglée suivant un talus convenable. Leur épaisseur,
qui ne descend pas au-dessous de 0ᵐ30 et peut varier de 0ᵐ30

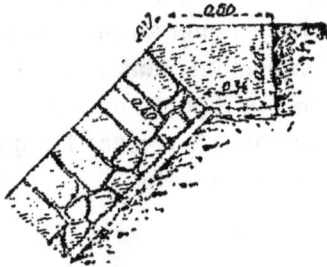

Fig. 19

à 0ᵐ70, est tantôt uniforme,
tantôt plus grande à la base
qu'au sommet. Leur inclinaison
varie suivant les circonstances ;
elle est généralement de 1 à 3
de base pour 2 de hauteur. La
maçonnerie repose sur le sol, et
il importe que le contact entre
les deux soit aussi intime que
possible. Dans ce but on inter-
pose quelquefois une mince couche de béton. Le parement présente, suivant la nature des moellons, des assises réglées hori-
zontalement ou des joints incertains. Le couronnement qui
raccorde le talus avec la plate-forme de la berge est constitué :
soit par une assise continue de pierres de taille ; soit par un
rang de moellons de choix posés de champ, *en hérisson* comme
on dit ; soit encore par un massif de béton moulé en place.

Nous avons supposé, dans ce qui précède, que le revêtement
était en maçonnerie de moellons ; il va sans dire qu'il pourrait être en maçonnerie de briques ou en béton.

Les perrés à pierres sèches (fig. 20) sont construits, selon la

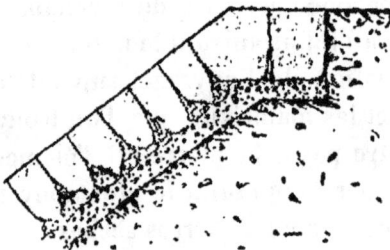

Fig. 20

nature des matériaux dont
on dispose, par assises horizontales ou à joints incertains. Dans l'un et l'autre cas, les moellons sont
placés normalement au
plan du talus, bien assis
les uns sur les autres, bien
jointifs en parement (au-
cune cale ne doit y être tolérée), solidement calés en queue.
Quand le sol naturel de la berge est susceptible d'être délavé

et entraîné par l'eau, le perré doit être établi sur un lit de pierrailles ou de graviers de grosseur décroissante formant filtre, de manière à mettre obstacle à cet entraînement. L'inclinaison des perrés à pierres sèches est généralement comprise entre 45° et 3 de base pour 2 de hauteur ; le couronnement se fait aussi à sec, soit en pierres de taille, soit avec des moellons posés en hérisson.

110. Avantages respectifs des deux genres d'ouvrages. — Le perré maçonné est d'un aspect plus satisfaisant, ce qui n'est pas sans intérêt dans les villes ou aux abords des grands ouvrages d'art.

Son parement plus uni donne moins de prise à l'action des eaux et ne présente pas de saillie susceptible d'endommager les bateaux.

Le perré maçonné offre une résistance bien plus grande aux actions extérieures : choc et frottement des bateaux, coups de gaffe des mariniers, etc...

Il est également, et de beaucoup, plus étanche ; toutefois on se ferait illusion si on croyait que cette étanchéité peut être et surtout demeurer absolue. Qu'elles proviennent d'un défaut dans l'exécution ou de cassures provoquées par les mouvements du sol, qu'elles soient causées par la gelée ou par la sous-pression des eaux pluviales qui s'infiltrent derrière le revêtement, des solutions de continuité se produisent forcément. A la faveur de ces solutions de continuité, le terrain naturel peut être délavé, entraîné ; alors, une cavité se forme en arrière du revêtement. Les moellons étant solidarisés par le mortier, cette cavité est susceptible de prendre des dimensions considérables avant que les maçonneries cèdent. Quand l'avarie se produit elle est grave, et si elle coïncide avec une crue, elle peut avoir de sérieuses conséquences.

S'il s'agit, au contraire, d'un perré à pierres sèches, dont les éléments sont loin d'avoir la même solidarité, le revêtement s'affaisse au fur et à mesure que le sol se creuse en arrière, et le mal devient immédiatement apparent. C'est là un avantage très réel des perrés à pierres sèches.

Ils ont encore celui de l'économie, mais il ne faut pas croire que celle-ci soit bien considérable. On doit admettre qu'elle ne dépasse pas sensiblement la valeur du mortier. Or, dans un mètre carré de perré de 0^m40 d'épaisseur moyenne, il entre à peu près $0,40 \times 1/3 = 0^{mc}13$ de mortier, ce qui correspond à une dépense de 2 fr. 00 ou 2 fr. 50. En ce qui concerne la main-d'œuvre, en effet, nous estimons qu'il est généralement plus facile de faire un bon perré maçonné qu'un bon perré à pierres sèches. La bonne exécution de ce dernier genre de travail exige des matériaux bien appropriés et des ouvriers spéciaux ; or, on n'a pas toujours à sa disposition les uns et les autres.

C'est en tenant compte de ces différentes considérations que l'on pourra, suivant les espèces, faire un choix judicieux entre les deux systèmes de revêtements.

111. Perrés à plat ou placages. — Les perrés que nous venons d'étudier exigent l'emploi d'un cube assez important de moellons ; au minimum, un tiers de mètre cube (en comptant le déchet) par mètre carré. On peut diminuer ce cube en ne formant qu'un mince revêtement de pierres posées à plat, que l'on fixe à la rive à l'aide de la végétation. C'est ce que l'on appelle des *perrés à plat* dans certaines régions de la vallée de la Loire et des *placages* dans l'Est de la France.

Il n'est même pas indispensable d'avoir à sa disposition des pierres plates ; car on fait beaucoup de placages sur la Meuse au moyen de moellons de forme arrondie, auxquels les ouvriers donnent le nom significatif de têtes de chien.

Pour exécuter ces perrés à plat ou placages, on commence par donner à la berge l'inclinaison qui lui convient, en se guidant sur les parties non attaquées. Puis on y place les moellons, les uns à côté des autres, et l'on plante entre les joints de minces boutures d'une variété de saule qui pousse naturellement sur les alluvions. D'ailleurs, au bout de peu de temps, les plantations antérieures fournissent des boutures à profusion.

Faites en saison convenable, ces boutures reprennent parfaitement ; les pierres se trouvent alors reliées l'une à l'autre par les branches et les racines, tandis que ces dernières les fixent au sol (fig. 21) ; le tout forme un ensemble inattaquable. Sur les rivières de l'Est, les placages résistent mieux que les perrés ordinaires aux glaces qui constituent dans ces contrées l'ennemi le plus redoutable des berges.

Fig. 21

Les plantations de saules doivent être coupées de temps en temps, de façon à les maintenir en buisson et à éviter toute tige maîtresse. Sans parler, en effet, de la gêne qu'il imposerait au halage, on conçoit qu'un arbre dont les branches seraient, au moment des crues, exposées au courant, produirait sur ses racines et par conséquent sur le revêtement l'effet d'un levier tendant à les arracher. Le buisson, au contraire, constitue simplement un revêtement élastique et flexible, dont les branches sont éminemment propres à retarder la vitesse des filets liquides et, par suite, à protéger l'ouvrage qu'elles recouvrent.

En définitive, les perrés à plat ou placages paraissent très recommandables. C'est à la fois une solution économique et un mode de protection efficace.

Quant à leur couronnement, on le forme, comme celui des perrés ordinaires à pierres sèches, de moellons de choix très grossièrement taillés que l'on pose debout, en hérisson, les uns à côté des autres, de façon qu'ils se prêtent un mutuel appui contre le frottement des cordes de halage ou contre la circulation.

112. Gazonnements. — Quel que soit le système de perré adopté, il est rare qu'on le continue jusqu'à la crête de la berge si celle-ci dépasse notablement le niveau des crues ordinaires (2^{m}00 à 3^{m}00 au-dessus de l'étiage).

En effet, les grandes crues sont exceptionnelles et n'ont que peu de durée ; d'ailleurs, si la partie inférieure de la berge est solidement fixée, les avaries, limitées à la partie haute, seront moins dangereuses et plus faciles à réparer. Il suffit souvent, pour cette partie haute, de gazonnements continuant le perré qui leur sert de base.

Ce genre de revêtement s'exécute au moyen de mottes de gazon empruntées aux terres riveraines et gardant avec elles, autant que possible, la terre qui adhère à leurs racines. On les découpe en morceaux carrés ou rectangulaires de 0^{m}30 à 0^{m}40 de côté que l'on superpose par assises normales au talus, si ce talus est raide, et que l'on se borne à poser à plat, si l'inclinaison est douce. Dans ce dernier cas, on les fixe au moyen de petites fiches en bois jusqu'à ce que la végétation les ait bien soudés au talus de la berge. On facilite cette soudure en arrosant fréquemment et en interposant une couche mince de terre végétale entre le revêtement et la rive, lorsque le sol de cette rive est trop pauvre.

Une zone de gazonnements soigneusement exécutés par assises peut remplacer très avantageusement, au point de vue du bon aspect et de la facilité d'entretien, les couronnements en moellons et même en pierre de taille dont on a coutume de surmonter les perrés, ainsi que nous l'avons dit plus haut.

113. Clayonnages et fascinages. — Dans les contrées où la pierre fait défaut, on peut obtenir d'excellentes défenses de rives en employant d'une façon presque exclusive les matériaux ligneux. Les dispositions adoptées sont excessivement nombreuses et variées ; nous nous contenterons de dire quelques mots des clayonnages et des fascinages.

Les clayonnages se font en enfonçant dans la berge des piquets espacés de 0^m40 à 0^m60, reliés par de longues branches flexibles (*clayons*) entrelacées de façon à dessiner sur la rive une série de cases (fig. 22). Dans ces cases, on jette un peu de terre de la rive et tous les détritus du voisinage, feuilles mortes, produits d'ébouage, etc..., quand le sous-sol est impropre à la végétation. S'il en est autrement, on fait le contraire, les cases sont remplies de gravier.

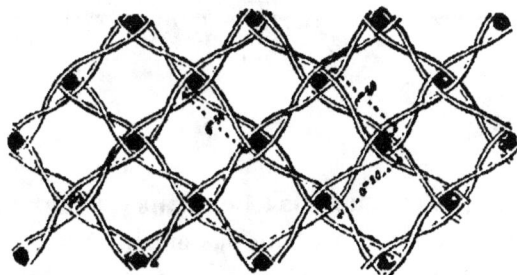

Fig. 22

La végétation se développe dans les piquets et souvent aussi dans les clayons, les uns et les autres se transformant en boutures, et elle se propage par accrues que l'on coupe régulièrement pour que le revêtement se maintienne à l'état de buisson.

Il est bon que les lignes de clayons soient disposées de telle sorte qu'elles ralentissent uniformément le courant le long de la rive, sans présenter une succession d'obstacles et de parties relativement libres sur lesquelles se produiraient des érosions. Inclinées à 45° dans les deux sens, par exemple, elles seraient très avantageusement constituées pour amortir le courant sans le briser et user la vitesse sans lui résister normalement.

Les fascinages se font soit avec de simples *fascines* (paquets de branches flexibles serrées par des liens plus ou moins nombreux selon leur longueur), soit avec des paniers bourrés de gravier.

On en tapisse simplement la rive, quand on n'a pas à craindre d'érosions profondes ; on les dispose au contraire par couches horizontales si l'on veut reconstituer une rive fortement corrodée (fig. 23). Dans l'un et l'autre cas les fascines sont reliées entre elles et au sol à l'aide de piquets clayonnés, et l'on attend du temps et des dépôts la consolidation du système.

Fig. 23

Toutefois, si comme cela a lieu dans les eaux salées ou saumâtres, la végétation ne vient pas en aide à la liaison, le revêtement dure peu et nécessite un entretien dispendieux. C'est là son . ut.

114. Partie située au-dessous de l'étiage. Fondation sur enrochements. — Les divers revêtements que nous venons de passer en revue n'auraient qu'une existence tout à fait précaire s'ils s'appuyaient à leur partie inférieure sur une couche affouillable dont la corrosion amènerait l'effondrement de la partie supérieure. Le fait est évident pour les perrés ; pour les revêtements que la végétation fixe à la rive, on conçoit également qu'au bout d'un temps plus ou moins long, les racines des arbustes seraient mises à nu et cesseraient d'adhérer au sol. Une fondation stable est donc toujours indispensable aux défenses de rives.

Pour la réaliser, on a recours le plus souvent aux enrochements à pierre perdue, c'est-à-dire en moellons jetés à l'eau sur le tracé de l'ouvrage et y prenant naturellement le talus qui leur convient.

Sur les rivières à fond mobile, les premiers enrochements s'enfouissent ; on recharge le massif ; le sol se consolide ; et après un temps plus ou moins long, suivant la mobilité du fond et la vitesse du courant, la stabilité s'acquiert ; les talus affectent alors une forme curviligne concave.

Dans bien des cas, avant d'immerger les enrochements, on creuse à la drague un sillon dans lequel s'enracine le pied du massif, ainsi que cela est indiqué sur le croquis ci-contre (fig. 24). Les enrochements rentrent, en effet, dans la caté-gorie des obstacles résis-tants et saillants qui ap-pellent les profondeurs (article 36), c'est-à-dire les affouillements. Si on a la prudence de s'établir de suite au-dessous du ni-veau probable de ces af-fouillements, ils pourront se réaliser sans que l'ou-

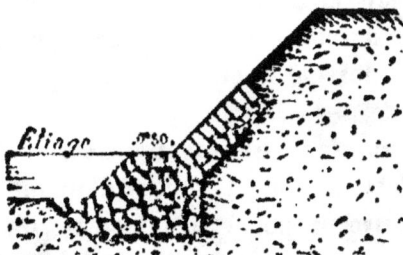

Fig. 24

vrage soit soumis à des mouvements généraux de tassement qui sont nuisibles à la solidité, et pendant lesquels les talus s'exagèrent.

Il convient d'employer de gros moellons, parce que le cube (c'est-à-dire le poids dont dépend la stabilité) se développe plus vite que la surface contre laquelle le courant exerce son action. Dans ce même ordre d'idées, il est convenable que les moellons soient denses, surtout en raison de la perte de poids qu'entraîne leur immersion. La stabilité, en effet, est, toutes choses égales d'ailleurs, proportionnelle, non à leur poids dans l'air, mais à leur poids dans l'eau, ce qui change complètement la valeur des rapports. Ainsi le rapport des poids spécifiques d'enrochements pesant respectivement 3.000 et 1.500 kilogrammes par mètre cube est dans l'air $\frac{3.000}{1.500} = 2$

et devient dans l'eau $\frac{2.000}{500} = 4$. On doit, toujours, immerger les moellons les plus gros au courant, les autres en arrière ; le profil à suivre sera, d'ailleurs, déterminé par l'exemple de travaux antérieurs ou par des essais préalables, en tenant compte de l'enfouissement partiel nécessaire à la consolidation de la masse.

Avant de pouvoir, en toute sécurité, asseoir sur un massif de ce genre des ouvrages rigides non susceptibles de déformation, il faut laisser tasser complètement les enrochements en les rechargeant au fur et à mesure. Cette considération obligerait généralement à laisser écouler un délai plus ou moins long entre l'exécution d'une fondation à pierre perdue et celle des maçonneries qui doivent la surmonter.

115. Fondation sur ouvrages en charpente. — On n'est pas toujours maître d'attendre le tassement d'un massif d'enrochements pour construire un perré ; d'autre part, on ne dispose pas toujours d'un espace qui permette de laisser les pierres prendre leur talus naturel, sans qu'il en résulte un danger pour les bateaux.

On soutient alors le pied des perrés au moyen de pieux, de pieux et de palplanches, de pieux et de bordages (voir la planche VIII, page 172) ; parfois même, si le terrain pousse beaucoup, à l'aide de pieux jointifs. Pieux et palplanches doivent être assez longs pour descendre jusqu'au-dessous des affouillements à prévoir et pour opposer une résistance suffisante à la poussée du revêtement, en tenant compte de ce qu'il est possible de placer d'enrochements en avant, du côté du large.

On peut aussi battre deux files de pieux parallèles, reliées l'une à l'autre, entre lesquelles on échoue des moellons, et appuyer le pied du perré sur le massif ainsi obtenu. On a là une base susceptible de résister à la pression comme à la poussée et de répartir uniformément les efforts, sur un sol un peu mou par exemple. Ce procédé sera bien justifié si on a à sa disposition des piquets plutôt que des pieux, c'est-à-dire des

SUR PIEUX

Etiage.

SUR PIEUX
ET BORDAGES

Etiage.

SUR PIEUX ET PALPLANCHES
AVEC PIEUX DE RETENUE

Niveau des eaux de navigation.

Etiage.

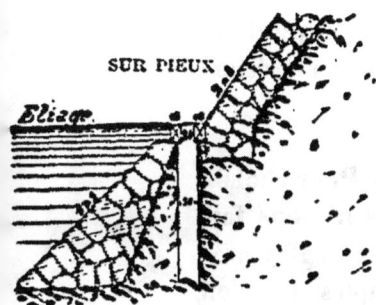

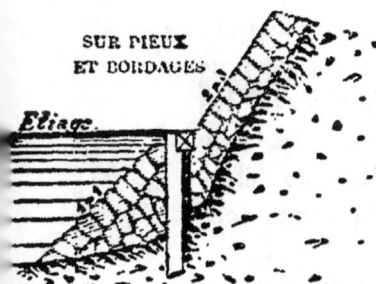

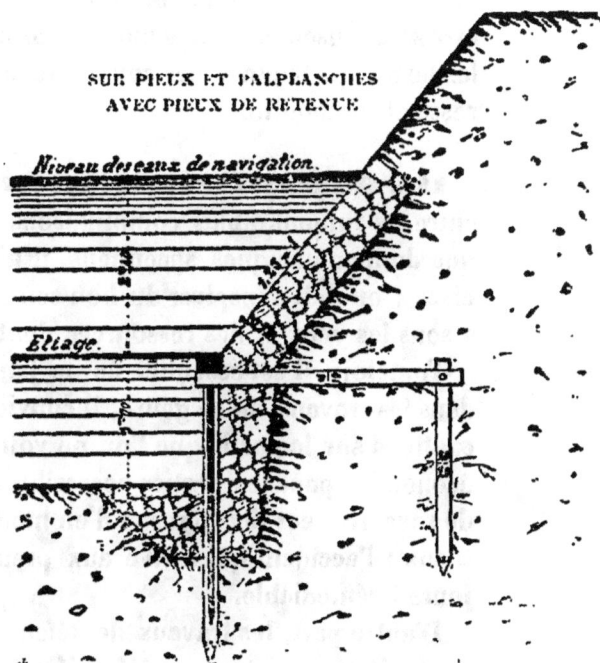

Pl. VIII. FONDATIONS DE PERRÉS SUR OUVRAGES EN CHARPENTE

éléments qui résistent plus par leur nombre et leur solidarité que par 'a fiche de chacun d'eux.

Si l'on est obligé de supprimer tout à fait les enrochements du côté du large ou si la poussée du terrain semble très redoutable, on place en arrière, dans les terres, des pieux de retenue, auxquels on rattache, à l'aide de moises transversales, la file de pieux et de palplanches qui maintient le pied de la défense de rive (pl. VIII).

Il ne faut pas oublier que tous les bois mis en œuvre doivent être soigneusement tenus au-dessous de l'étiage ou noyés dans les terres, de façon à être soustraits aux alternatives de sécheresse et d'humidité.

116. Recommandations essentielles. — Pour choisir entre les innombrables combinaisons dont nous n'avons fait que donner quelques spécimens, il n'y a pas de règles précises : on doit s'inspirer du bon sens, des exemples que l'on a sous les yeux et des ressources dont la localité dispose.

Toutefois, il est essentiel de ne jamais perdre de vue que, dans les travaux de ce genre, il convient d'accumuler les précautions sur la partie que l'on ne voit pas et de réserver les économies pour les parties accessibles et visibles. Il est facile de revenir à ces dernières et d'en modifier les éléments défectueux ; l'accident qui arrive aux premières est presque toujours irrémédiable.

D'autre part, les travaux de défense de berges doivent rester toujours strictement défensifs. Ils doivent être conçus et tracés de telle sorte qu'on ne puisse les accuser de modifier le régime de la rivière et de rejeter le courant sur des points qui, sans eux, auraient été respectés.

Dans le cas contraire, l'État serait exposé à des réclamations et pourrait même être rendu responsable. En effet, les riverains sont bien tenus de supporter les évènements de force majeure, mais le caractère de force majeure peut être contesté dès qu'il est possible d'imputer les faits aux travaux.

§ 3

DIGUES

117. Digues insubmersibles. — Les travaux de défense de rives, leur dénomination même l'indique, ont surtout un objet préventif; leur but est d'empêcher la corrosion des berges. Ils peuvent encore suffire pour réparer une berge légèrement endommagée; mais quand la corrosion s'est déjà produite sur une grande échelle, quand il s'agit de modifier le cours actuel de l'eau et de créer, en réalité, des rives nouvelles, il y a lieu de recourir à la construction de digues.

De ces ouvrages, les uns sont insubmersibles, les autres ne le sont pas. Nous aurons à revenir sur les digues insubmersibles lorsque nous nous occuperons des travaux contre les inondations; nous n'en dirons ici que quelques mots.

Du moment que le déversement de l'eau par dessus la crête de la digue n'est pas à prévoir, qu'il n'y a pas à craindre l'érosion du sommet et du talus extérieur, il suffit de défendre le talus intérieur et on peut employer, à cet effet, tous les procédés indiqués précédemment. Quant au corps même de la digue, c'est un simple remblai, dont les dimensions et la consistance doivent cependant être telles qu'il puisse résister à la charge de l'eau parvenue à son plus haut point d'élévation et s'opposer aux filtrations dans la mesure nécessaire suivant les cas. Cette dernière condition ne peut être réalisée qu'en prenant, en exécution, des précautions toutes particulières.

118. Digues submersibles. Digues en enrochements. — Tout au contraire, les digues submersibles doivent présenter, aussi bien sur l'un et l'autre talus que sur le couronnement, une résistance suffisante à l'action érosive de l'eau en mouvement; mais, en revanche, elles n'ont générale-

ment pas besoin d'être étanches. Aussi les forme-t-on le plus
souvent d'enrochements à pierre perdue mis en œuvre dans
des conditions exactement pareilles à celles que nous avons
exposées plus haut pour la fondation des perrés (article 114);
il n'y a de différence que dans les dimensions des ouvrages et
nous n'avons rien à ajouter à ce que nous avons déjà dit à
ce sujet.

Une disposition assez fréquemment appliquée dans le but
de réduire le cube des moellons, consiste à employer ceux-ci
seulement en parement et à constituer le corps de la digue en
gravier.

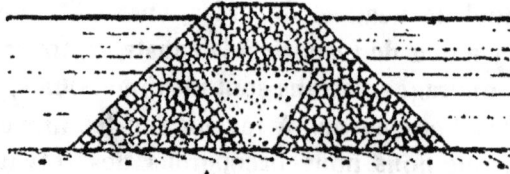

Fig. 25

Dans les faibles profondeurs, on a ménagé un noyau de
gravier et on l'a entouré d'enrochements.

Dans des profondeurs plus considérables, la digue a été formée de quatre parties distinctes, deux bourrelets inférieurs en
moellons, une âme en gravier entre les deux et sur le tout
un massif d'enrochements (fig. 25).

Parfois le couronnement a été façonné à la main, au-dessus de l'étiage, suivant un appareil régulier destiné à rendre

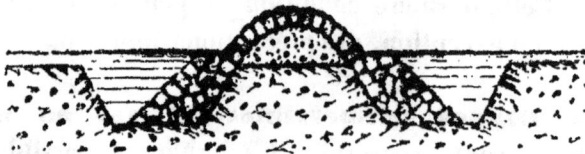

Fig. 26

les moellons solidaires et à éviter les entraînements (fig. 26).
Ce système peut donner lieu à diverses critiques. D'abord,

l'économie de matériaux est compensée, au moins en partie, par un supplément de main-d'œuvre ; en second lieu, si la solidarité des moellons du couronnement empêche que celui-ci suive les mouvements de tassement du corps de la digue, les avaries peuvent devenir très graves avant qu'on ait été à même de les apercevoir et de les combattre. D'une façon générale, il est peu rationnel d'établir un appareil de maçonnerie soigné sur une base qui n'est pas stable.

Ces différents reproches ne peuvent être adressés au procédé de consolidation suivant en usage sur le Rhône, mais seulement pour d'*anciens ouvrages définitivement assis et enracinés dans le sol*. Pour ceux-là, il n'y a plus de tassements à redouter ; la seule avarie à craindre consiste dans le déplacement des moellons qui en forment le couronnement. En vue d'empêcher ce déplacement, on range les moellons grossièrement et on coule dans les vides du béton hydraulique qui fait du tout une seule masse.

119. Digues en bois, gravier et enrochements. — Pour la construction d'ouvrages qui présentent souvent un développement considérable, il est essentiel d'utiliser au mieux les matériaux dont on dispose. C'est ainsi que sur la Garonne,

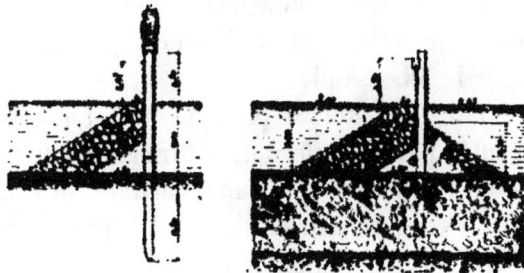

Fig. 27

où les moellons sont chers et le bois abondant, on a construit des digues en employant dans une large mesure les matériaux ligneux et les graviers. Tantôt elles sont formées uniquement d'une paroi en pieux et clayonnages appuyée soit d'un seul, soit de l'un et de l'autre côté, par un massif de gravier revêtu d'enrochements (fig. 27). Ailleurs, dans certains cas où il était nécessaire de donner plus de stabilité à ces ouvrages, on a établi deux parois en pieux et clayonnages (fig. 28) en les reliant par des pièces transversales et en remplissant l'intervalle de gravier.

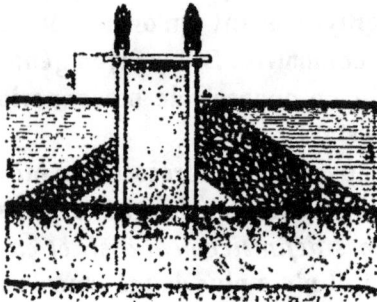

Fig. 28

120. Digues en matériaux artificiels. — Un autre exemple d'utilisation judicieuse des ressources locales se trouve dans l'emploi de matériaux artificiels, qui a été fait pour les travaux exécutés sur le Rhin par M. l'ingénieur en chef Defontaine [1] alors que ce fleuve était frontière de France.

Les procédés sont restés depuis lors à peu près les mêmes et sont encore appliqués sur une vaste échelle, sinon en France, du moins sur quelques-uns des grands fleuves de l'Europe centrale, l'Oder et la Vistule, par exemple, et en Amérique sur le Mississipi.

La place nous fait défaut pour décrire en détail les ouvrages exécutés par M. Defontaine sur le Rhin ; d'autre part, les prix de revient donnés dans l'article des *Annales* ne seraient plus exacts aujourd'hui, il est à peine besoin de le dire, et devraient être majorés dans une forte proportion ; mais il peut être utile d'indiquer sommairement les principaux procédés employés pour mettre en œuvre les matériaux particuliers (gravier, bois de saule et osiers) utilisés pour la construction de ces ouvrages.

1. *Annales des Ponts et Chaussées*, 1833.

12

PANIER QUADRANGULAIRE

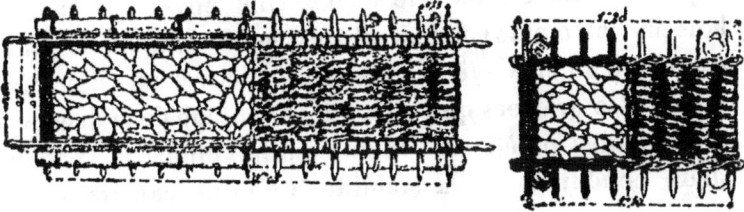

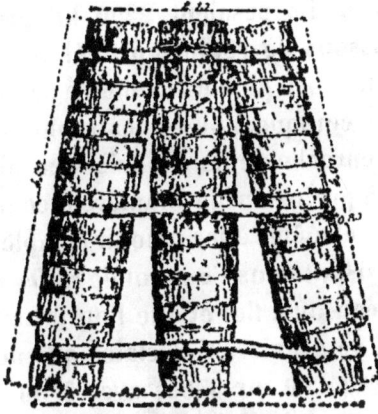

SAUCISSONS

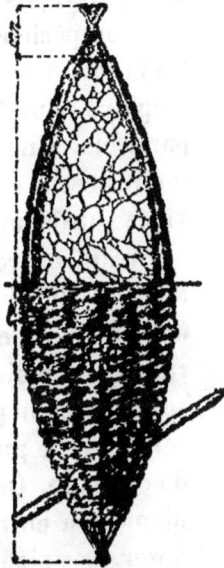

PANIER CONIQUE

Pl. IX. ENROCHEMENTS ARTIFICIELS

Il faut d'abord mentionner la confection d'*enrochements artificiels* (pl. IX). Quel que soit leur nom : saucissons, paniers quadrangulaires, paniers triangulaires, paniers coniques, le principe est toujours le même. Une enveloppe en menus bois plus ou moins solidement tressée est remplie de graviers contenant au plus 1/5 de gros sable. L'enveloppe ligneuse solidarise les graviers qui, eux, ont l'avantage de la densité ; on obtient ainsi un élément réunissant le volume et le poids, les deux conditions de la stabilité. Certains paniers quadrangulaires mesuraient 2^m05 de long, 1^m10 de large et 0^m66 de haut ; remplis de gravier ils pesaient 2290 kilogrammes. Pour empêcher les saucissons de rouler au fond de l'eau on les faisait traverser par un fort piquet (le même artifice était employé pour les paniers coniques) ou on les réunissait trois par trois. Une fois ces enrochements artificiels en place, on jetait dessus du gravier à profusion de manière à combler les vides subsistant entre eux et même à les enfouir complètement.

Un autre procédé consistait dans l'emploi de *claies* que l'on amenait sur place en bateau ou à flot et que l'on faisait couler à fond en les chargeant de gravier. Ces claies qui ne mesuraient pas moins de 12^{mq} (4^m00 sur 3^m00) avec 0^m30 d'épaisseur prenaient place entre des pieux, battus à l'avance, qui leur servaient de guides, de glissières verticales, dans l'opération d'échouage. On pouvait ainsi les juxtaposer exactement, de manière à en faire une couche continue, et ensuite les superposer. Les pieux avaient encore l'avantage de solidariser les diverses couches de claies entre elles.

Bois et gravier étaient enfin employés en *tunnages*. On appelle tunnage un massif formé de lits de fascines fortement liées entre elles par des clayonnages et chargées de gravier dans l'intervalle des lignes de clayons. On constitue ainsi un large et épais tapis qui est solidement rattaché à la rive et qui s'avance progressivement en rivière dans la direction du tracé des ouvrages, dessinant une sorte de jetée qu'une charge suffisante de gravier fait immerger peu à peu.

121. Observations sur l'emploi des enrochements.
— Lorsqu'une digue est construite en enrochements, ces enrochements doivent être d'autant plus forts qu'ils sont plus voisins de la surface, surtout du côté d'aval, puisque c'est le parement d'aval qui supporte le principal effort. Or, la différence de prix entre les gros enrochements et les petits étant ordinairement très notable, cette considération conduit à adopter, dès l'abord, des profils épais et solides, afin que les mouvements de la masse soient peu sensibles et laissent les matériaux à la place où ils ont été déposés. Le cube total augmente, il est vrai, mais c'est avec les matériaux les moins coûteux qu'il se développe, tandis que les rechargements de surface s'effectuent toujours avec des moellons de grande dimension.

La distinction entre les enrochements petits et gros dépend évidemment des pays, des carrières, des travaux auxquels ils sont destinés.

Sur la Haute-Seine, en amont de Paris, on peut admettre que:

Les petits enrochements ont un poids inférieur à 50 kilogrammes; on les paye de 5 à 9 francs le mètre cube;

Les moyens pèsent de 50 à 200 kilogrammes l'un et coûtent de 10 à 13 francs;

Les gros ou enrochements exceptionnels pèsent de 250 à 500 kilogrammes; leur prix atteint de 11 à 17 francs.

Les plus gros sont généralement échoués du bateau même qui a servi à les transporter.

Rappelons d'ailleurs, la chose en vaut la peine, que les moellons les plus denses doivent être préférés, parce que, les pierres immergées perdant un poids égal à celui du volume d'eau qu'elles déplacent, la stabilité se trouve proportionnelle, non aux densités, mais aux densités diminuées d'une unité. Or, dans les limites de densité de la pierre, le rapport change dans une très large proportion; il s'ensuit qu'avec des pierres plus denses on peut diminuer non seulement le volume des blocs, mais même leur poids absolu, ce qui est un avantage d'exécution à ne pas négliger; les scories lourdes de forges constituent, par exemple, de très bons enrochements.

122. Digues pour le barrement des bras secondaires.
— Parmi les digues submersibles, il en est dont la construction présente des difficultés toutes particulières et qui, à raison de ce fait, méritent une mention spéciale; ce sont celles qui servent à barrer les bras secondaires. Pour peu, en effet, que le bras à barrer ait un débit de quelque importance, l'intensité du courant qui s'accroît, au moins pendant la première partie de la construction du barrage, devient une cause de sérieuses difficultés. Voici comment on peut procéder.

Sur le fond du bras à fermer, on immerge une couche de moellons[1] destinée à servir de radier et à supporter le choc de la lame déversante. Cette fondation doit avoir une très grande longueur dans le sens du courant (15 fois la chute qui se produira, s'il faut en croire certaine règle empirique); quant à l'épaisseur, elle est indéterminée, puisque dans les rivières à fond très mobile, cette fondation pénétrera le plus souvent dans le sol et y disparaîtra en partie.

Sur cette première assise qui ne forme qu'un relief insignifiant et qui, par suite, ne détermine aucun changement sensible dans le mouvement des eaux du bras, on monte par couches horizontales, de toute la longueur du barrage, le massif destiné à former digue. On lui donne à l'amont une déclivité qui peut atteindre 3 de base pour 2 de hauteur; à l'aval, une inclinaison plus douce qui peut même aller en diminuant de la crête au pied du talus et qui varie avec la nature et la dimension des matériaux employés. Cette inclinaison ne saurait être supérieure à 2 de base pour 1 de hauteur dans les petites chutes et elle doit être plus adoucie dans les grandes. Le couronnement doit présenter une largeur suffi-

---

1. Les matériaux artificiels dont nous avons parlé à l'article 120 peuvent aussi être employés pour les travaux de cette nature et l'ont été, en effet, notamment par M. Defontaine, sur le Rhin.

sante pour que les moellons qui le forment s'y prêtent un appui réciproque, ce qui n'exige pas moins de 1^m50 à 2^m00.

A mesure que le massif monte par assises, la section mouillée se rétrécit, la chute se dessine et la lame qui surmonte le barrage prend une vitesse plus grande. Cette vitesse détermine nécessairement des mouvements dans les enrochements; ceux-ci descendent, s'enfouissent et doivent être rechargés, afin que le profil se maintienne. Faute de cette précaution, un affouillement se formerait dans lequel pourrait tomber la digue.

A mesure que l'on s'élève, l'eau acquiert plus de force jusqu'à une certaine limite, passé laquelle la lame déversante, en s'amincissant, perd de sa force affouillante. Il est bon, par suite, lorsque le maximum se produit, ce qu'indiquent souvent les mouvements de la masse, de conduire l'opération le plus rapidement possible, afin d'échapper promptement à ce moment critique : la digue s'achèvera ensuite avec une facilité croissante.

Le couronnement sera formé de moellons de choix, posés à la main, bien jointifs sans aucune cale en parement, de façon à présenter une surface à peu près unie, en matériaux solides et enchevêtrés les uns dans les autres.

Lorsqu'il est possible, au travers de ce massif, d'établir préalablement quelques pieux destinés à former obstacle à la translation des enrochements sous l'action du courant, on a beaucoup plus de chances de réussir avec un moindre cube. Il faut toutefois que la pointe de ces pieux pénètre au-dessous du niveau que peuvent atteindre les affouillements, afin qu'ils demeurent sûrement fixés au sol et y rattachent le barrage.

122. Nécessité de multiplier les barrages dans les bras à fermer. — Lorsqu'on ferme un bras secondaire, on ne doit pas perdre de vue que la division du cours d'eau en plusieurs bras est une conséquence de son régime sur le point où la bifurcation a lieu; elle tendra donc à se reproduire sous l'influence des mêmes causes; pour lutter contre cette tendance, il ne suffit pas d'un seul obstacle dont l'effet disparaît sous une crue de quelque importance. Il en faut une succession qui assurent, même pendant les crues, la prépondérance du bras que l'on veut favoriser. Le bras à barrer recevra, en conséquence, non seulement une digue, mais plusieurs digues espacées sur sa longueur de manière à empêcher le thalweg de s'y porter, une fois le premier obstacle franchi.

124. Conservation des bras barrés. — Cette observation en amène, d'ailleurs, une autre. Les bras barrés se trouvent soustraits à l'action des eaux courantes pendant une grande partie de la belle saison. La végétation s'y développe, et par suite chaque petite crue les colmate de plus en plus. Le sol tend à s'exhausser à la rive comme dans le lit, l'espace réservé aux eaux à se rétrécir, l'alluvion augmentant les terrains riverains et devenant susceptible de propriété privée au-dessus d'un certain niveau. On risque de voir ainsi la section d'écoulement des crues diminuer progressivement et le niveau des hautes eaux se soulever d'une quantité correspondante.

Il y a là un danger sérieux auquel il convient de veiller, en maintenant toujours à l'écoulement la section que la nature lui avait assignée. Par cela même qu'on aura concentré les eaux d'étiage dans un chenal unique, on aura le devoir plus impérieux de veiller à ce que les hautes eaux retrouvent leur domaine intégral ; on sera tenu, par conséquent, de défendre avec plus de vigilance ce domaine contre les empiétements des riverains et l'action de la végétation ; c'est un point sur lequel il était essentiel d'appeler l'attention.

§ 4

CHEMINS DE HALAGE

185. Servitude de halage. — Les propriétés qui bordent les cours d'eau navigables sont grevées de servitudes pour l'exercice du halage, et cela depuis les temps les plus reculés. En France, on en trouve la trace, dès 558, dans une charte du roi Childebert. Voici, parmi les textes anciens, ceux qui sont à citer.

L'ordonnance des eaux et forêts d'août 1669 porte (titre XXVIII, article 7) : « Les propriétaires des héritages aboutis-
« sants aux rivières navigables laisseront le long des bords
« vingt-quatre pieds au moins (7m80) de place en largeur pour
« chemin royal et trait des chevaux sans qu'ils puissent
« planter arbres ni tenir clôture ou haie plus près de trente
« pieds (9m75) du côté que les bateaux se tirent, et dix pieds
« (3m25) de l'autre bord : à peine de cinq cents livres d'amende,
« confiscation des arbres, et d'être les contrevenants contraints
« à réparer et remettre les chemins en état à leurs frais ».

Quelque temps après, l'ordonnance royale de décembre 1672 concernant les rivières du bassin de la Seine, reproduisait comme il suit les prescriptions relatives au chemin de halage le long des rivières navigables : « Seront tous propriétaires
« d'héritages aboutissans aux rivières navigables, tenus de
« laisser le long des bords vingt-quatre pieds (7m80) pour le
« trait des chevaux, sans pouvoir planter arbres, ni tirer clô-
« ture ou haies plus près du bord que de trente pieds (9m75);
« et en cas de contravention, seront les fossés comblés, les
« arbres arrachés et les murs démolis, aux frais des contre-
« venants. »

En 1777, le 24 juin, un arrêt du Conseil d'État du roi, portant règlement pour la navigation de la rivière de Marne et

autres rivières et canaux navigables, a confirmé les dispositions des ordonnances antérieures en les développant et en les étendant aux îles.

Le 13 nivôse an V, un arrêté du Directoire exécutif a confirmé la législation antérieure sur la matière.

Enfin, le décret du 22 janvier 1808 a appliqué à toutes les rivières navigables de l'Empire les dispositions de l'article 7, titre XXVIII, de l'ordonnance de 1669 en y apportant (art. 4) cette modération que *l'Administration pourra, lorsque le service n'en souffrira pas, restreindre la largeur des chemins de halage.*

126. Distinction entre le chemin de halage et le marchepied. — De la discussion de ces textes, magistralement résumée par M. A. Picard dans son *Traité des eaux* (tome III, page 177), il résulte pour les propriétés riveraines : 1° Du côté où s'effectue le halage, l'obligation de laisser une zone de 7m80 pour la traction des bateaux (chemin de halage) et l'interdiction de construire, de planter ou d'établir des haies à moins de 9m75 de la rivière ; 2° Du côté où le halage ne se pratique pas, une interdiction semblable à la précédente, mais restreinte à un espace de 3m25 (marchepied).

Le marchepied est nécessaire pour permettre aux mariniers de descendre sur la rive et d'y effectuer les manœuvres que peut exiger la circulation des bateaux. Quant au supplément de largeur compris entre le chemin de halage proprement dit et la limite des constructions ou des plantations voisines, il paraît avoir été spécialement ménagé en vue du croisement des piétons avec les attelages de chevaux haleurs.

C'est d'ailleurs uniquement du fait que la traction des bateaux s'y exerce ou ne s'y exerce pas que dépend l'étendue de la servitude dont une rive est grevée. L'une et l'autre peuvent être grevées de la servitude du chemin de halage lorsqu'elles servent toutes deux à la traction, fût-ce d'une manière intermittente dans l'année.

Dans le cas où un chemin unique suffit, l'Administration a
le droit de reporter ce chemin d'une rive à l'autre, si les
besoins de la navigation viennent à l'exiger.

127. Loi du 8 avril 1898 sur le régime des eaux. —
Les dispositions qui précèdent, aussi bien celles qui sont inscrites dans les textes anciens que celles qui ont été fixées par
la jurisprudence, sont confirmées par la loi du 8 avril 1898 sur
le régime des eaux dans ses articles 46, 47 et 49.

L'article 46 est ainsi conçu :

« Les propriétaires riverains des fleuves et rivières naviga-
« bles ou flottables sont tenus, dans l'intérêt du service de
« la navigation et partout où il existe un chemin de halage,
« de laisser le long des bords desdits fleuves et rivières, ainsi
« que sur les îles où il en est besoin, un espace libre de 7m80
« de largeur.

« Ils ne peuvent planter d'arbres ni se clore par haies ou
« autrement qu'à une distance de 9m75 du côté où les bateaux
« se tirent et de 3m25 sur le bord où il n'existe pas de chemin
« de halage. »

Il n'est peut-être pas inutile d'insister sur le sens précis des
membres de phrase *partout où il existe un chemin de halage*
(§ 1er) et *le bord où il n'existe pas de chemin de halage* (§ 2).
Nous estimons que cela équivaut à *partout où la traction des
bateaux s'exerce effectivement* et à *le bord où la traction des
bateaux ne s'exerce pas en fait*. Nous n'avons rien trouvé
dans les rapports au Sénat et à la Chambre des députés, ni
dans les discussions au sein de ces deux assemblées qui soit
contraire à cette interprétation.

L'article 47 porte :

« Lorsque l'intérêt du service de la navigation le permettra,
« les distances fixées par l'article précédent seront réduites
« par un arrêté ministériel. »

On remarquera la forme impérative de cette disposition,
alors que l'article 4 du décret du 22 janvier 1808 laissait sim-

plement à l'administration la faculté de restreindre la largeur des chemins de halage dans les cas où le service n'aurait pas à en souffrir.

L'article 49 est libellé comme il suit :

« Lorsqu'une rivière ou partie de rivière est rendue navi-« gable ou flottable et que ce fait a été déclaré par un décret, « les propriétaires riverains sont soumis aux servitudes établies « par l'article 46 ; mais il leur est dû une indemnité propor-« tionnée au dommage qu'ils éprouvent, en tenant compte des « avantages que l'établissement de la navigation ou du flottage « peut leur procurer.

« Les propriétaires riverains d'une rivière navigable ou « flottable auront également droit à indemnité¹ lorsque, pour « les besoins de la navigation, la servitude de halage sera « établie sur une rive où cette servitude n'existait pas. »

Le second paragraphe consacre d'une manière indiscutable le droit de l'Administration de reporter le chemin de halage d'une rive à l'autre, si les besoins de la navigation viennent à l'exiger, mais elle établit en même temps le droit à indemnité des propriétaires de la rive où la servitude est aggravée.

198. Limite à partir de laquelle se mesure la zone frappée de servitude. — D'après les textes ci-dessus rappelés, les propriétaires riverains sont tenus de laisser le chemin de halage ou le marchepied *le long des bords* des rivières. La zone de servitude devrait donc commencer là où finit le lit de la rivière. Mais si, dans bien des cas, les limites du lit d'un cours d'eau sont aisées à reconnaître, il en est d'autres où on peut se trouver dans le doute. Nous raiterons un peu plus loin la question de la délimitation du lit des cours d'eau, qui est assurément une des plus délicates dont les ingénieurs aient à s'occuper.

D'autre part, le chemin de halage et le marchepied doivent

1. L'article 50 de la loi du 8 avril 1898 a trait à la procédure à suivre pour le règlement de cette indemnité.

être fournis tant que le niveau des eaux ne fait pas obstacle à la pratique du halage.

Lors donc que la pente de la berge est assez douce pour que les hommes et les chevaux puissent y cheminer aisément, la zone de servitude se mesurera à partir de la laisse, non pas des plus hautes eaux navigables (nous ... s sommes déjà expliqué sur l'incertitude de cette désig.. ion), mais des plus hautes eaux qui permettent le halage. Dans le cas contraire, s'il existait en arrière de cette limite une portion de berge escarpée, la largeur devrait se compter à partir de la crête de la dite berge, sans quoi la zone praticable n'aurait pas l'étendue fixée par la loi.

Il résulte de ces dispositions que les zones de servitude se déplacent suivant que les berges se corrodent ou s'attérissent (dans un cas elles reculent, dans l'autre elles s'avancent) ; et ce déplacement est susceptible d'entraîner des conséquences assez dures pour les propriétaires riverains dont les plantations ou même les bâtiments peuvent se trouver frappés. C'est à eux qu'il appartient de se soustraire à ce danger en défendant la berge ou en contribuant à sa défense, ainsi que nous l'expliquerons plus loin (chapitre V, § 5) ; mais lorsqu'ils veulent faire des constructions, plantations ou clôtures le long du chemin de halage, on comprend qu'ils aient intérêt à consulter l'Administration sur la limite de la servitude qui leur est imposée. Sur un grand nombre de points d'ailleurs, les berges des cours d'eau navigables sont assez stables et l'indication réclamée est de nature à donner une sécurité au moins momentanée. De là l'insertion dans la loi du 8 avril 1898, sous le n° 48, de l'article suivant :

« Les propriétaires riverains qui veulent faire des construc-
« tions, plantations ou clôtures le long des fleuves ou rivières
« navigables ou flottables peuvent, au préalable, demander à
« l'Administration de reconnaître la limite de la servitude.

« Si dans les trois mois à compter de la demande, l'Adminis-
« tration n'a pas fixé la limite, les constructions, plantations

« ou clôtures faites par les riverains ne peuvent plus être sup-
« primées que moyennant indemnité. »

**139. Droits respectifs de l'Administration et des
riverains.** — Il ne faut jamais perdre de vue que la zone définie plus haut reste la propriété du riverain, qu'elle est seulement frappée de servitude et n'a à supporter aucune autre
charge que celle que la législation lui impose.

Tout d'abord, le chemin de halage et le marchepied ne
sont pas des chemins publics. Ont seuls le droit d'y circuler
sans avoir obtenu l'assentiment des propriétaires riverains :
les chevaux de halage et leurs conducteurs ainsi que les mariniers; les fermiers de pêche et porteurs de licences, les fonctionnaires et agents préposés à la surveillance de la rivière.

Les usagers ne peuvent rien faire qui aggrave la situation
des fonds asservis.

C'est ainsi, par exemple, qu'il est interdit aux mariniers de
planter des pieux sur les zones de servitude, d'y amarrer leurs
bateaux, d'y effectuer des dépôts, d'attacher leurs cordages
aux arbres ou arbustes. L'Administration peut bien exécuter
sur le chemin de halage et sur le marchepied certains menus
travaux indispensables à la sécurité ou à la facilité du passage,
mais rien ne l'autorise à y faire des remblais ou à les empier-
rer sans avoir obtenu l'assentiment des propriétaires [1] ou ex-
proprié le terrain.

L'article 51 de la loi du 8 avril 1898 est de nature à ne laisser
aucun doute sur ce point ; il est ainsi conçu : « Dans le cas où
« l'Administration juge que la servitude de halage est insuf-
« fisante et veut établir, le long du fleuve ou de la rivière, un
« chemin dans des conditions constantes de viabilité, elle doit,
« à défaut du consentement exprès des riverains, acquérir

---

1. On vient de terminer le règlement et l'empierrement du chemin de halage de la Marne entre Epernay et Charenton, sur 183 kilomètres de longueur,
avec l'assentiment *unanime* des riverains. C'est là un succès administratif
digne d'être cité en exemple.

« le terrain nécessaire à l'établissement du chemin, en se
« conformant aux lois sur l'expropriation pour cause d'utilité
« publique ».

Le riverain ne saurait d'ailleurs avoir à sa charge, en quoi
que ce soit, les frais d'amélioration ou d'entretien du chemin
de halage ; il n'est tenu qu'à réparer les dégradations provenant de son fait.

**130. Conditions techniques auxquelles doit satis-
faire un chemin de halage.** — Le halage des bateaux est
une opération pénible, lente, coûteuse, qui constitue dans
certains cas un des éléments prépondérants du prix de revient
des transports par eau ; il est d'un haut intérêt qu'il puisse
s'effectuer dans les meilleures conditions possibles.

En première ligne, on doit rechercher la continuité ; chaque
arrêt entraîne une perte considérable de temps, et aussi une
perte de force, puisque le démarrage du bateau au départ,
exige un effort exceptionnel.

Autant que faire se pourra, le halage sera maintenu *sur la
même rive ;* on choisira celle qui est la plus rapprochée du chenal, la plus praticable en toute saison et la plus commode
pour soutenir les bateaux contre l'effet de dérive produit par
les vents dominants. L'effet du vent peut faire varier l'effort
de traction dans de très larges proportions.

Quand un changement de rive est inévitable, on le fait coïn-
cider avec un pont existant.

On évitera de placer le chemin de halage dans des îles, parce
que, à chaque île, on serait obligé de faire traverser aux chevaux deux fois le bras non navigable, soit à gué, soit dans des
bateaux spéciaux, soit sur des passerelles. Cependant, si le
trafic justifiait l'établissement de passerelles, mieux vaudrait,
avec cette addition, utiliser les bords d'une île que de changer
deux fois de rive.

Il arrivera souvent que ces conditions diverses ne puissent
être simultanément remplies. Alors il y aura lieu de comparer

les avantages et les inconvénients des diverses solutions possibles. Dans cette comparaison, il conviendra de faire entrer largement les habitudes locales, qui pèsent toujours d'un grand poids dans les questions commerciales.

131. Passage des affluents. — Une des difficultés inévitables du halage se rencontre au passage des affluents. Lorsqu'il s'agit d'un affluent considérable, le mieux est d'emprunter l'autre rive entre les deux ponts qui se trouvent immédiatement à l'amont et à l'aval du confluent, car l'emploi de bateaux affectés au passage des chevaux n'est réellement admissible que sur les points spéciaux où un bac se trouve établi d'avance.

Lorsqu'au contraire le cours d'eau est sans importance, on le franchit à l'aide d'une passerelle, dont le tablier, placé au niveau de la berge, repose sur deux culées généralement en maçonnerie, et y est ancré toutes les fois qu'il est exposé aux submersions. Ce tablier peut être en bois ou en fer; mais, dans tous les cas, il doit être établi avec simplicité et économie.

Une bonne solution consiste dans l'emploi de petites poutrelles en fer supportant un platelage en bois. Le fer est ainsi peu chargé, de telle sorte qu'on peut avoir une construction légère et économique ; quant au bois, son emploi reste limité à un platelage dont l'entretien et la réparation sont faciles. Pour donner aux pieds des chevaux le point d'appui indispensable, on peut soit recouvrir ce platelage d'une couche d'empierrement, soit clouer dessus des tasseaux transversaux en bois dur; on peut encore le doubler d'un second platelage transversal en bois tendre (peuplier), en cordes d'aloès, etc...

Sur les fossés ou ruisseaux très petits, lorsque la localité se prête à la construction d'un aqueduc maçonné, il est bon d'y avoir recours, afin d'éviter les frais d'entretien qu'exigent les constructions en bois exposées à des alternatives de sécheresse et d'humidité.

Dans tous les cas, s'il y a un garde-corps du côté de la rivière, il ne faut jamais négliger de le terminer par deux lisses inclinées en bois ou en fer, dont l'extrémité s'enfonce dans le sol et sur lesquelles la corde de halage, le *trait*, peut glisser sans risquer de s'accrocher nulle part.

139. Difficultés à la rencontre des ponts. — Le halage peut aussi être exposé à des interruptions au passage des ponts établis sur la voie navigable elle-même. Si l'arche marinière n'est pas contiguë à la rive de halage, si, lorsqu'elle est contiguë, une banquette de halage n'a pas été ménagée sous cette arche, il faut que tout bateau montant s'arrête, que les chevaux dételés (*débillés* suivant le terme consacré) passent d'une tête à l'autre du pont, puis qu'un batelet aille reprendre la corde de halage pour la porter aux chevaux. Alors tout le système se remet en mouvement, mais dans les plus mauvaises conditions, puisqu'il se présente à une section rétrécie sans vitesse acquise, c'est-à-dire sans action sûre du gouvernail. A la descente, où l'impulsion n'est pas nécessaire, mais où la direction est indispensable, pour peu que le courant ne soit pas convenablement orienté par rapport aux piles du pont, le débillage a presque autant d'inconvénients, en sorte que l'on peut dire que l'interruption du chemin de halage au droit des ponts crée parfois à la navigation un véritable danger.

Lorsque ce cas se présente, s'il est impossible d'établir une banquette de halage sous l'arche marinière, il faut multiplier les anneaux ou pieux d'amarrage à l'amont et à l'aval, de façon que le bateau trouve à sa convenance un ou plusieurs points fixes auxquels il puisse s'amarrer. En combinant la résistance de ces points fixes avec l'effort de traction des chevaux ou avec l'impulsion du courant, on arrive à être mieux maître de la ligne à suivre et on évite les accidents. L'opération ci-dessus décrite, qui consiste à guider la marche d'un bateau au moyen d'amarres portées à terre, et qui s'applique surtout à la descente, porte sur la Seine le nom de *cajolage*.

Aujourd'hui, d'ailleurs, on s'efforce partout, et avec raison, d'assurer la continuité du halage en pratiquant sous l'arche marinière un passage rattaché à la rive. La largeur de ce passage peut, à la rigueur, se réduire à 2^{m}50 et même à 2^{m}20, bien qu'il soit préférable de lui donner 3^{m}00 ou plus. La hauteur libre, sur cette largeur réduite, ne doit pas être inférieure à 2^{m}70. Si la voûte ou le tablier du pont ne sont pas assez élevés pour assurer cette hauteur libre au-dessus des plus hautes eaux de navigation, il vaut mieux abaisser l'assiette du chemin et l'exposer à être de temps en temps submergé que de se priver des services qu'il peut rendre. Dans ce dernier cas, on a soin de le munir d'un garde-corps assez élevé pour prévenir les accidents, en limitant d'une manière visible le passage à suivre.

133. Chemins de halage spéciaux. — Jusqu'ici, nous avons envisagé exclusivement le cas où le halage s'exerce en vertu de la servitude établie sur les propriétés riveraines ; mais tout ce que nous venons de dire des conditions techniques s'applique aussi bien au cas où la rivière est bordée d'un chemin de halage régulier, construit spécialement en vue de cette destination, et faisant partie intégrante de la voie navigable elle-même.

La première solution est plus économique. Mais, quand on se borne à user de la servitude de halage, on est bien forcé d'accepter la rive telle qu'on la trouve, à une distance très variable du chenal, tantôt basse et marécageuse, tantôt trop élevée, parfois empierrée si les riverains y consentent, plus souvent à l'état de sol naturel.

Quand le halage est très actif, un chemin spécial est souvent préférable. On l'établira à une hauteur convenable et à peu près uniforme ; on lui donnera une largeur de 4^m à 5^m avec un empierrement ou au moins un bon sablage large de 3^m sur lequel les pieds des chevaux puissent trouver un point d'appui solide. La traction y sera plus facile et la dépense sera justifiée par l'avantage qu'y trouvera la batellerie.

Ce chemin pourra, en outre, sur la crête opposée à la rivière, être bordé de plantations et recevoir la ligne télégraphique nécessaire à toute voie de navigation importante.

Au fur et à mesure que le réseau s'unifie, les bateaux s'habituent à trouver les mêmes facilités sur toute son étendue et là où la traction mécanique ne se développe pas, l'amélioration des chemins de halage s'impose de plus en plus. Sans renoncer à user de la servitude de halage, lorsqu'elle suffit aux besoins, on ne doit donc pas perdre de vue qu'un chemin bien empierré et bien entretenu, maintenu à bonne hauteur et ne présentant aucune solution de continuité à la traversée des ponts, est le complément naturel de toute amélioration de rivière à grand trafic, lorsque la traction animale y reste prépondérante.

§ 5

DÉLIMITATION DU LIT DES COURS D'EAU NAVIGABLES OU FLOTTABLES

131. Opération indispensable dans certains cas. — En traitant de la servitude de halage, nous avons déjà parlé des limites du lit des cours d'eau, mais en passant, d'une façon tout à fait accessoire, et nous avons constaté que les règles suivies pour la détermination des zones frappées de servitude étaient indépendantes de la fixation de ces limites. Il est des cas, au contraire, où cette fixation est indispensable pour la sauvegarde de l'écoulement des eaux et de la navigation. D'autre part, les travaux d'amélioration entrepris sur les rivières peuvent nécessiter l'incorporation au lit de terrains riverains qui doivent être préalablement acquis à l'amiable ou expropriés. Encore faut-il, pour se rendre compte de l'étendue de ces terrains, que l'ingénieur sache où ils commencent. La délimitation peut donc s'imposer, soit comme mesure conservatoire, soit comme opération préalable à l'exécution de travaux [1].

Ce serait sortir des limites de notre programme que de rappeler ici les fluctuations de la doctrine et de la jurisprudence dans cette délicate matière. On trouvera tous les éclaircissements désirables à ce sujet dans le *Traité des Eaux* de M. A. Picard (tome III, pages 50 et suivantes). Nous nous contenterons de résumer, aussi succinctement que possible, l'état actuel de la question.

135. Définition du lit des cours d'eau. — D'après une définition aujourd'hui universellement admise *le lit des rivières comprend tout le terrain qu'atteignent et couvrent, dans les habitudes de leur cours et sans débordement, les eaux parvenues à leur plus haut degré d'élévation.* Cette définition concorde avec les principes du droit romain : *ripa ea putatur esse quæ plenissimum flumen continet.* Elle laisse d'ailleurs, et à juste titre, complètement de côté la considération des plus hautes eaux navigables. Nous avons déjà eu, en effet, occasion d'expliquer que rien n'est plus difficile à apprécier, plus incertain, plus variable que le niveau auquel cesse la navigation. Ce niveau dépend essentiellement du matériel de la batellerie et surtout des moyens de traction ou de propulsion qu'elle emploie. Pour les bateaux à vapeur notamment, c'est bien moins l'élévation des eaux par rapport aux terrains riverains que le manque de hauteur libre sous les ponts qui interrompt leur circulation. La seule modification d'un de ces ouvrages peut donc changer complètement le niveau des plus hautes eaux navigables sur une rivière, au moins en ce qui concerne la navigation à vapeur.

136. Difficultés d'interprétation. — Mais, pour satis-

---

1. Toutes les fois que ces travaux doivent avoir pour effet de faire disparaître les berges naturelles, il est nécessaire de procéder à la délimitation avant tout commencement d'exécution, afin d'éviter des difficultés ultérieures avec les riverains.

faisante qu'elle paraisse, cette définition n'est pas sans donner lieu à de sérieuses difficultés dans l'application ; et d'abord, l'administration des Travaux publics et le Conseil d'Etat se sont trouvés en désaccord sur son interprétation.

La doctrine du Conseil général des Ponts et Chaussées et du ministère des Travaux publics a été formulé comme suit : « La limite d'un fleuve doit être fixée, non seulement pour « chaque rive, mais en chaque point particulier de chacune « des rives, d'après la limite extrème à laquelle le déborde- « ment commence, et le lit est compris entre les deux lignes « accidentées et de hauteur inégale qui, sur chaque rive, réu- « nissent entre eux ces points de départ du débordement. Il « est entendu d'ailleurs que, dans le cas où le sommet d'une « berge naturelle se trouve plus ou moins en contre haut des « plus grandes crues du fleuve, l'amplitude du lit s'élève « jusqu'à la hauteur même de la crue maximum, mais expire « sur ce point et ne saurait en dépasser le niveau. »

Au contraire, le Conseil d'Etat *se refuse à isoler les deux rives* et à suivre les accidents du terrain naturel ; il adopte pour base de la délimitation un plan général de débordement, réglé d'après la hauteur qu'atteignent les eaux, lorsqu'elles commencent à s'épancher sur un assez grand nombre de points.

La méthode préconisée par l'administration des Travaux publics a un caractère de précision qui doit faire regretter qu'elle n'ait pas, jusqu'ici, prévalu. En effet, si on considère un profil en travers levé sur la rive d'un cours d'eau on y voit *le plus souvent*, très nettement accusé, le point d'intersection A du talus plus ou moins incliné de la berge avec le plan géné- ral de la plaine plus ou moins

Fig. 29

rapproché, lui, d'un plan horizontal (fig. 29). Au droit de ce profil, c'est quand le niveau des eaux atteint ce point A que leur débordement va commencer, que le *plenissimum flumen* est réalisé ; la limite du lit, du domaine public, apparaît sans doute possible. Assurément il n'en est pas *toujours* ainsi ; sur certains profils où la berge faiblement inclinée, se raccorde d'une manière insensible avec le niveau général de la plaine (fig. 30), le point d'intersection de l'une et de l'autre est difficile à découvrir et sa détermination peut prêter à l'arbitraire, bien qu'on trouve généralement à se guider par la considération des profils d'amont et d'aval.

Fig. 30

Mais dans l'autre méthode, c'est à chaque pas que l'arbitraire se manifeste.

C'est d'abord dans le choix de la section de cours d'eau à considérer. Il s'en faut que le débordement commence au même moment sur tous les points d'un cours d'eau ; selon que la section choisie (elle devra, cela va sans dire, comprendre *au moins* toute l'étendue des terrains litigieux), selon que la section choisie sera plus ou moins étendue vers l'amont ou vers l'aval, le plan général de débordement qui doit servir de base à la délimitation peut varier notablement.

C'est ensuite dans la détermination de la pente de ce plan de débordement, pente qui, en fait, peut très bien n'être pas uniforme sur toute la longueur de cours d'eau considérée, qui varie d'ailleurs d'une crue à l'autre, et dans la même crue suivant le moment où on la considère.

C'est enfin dans le choix des points où les eaux commencent à s'épancher ; parmi les points bas que l'on rencontre sur l'une et l'autre rives d'un cours d'eau, dans un parcours un peu prolongé, il peut en être qui se trouvent dans une situation exceptionnelle, anormale par rapport au niveau général des berges et souvent du fait même de l'homme.

On doit, c'est le principe même de la méthode, admettre le

même niveau de débordement pour les deux rives, ce qui conduit nécessairement à adopter le niveau correspondant à la
rive la plus basse. La conséquence forcée est de faire rentrer
dans la propriété privée, une partie du talus de la rive opposée

Fig. 31

(zone AA′ de la figure 31),
alors même qu'aucune difficulté ne se serait élevée au
sujet de la propriété de ce
talus, alors même qu'il au-
rait été antérieurement garni d'un perré ou de tout autre
ouvrage de défense, aux frais de l'État. Il y a là un vice de
principe inhérent à l'emploi même de la méthode.

Le vice est encore bien plus apparent quand il s'agit d'une
île existant dans le lit de la rivière. De deux îles identiques,
présentant exactement le même relief, l'une pourra être entièrement comprise dans le domaine public et l'autre entièrement susceptible de propriété privée, si la plaine est haute au
droit de la première et basse au droit de la seconde.

Hâtons-nous de dire que le Conseil d'État a dû renoncer à
poursuivre jusque-là les conséquences du principe ; il entend
maintenant que l'on considère les berges de l'île, sans plus se
préoccuper de l'une ou de l'autre rive du cours d'eau. Il admet
donc qu'il peut y avoir plusieurs plans généraux de débordement pour une même partie de la rivière. Ne serait-ce pas un
acheminement vers l'adoption de la doctrine du Conseil des
Ponts et Chaussées ?

La méthode préconisée par l'administration des Travaux
publics ne présente aucun des inconvénients que nous venons
de signaler et si elle laisse subsister quelques incertitudes,
elle est du moins plus rationnelle dans son principe. Elle
revient, en réalité, à fractionner la rivière, non plus en sections d'une longueur arbitraire, mais en sections infiniment
petites et à déterminer pour chacune d'elles le *plenissimum
flumen.*

187. Règles à suivre. — Quoi qu'il en soit et jusqu'à nouvel ordre, il faut s'incliner. Lors donc qu'il y aura lieu de déterminer les limites du lit d'un cours d'eau on devra : 1° Considérer une section bien définie de ce cours d'eau qui comprenne au moins toute l'étendue des terrains litigieux ; 2° adopter pour cette section un plan général de débordement, dont la pente se rapproche autant que possible de celle qu'affecte moyennement la surface des eaux au moment où les submersions commencent, et dont le niveau sera réglé sur les points les plus déprimés de la berge la plus basse, étant entendu que ces points ne présentent rien d'anormal ni d'exceptionnel. On déterminera ensuite la trace de ce plan sur la berge et on obtiendra ainsi la limite théorique du lit du cours d'eau, la limite du Domaine public. Mais à cette ligne généralement très sinueuse, très difficile, pour ne pas dire impossible à définir et à repérer clairement, il est de l'intérêt de tous de substituer une ligne moyenne composée d'un nombre aussi restreint que possible d'alignements droits et laissant au riverain une superficie au moins équivalente à celle que lui attribuait la ligne théorique.

188. Pouvoirs de l'Administration. — Aux termes de la loi du 22 décembre 1789-janvier 1790, l'Administration est chargée de pourvoir à la conservation des rivières, chemins et autres choses communes ; elle a, par suite, le droit de rechercher et de déclarer quelles sont les limites des fleuves et rivières navigables. C'est par le Préfet que la délimitation doit être opérée.

Les pouvoirs de l'Administration en cette matière sont confirmés par la loi du 8 avril 1898 sur le Régime des eaux, dont l'article 36 est ainsi libellé :

« Des arrêtés préfectoraux rendus après enquête, sous l'ap-
« probation du Ministre des Travaux publics [1], fixeront les

---

1. Antérieurement à la loi du 8 avril 1898, ni l'enquête préalable, ni l'approbation du Ministre n'étaient nécessaires.

« limites des fleuves et rivières navigables et flottables, ces
« limites étant déterminées par la hauteur des eaux coulant
« à pleins bords, avant de déborder.

· « Les arrêtés de délimitation pourront être l'objet d'un
« recours contentieux. Ils seront toujours pris sous la réserve
« des droits de propriété. »

139. Compétence de la juridiction administrative.
— Ces arrêtés peuvent être déférés au Conseil d'Etat qui
vérifie les délimitations et annule celles qui ne seraient pas
conformes à l'état naturel des lieux et qui étendraient indûment le Domaine public aux dépens des fonds des riverains.
En cas d'annulation, le terrain incorporé au Domaine public
est rendu au propriétaire qui obtient ainsi pleine et entière
réparation.

140. Compétence de l'autorité judiciaire. — Mais
l'autorité judiciaire, de son côté, avait fait observer de longue
date : que la délimitation du lit est aussi celle de la propriété
riveraine ; que la propriété particulière est sous sa sauvegarde
et que si un arrêté préfectoral vient y porter atteinte, les tribunaux sont dans leur rôle et leur compétence en allouant
une indemnité proportionnée au préjudice qu'ils jugent causé,
la mesure administrative continuant d'avoir son effet.

Après de longues discussions, le tribunal des conflits a
admis les pouvoirs parallèles de l'autorité judiciaire et de la
juridiction administrative. En conséquence, lorsque l'Administration a fixé les limites d'un cours d'eau navigable ou
flottable, les intéressés ont le choix entre deux procédures,
à moins qu'ils ne préfèrent encore les suivre simultanément.
Ils peuvent adresser un recours en annulation devant le Conseil d'Etat, ainsi que nous l'avons dit plus haut ; ils peuvent
aussi intenter une action devant les tribunaux qui sont com-
pétents pour vérifier les limites déterminées par l'Administration, pour constater les droits des riverains et l'étendue

des fonds sur lesquels ces droits s'exercent et pour ordonner, s'il y a lieu, une réparation pécuniaire, au cas où les terrains indûment enlevés à la propriété privée ne lui seraient pas restitués.

141. Exemple. Délimitation de la rive droite de la Seine à Alfortville. — Il semble que la meilleure manière de bien faire saisir, d'une part, les méthodes à suivre pour la délimitation des cours d'eau domaniaux, d'autre part les règles de procédure exposées ci-dessus, soit d'en montrer l'application à une espèce concrète. Nous avons précisément eu à suivre, dans le service de la navigation de la Seine, une affaire de délimitation où se sont rencontrées, on peut le dire, toutes les complications imaginables. Nous allons en faire ici l'historique, mais en nous bornant aux grandes lignes pour laisser au tableau autant de netteté que possible. L'espèce est, d'ailleurs, de nature à mettre en évidence l'importance des intérêts que ces sortes d'affaires peuvent soulever.

L'établissement d'une dérivation éclusée sur la rive droite de la Seine à Alfortville, en face de l'écluse de Port-à-l'Anglais et pour doubler cette écluse qui peut à peine suffire à l'importance du trafic, est depuis longtemps en projet. Un commencement d'ouverture de la dérivation dans la partie aval ayant provoqué des réclamations au sujet des droits de l'État sur les terrains dans lesquels les travaux avaient été exécutés, un arrêté de délimitation intervint à la date du 7 décembre 1885. Les limites du Domaine public avaient été déterminées par les ingénieurs, conformément à la doctrine du ministère des Travaux publics ; elles comprenaient (voir la planche X, page 202) la totalité des terrains couverts de hachures sur le plan (101.243mq). Cet arrêté, déféré au Conseil d'État par les intéressés, fut cassé par un arrêt du 22 mars 1889, dont il est intéressant de reproduire les considérants, car ils font ressortir de la manière la plus nette la divergence d'interprétation que nous avons signalée plus haut ; les voici textuellement.

Port à l'Anglais

SEINE

ALFORTVILLE

Délimitation faite par arrêté préfectoral du 7 Décembre 1886.

———— id ———— id ———— du 28 Février 1890.

Terrains réunis au Domaine public en vertu de l'Arrêté du 28 Février 1890

Terrains expropriés en vertu du jugement d'expropriation du 3 Septembre 1890

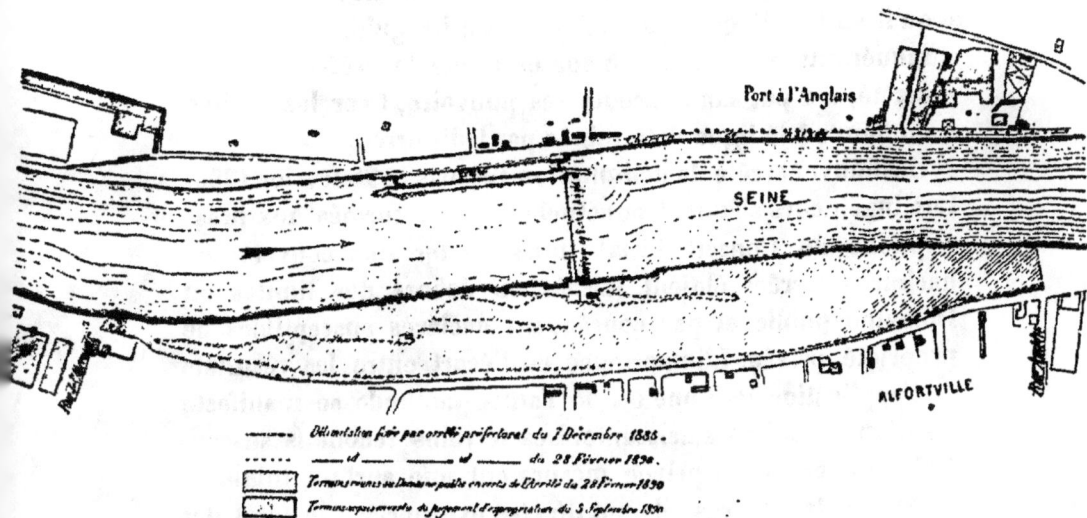

Pl. X. DÉLIMITATION DE LA RIVE DROITE DE LA SEINE A ALFORTVILLE

« Considérant qu'il résulte de l'instruction que, pour déter-
« miner les limites de la rive droite de la Seine dans la com-
« mune d'Alfortville, entre le chemin de l'Abreuvoir et la
« rue Amélie, le préfet de la Seine n'a pas pris pour base de
« la délimitation un niveau déterminé, préalablement reconnu
« pour être celui des plus hautes eaux coulant à pleins bords
« et avant tout débordement ; qu'il ressort, au contraire, des
« rapports des ingénieurs, ainsi que des profils joints aux
« dossiers, que la ligne limitative suit les contours des ter-
« rains à délimiter à des altitudes qui varient suivant la hau-
« teur des berges et des terrains auxquels elles font suite ;
« qu'il suit de là que la délimitation est irrégulière et que les
« requérants sont fondés à soutenir que le préfet, par son
« arrêté, n'a pu, sans excéder ses pouvoirs, fixer les limites
« du fleuve à la ligne déterminée par ledit arrêté... »

Un nouvel arrêté de délimitation fut pris le 28 février 1890.
Les ingénieurs s'étaient ponctuellement conformés aux prescriptions du Conseil d'Etat ; tous les terrains couverts de
hachures serrées étaient laissés en dehors des limites du
Domaine public et par conséquent déclarés susceptibles de
propriété privée. L'importance de l'écart entre les résultats
de l'application de l'une ou de l'autre méthode se manifeste
ici d'une manière saisissante. Les terrains reconnus susceptibles de propriété privée mesuraient une surface totale de
26.995 mètres carrés ; ils ont dû être expropriés ; le total des
indemnités allouées par le jury s'est élevé, en principal, à
89.081 fr. 80, soit à 3 fr. 30 en nombre rond et en moyenne,
par mètre carré.

Le nouvel arrêté de délimitation ne fut l'objet d'aucun
recours, mais cette fois les intéressés intentèrent à l'Etat,
devant les tribunaux civils, une action qui ne se termina qu'en
1895, par un arrêt de la Cour d'appel de Paris du 14 août.
Aux termes de cet arrêt, sur les 74.248 mètres carrés de terrain
incorporés au Domaine public par l'arrêté du 28 février 1890,
16.300 seulement devaient être considérés comme en faisant

antérieurement partie. Pour le surplus, l'État était condamné à payer aux intéressés une indemnité de dépossession fixée, en principal, à raison de 2 fr. 50 par mètre carré, à 144.870 fr. 15. Voici les considérants essentiels de l'arrêt de la Cour du 14 août 1895.

« Attendu que l'arrêté qui a été pris par le Préfet de la Seine « le 28 février 1890 et qui n'a été l'objet d'aucun recours, a « eu pour effet d'incorporer définitivement au Domaine public « comme faisant partie du lit du fleuve les terrains qu'il déter- « mine ; — que c'est en effet à l'autorité administrative repré- « sentée par le Préfet qu'il appartient de fixer les limites des « fleuves et de déterminer les terrains qui doivent y être « compris ; — que le principe de la séparation des pouvoirs « s'oppose à ce que la juridiction civile puisse suspendre, mo- « difier ou annuler l'arrêté administratif de délimitation et « ordonner en aucun cas la restitution des terrains ainsi « incorporés au Domaine public ; — que l'autorité adminis- « trative ne saurait toutefois se faire juge du droit de pro- « priété privée qui peut appartenir aux tiers sur les terrains « ainsi compris dans le lit du fleuve par l'arrêté de délimi- « tation.

« Attendu en effet, qu'aux termes de l'article 545 du Code « civil, nul ne peut être contraint de céder sa propriété, si ce « n'est pour cause d'utilité publique et moyennant une juste « et préalable indemnité et qu'à l'autorité judiciaire seule « appartient le droit de statuer sur les questions de propriété ; « — que les lois qui ont confié à l'Administration le pouvoir « de déterminer les limites des fleuves n'ont point dérogé à « ces principes ; — que les arrêtés de délimitation ne sont « que déclaratifs de l'état actuel du lit du fleuve ; — qu'ils ne « préjugent pas son état antérieur et ne sauraient équivaloir « à un titre constatant que les terrains qui vont désormais en « faire partie ont toujours appartenu au Domaine public ; — « que les tiers qui s'en prétendent indûment dépossédés et « dont les droits sont toujours réservés par la délimitation

« peuvent s'adresser à l'autorité judiciaire, non sans doute
« pour lui demander de les maintenir ou réintégrer dans leur
« possession, mais pour faire reconnaître par elle leur droit
« de propriété méconnu et pour en obtenir une juste *indem-*
« *nité de dépossession*; — qu'il appartient dès lors au Tribunal
« saisi de leurs réclamations de rechercher les limites natu-
« relles du fleuve et de les comparer avec celles qui ont été
« fixées par l'Administration, pour déterminer, d'une part,
« l'étendue des terrains privés qui, situés en dehors de ces
« limites naturelles, auraient été incorporés au Domaine
« public par l'arrêté administratif et, d'autre part, le chiffre
« de l'indemnité due à raison de cette incorporation ;

« Attendu que tout demandeur prétendant que l'Adminis-
« tration s'est emparée de son immeuble en le qualifiant de
« dépendance du Domaine public doit, pour triompher, dé-
« montrer que le terrain lui appartenait ; — mais que cette
« preuve faite et l'État y opposant l'exception de domanialité
« publique, c'est à celui-ci qu'il incombe de démontrer le bien
« fondé de son exception en justifiant que le terrain qu'il a
« incorporé au Domaine public est soumis, en dehors de toutes
« causes artificielles, au mouvement naturel des plus hautes
« eaux coulant à pleins bords avant tout débordement. »

Nous avons cru devoir citer ces considérants, *in extenso*,
malgré leur développement, parce qu'ils établissent avec une
remarquable netteté ce que sont, en l'état actuel de la jurisprudence, les pouvoirs de l'Administration et ceux de l'autorité judiciaire en matière de délimitation.

Il est également intéressant de savoir que si les revendications de l'État n'ont été admises que jusqu'à concurrence de
16.300 mètres carrés, c'est :

« Qu'il (l'État) ne fait point la preuve qui lui incombe en sa
« qualité de demandeur à l'exception de domanialité, pour
« tout le reste des terrains que l'arrêté de délimitation a com-
« pris dans le domaine public ; — qu'il est certain qu'il a été
« fait, depuis le commencement du siècle, tant dans le lit de

« cette partie du fleuve que sur les rives, d'importants tra-
« vaux..... et qu'il est naturel d'admettre avec les experts que
« ces travaux ont exercé un effet sérieux sur le mouvement
« des eaux qui, sous l'influence des remous produits par les
« obstacles ainsi opposés à leur épanchement naturel, ont dû
« s'étaler et élargir leur lit, gagnant en largeur et en hauteur
« ce qu'elles ont perdu en vitesse ; — qu'à la vérité, le service
« de la navigation de la Seine a fait opérer depuis 1849.....
« de nombreux dragages qui ont pu contribuer à abaisser
« l'étiage, mais que les experts déclarent qu'ils ne peuvent
« rien préciser sur ce point ; — que dans ces conditions, l'Etat
« n'établit pas que la délimitation de 1890 n'est pas le résultat
« de causes artificielles. »

149. Conclusions. — De ce que nous avons dit sur les
délimitations en général et des détails circonstanciés que nous
avons donnés sur une espèce particulière, une première conclusion se dégage et le lecteur l'aura déjà spontanément déduite, c'est que les ingénieurs doivent en matière de délimitation agir avec la plus grande prudence.

Alors même qu'ils auraient appliqué avec la ponctualité la
plus scrupuleuse la méthode prescrite par le Conseil d'Etat,
alors même qu'ils auraient ramené les revendications de l'Etat
à un minimum très inférieur à ce qui, dans leur conviction,
est la réalité, ils ne seraient pas certains que les mesures
administratives proposées ne donneront pas naissance à des
actions en justice dont les conséquences peuvent être très oné-
reuses pour le Trésor. Tout doute profite au riverain et Dieu
sait si, en pareille matière, il est facile de faire naître des
doutes, et difficile de les dissiper, dans l'esprit de personnes
généralement étrangères à ce qui concerne les sciences phy-
siques et spécialement l'hydraulique. Il n'y a donc lieu de
procéder à une délimitation qu'autant qu'elle est tout à fait
nécessaire.

Une seconde conclusion qui se dégage aussi de tout ce qui

précède et sur laquelle il n'est pas inutile d'insister, c'est que les ingénieurs chargés de la conservation du Domaine public fluvial doivent, sans se reposer sur son caractère d'imprescriptibilité, apporter dans l'accomplissement de cette partie de leur tâche, une vigilance incessante.

Il semble que ce soit, aujourd'hui, une opinion universellement admise que la propriété privée a besoin d'être protégée contre les agissements de l'Etat. Une longue pratique du service nous a conduit à penser tout le contraire ; nous estimons que c'est le Domaine public qui a grand besoin d'être défendu contre les entreprises de la propriété privée. Entre les deux, la lutte est vraiment trop inégale.

D'un côté, sur chaque point de la rive, nous trouvons un propriétaire dont l'attention concentrée sur quelques dizaines, quelques centaines de mètres au plus de longueur, est sans cesse tenue en éveil par la pensée exclusive de conserver et, si faire se peut, d'accroître son bien[1]. Lorsque le propriétaire change, la translation se fait par un titre solennel dont la tendance constante est d'enfler la consistance de la propriété transmise ; de sorte que si une usurpation remonte à une époque suffisamment éloignée, on peut se trouver en présence d'une série de possesseurs de bonne foi.

De l'autre côté, nous voyons le représentant local de l'Etat (le conducteur subdivisionnaire) dont la surveillance s'étend sur cinquante, soixante kilomètres de rives et même plus, dont l'attention doit absolument se porter d'une façon toute spéciale sur l'entretien et la manœuvre d'ouvrages importants et délicats, qui a souvent, en même temps, des travaux neufs à diriger et qui, enfin, doit prendre une part notable à l'exploitation technique de la voie navigable. Qu'on veuille bien encore considérer que ce fonctionnaire est rien moins qu'inamovible,

---

1. On cite dans la basse Loire, des îles dont la surface actuelle correspond, pour la plus grande partie, à des plantations, enrochements, etc........ faits par des propriétaires des rives voisines. Dans certaines parties, aux abords des embouchures, la police des fleuves est particulièrement difficile, mais c'est une raison de plus pour les ingénieurs, de s'en préoccuper.

que souvent il quittera son poste sans avoir pu prendre contact avec son successeur, ni rien faire pour assurer la continuité des traditions, et on reconnaîtra certainement que les gardiens du Domaine fluvial sont vraiment en mauvaise posture pour pouvoir le défendre efficacement contre les entreprises des riverains.

Pour terminer par un conseil pratique, nous ne saurions trop recommander aux ingénieurs chargés, au premier chef, de la conservation de ce Domaine, de faire, à toute occasion, sur toutes les parties dudit Domaine, acte de propriété. Or l'acte de propriété le plus efficace et en même temps le plus simple consiste à faire des plantations. Leur établissement, leur entretien, leur exploitation, leur renouvellement entraînent l'intervention et par conséquent la manifestation continue du propriétaire. C'est par des plantations que commencent en général à s'affirmer les usurpations ; c'est par des plantations qu'on réussira le mieux à les prévenir.

§ 6

QUAIS

143. Quais inclinés. — Dans les localités d'importance secondaire, où le trafic par eau n'a qu'une activité restreinte, les quais peuvent, par raison d'économie, se réduire à une défense de rive plus soignée. Nous citerons comme exemple le quai communal établi sur la Haute-Seine à Saint-Mammès en 1895 (fig. 32); la dépense a été de 84 fr. par mètre courant.

Le talus, raidi autant que possible (1 de base pour 2 de hauteur), est garni d'un perré maçonné assez épais pour résister au choc des bateaux (0^m50 d'épaisseur moyenne) et reposant lui-même sur une maçonnerie à pierres sèches de 0^m50 d'épaisseur. Le pied du perré est soutenu par une ligne de pieux moisés ; cela permet de réduire l'enrochement du côté du large, dont le talus prolongé peut devenir un écueil [1] et, dans tous les cas, tient les bateaux éloignés du bord. Le couronnement est

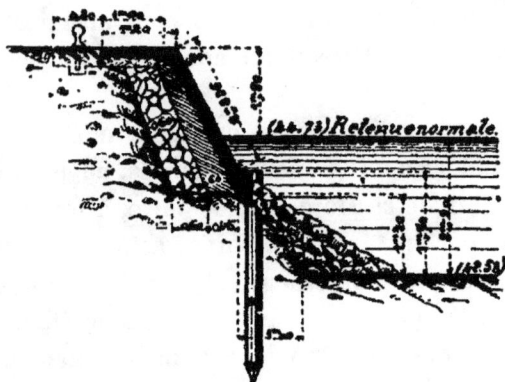

Fig. 32

formé d'une pierre de taille ou plus simplement de moellons solidement posés en hérisson, à bain de mortier.

Souvent on place en arrière du couronnement une lisse en bois ou en fer qui a pour objet : d'une part, de ménager à la fois les amarres et l'arête de la maçonnerie ; d'autre part, de garantir la circulation contre les accidents. Cette lisse, appelée aussi *garde-pied*, est posée à quelque distance au-dessus du sol, afin de laisser passer les eaux qui s'écoulent sur le terre-plein ; pas trop haut cependant, pour qu'elle ne soit pas ébranlée par les efforts et les chocs qu'elle a à supporter ; 0^m45 de hauteur totale pour les lisses en bois et 0^m25 pour les lisses en fer sont des dimensions courantes (voir la planche XI, page 240).

Quand le perré n'est pas trop raide, on peut établir, de distance en distance, dans le talus même, des escaliers qui permettent d'accéder au quai en batelet, sans avoir à gravir la pente glissante qu'offrent les maçonneries. La figure 33 (page 211) représente un escalier établi dans un perré à 45° et mon-

1. Pour atténuer ce danger, on a eu recours, à Saint-Mammès, à un artifice qui peut être recommandé. Le talus de l'enrochement, du côté du large, a été formé de moellons de craie tendre dont le contact n'a pas pour les bateaux les mêmes inconvénients que celui de moellons durs.

LISSE EN BOIS

LISSE EN FER

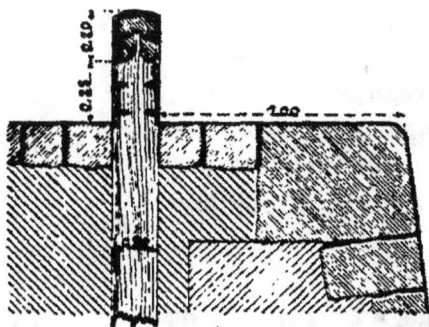

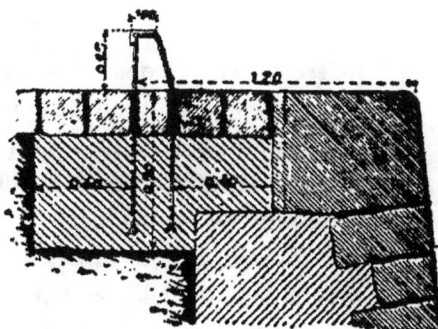

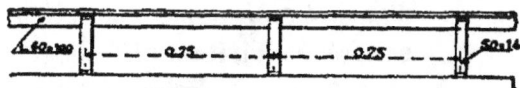

PI. XI. — LISSES DE COURONNEMENT

tre l'artifice employé pour le rendre plus praticable en augmentant l'enmarchement.

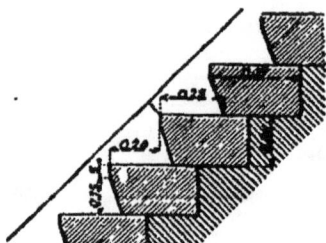

Il faut donner au terre-plein,
vers la rivière, une inclinaison
qui soit suffisante pour l'assé-
cher, sans devenir gênante pour
les mouvements des marchandises ; 3 à 5 centimètres par
mètre semblent assurer convenablement cette double condition. Il est généralement em-

Fig. 33

pierré et reçoit des caniveaux d'assèchement. Lorsque les
ressources permettent de substituer un pavage général à l'empierrement, cela vaut à coup sûr beaucoup mieux ; dans tous
les cas, il convient de paver le long du couronnement une
zone plus ou moins large suivant que la circulation doit être
plus ou moins active, ce qui permet de longer la rivière sur
un emplacement libre et propre.

Dans l'intérieur ou au bord de cette zone, à 2m00 environ de
la crête du talus, se fixent, de distance en distance, des bornes
d'amarre (voir la planche XII, page 212). Pour peu que le port
soit fréquenté, il est difficile que ces bornes soient espacées de
plus de 25m00. Habituellement, elles sont à une dizaine de
mètres de distance les unes des autres, et jalonnent la ligne qui
sépare l'emplacement affecté au dépôt des marchandises de
l'espace réservé le long du quai pour la circulation. Quelquefois les bornes d'amarre sont remplacées par des champignons d'amarre (pl. XII) ou des anneaux.

Les embarcations se tiennent forcément à la distance du quai
voulue par leur tirant d'eau et c'est, le plus souvent, au moyen
de longs madriers, jetés entre le bord du bateau et la crête du
perré, que se fait le transbordement des marchandises à bras
d'hommes ou avec des brouettes.

Quelquefois cependant, on peut encore faire usage d'une grue
roulante installée à terre (c'est ce qui a lieu à Saint-Mammès).

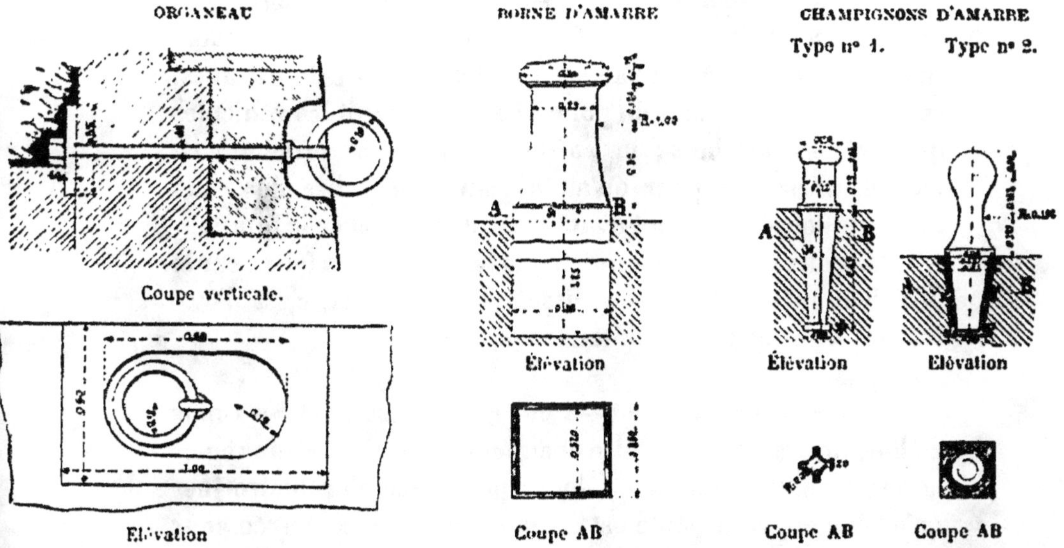

ORGANEAU BORNE D'AMARRE CHAMPIGNONS D'AMARRE

Type nº 1.   Type nº 2.

Coupe verticale.

Élévation

Élévation   Élévation   Élévation

Élévation   Coupe AB   Coupe AB   Coupe AB

PL. XII. — ORGANEAU, BORNE D'AMARRE, CHAMPIGNONS D'AMARRE.

D'autres fois, on a recours à une grue sur ponton stationnant entre le quai et le bateau.

144. Cales destinées à la construction des trains de bois flottés. — Avant de passer aux quais droits (quais verticaux), il convient de mentionner les installations spéciales sur lesquelles se construisent et se déchirent les trains de bois flottés. Nous n'en dirons que quelques mots, la pratique du flottage en trains étant en manifeste décadence.

Les trains de bois se construisent sur des cales inclinées ; leurs éléments sont assemblés sur des tins ou glissières présentant une pente de 10 à 15 0/0 vers le cours d'eau, transversalement à la berge. La partie supérieure de la cale est aussi rapprochée que possible du point où se déchargent les véhicules qui amènent les bois ; la partie inférieure se prolonge en rivière, assez loin pour qu'au niveau le plus bas des eaux l'élément lancé soit à flot avant d'avoir pu toucher le fond.

Quant aux abords, ils sont ce que la nature les a faits ; car le principal mérite de ces établissements primitifs, c'est d'être réalisés à portée des exploitations de bois.

145. Ports de tirage. — Pour que le déchirage des trains de bois flottés puisse se faire commodément, il suffit de régler la berge suivant une pente douce prolongée d'ordinaire jusqu'à l'étiage ; cette pente est ensuite pavée ou empierrée pour n'être pas dégradée trop facilement par le passage des chevaux et des voitures et par le tirage des pièces de charpente.

Les trains viennent s'amarrer jusqu'à toucher cette berge ainsi préparée, qui constitue ce qu'on appelle un port de tirage.

A l'époque où il y avait encore des trains de bois de chauffage, les voitures qui devaient l'emporter entraient dans l'eau sans quitter le port et venaient se ranger le long du train ; des hommes placés sur ce train ou à côté pour le débiter chargeaient directement le bois dans les voitures.

Quand il s'agit de bois de charpente, à mesure qu'une pièce est détachée du train, elle est accrochée, tirée à terre par des chevaux placés sur le port et traînée ainsi jusqu'au magasin qui se trouve ordinairement de l'autre côté du chemin établi à la crête de la berge. Si le magasin est plus éloigné, ces pièces sont chargées sur des binards et emportées.

Pour que ces opérations se fassent aisément, il faut que la pente transversale du port de tirage ne soit pas trop forte. L'expérience montre qu'une pente de 0ᵐ10 à 0ᵐ15 par mètre est très convenable. Dans la partie inférieure, il est bon d'augmenter un peu la pente transversale pour faciliter l'approche des trains. Dans la partie supérieure, elle doit, au contraire, être réduite pour faciliter la circulation des voitures chargées le long du port.

C'est ainsi, par exemple, qu'au port de tirage d'Austerlitz, à Paris, on trouvait successivement, de la partie supérieure au

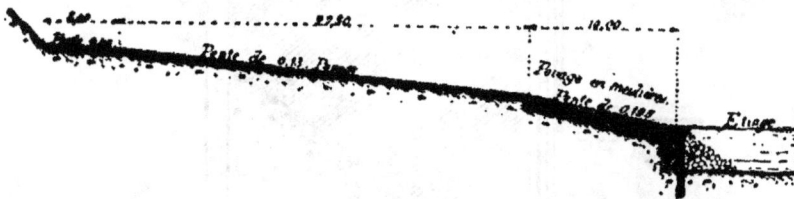

Fig. 34

niveau de l'étiage, des pentes transversales de : 0ᵐ06 par mètre sur 5ᵐ00, 0ᵐ13 sur 27ᵐ50 et 0ᵐ195 sur 10ᵐ00 (fig. 34).

A Paris, les ports de tirage présentaient naguère encore un grand développement, mais ils ont été ou vont être, sauf quelques rares exceptions, transformés en ports droits. L'opération se poursuit activement.

146. Quais droits ou verticaux. — Dans les centres de population importants et partout où le commerce prend un grand développement, les procédés d'embarquement et de débarquement des marchandises doivent être aussi parfaits et aussi rapides que possible ; les quais inclinés deviennent bien vite insuffisants. On doit alors avoir recours aux quais droits, c'est-à-dire à peu près verticaux qui permettent l'accostage direct des bateaux et facilitent singulièrement l'emploi des grues ou autres engins perfectionnés.

117. Quais en charpente. — Dans certains cas, où la grosse dépense que comporte la construction d'un mur de quai en maçonnerie ne serait pas justifiée, on peut se contenter de quais en charpente.

La figure 35 reproduit un type qui a été appliqué sur l'Yonne, à Laroche, pour un quai de transbordement entre la voie d'eau et un chemin de fer d'intérêt local. C'est ce qu'on peut imagi-

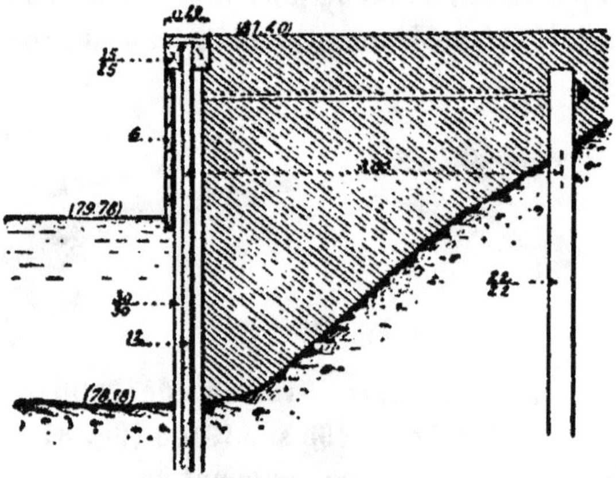

Fig. 35

ner de plus simple. Le massif du terre-plein est soutenu du côté de la rivière par un vannage de pieux et palplanches. Un certain nombre de pieux de retenue, placés à 3m00 en arrière, sont reliés aux pieux du vannage par des tirants en fer ou par des moises. Du côté de la rivière, un platelage en madriers horizontaux jointifs est appliqué sur les pieux et affleure exactement le parement antérieur des moises de tête. Ce platelage n'est pas là seulement pour le bon aspect; il fait disparaître toutes les saillies auxquelles les bateaux pourraient s'accrocher non sans causer des avaries soit à eux-mêmes, soit au quai. Les deux moises de tête et l'intervalle qu'elles laissent entre elles pour les palplanches sont recouverts par un large madrier formant un marchepied plus commode et plus propre.

Quand on veut pousser encore plus loin l'économie, on peut se contenter d'estacades ou d'appontements en charpente s'avançant en rivière jusqu'aux points où les bateaux trouvent une profondeur d'eau suffisante pour accoster. Souvent, ces appontements n'ont, parallèlement au fil de l'eau, que la largeur nécessaire pour l'installation d'appareils de transbordement ou pour l'accès des voitures ou des wagons sur lesquels la marchandise doit être prise ou chargée.

148. Mur de quai sur un terrain incompressible et inaffouillable. — Tout mur de quai droit en maçonnerie peut être considéré comme un mur de soutènement poussé à la rivière par le terre-plein et maintenu en place tant par sa propre stabilité que par la pression de l'eau sur la face vue. Les ouvrages de ce genre sont d'autant plus difficiles à établir que le terrain sur lequel ils s'appuient est moins solide ; c'est par la nature des fondations qu'il y a lieu de les distinguer.

Commençons par le cas le plus simple, celui où le mur est assis directement sur le rocher ou sur un autre terrain également incompressible et inaffouillable.

Le pied du mur sera placé à une profondeur telle que les bateaux trouvent toujours le mouillage nécessaire, lorsqu'ils voudront accoster.

Le couronnement sera à peu près au niveau des plus hautes eaux navigables, sans que cette règle soit absolue. Il est bon, en effet, que le quai puisse être utilisé pendant tout le temps que la rivière l'est elle-même. Mais il serait fâcheux que les marchandises fussent soumises à un transport vertical exagéré pendant toute l'année pour parer à une éventualité de quelques jours. D'autre part, ce transport vertical cesse d'être un inconvénient s'il amène de suite l'objet transbordé au niveau des

voies d'accès du port. La hauteur du mur doit donc être déterminée dans chaque cas particulier, d'après les circonstances
locales ; il arrive souvent que cette détermination ne laisse pas
d'être très délicate.

Malgré le nom donné à ces murs de quai, il est rare que
leur parement vu soit vertical. Il présente généralement un
léger fruit qui, sans gêner sensiblement l'accostage, augmente
la stabilité en élargissant la base du côté du vide. Ce fruit varie généralement de 1/20 à 1/10 ; mais il peut être plus élevé
quand on redoute un effort de renversement considérable.

L'épaisseur au sommet ne peut guère être inférieure à 1^m00,
puisque le mur doit porter le couronnement en pierre de taille
qui a généralement 0^m60 de largeur et les premiers rangs du
pavage qui est de rigueur, en arrière du couronnement, aussi
bien sur les quais droits que sur les quais inclinés.

Le parement du côté des terres se profile généralement suivant une succession de lignes verticales et horizontales dessinant des gradins qui rachètent (déduction faite du fruit du
parement extérieur) l'augmentation d'épaisseur du sommet à
la base.

La détermination de l'épaisseur du mur à la base et, par
suite, de son épaisseur moyenne, est un problème de résistance des matériaux que nous n'avons pas à traiter ici. Parmi
les données du problème, la pression de l'eau et le poids du
mur (ce dernier augmenté, en tant que de besoin, du poids des
remblais qu'il porte directement) sont faciles à calculer. Les
surcharges accidentelles qui peuvent résulter du dépôt des
marchandises sur le port doivent être évaluées d'après les circonstances locales. Quant à la poussée des terres qui constituent le terre-plein, elle est extrêmement variable avec leur
nature ; en ce qui la concerne, on est réduit aux hypothèses ;
on adoptera, dans chaque cas particulier, les plus vraisem-
blables.

En fait, il résulte de nombreux exemples qu'une épaisseur
moyenne égale aux 40 ou 45 centièmes de la hauteur peut

être considérée comme généralement suffisante. Pour une première étude sommaire, on peut, à défaut de calculs plus rigoureux, se baser sur cette observation pratique.

149. Dispositions de détail. — Le profil du mur étant ainsi déterminé, le massif sera exécuté en bonne maçonnerie hydraulique, le parement généralement en moellons smillés ou piqués et le couronnement en pierre de taille ; mais ici doivent se placer deux observations pratiques d'une réelle importance.

Dans la construction des ouvrages d'art ordinaires, il est d'usage de donner aux pierres de taille une saillie de quelques centimètres sur les parements de moellons qu'elles encadrent. Dans la construction des murs de quai et en général de tous les ouvrages de navigation, cette pratique est sévèrement proscrite. Les parements doivent être absolument lisses, ils ne doivent présenter aucune saillie à laquelle les bateaux puissent s'accrocher ou se heurter, autrement il pourrait en résulter des avaries graves soit aux embarcations, soit aux ouvrages eux-mêmes.

Dans le même ordre d'idées, toutes les arêtes saillantes, l'arête du couronnement en particulier, doivent être soigneusement arrondies (un rayon de 0ᵐ05 est très convenable). Cette dernière disposition a pour objet de prévenir non seulement les avaries aux bateaux et aux ouvrages, mais encore l'usure des amarres.

Le terre-plein des quais droits est traité comme celui des quais inclinés ; on y trouve les mêmes ouvrages accessoires, notamment des bornes ou des champignons d'amarre.

Bornes et champignons deviennent d'un usage moins commode quand la hauteur des murs de quai augmente ; alors, on a souvent recours à des organeaux fixés dans le parement. Ces organeaux sont des anneaux susceptibles de tourner autour d'un axe vertical (voir la planche XII, page 212) ou d'un axe horizontal, qui peuvent être saisis avec une gaffe et servir de

Elévation.

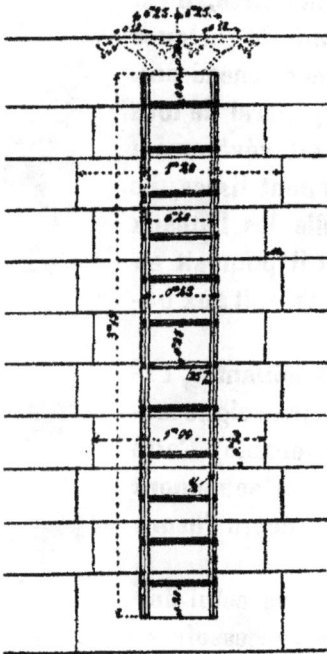

Plan.

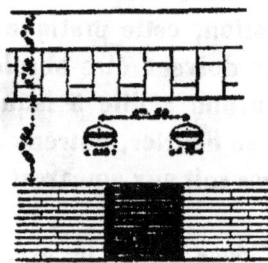

Coupe verticale.

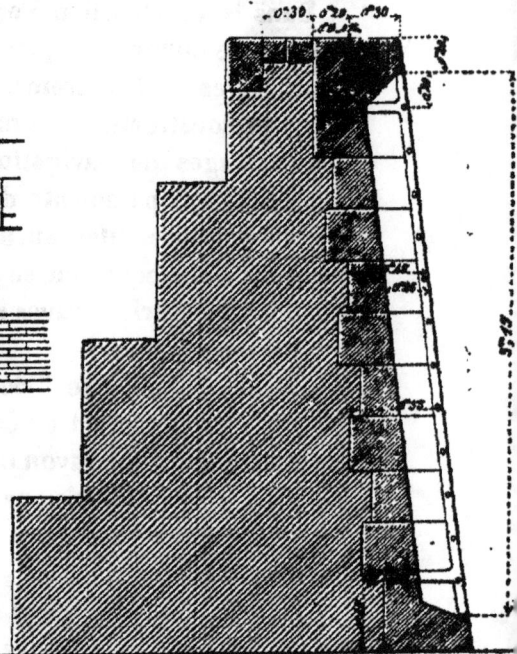

Pl. XIII. ÉCHELLE DE SAUVETAGE

point d'attache aux amarres. Il est bien entendu que l'anneau
doit pouvoir s'effacer complètement dans un évidement ménagé, à cet effet, dans une pierre de taille spéciale, de manière

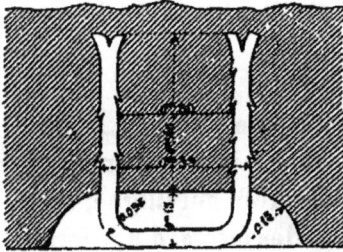

Fig. 36 -

à ne former aucune saillie sur
le parement. Dans certains
cas, des circonstances fortui-
tes ont empêché la réalisation
de cette condition essentielle
et il en est résulté des accidents. Aussi doit-on considérer les boucles d'amarre
qui restent toujours effacées
(fig. 36) comme incontestablement préférables aux organeaux.

Enfin, il est essentiel d'établir de distance en distance, tous
les 20ᵐ00 par exemple, des échelles de sauvetage d'un modèle
analogue à celui qui est figuré dans la planche XIII (page 219).
Construites en fer et placées dans un logement disposé de manière à éviter toute saillie, ces échelles permettent de communiquer facilement avec les embarcations qui stationnent sur la
rivière et offrent, en cas d'accident, une chance de salut d'autant plus précieuse qu'on est en face d'un mur vertical absolument inaccessible.

Si nous n'avons pas craint d'insister sur des détails que le
lecteur a peut-être trouvés un peu minutieux, c'est d'abord
qu'ils sont donnés ici une fois pour toutes, c'est ensuite et surtout qu'ils ont une réelle importance dans la pratique. L'adoption de bons types pour tous ces ouvrages accessoires : bornes
ou champignons, organeaux ou boucles d'amarre, escaliers,
etc..., leur distribution judicieuse le long d'un quai, peuvent
dans une large mesure augmenter la sécurité, la facilité, la
rapidité des manœuvres, et par conséquent avoir une grande
influence sur les services que le quai est susceptible de
rendre.

En ce qui concerne la construction même, le cas que nous
avons considéré d'un mur directement assis sur le rocher ou

sur tout autre terrain incompressible et inaffouillable, ne peut présenter de difficultés que celles des épuisements, si on veut le fonder à sec. A la vérité, ces difficultés peuvent être sérieuses, le rocher, quand il est fissuré, étant souvent le plus aquifère des terrains.

150. Profils courbes de murs de quai. — On a parfois cherché, dans la construction des quais, à diminuer le cube des maçonneries en adoptant un profil curviligne, concave à l'extérieur, surplombant du côté des terres, d'une forme analogue à celle qui a été souvent adoptée, surtout en Angleterre et en Allemagne, pour les murs de soutènement et dont la figure 37 donne une idée.

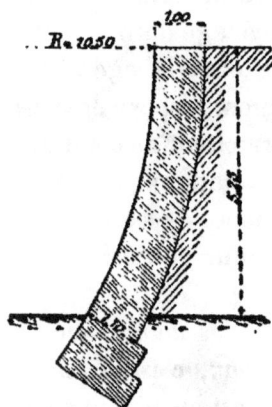

Fig. 37

A cette disposition on objecte : que le mur de quai n'est qu'accessoirement mur de soutènement ; que son rôle principal est de faciliter les mouvements commerciaux et qu'un parement plan et voisin de la verticale est, à ce point de vue, toujours préférable à un parement concave ; enfin, que pour un ouvrage de ce genre soumis à des pressions d'intensité variable, à des chocs de bateau, à des surcharges, à des submersions, etc..., il ne faut pas rechercher une trop grande légèreté ou une stabilité trop voisine de l'équilibre. En définitive les profils à parement rectiligne sont presque exclusivement employés en France.

Cependant, nous mentionnerons ici le mur que nous avons fait construire en 1880 à Arques (Pas-de-Calais) sur le canal de Neuffossé et qui présente un parement antérieur concave, de forme parabolique, tandis que le parement du côté des terres est rectiligne et vertical (fig. 38). Ce mur offre encore d'autres particularités que sa forme.

Il est presque entièrement en béton de ciment de Portland, mode de construction fort usité d'ailleurs de l'autre côté de la Manche ; le couronnement et les logements des organeaux sont seuls en pierre de taille. Il a été moulé sur place dans un

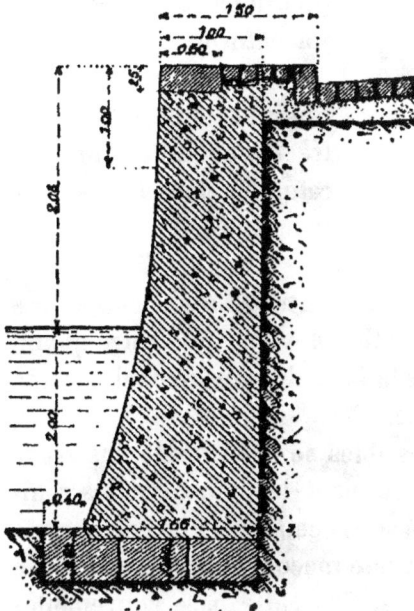

Fig. 38

coffrage en madriers construit avec tout le soin voulu, de manière à constituer un monolithe [1] long de 560 mètres. Le mode de fondation, en gros libages de craie, mal jointifs, convenait très bien à la nature du terrain entièrement composé de gravier très résistant mais très aquifère. Il a permis de couler le béton complètement à sec et, d'autre part, les pressions de l'eau sur l'une et l'autre faces du mur se font toujours équilibre. D'une construction économique (moins de 300 francs le mètre courant pavages [2] non compris), ce mur s'est toujours bien comporté jusqu'ici.

151. Mur de quai sur un sol incompressible et affouillable. — Un cas fréquent est celui d'un sol incompressible, mais affouillable ; tous les terrains composés de couches de gravier ou de sable rentrent dans cette catégorie. On pro-

1. Il n'est pas resté longtemps à l'état de monolithe ; sous l'influence des variations de la température, il s'est promptement fissuré et rompu aux points de moindre résistance, à l'emplacement des pierres d'organeaux ou des logements d'échelles de sauvetage.
2. Une bande pavée de 1m00 formant caniveau en avant du trottoir est seule comptée.

tège alors la fondation par une ligne de pieux et palplanches en avant de laquelle il est bon de consolider le sol par des enrochements ; en arrière de cette ligne on établit le mur, avec un léger empattement de béton ou de maçonnerie (fig. 39), afin de mieux répartir les pressions transmises au sol naturel.

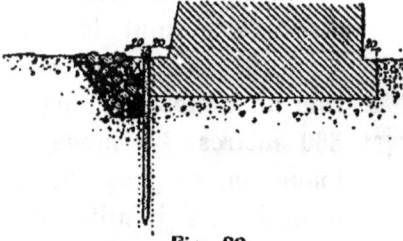

Si on a pris des précautions suffisantes contre les affouillements, on retombe dans le cas précédent.

Fig. 39

152. Mur de quai sur un terrain compressible de faible épaisseur. — La situation devient tout autre quand le terrain solide est séparé de la base du mur de quai par une couche de terrain compressible.

Quand les couches compressibles sont de faible épaisseur (2 ou 3 mètres par exemple), on peut les enlever et les remplacer, soit par du béton coulé sous l'eau dans une enceinte de pieux et palplanches, soit par une maçonnerie ordinaire faite à sec à la faveur d'épuisements. Sur cette base convenablement élargie pour résister elle-même à la poussée des terres, on asseoit le véritable mur de quai qui n'est alors que la partie supérieure d'un ouvrage reposant sur le terrain solide.

153. Mur de quai sur un terrain compressible d'épaisseur assez grande. — Quand la couche compressible prend une épaisseur considérable, de 5 à 10 mètres par exemple, l'emploi de ce procédé présenterait les plus grandes difficultés. On préfère généralement alors recourir à des pieux ; les têtes sont réunies par une plate-forme sur laquelle le mur est assis et le corps des pieux reporte le poids de la construction sur le terrain solide, à travers les couches compressibles. On connaît la résistance que peut offrir un pieu chargé verticalement; on en déduit le nombre de pieux nécessaires.

Mais la pression verticale n'est pas la force dangereuse pour un mur de quai, et dans la situation où le système de construction ci-dessus indiqué place l'ouvrage, c'est-à-dire au sommet de longs pieux, la stabilité propre de ce dernier vis-à-vis de la poussée horizontale du terre-plein est à peu près nulle ; c'est donc à des dispositions accessoires qu'il faut demander cette stabilité.

154. Dispositions propres à augmenter la stabilité du mur. — Tout d'abord, il est essentiel de relier les pieux les uns aux autres, de manière qu'ils résistent non pas individuellement, mais comme une ferme ; il faut les solidariser autant que possible. Si on les réunit par une plate-forme en charpente, elle comprendra nécessairement des moises perpendiculaires à la direction du mur ; les assemblages seront robustes et soignés, autant que faire se pourra.

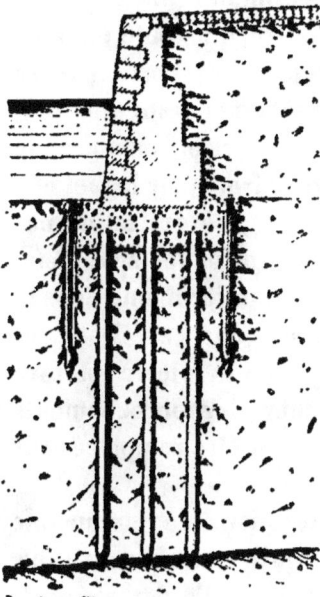

Fig. 40

Généralement les terrains compressibles sont très peu perméables et ces soins d'assemblage pourront être pris à l'abri d'un bâtardeau.

La plate-forme en charpente peut être remplacée très avantageusement, surtout si l'assèchement de la fouille présente des difficultés, par une couche de béton qui empâte la tête des pieux sur une certaine hauteur (fig. 40). Ces derniers se trouvent ainsi encastrés dans le massif de maçonnerie et solidarisés dans tous les sens. Le supplément de poids qui en résulte pour l'ensemble de la construction ne peut d'ailleurs avoir que des avantages au point de vue de la résistance à une action horizontale.

On peut encore utiliser, en la développant autant que possible, la résistance du sol sur lequel vient buter le pied du mur de quai A cet effet, on garnira d'enrochements la fouille faite pour les fondations, sous le mur et en avant du mur (fig. 41), de façon que tout mouvement de translation qui tendrait à s'opérer soit combattu par une masse dense, incompressible et par suite d'un déplacement très difficile. On y gagnera, en outre, que toute poussée locale sera répartie par les enrochements sur une étendue de terrain plus grande que le front sur lequel elle s'exerce, ce qui est de nature à atténuer ses effets, à les annuler même dans la plupart des cas. Dans les pays où la pierre est rare et chère les enrochements peuvent être remplacés par

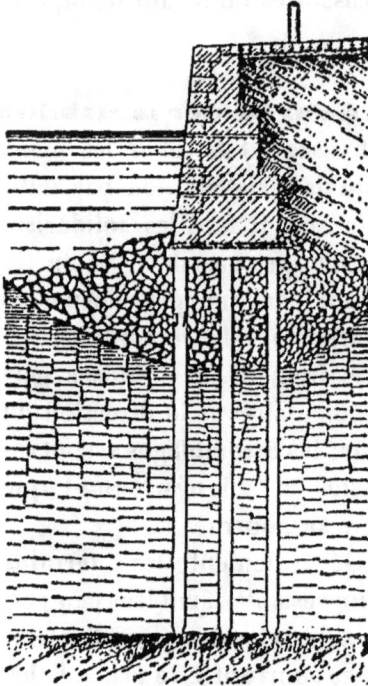

Fig. 41

des lits superposés de fascinages.

Quelquefois aussi on a recours à des pieux de retenue que l'on bat dans le terrain en arrière et qui, rattachés au mur, ajoutent leur résistance au renversement à celle des pieux de fondation. Nous avons mentionné plus haut une application de ce procédé en parlant du quai en charpente de Laroche; mais le plus souvent il est insuffisant. Il y a, en effet, grande chance pour que le terrain dans lequel s'implantent les pieux

15

de retenue ne soit pas plus solide que la couche, très voisine, dans laquelle est assise la fondation, et dans ce cas, la résistance des pieux est loin d'être en rapport avec la poussée qu'il faut combattre.

Autrement efficaces, à raison de leur poids et de leur forme, sont des massifs de maçonnerie établis dans le sol à une distance suffisante en arrière du mur, et reliés à ce dernier par de forts tirants en fer (voir la planche XVII, page 235). Si la distance est assez grande pour que les dépôts faits sur le terre-plein se trouvent placés entre le mur et les massifs d'ancrage, il arrive même ceci : c'est que la surcharge qui augmente la poussée sur le mur, augmente aussi la résistance des massifs.

155. Dispositions propres à diminuer la poussée. — Quelle que puisse être l'efficacité des dispositions employées pour augmenter la stabilité du mur, il est toujours prudent de s'ingénier à diminuer, autant que possible, la poussée à laquelle il peut être soumis.

Une première précaution excellente est d'employer, au moins sur une certaine largeur en arrière, des remblais qui poussent peu ou point : moellons, débris de démolition, briques de rebut, fascines, etc...

On peut encore supprimer la poussée résultant de la tendance au glissement, en faisant, sur une largeur suffisante en arrière du mur, reposer le terre-plein sur des plates-formes en charpente, des voûtes de décharge, etc... (fig. 42).

Mais la poussée à laquelle un mur de quai est exposé ne dépend pas seulement de la nature des remblais qui constituent le terre-plein, elle dépend aussi et surtout de l'eau qui pénètre dans ces remblais et y est retenue. Or, il faut bien reconnaître que les quais sont généralement placés de manière à recevoir des eaux en abondance. Si les remblais sont de nature à se détremper, à se ramollir, ils peuvent, en partie du moins, se transformer en une sorte de liquide pâteux, agissant comme l'eau, mais d'un poids spécifique notablement plus élevé. Si

les remblais sont, au contraire, de bonne qualité, moellons,
cailloux, graviers, sable, etc..., la pression hydrostatique de
l'eau qui resterait emprisonnée n'en constituerait pas moins

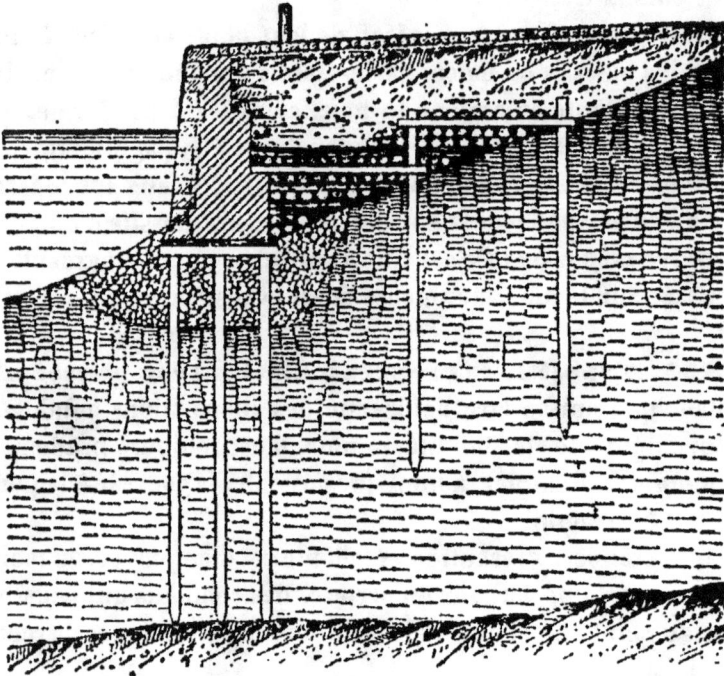

Fig. 42.

un danger. Il est donc essentiel d'assurer une libre issue aux
eaux qui peuvent pénétrer dans les remblais du terre-plein,
d'où qu'elles viennent, et à cet effet, de ménager dans le mur
des barbacanes en nombre suffisant.

De simples drains, régulièrement espacés dans les maçonneries feront l'affaire (voir la figure 41, page 225), pourvu
qu'on ait le soin de les prolonger un peu sous le terre-plein et
de les multiplier assez pour que quelques obstructions puissent
passer inaperçues. On prendra d'ailleurs toutes les précautions
voulues pour éviter ces obstructions ; les tuyaux noyés dans
les remblais seront entourés de matériaux de grosseur décrois-

sante formant filtre et s'opposant à l'entraînement des matières.

Il est bien entendu que l'emploi des barbacanes ne doit pas être limité aux murs de quai fondé sur pieux ; il est à recommander dans tous les cas ; il y a toujours intérêt à ce que les remblais en arrière des murs soient asséchés.

156. Application des dispositions ci-dessus énumérées. — Comme exemples d'application des dispositions recommandées pour les terrains compressibles d'assez grande épaisseur, je prendrai trois murs de quai récemment construits sur la Seine : le quai de la Rapée à Paris, celui des Carrières à Charenton et celui de Choisy-le-Roi.

Le quai de la Rapée (pl. XIV) a été construit, à l'abri d'un bâtardeau, dans une fouille asséchée par épuisements. Il est fondé sur des pieux de $\frac{0^m32}{0^m32}$ d'équarrissage [1] formant des lignes perpendiculaires à la direction du mur. Les lignes sont distantes de 1^m25 d'axe en axe. Chaque ligne comprend quatre pieux coiffés d'un chapeau de $\frac{0^m30}{0^m30}$; sur ces chapeaux est établi un plancher en madriers de 0^m12 d'épaisseur qui porte le mur. Ce plancher est légèrement incliné du côté des terres de manière à se rapprocher de la normale à la résultante de la poussée et du poids du mur. L'intervalle entre le fond de la fouille et le dessous du plancher est garni d'enrochements.

La hauteur du couronnement (30,62) au-dessus du fond normal du fleuve (23,30) est de 7^m32, mais cette hauteur est seulement de 6^m70 au-dessus du plancher de fondation. L'épaisseur moyenne du mur est de 2^m97, soit 44 0/0 de la hauteur de 6^m70.

Le mur est couronné d'un trottoir de 1^m35 de large qui remplace très avantageusement la lisse ou garde-pied ; il est muni de champignons d'amarre espacés de 9^m73 d'axe en axe, de

---

1. C'est par suite d'une erreur que la planche XIV indique des pieux en grume de 0^m30 de diamètre.

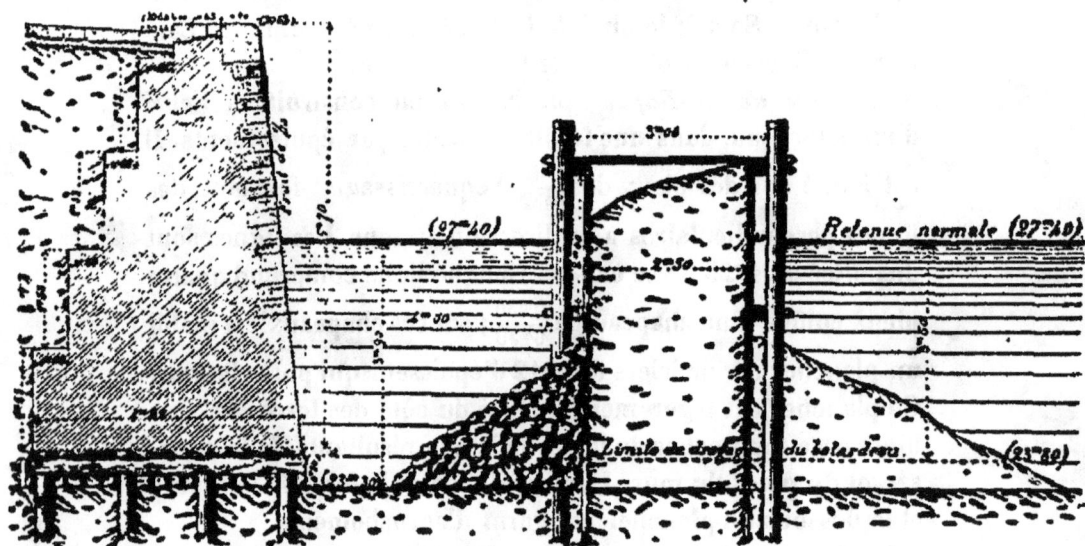

Pl. XIV. MUR DE QUAI DE LA RAPÉE.

boucles d'amarre (remplaçant les organeaux) distantes entre elles de 19^m46 et d'échelles de sauvetage espacées de 77^m84 d'axe en axe. Il comporte, en outre, pour écouler les eaux du caniveau ménagé le long du trottoir, des bouches d'égout distantes de 38^m92 l'une de l'autre.

Tous les parements vus, en pierre de taille ou en moellons d'appareil, sont traités avec le luxe qui convient dans une grande capitale.

Le quai des Carrières, à Charenton, est fondé sur des pieux en grume de 0^m30 de diamètre moyen battus en quinconce, dont les têtes sont prises dans un massif de béton (pl. XV) ; mais ce massif, coulé dans un encoffrement de pieux et palplanches, est d'une hauteur telle que sa partie supérieure affleure la tenue habituelle des eaux et qu'on a pu ainsi éviter la dépense considérable qu'entraînent les bâtardeaux et les épuisements.

La hauteur du couronnement (30,85) au-dessus du fond normal du fleuve (23,80) est de 7^m05, mais cette hauteur est de 3^m75 seulement au-dessus du plan de fondation réglé à l'altitude (27,10) [1]. L'épaisseur moyenne du mur est de 1^m84, soit 49 0/0 de la hauteur de 3^m75.

En arrière de l'encoffrement contenant le massif de béton de fondation, le remblai est fait en matériaux pierreux et en débris de démolition (gravois) de manière à éviter la poussée. Des barbacanes sont ménagées dans la maçonnerie du mur.

Celui-ci est couronné d'un trottoir de 1^m00 de large. Il est muni de bornes d'amarre espacées de 25^m00 d'axe en axe et d'échelles de sauvetage distantes entre elles de 60^m00. Il comporte en outre des bouches d'égout espacées également de 60^m00 d'axe en axe. Les couronnements, les logements des échelles de sauvetage et les têtes des conduites d'écoulement des eaux pluviales sont seuls en pierre de taille. Le parement du mur est en moellons à joints incertains.

---

1. Le béton a été décapé sur une hauteur moyenne de 27,25 — 27,10 = 0^m15.

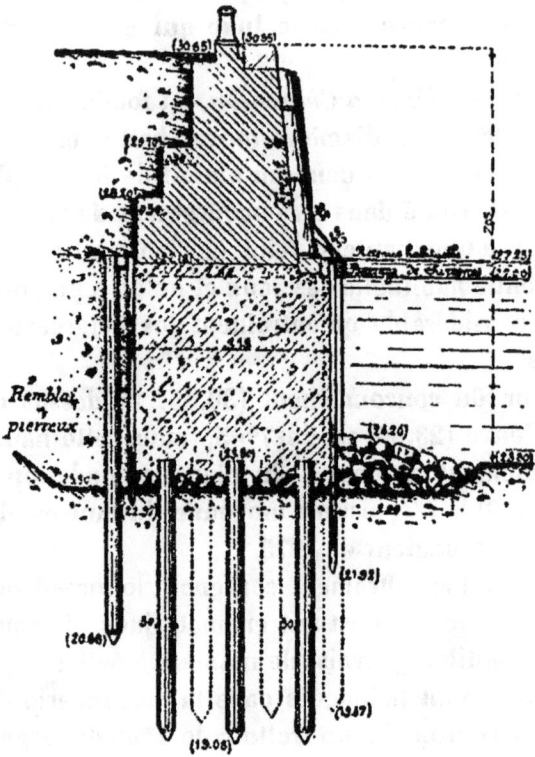

Pl. XV. MUR DU QUAI DES CARRIÈRES, A CHARENTON.

Il y a lieu de signaler la risberme qui est ménagée en avant du pied du mur au niveau de la retenue habituelle des eaux et dont la largeur n'est pas inférieure à 0^m75. Cette disposition se justifie par des considérations de stabilité. Dans un massif de béton coulé sous l'eau comme celui sur lequel est fondé le quai des Carrières, à Charenton, la partie antérieure est exposée à être délavée et à présenter moins de résistance [1] ; il est donc prudent de reculer le pied du mur.

Cette disposition se retrouve identiquement dans les murs de quai récemment établis en Allemagne, le long du Rhin, à Ludwigshafen (pl. XVI). Dans les deux cas on a, par l'installation de poteaux de défense, conjuré le danger que pouvait présenter cette risberme, au point de vue de l'échouage des bateaux.

Le quai de Choisy-le-Roi (voir la planche XVII, page 235) comprend un mur en maçonnerie à bain de mortier et un contre-mur en pierres sèches, établis l'un et l'autre sur pilotis à un niveau assez élevé pour qu'il ait été possible de laisser à la berge son talus naturel. Ce talus est d'ailleurs défendu de toute dégradation possible par un fort revêtement en remblai pierreux.

Les pieux du mur ont été battus par files transversales espacées de 1^m50 d'axe en axe. Dans chaque file, les pieux sont distants de 0^m56 également d'axe en axe; les deux pieux du large présentent une inclinaison de 1/8 pour mieux résister à la poussée. Le plancher qui supporte le mur n'est autre chose que le fond d'un caisson étanche dans lequel on commence la maçonnerie à sec et qu'on vient échouer sur la tête des pieux dans la direction convenable. Chaque caisson a 12^m80 de longueur. Quand la maçonnerie, dans l'intérieur du caisson est

---

1. On peut éviter cet inconvénient, qui provient surtout de l'agitation de l'eau produite par le passage fréquent de bateaux à vapeur à grande vitesse. Il suffit de placer des bâches imperméables sur la face interne des vannages de pieux et palplanches ; l'eau à l'intérieur du coffrage reste parfaitement calme. C'est là une précaution très à recommander pour le coulage du béton sous l'eau.

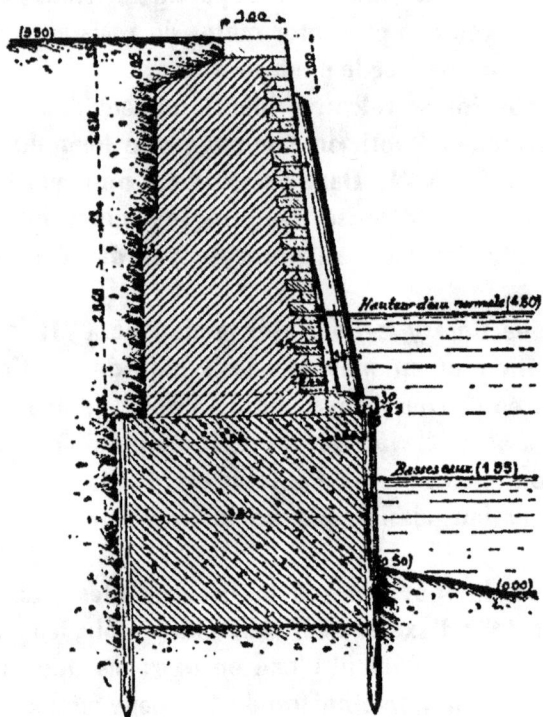

Pl. XVI. MUR DE QUAI DE LUDWIGSHAFEN.

élevée au-dessus du niveau de l'eau extérieure, on enlève les parois latérales qui servent à la confection de nouveaux caissons et on peut de cette manière éviter les grandes dépenses que comportent toujours les bâtardeaux et les épuisements[1].

Le plancher qui supporte le contre-mur en pierres sèches repose, d'une part, sur une retraite ménagée à cet effet dans le mur et, d'autre part, sur une quatrième rangée longitudinale de pieux battus en arrière ; il est d'ailleurs établi à un niveau suffisamment élevé pour que le contre-mur puisse être construit à sec sans difficultés.

La présence de ce contre-mur assure l'assèchement du terre-plein et supprime pour ainsi dire toute poussée des terres ; néanmoins, on a jugé utile de placer, de 13^m33 en 13^m33, de forts tirants en fer dont une extrémité s'engage dans la maçonnerie du mur et l'autre dans un massif d'ancrage établi dans la berge à une distance convenable.

La hauteur du couronnement (31,75) au-dessus du fond du fleuve après dragage complet (26,46) est de 5^m29, mais cette hauteur est de 2^m89 seulement au-dessus du plancher de fondation. L'épaisseur moyenne du mur est de 1^m15, soit 40 0/0 de la hauteur de 2^m89.

Il est couronné d'un trottoir de 0^m70 de large. Il est muni d'anneaux d'amarre placés sur le couronnement à 10^m25 l'un de l'autre, d'organeaux espacés de 20^m et d'échelles de sauvetage distantes de 60^m d'axe en axe. Il comporte, en outre, des bouches d'égout espacées entre elles de 37^m50.

Les couronnements, les logements des échelles de sauvetage et des organeaux, ainsi que les têtes des conduites de descente d'eau sont seuls en pierre de taille. Le parement du mur est en moellons à joints incertains.

Comme complément des renseignements donnés ci-dessus sur ces trois types de mur, il est intéressant d'en faire connaître les prix de revient respectifs par mètre courant. Pour

_____

1. Les parties du caisson qui sont amovibles sont figurées en traits ponctués sur la planche XVII.

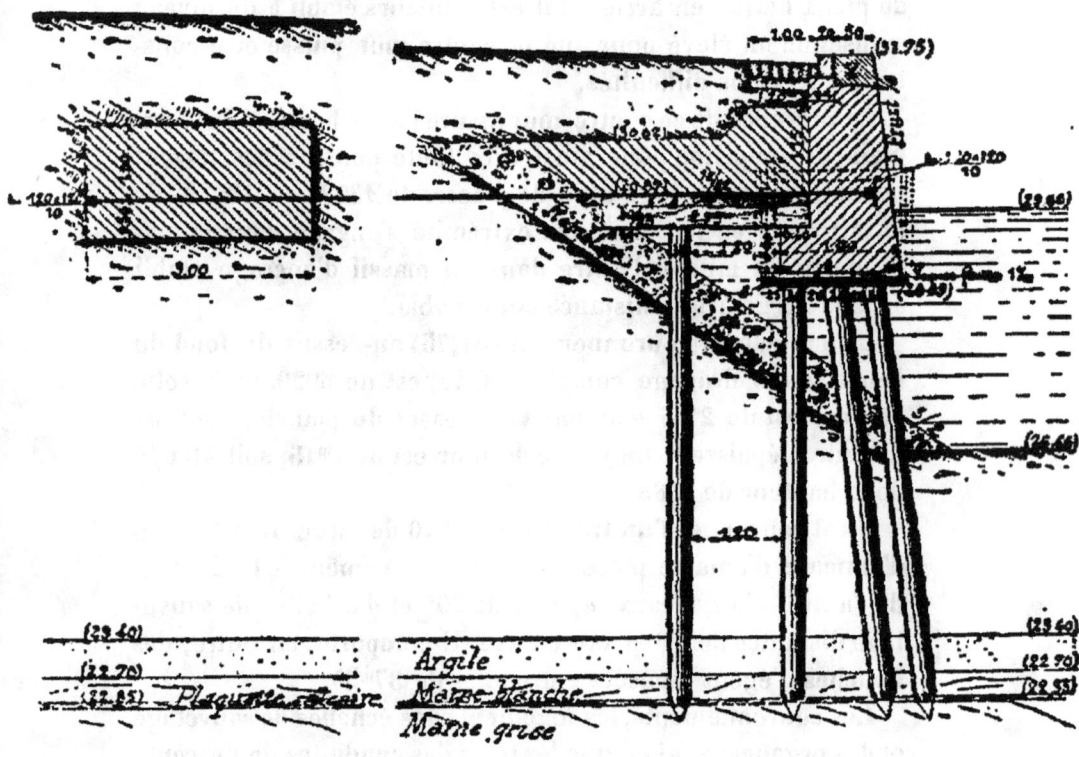

Pl. XVII. MUR DE QUAI DE CHOISY-LE-ROI.

avoir des chiffres bien comparables, on a appliqué aux trois
ouvrages les prix du bordereau du quai des Carrières, à Charenton. Le rabais de 13 0/0 obtenu dans l'adjudication de cette
dernière entreprise a été appliqué à toutes les dépenses, sauf
celles concernant le bâtardeau et les épuisements de la Rapée
qui sont celles réellement effectuées. Il faut d'ailleurs observer
que ces dernières dépenses sont notablement réduites par suite
de cette circonstance qu'il a été fait usage, pour les épuisements du quai de la Rapée, d'un important matériel appartenant à l'État.

Quoi qu'il en soit, les prix par mètre courant, calculés comme
il vient d'être dit, sont les suivants :

	Hauteur	
Quai de la Rapée............	7m32	1.035 fr.
— des Carrières, à Charenton.	7m05	877
— de Choisy-le-Roi........	5m29	454

Les hauteurs indiquées sont comptées du fond du lit, convenablement dragué, à la crête du couronnement du mur.
Dans le calcul de la dépense, on n'a compté nulle part de
remblai et on a mis en ligne de compte seulement une bande
pavée de 1m de largeur en avant de la bordure du trottoir.

**157. Murs de quai sur un terrain compressible de
très grande épaisseur et même d'épaisseur indéfinie.**
— Le quai de Choisy-le-Roi comporte l'emploi, dans une certaine mesure, d'une méthode qui a été appliquée avec succès
dans les cas où l'épaisseur des terrains compressibles devient
très considérable et même, en quelque manière, indéfinie.

Qu'a-t-on fait à Choisy-le-Roi ? On a laissé à la berge, en
arrière de laquelle doit être établie la partie postérieure du
terre-plein, le talus naturellement compatible avec l'espèce de
matériaux dont elle est composée, et on a couvert ce talus par
un plancher sur pilotis qui porte le mur et la partie antérieure
du terre-plein.

Supposons que le talus naturel de la berge soit couvert par
un viaduc longitudinal en maçonnerie, le long de la tête exté-

rieure duquel les embarcations trouvent toute facilité d'approche et d'accostage, on aura, selon le mode de fondation des piles du viaduc :

Les nouveaux quais de Bordeaux (fondations au moyen de caissons et à l'air comprimé), dont M. l'ingénieur en chef Pasqueau a donné une description détaillée dans les *Annales des Ponts et Chaussées*, de juin 1896 ;

Les quais du troisième bassin à flot de Rochefort (fondations sur puits coulés par havage), au sujet desquels M. l'ingénieur en chef Crahay de Franchimont a publié un article dans les *Annales* de février 1884 ;

Enfin, les murs de quai établis sur les bords de la Charente, à Rochefort, de 1853 à 1860, par M. l'inspecteur général Guillemain. Ces murs sont fondés sur pilotis dans un terrain de vase indéfinie ; des détails très circonstanciés sont donnés à leur égard dans le *Cours de Navigation intérieure* de M. Guillemain

Ces divers ouvrages rentrent d'ailleurs dans la catégorie des travaux maritimes. Il suffit d'avoir indiqué le principe d'après lequel ils ont été établis et les publications dans lesquelles ils sont décrits en détail.

CHAPITRE V

TRAVAUX CONTRE LES INONDATIONS

___

158. Considérations générales. Division du chapitre. — Les travaux contre les inondations sont parmi les plus anciens qui aient été exécutés sur les cours d'eau. Pour nombre d'entre eux même, ils ont précédé les premières améliorations réalisées dans l'intérêt de la navigation. Il n'y a pas lieu de s'en montrer surpris.

Quand l'inondation, issue d'une pluie torrentielle et continue de plusieurs jours, descend tout à coup de la montagne dans la plaine, envahissant brusquement les campagnes et les villes, renversant les maisons, détruisant tout sur son passage, c'est le plus redoutable des fléaux, et les désastres qu'elle cause sont tels que la recherche des moyens propres à en prévenir le retour doit s'imposer à tous les esprits.

Quand, au contraire, la nature perméable du sol, aussi bien que la distribution des pluies, permettent au cours d'eau de monter lentement en envahissant progressivement les terrains de sa vallée, pour y déposer en temps utile un limon fécondant, l'inondation est un grand bienfait. Sans parler de la vallée du Nil, qui est la terre classique des limonages et qui leur doit sa fécondité toujours renaissante depuis tant de siècles, nous avons sous les yeux des vallées comme celles de la Saône, de la Moselle, de la Meuse, de la Charente et tant d'autres, où l'absence de débordements hivernaux est considérée comme un malheur. Bordées de prairies, ces rivières y portent annuellement la richesse et, dans une certaine limite, chaque submersion mesure l'abondance de la récolte qui va suivre.

Il n'est même pas nécessaire, pour arriver à cet heureux résultat, que les eaux soient chargées de dépôts. « Les eaux « courantes, même non limoneuses, dit Nadault de Buffon, « renferment des principes fertilisants d'une haute valeur « agricole dont elles se dépouillent au profit du sol par le « seul fait d'une stagnation suffisamment prolongée. Le fait « le plus concluant à citer dans ce sens est celui que cons-« tatent les vastes herbages de la Normandie, dont plus de « 10.000 hectares sont entretenus dans leur maximum de pro-« duction par le seul effet des submersions naturelles appli-« quées exclusivement en hiver, l'irrigation d'été étant com-« plètement inconnue dans cette région. Si le fait qui vient « d'être énoncé n'était pas parfaitement exact, comment pour-« rait-on s'expliquer le maintien indéfini de la fécondité de ces « herbages, laquelle est représentée par une production « annuelle de 400 à 500 kilogrammes de viande à l'hectare, « tandis qu'elle tombe presque à rien si ce mode de bonifi-« cation leur est retiré. » Il n'y a donc pas d'exagération à dire que, dans ces conditions, l'inondation est un bienfait.

Malheureusement, dans la plupart des cas, le bien et le mal se mêlent, et c'est là une des raisons qui rendent si délicate l'étude de la question des inondations. Si l'on y joint les pré-cédents créés dans chaque pays par des habitudes séculaires, presque transformées en droits ; si l'on se laisse aller, et la chose est facile, à l'impression profonde que cause la vue des malheurs d'un pays inondé, on peut être d'autant plus aisé-ment jeté hors de la voie rationnelle que celle-ci, loin d'être fixe, varie avec les climats et les lieux, et souvent ne se dégage de l'étude qu'avec les plus grandes difficultés.

Pour se rendre compte de ce qu'il est possible de faire, il faut d'abord remonter aux causes des inondations et voir les moyens d'action que possède l'homme pour agir sur ce grand phénomène naturel.

Lorsque, par suite d'accidents météorologiques, une forte précipitation de pluie a lieu sur le bassin d'un grand cours d'eau, les eaux, à mesure qu'elles tombent, se rendent au thalweg par les affluents secondaires et y produisent une intumescence qui cause l'inondation. Cette intumescence se développe jusqu'à ce que l'écoulement par l'aval se soit procuré une section suffisante pour débiter les eaux d'amont ; c'est alors qu'a lieu le maximum variable avec la disposition des lieux ; puis ce maximum est suivi d'une période décroissante, pendant laquelle le volume de l'eau écoulée étant plus considérable que celui de l'eau qui afflue dans le même temps, l'inondation s'apaise et disparaît.

Toute inondation est donc le fait d'une onde qui parcourt la vallée, se surélevant quand elle rencontre des obstacles ou un affluent qui accroît son volume, s'aplatissant au contraire toutes les fois qu'elle peut s'épanouir dans un espace libre.

Pour agir sur cette onde, trois moyens se présentent naturellement à l'esprit. On peut :

Soit donner aux eaux l'écoulement le plus prompt possible vers l'aval, de façon à les faire disparaître à mesure qu'elles arrivent ;

Soit les retenir pour que la crue se prolonge en durée et n'ait, par suite, qu'une intensité moindre ;

Soit enfin livrer au flot qui passe un espace suffisant, mais circonscrit, dans lequel l'écoulement s'effectuera suivant ses lois et en dehors duquel le sol de la vallée, à l'abri derrière des digues, pourra s'affranchir de la servitude des inondations.

Le premier procédé est celui des *curages*, le deuxième est celui des *emmagasinements d'eau vers les sources*, le troisième celui des *endiguements insubmersibles*.

16

Nous allons examiner successivement ces trois questions ; nous dirons aussi quelques mots des *endiguements submersibles*, ainsi que de l'*exécution des travaux avec le concours des riverains*.

Le présent chapitre se divise tout naturellement en cinq sections correspondantes.

§ 1

CURAGES

159. Simple déplacement du mal. — Le curage du lit d'un cours d'eau est une opération qui a pour effet de faire disparaître les dépôts et les accrues de toute nature susceptibles de mettre obstacle à l'écoulement des eaux ; d'une façon générale, elle comporte l'élargissement et l'approfondissement du lit.

Les curages sont surtout applicables aux cours d'eau secondaires et ne le sont que dans une faible mesure aux rivières de quelque importance. Envisagés dans leur ensemble, ils ne constituent pas un remède au mal qui nous occupe, mais un simple déplacement de ce mal ; car, si la situation des tronçons élargis par le curage se trouve améliorée, celle des parties situées à l'aval s'aggrave d'autant.

Chaque curage a donc sa part de responsabilité dans les débordements et l'effet qu'il produit est, au fond, de jeter plus vite les eaux supérieures sur les parties inférieures du territoire, c'est-à-dire sur les contrées habituellement les plus peuplées, les plus fertiles et, dans tous les cas, celles dont la submersion offre le plus de dangers.

On remarquera que ces parties inférieures du territoire ne peuvent user du même procédé pour se défendre. A mesure qu'on s'approche de la mer la pente diminue, la vitesse d'écoulement devient de plus en plus faible et le lit, soumis à

d'autres lois, ne peut conserver entre deux crues successives
les dimensions qu'exigerait l'écoulement immédiat des eaux
tombées dans la vallée. Il y a donc nécessairement submersion en se rapprochant de la mer et submersion d'autant plus
forte que les eaux pluviales y sont arrivées plus vite, c'est-à-
dire que les curages dans le pays auront été plus développés.

Dans cette pensée, il ne faudrait pas voir l'opinion que les
curages sont une opération nécessairement mauvaise, à laquelle il y ait lieu de s'opposer.

Loin de là. Chaque propriétaire a le droit incontestable
d'écouler hors de chez lui les eaux que lui envoie la pente
naturelle du sol ; il serait d'autant moins justifié de l'en empêcher que le curage des cours d'eau est une des améliorations
pour lesquelles la loi a reconnu aux intéressés le droit de se
syndiquer. Il n'y aurait pas plus d'équité à frapper d'une servitude quelconque les terrains hauts que les terrains bas et il
faut laisser à l'intérêt privé le soin de pourvoir à ses besoins
dans les limites légales.

Mais, s'il est reconnu que les curages entraînent avec eux
des inconvénients au point de vue des inondations (et le fait
ne semble pas contestable), l'Administration est tenue à la
plus grande réserve. Pour rester dans la mesure d'une stricte
justice distributive, elle ne doit les favoriser que dans le cas
où ils sont combinés avec d'autres travaux, de telle sorte que
le volume maximum jeté par seconde sur l'aval n'en soit pas
augmenté. Tant que cette condition ne serait pas remplie,
les curages seraient considérés comme une opération licite
assurément, mais au moins étrangère à l'intérêt général et
n'ayant par suite aucun droit à encouragement.

Dans tous les cas, on doit conclure de ce qui précède que
les curages peuvent être un palliatif du mal sur quelques points
spéciaux où des obstacles surélèvent le débordement, mais ne
sont pas un remède pour les inondations en général et que,
suffisamment généralisés, ils tendraient à les aggraver plutôt
qu'à les amoindrir.

160. Danger des redressements ou coupures. — Dans le même ordre d'idées, il y a lieu de signaler le danger des redressements ou coupures qui produisent un effet analogue à celui des curages en accélérant le mouvement des eaux.

A titre d'exemple, nous nous bornerons à citer la Theiss, ce grand affluent du Danube dont le cours naturel est tellement sinueux que, dans une vallée de 560 kilomètres de longueur, il présente un développement de 1.180 kilomètres (voir la planche XXI, page 269).

Dans l'intérêt de la navigation et pour faciliter l'écoulement des eaux, on a été amené à rectifier le cours de la Theiss et à supprimer une partie des sinuosités au moyen de coupures. On en a fait une centaine, dont la longueur totale dépasse 120 kilomètres et qui ont produit un raccourcissement de 480 kilomètres.

Cette opération, qui serait impraticable sur la plupart des cours d'eau, était réalisable sur la Theiss ; car, malgré les coupures, la pente reste tellement faible que l'on n'a pas à redouter les érosions.

Mais si ces coupures n'ont entraîné aucun désordre immédiat dans le lit du fleuve, elles ont eu sur les crues une influence moins heureuse. Malgré la sage précaution que l'on avait prise de ne pas condamner les anciens lits et de les aménager autant que possible en dérivations pour les crues, la hauteur moyenne de ces dernières a été en croissant d'une manière très sensible depuis 1830.

Ce résultat doit être attribué en partie aux endiguements de la rivière dont nous parlerons tout à l'heure, mais aussi pour une large part à l'exécution des coupures.

On se souvient qu'en 1879 la ville de Szégédin, située sur le cours de la Theiss, a été presque entièrement détruite par une inondation qui a rompu les digues de défense de la ville et y a produit un désastre d'une gravité exceptionnelle.

Les coupures de la Theiss ont eu dans ce désastre une part de responsabilité d'autant plus grande qu'on ne s'était peut-être pas assez préoccupé de l'ordre qui aurait dû présider à leur exécution et qu'on avait ouvert les coupures d'amont avant celles d'aval qui auraient dégagé la ville de Szégédin.

Comme les curages, les redressements ou coupures peuvent donc produire une amélioration locale, mais c'est aux dépens de la partie aval de la vallée dont la situation se trouve aggravée d'autant par la suppression des emmagasinements d'eau et la réduction du parcours.

§ 2

EMMAGASINEMENTS D'EAU VERS LES SOURCES

161. Emmagasinements naturels. Terrains perméables. Lacs. — Les curages, les redressements ou coupures, ont pour effet d'accélérer l'écoulement des eaux pluviales de l'amont vers l'aval ; les travaux de diverses natures dont nous allons maintenant aborder l'examen ont, tout au contraire, pour objet de retarder cet écoulement. La nature nous offre des exemples saisissants des avantages que peut procurer cet emmagasinement des eaux vers les sources.

Le premier et le plus à la portée de tous se trouve dans le régime des rivières à bassin perméable sous les versants desquelles l'emmagasinement des eaux pluviales s'opère naturellement par absorption. Ces rivières grossissent, mais lentement, sortent peu de leur lit et se maintiennent longtemps moyennement hautes, alimentées qu'elles sont d'une façon successive par les sources. Leurs crues s'atténuent d'autant plus qu'elles se prolongent davantage et les irruptions subites qui causent presque tous les dégâts des inondations demeurent inconnues dans ces vallées privilégiées.

Le second exemple qui s'offre est celui des lacs situés au pied des régions montagneuses ; ces lacs livrent aux rivières qui y aboutissent un immense élargissement dans lequel les

eaux affluentes s'emmagasinent comme dans un réservoir destiné à régulariser le débit du cours d'eau qui leur sert d'évacua-
teur, en prolongeant la durée de l'écoulement de la crue. Un
des ingénieurs les plus distingués de l'Italie, Lombardini, s'est
rendu compte de l'influence exercée sur l'Adda, affluent du Pô,
par le lac de Côme. Il a trouvé que le débit maximum de cette
rivière, lors de la crue de septembre 1829, avait été à son entrée
de 1.940 mètres cubes par seconde, et de 804 mètres cubes seulement à sa sortie. C'est donc dans le rapport de 2,40 à 1 qu'a
été diminué le flot maximum déversé par l'Adda, en passant
de l'amont à l'aval du lac de Côme. C'est là un fait bien digne
de fixer l'attention.

Assurément, il ne dépend pas de l'homme de remplacer par
des terrains perméables ceux qui ne le sont pas. Il ne peut pas
davantage modifier la forme générale des vallées de manière
qu'il s'y trouve, à point nommé, d'immenses espaces submersibles susceptibles de jouer le rôle des lacs des Alpes. Mais il
n'est pas défendu de penser qu'avec une patience suffisante et
au prix d'efforts judicieux et continus dans le sens indiqué par
la nature, on pourra arriver à modifier heureusement la marche
que suit aujourd'hui l'écoulement des eaux pluviales.

Entrons plus avant dans le double ordre d'idées précédemment indiqué.

162. Influence du genre de culture. Effet des forêts.
— Il est impossible, avons-nous dit, de remplacer par des terrains perméables ceux qui ne le sont pas ; c'est incontestable.
Mais alors même que les terrains présentent un caractère d'imperméabilité absolue, le genre de culture adopté peut avoir, sur
l'absorption de la pluie par le sol, une influence marquée.

Bon nombre d'ingénieurs attribuent aux déboisements un
effet fâcheux sur la hauteur des crues et bien que cette opinion
n'ait pas été partagée par des hommes éminents, notamment
par Belgrand et Vallès, elle a réuni tant de suffrages en France
et à l'étranger qu'il est difficile de ne pas la prendre en sérieuse
considération.

Il est bien vrai que le sol des forêts n'est pas plus perméable
en lui-même que ne le sont les terrains remués par la culture.
Mais l'imbibition des terres dépend aussi d'un autre élément
qui est *la durée du contact* de la terre avec l'eau. Qui ne sait,
en effet, qu'un même terrain qui absorbera presque entièrement
une pluie fine et douce, laissera passer la plus grande partie
d'une pluie d'orage sans s'en pénétrer ? Dans un cas, il recueil-
lera toute l'eau tombée, dans l'autre il n'en prendra pas un
cinquième, uniquement parce que le temps lui aura manqué
pour que l'imbibition ait lieu.

Ce temps, indispensable à l'absorption, est un des avantages
que fournissent les forêts. La pluie, en tombant sur le feuillage,
sur les branches même pendant l'hiver, se répartit mieux et en
plus de temps sur le sol. Lorsqu'elle y arrive, elle y trouve les
rejets, les racines, la mousse, toute cette végétation parasite
qui se rencontre dans les bois et qui, s'opposant à l'écoulement
élémentaire de chaque petite flaque d'eau, permet au sol de
s'imprégner bien plus profondément.

Dans une note présentée à l'Académie des sciences le 28
août 1876, M. Fautrat établit que le terreau formé par le détritus
des pins retient 1,90 de son poids d'eau, tandis que le sable
dans lequel pousse cet arbre n'en retient que 0,25. M. Torelli,
sénateur italien, faisait valoir en 1873, à l'appui d'un projet de
loi sur les inondations, qu'une montagne boisée peut retenir les
4/5 de l'eau tombée, tandis que les mêmes sommets dénudés en
retiendraient seulement 1/5. Suivant lui, les inondations du lac
de Côme ont augmenté en nombre et en intensité à mesure que
le bassin de l'Adda a été dépouillé de ses forêts et les déboisements, en détruisant les réserves, accroissent les crues et diminuent le volume d'étiage, ce qui est doublement regrettable.

163. Effets des gazonnements. — Un effet analogue est
obtenu par les gazonnements. M. l'ingénieur en chef Breton
rapporte une expérience remarquable de M. Gaymard, ingénieur en chef des mines. Un mètre carré de pelouse des Alpes,

d'une épaisseur de 0^m20, fut détaché du sol et pesé. On le sou-
mit ensuite à un arrosage abondant et une nouvelle pesée
montra que ce simple revêtement de 0^m20 d'épaisseur, fonc-
tionnant comme un feutre, avait absorbé 50 kilogrammes
d'eau, soit le volume d'une pluie de 50 millimètres de hauteur.

Or, les grandes crues de la Loire, par exemple, sont généralement produites par une chute d'eau de 130 à 150 millimètres de hauteur en trois jours. Il suffit de comparer ces chiffres
pour comprendre l'effet que l'on peut obtenir de ce genre de
culture, effet d'autant plus grand que le sous-sol en contact avec
cette éponge végétale est plus susceptible, par sa nature, d'augmenter l'absorption.

164. Effet des drainages. — Enfin, il résulte des expériences de M. l'inspecteur général Maitrot de Varennes que la
quantité d'eau que peut emmagasiner un terrain rendu perméable par le drainage peut aller également à 50 millimètres
de hauteur avant que les drains commencent à donner, d'où
résulte évidemment une capacité d'absorption encore plus considérable, puisque les drains commencent à donner avant la saturation du terrain.

165. Conclusion. — Il semble bien établi que l'on peut
modifier les facultés absorbantes du sol par la culture et que les
terrains drainés, les prés et les bois se prêtent à de véritables
emmagasinements susceptibles de retarder l'écoulement des
eaux pluviales. Sans doute, ce n'est pas là un de ces remèdes
rapides qui, d'une année à l'autre, modifient la situation. Sans
doute, pour réaliser un progrès sensible, il faudra bien du
temps et de la persévérance. Mais la voie semble sûre et dans
les questions de ce genre, c'est déjà beaucoup que d'avoir un
but certain.

Si l'on considère, en outre, que le reboisement, le gazonnement et le drainage lui-même sont des opérations agricoles qui
peuvent s'effectuer sur de très vastes étendues ; si l'on songe

que les deux premières sont incontestablement le meilleur
moyen d'arrêter le ravinement des coteaux et que toutes trois se
traduisent par d'importantes plus-values données aux terrains,
on reconnaîtra qu'on ne saurait trop les encourager. L'Administration a déjà fait beaucoup dans cet ordre d'idées, elle doit
aller plus loin encore, puisque l'intérêt général l'y convie.

166. Réservoirs artificiels. — Nous avons fait ressortir
plus haut l'effet de régularisation produit par les lacs sur le débit
des cours-d'eau qui les traversent. Nous ajoutions, d'ailleurs,
qu'il ne dépend pas de l'homme de modifier la forme générale
des vallées de manière qu'il s'y trouve, à point nommé, d'immenses espaces submersibles susceptibles de jouer le rôle des
lacs des Alpes. Cette dernière proposition est incontestablement
exacte ; mais ne pourrait-on pas obtenir des effets analogues à
ceux que produisent ces lacs, par la création de réservoirs
artificiels ?

Si, dans chaque vallée, il était possible de recueillir toute
l'eau d'une crue dans un ou plusieurs vastes réservoirs pour
ne la laisser écouler ensuite qu'avec la modération commandée
par l'état de la vallée dans sa partie inférieure, tout péril d'inondation ne serait-il pas conjuré ?

L'idée est assurément séduisante. A la suite des inondations
qui ont sévi en France vers le milieu de ce siècle (1846, 1856
et 1866) ; elle a été un moment en faveur ; mais quand on a
voulu en faire l'application sur une grande échelle, on s'est
heurté aux plus sérieuses difficultés.

167. Prix élevé des réservoirs. — C'est, tout d'abord, le
prix élevé de ces retenues artificielles qui s'oppose à leur géné-
ralisation. En se reportant à ce qu'ont coûté les réservoirs pour
l'alimentation des canaux, en France, on reconnaît qu'il est
difficile d'arriver à moins de 0 fr. 15 par mètre cube de capacité
disponible. Si certains réservoirs donnent un moindre prix,
c'est qu'ils sont établis dans des conditions exceptionnellement

favorables qui ont motivé le choix de leur emplacement, et qu'on ne saurait compter retrouver, si ces ouvrages devaient être multipliés.

Or, la Loire seule roule, au moment de ses grandes crues, environ 10.000 mètres cubes par seconde. Si on voulait emmagasiner seulement le quart de ce débit pendant les deux journées qui précèdent et suivent le maximum, on arriverait à des réservoirs d'une capacité de 400 à 500 millions de mètres cubes et d'un prix de près de 80 millions de francs.

168. Autres objections faites au système des réservoirs. — Cette considération seule pourrait suffire à démontrer qu'on ne saurait transformer brusquement le régime des inondations par la construction de grands réservoirs en nombre suffisant, mais d'autres objections, dont quelques-unes sont très sérieuses, ont encore été formulées contre le système des réservoirs.

On a fait observer que ces retenues artificielles, si coûteuses à établir, seraient aussi très coûteuses à entretenir à cause des dépôts qui s'accumuleraient dans les bassins et qu'en cas de rupture de digue elles occasionneraient des désastres supérieurs à ceux des crues extraordinaires (cette dernière considération serait, à coup sûr, actuellement, d'un grand poids en France).

D'autre part, on a mis leur efficacité en doute. L'effet des réservoirs, a-t-on dit, va en s'affaiblissant à mesure que le cours d'eau s'éloigne d'eux ; ils ne procureraient qu'un très mince bénéfice dans la partie inférieure de la vallée. D'ailleurs, pour qu'ils puissent être utiles, il faudrait qu'ils fussent vides au moment opportun ; il n'est pas permis d'espérer que les manœuvres de vidange pourront être combinées et réalisées de manière à ce que cette condition soit toujours remplie.

Il peut même arriver, si on fait usage de barrages à pertuis ouvert qui ne produisent qu'un emmagasinement momentané et ne font que retarder un peu l'écoulement de l'eau, il peut

arriver que le maximum de la crue d'un affluent coïncide avec
celui du cours d'eau principal qu'il précédait auparavant et
qu'ainsi l'inondation soit augmentée.

En fait, l'idée de modifier immédiatement le régime des
inondations par la création d'un système de réservoirs est
maintenant considérée comme irréalisable.

**169. Cas où les inondations ne sont pas la seule
question en jeu.** — Mais il ne s'ensuit pas qu'on doive renoncer à un développement progressif et judicieux de ces
ouvrages, alors surtout que les inondations ne sont pas la seule
question en jeu.

Comme exemple particulièrement intéressant de réservoir
donnant satisfaction à des intérêts multiples, on doit citer celui
du Gouffre d'Enfer (Loire) qui, non-seulement protège la ville
de Saint-Etienne contre les inondations, mais encore, l'été,
complète la distribution d'eau de ce grand centre industriel et
atténue le chômage des usines situées sur le Furens. Cette magnifique création, tout en desservant des intérêts locaux de
premier ordre, a une part d'influence, si minime qu'on la suppose, sur le débit de la Loire ; et il n'est pas contestable que,
si l'exemple se généralisait, l'effet en deviendrait bientôt sensible. Si donc il se trouve dans quelques vallées des groupes
d'intérêts agricoles ou industriels appelant l'établissement de
réservoirs, il est dans le rôle de l'Administration de favoriser
et d'aider, dans la limite du possible, ce genre de travaux.

C'est non-seulement son rôle, c'est encore son intérêt propre
à un autre point de vue. Nous avons dit, en effet, à propos du
régime des rivières, que leur débit à l'étiage va en diminuant
d'une manière constante et dans une proportion rapide. Or,
c'est là un fait d'une très grande gravité et il ne saurait y avoir
de meilleur remède que la mise en réserve des eaux du printemps pour le moment des sécheresses [1]. Sous nos climats

---

1. Le réservoir des Settons, sur la Cure, dont la capacité est de 23.000.000
de mètres cubes, a été établi pour renforcer le débit de l'Yonne, en été.

tempérés, ces sécheresses sont généralement d'assez courte durée pour que la réserve n'ait pas à répondre à des besoins trop prolongés, et il y a là un motif de plus pour que la sollicitude gouvernementale s'attache à tous les projets de réservoirs qu'un besoin quelconque peut mettre en avant et dont la création est sans danger pour l'intérêt général.

170. Étangs. — De même que les réservoirs, bien qu'à une échelle moindre, les étangs sont susceptibles de jouer un rôle très utile, au point de vue de l'emmagasinement des eaux pluviales.

Si on jette un coup d'œil sur la carte de Cassini, qui date de la fin du siècle dernier, et si on la compare à celle de l'état-major, on est frappé de l'immense quantité d'étangs qui ont disparu. C'était cependant une réserve d'eau importante que celle qu'ils renfermaient ; chaque petit cours d'eau recevait de la succession des étangs qu'il amenait à déborder une action régulatrice qui tendait à diminuer le maximum de sa crue pour en prolonger la durée. C'était là, au point de vue des inondations, un bénéfice d'autant plus certain qu'il s'appliquait à tout le territoire et exerçait son action sur les points où les pluies sont les plus abondantes et le sol le plus imperméable.

Il faut encore ajouter que ces étangs favorisaient l'irrigation de leurs vallons et rendaient ainsi, au point de vue agricole, de véritables services.

On a rendu, il est vrai, à la culture, par le desséchement des étangs, l'espace que recouvraient leurs eaux. Mais ce bénéfice, spécial au propriétaire de l'étang, compense-t-il au point de vue de l'intérêt général la perte d'une réserve précieuse à plus d'un titre ? Il est permis d'en douter.

On a aussi dit que les étangs étaient pour les pays où ils se trouvent une cause d'insalubrité. Mais si certains étangs à bords très plats ou imprudemment exploités peuvent, à juste titre, être considérés comme insalubres, beaucoup d'autres ne méritent pas ce reproche. M. l'ingénieur en chef de Saint-Venant a traité cette question [1] et indiqué par quels moyens la plupart des étangs pouvaient être assainis à l'aide de quelques soins.

Son opinion corroborée depuis par celle de M. l'ingénieur en chef Vallès est toute favorable aux étangs et leur attribue une action puissante sur le bon aménagement des eaux du territoire. Voici textuellement la conclusion de son mémoire.

« Nous voyons, dit M. de Saint-Venant, que l'insalubrité « n'est point inhérente aux étangs, elle tient à la forme ordi- « naire de leurs bords. Il existe plusieurs moyens de les rendre « tous innocents par quelques travaux médiocrement coûteux, « dont la dépense est compensée en totalité ou en partie par « un gain de terrain ; et ces travaux, pour un grand nombre, « ne sont même point nécessaires, car beaucoup ne sont point « insalubres.

« On peut donc, sans crainte, conserver et multiplier les « étangs ; et il importe que l'autorité se borne à un droit de « police, au lieu de se laisser entraîner, comme elle l'a fait à « diverses époques, par des demandes faites au nom de la « santé publique, soit à supprimer les étangs ou à les grever « d'impôts disproportionnés en vue de déterminer leur sup- « pression, soit à entourer leur établissement de formalités « gênantes qui empêchent d'en construire.

« Il n'importe pas moins que les sociétés savantes cessent « d'encourager à les détruire. Ce serait, dans le plus grand « nombre des localités, rendre l'irrigation impossible, perdre « les eaux et les limons, et se priver d'un moyen efficace d'ar- « rêter les dégradations et les inondations et de régulariser le « cours des eaux. Ce serait, par conséquent, tarir une des « sources les plus précieuses de la fortune publique et aller à « l'encontre du but social vers lequel il est de toute nécessité « de tendre désormais ».

171. Barrages à pertuis ouvert. Digue de Pinay. — Nous avons déjà mentionné, comme susceptibles de concou-

[1] *Annales des Ponts et Chaussées*, 1849, 1er semestre.

rir à l'emmagasinement, mais seulement momentané, des eaux pluviales, les ouvrages dénommés *barrages à pertuis ouvert*.

Le type de ces ouvrages qui, dans certaines circonstances spéciales, peuvent rendre de sérieux services, est la digue de Pinay (Loire) restaurée et exhaussée de nos jours, mais exécutée depuis 1711 (pl. XVIII).

Profitant d'un rétrécissement très marqué de la gorge dans laquelle coule la Loire près de Pinay, en amont de Roanne, l'ingénieur Mathieu, au commencement du siècle dernier, proposa d'exagérer ce rétrécissement au moyen de digues solidement assises sur le rocher, de façon qu'au moment des inondations les eaux d'amont, gênées dans leur écoulement, pussent s'emmagasiner en plus grande quantité au-dessus de Pinay pour y former un lac temporaire. Cet ouvrage devait provoquer une plus grande inondation de la plaine du Forez (où elle fait plus de bien que de mal) pendant la période ascendante de la crue, et restituer les eaux retenues, à leur cours naturel pendant la période descendante.

Dans un remarquable mémoire, présenté à l'Institut le 24 janvier 1870 [1], M. l'inspecteur général Graeff a mis en complète lumière la nature et l'importance des effets produits par la digue de Pinay, notamment lors de la crue de 1866.

Il a d'abord montré comment, au moment du maximum au pertuis d'issue, il devait y avoir égalité complète entre le volume des eaux qui entrent dans le réservoir momentanément formé et celui des eaux qui en sortent. Or, une courbe des débits dressée pour l'ensemble de tous les affluents à ce réservoir, lui fournissait, heure par heure, le débit total de la crue en amont de la digue. Il lui suffisait dès lors de constater l'heure de l'étale en aval, pour retrouver sur la courbe des débits, au même moment, le volume d'entrée, égal au volume écoulé par le pertuis. On conçoit que ce dernier, à raison de la vitesse

1. Mémoire ayant pour titre : *De l'action que la digue de Pinay exerce sur les crues de la Loire, à Roanne.*

Élévation

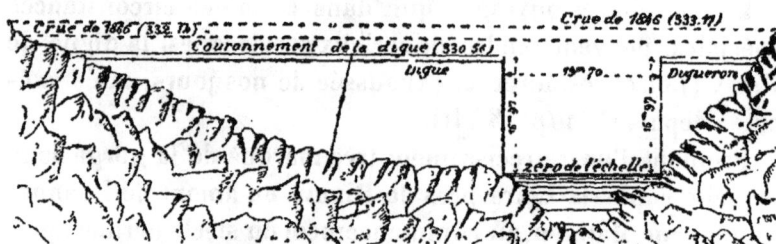

Plan

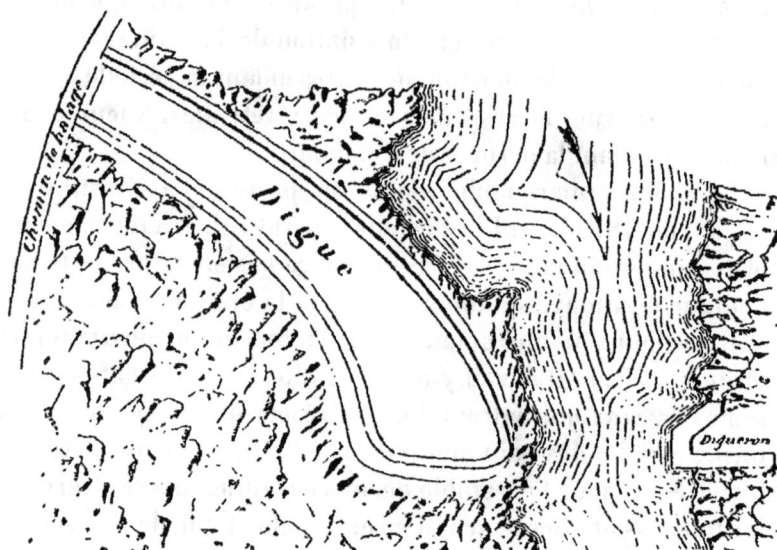

Pl. XVIII. DIGUE DE PINAY

d'écoulement, aussi bien que des circonstances locales, échappait à tout calcul direct, et surtout à l'application des formules.

Lors de la grande crue de 1866, les affluents réunis ont donné pour le débit maximum de la crue, en amont du réservoir, le *25 septembre à 9 heures du matin*, 3.390 *mètres cubes* par seconde, tandis qu'au pertuis le maximum n'a eu lieu le même jour qu'à *4 heures du soir*, sous un débit de 2.520 *mètres cubes*. La diminution du flot maximum a donc été réalisée dans le rapport de *1,35 à 1,00*, et si cette proportion n'approche pas de celle qu'offre le lac de Côme vis-à-vis des crues de l'Adda (2.40 à 1,00), on voit cependant qu'elle est bien loin d'être négligeable. Quant au volume total emmagasiné, M. l'inspecteur général Graeff établit qu'il a dû s'élever à *113 millions de mètres cubes*.

Ces résultats d'ensemble sont dus à la fois au resserrement naturel de la gorge que traverse la Loire et au resserrement artificiel produit par la digue; quelle est l'action propre de cette dernière? M. Graeff estime qu'elle a donné lieu à un emmagasinement complémentaire de *20 millions de mètres cubes* (93 millions seulement auraient été retenus par la disposition naturelle des lieux), qu'elle a retardé de *deux heures* au moins l'arrivée du maximum à Roanne et diminué de 0m60 environ la hauteur de la crue dans cette localité.

Si on réfléchit que la dépense de construction de la digue de Pinay est estimée à 170.000 francs, on doit considérer que ce sont là des résultats aussi importants qu'économiques. Ils sont de nature à faire penser que partout où des créations de ce genre pourront se réaliser, on commettrait une véritable faute en ne mettant pas le pays à même d'en profiter.

172. Résumé de ce qui a été dit sur les emmagasinements d'eau. — De tout ce que nous venons de dire au sujet de l'emmagasinement des eaux pluviales vers les sources des cours d'eau, il résulte que si, dans cet ordre d'idées, on doit renoncer à chercher une modification immédiate et radicale du régime des inondations, on peut cependant exercer une action bienfaisante sur ce phénomène naturel :

1° Par le reboisement et le gazonnement des sommets sur tous les points où ces opérations sont possibles et aussi par le développement des drainages ;

2° Par la création de réservoirs là où leur établissement est justifié par des intérêts agricoles ou industriels;

3° Par le rétablissement d'étangs dans la partie supérieure de nos vallées secondaires, sous la condition, bien entendu, que ce rétablissement ne puisse pas être contraire à l'hygiène.

Des barrages à pertuis ouvert analogues à la digue de Pinay peuvent encore être établis avec avantage, là où la disposition des lieux s'y prête.

Assurément l'ensemble de ces mesures, quelque persévérance qu'on mette à en poursuivre l'accomplissement, n'est pas de nature à transformer rapidement nos cours d'eau et à rendre paisibles ceux qui sont torrentiels. Assurément, on ne saurait ainsi faire face à des phénomènes exceptionnels comme ceux de 1875 dans la vallée de la Garonne. Mais il n'est pas défendu d'espérer qu'avec une certaine durée d'efforts judicieux, le maximum des grandes inondations pourra s'atténuer, et ce serait déjà avoir gain de cause sur le point capital.

Il s'est établi, en effet, dans la plupart de nos vallées, un état d'équilibre entre le bien et le mal, équilibre qui s'applique aux débordements ordinaires, mais qui se rompt, au profit du mal, dans les cas exceptionnels. Si donc il était possible de rendre très rares ces exceptions et d'enlever aux crues extraordinaires les quelques décimètres qui les séparent des inondations habituelles, on aurait obtenu tout ce qu'il est avantageux d'obtenir. Aller plus loin, tendre à supprimer la submersion des vallées, ce serait peut-être (si l'on y arrivait) troubler profondément une des origines de la richesse agricole ; ce serait, en tous cas, s'exposer à des accidents nombreux, plus

17

dangereux que le mal à éviter. C'est ce qui ressortira plus clairement de la suite de cette étude, quand nous aurons parlé des endiguements.

§ 3

ENDIGUEMENTS INSUBMERSIBLES

173. Idée première de l'endiguement. — L'observateur qui parcourt une vallée submergée et y considère le mode d'écoulement des grandes crues, ne peut manquer d'être frappé des variations de la vitesse de l'eau suivant les points qu'il envisage. Au droit du lit proprement dit, du *lit mineur*, et sous les ponts qui traversent la rivière, c'est un courant d'une grande violence qui s'atténue à droite et à gauche à mesure qu'on s'éloigne de la rive et qui fait place, suivant la disposition des lieux, tantôt à une nappe dormante, tantôt même à des remous. Parfois, au sein de cette nappe, vis-à-vis de quelque issue isolée, une rivière auxiliaire se dessine. Mais, en somme, le plus souvent, sur la plus grande partie du profil en travers de la vallée, les eaux dorment et il est évident que l'écoulement général est loin d'utiliser toute la section mouillée. En d'autres termes, une partie seulement du *lit majeur naturel* sert à l'écoulement des eaux : c'est l'observation qui s'impose tout d'abord.

De là est née l'idée de ne laisser à la crue que l'espace qui lui serait nécessaire et d'affranchir le reste du sol d'une servitude gênante : de concentrer les eaux dans un *lit majeur artificiel* restreint, limité par des digues insubmersibles en arrière desquelles le reste de la vallée serait à l'abri. Cette conception est d'autant plus naturelle que les nombreux inconvénients de l'inondation frappent à première vue ceux qui les subissent et effacent à leurs yeux prévenus, non-seulement les avantages qui s'y rattachent pour eux-mêmes, mais encore des

considérations d'intérêt général qui devraient toujours préva-
loir dans un système d'endiguements bien conçus.

Il serait difficile d'ailleurs, dans cette œuvre complexe,
laborieuse, persévérante, qu'on appelle l'endiguement d'une
rivière, d'établir *a priori* une théorie certaine et de la faire
accepter. Dans cette lutte indéfinie contre une force d'autant
plus redoutable qu'elle menace partout à la fois et croît avec
la résistance qu'on lui oppose, on ne peut pas plus prévoir
toutes les mesures à prendre que les faire respecter par l'intérêt local. Il y a là un problème extrêmement compliqué. Le
meilleur moyen d'en faire apprécier la difficulté est d'exposer
sommairement les travaux exécutés et les résultats obtenus
dans certaines vallées où les endiguements ont été pratiqués
sur une grande échelle.

174. ENDIGUEMENTS DU PO. Description du bassin.
— Le premier exemple à citer, l'exemple classique par excellence, est celui des endiguements de la vallée du Pô[1], où la disposition des lieux les commandait pour ainsi dire, où des usages
qui datent de toute antiquité ont permis d'assurer autant que
faire se pouvait, après vingt siècles d'efforts, la protection du
vaste et riche territoire qui commence aux villes de Plaisance
et de Crémone et s'étend jusqu'à l'Adriatique.

Le bassin du Pô (voir la planche **XIX**, page 260) a environ
460 kilomètres de longueur de l'Ouest à l'Est ; sa largeur entre
la crête des Alpes et celle des Apennins est à peu près de 200
kilomètres à Alexandrie et de 250 au milieu de sa longueur,
vers Plaisance et Crémone. En arrivant à l'Adriatique, il se con-
fond avec les bassins de la Brenta, de l'Adige, du Lamone, etc.,
qui sont compris entre les mêmes chaines de montagnes,
pour former un vaste estuaire qui a près de 300 kilomètres du

1. Voir dans les *Annales des Ponts et Chaussées* : Baumgarten. *Notice
sur les rivières de la Lombardie et principalement sur le Pô*. 1847,
1er semestre; Comoy. *Pô et autres fleuves du Nord de l'Italie*. 1860,
2e semestre.

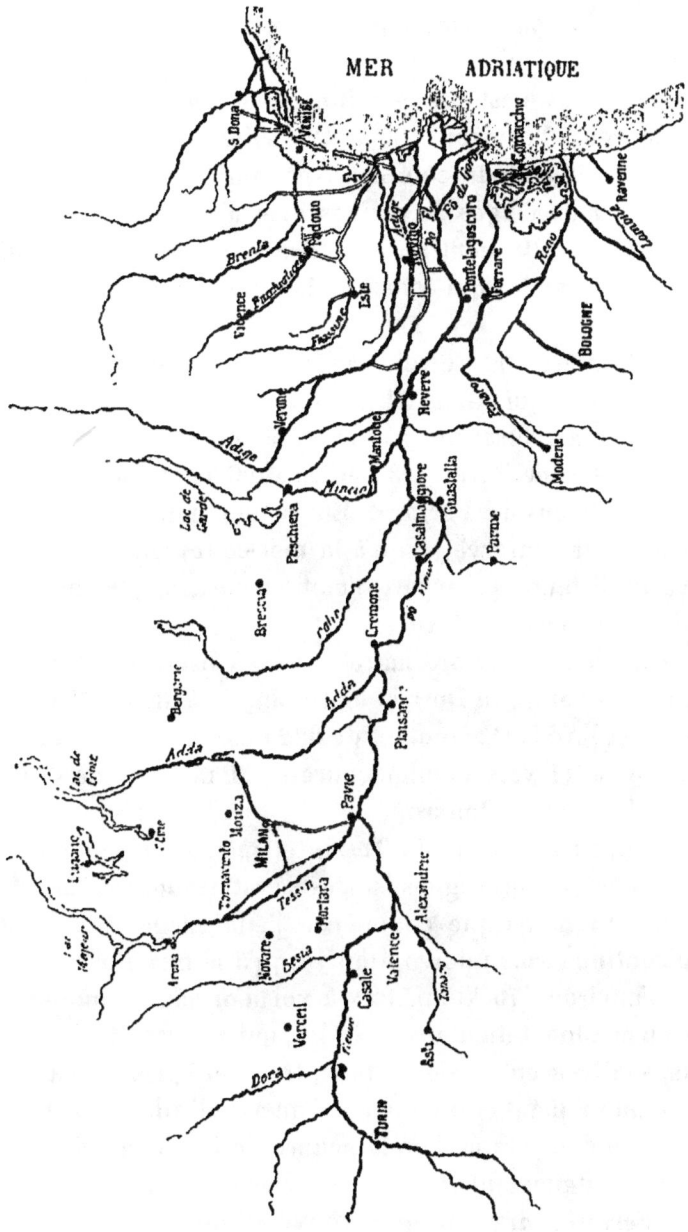

Pl. XIX. CARTE DE BASSIN DU PO.

Nord au Sud et que terminent, vers la mer, les lagunes de Comacchio et de Venise.

Ce large bassin est circonscrit par une région montagneuse d'une largeur d'environ 100 à 120 kilomètres du côté des Alpes et de 50 à 60 du côté des Apennins. Sa partie centrale comprend deux étages de plaines bien distinctes, les plaines hautes qui se rattachent au pied des montagnes et la plaine basse, submersible, qui constitue la plaine du Pô proprement dite.

Cette dernière, très étroite à Turin, présente ensuite une largeur variable qui atteint 5 kilomètres vers Casale et Valence, 10 de Pavie à Plaisance, 14 vers Crémone, 25 à Casalmaggiore (vis-à-vis de Parme), 35 entre Modène et Mantoue et 60 un peu au-dessus de Ferrare. En ce qui concerne la partie endiguée, elle conserve jusqu'à la mer cette dernière largeur égale à la distance qui sépare l'embouchure la plus méridionale du Pô de celle de l'Adige.

La pente dans l'état ordinaire des eaux est de 0^m30 à 0^m30 par kilomètre entre la Dora et le Tessin, de 0^m30 à 0^m25 entre le Tessin et l'Adda (Crémone), de 0^m25 à 0^m15 entre l'Adda et l'Oglio, de 0^m11 vers l'embouchure du Panaro et de 0^m11 à 0^m06 au-dessous du Panaro.

De Turin au confluent du Tessin et même un peu au delà on ne trouve que des digues isolées se rattachant aux coteaux. C'est vers Crémone que commence l'endiguement véritable, qui se continue sans interruption jusqu'à la mer sur une longueur d'environ 170 kilomètres à vol d'oiseau. Toutefois, à partir du confluent du Panaro, le Pô, qui ne reçoit plus d'affluents, se divise en plusieurs bras, tous endigués, il est vrai, mais communiquant entre eux ainsi qu'avec l'Adige et le Reno. Il en résulte que près de l'embouchure, le voisinage de la mer a ôté aux endiguements le caractère spécial qu'ils ont de Crémone à Ferrare, caractère qu'il convient surtout d'étudier au point de vue des enseignements qu'on en peut tirer.

175. Profil des digues maîtresses. — Sur ce parcours, où le fleuve a son unité et où la plaine submersible mesure de 14 à 60 kilomètres de largeur, on a resserré ses eaux entre deux puissantes digues maîtresses qui circonscrivent son lit majeur. Ces digues (fig. 43) ont de 7^m à 8^m de largeur en couronne et présentent des talus de 2 à 3 de base pour 1 de hauteur;

Fig. 43

du côté des terres, le talus est coupé par une ou deux banquettes horizontales de 6^m de largeur. Sur leur talus mouillé, les digues sont défendues par des clayonnages et une végétation en buisson soigneusement entretenue, tandis que l'autre talus est gazonné et la partie supérieure garnie de gravier pour servir de chemin.

Généralement, on les a placées loin du lit mineur [1] et ce n'est qu'accidentellement qu'elles le bordent. En ces points exceptionnels, où l'ouvrage peut être atteint par la corrosion de la rive, les défenses s'accumulent sous forme d'épis ou de revêtements fascinés, tandis qu'une nouvelle digue est construite en arrière pour le cas d'accident. En un mot, ces digues maîtresses sont des ouvrages considérables, dont l'évaluation nous manque, mais dont il serait possible de reconstituer le prix pour chaque pays où l'on serait amené à en projeter de semblables avec des terres à portée.

Leur hauteur varie de 3^m à 5^m au-dessus des bords, ce qui représente une élévation de 6^m à 9^m au-dessus de l'étiage.

---

1. L'espace qui s'étend d'ordinaire entre les maîtresses digues et la berge du lit mineur est appelée *Golène*; quand les digues sont situées sur le bord même du fleuve, on les appelle *froldi* ou digues en *froldo*.

176. Longueur et écartement des digues. Périmètre défendu. — Les digues ainsi établies ne suivent pas seulement le fleuve, elles se retournent encore le long de chaque affluent, sur chaque rive, jusqu'au point où les débordements de ces affluents ne sont plus à craindre, de telle sorte que la vaste plaine submersible du Pô est sillonnée par un immense réseau de digues enserrant chaque cours d'eau (du Tessin au Panaro, *514 kilomètres* de digues défendent *325.000 hectares* de terrain) et leur traçant à tous, sans exception, un lit majeur dans lequel se concentre l'écoulement des crues de la vallée.

Cet écoulement ne laisse pas d'avoir ses exigences ; il fallait lui faire partout sa part, en tenant compte des besoins variables de chaque partie du fleuve, et c'est là qu'a brillé l'habileté proverbiale des ingénieurs italiens en matière d'hydraulique, habileté qu'ont tant développée l'expérience et la tradition.

Les maîtresses digues ont été espacées de telle sorte qu'au droit de la partie où abondent les affluents, le lit majeur a pu former une sorte de réservoir dans lequel s'emmagasinent, non-seulement les crues, mais encore, et pour disparaître avec le temps, les dépôts apportés par les affluents troubles. Sa largeur, nécessairement variable pour mieux se plier à toutes les exigences est, en moyenne :

	kilomètres
Au confluent du Tessin, où il n'y a pas de digues....	7.000
Vers Plaisance	2.250
Vers Crémone (confluent de l'Adda)..............	1.500
A Casalmaggiore (vis-à-vis de Parme).............	3.250
Vers le confluent de l'Oglio....................	2.500
De l'Oglio au Panaro (au-dessus de Ferrare)........	1.250
Au-dessous du Panaro.........................	0.500

Il suit de cette disposition que le lit majeur du Pô et de ses affluents, dans leur partie basse, sert de régulateur à chaque crue qui descend des montagnes ; et, après l'avoir équilibrée, la conduit à la mer par une issue rétrécie qui en tempère la vitesse et les effets destructeurs, en amenant l'exhaussement de la crue en amont du Panaro.

Il faut que cet équilibre ait été bien heureusement établi, puisque Lombardini a pu constater les deux faits remarquables ci-après, ainsi que le rapporte Baumgarten. Le premier, c'est que *le débit d'une crue est à peu près le même au Tessin, à Crémone et vers Ferrare.* Le second, c'est que tous ses affluents réunis roulant jusqu'à *15.000 mètres cubes* par seconde, le débit du Pô pendant la même unité de temps, reste à peu près de *5.000 mètres cubes.*

Assurément, dans ce remarquable résultat, la plus grande part doit être attribuée aux circonstances naturelles. Il est certain que les affluents des Apennins s'écoulent avant ceux des Alpes, il n'est pas douteux que les lacs Majeur, de Côme, de Garde et autres, transforment et retardent les torrents les plus puissants. Mais il est également certain que dans l'établissement des endiguements dont la tendance est de produire des effets contraires, on a su ne pas méconnaître les lois naturelles et en tirer habilement parti.

Ainsi, toujours d'après le même savant ingénieur, le volume emmagasiné entre les digues du Pô et de ses affluents, de Casale à la mer, est de *1.896 millions de mètres cubes,* ce qui correspond à plus de quatre jours de débit du fleuve, à raison de 5.150 mètres cubes par seconde. En réalité, on a créé de main d'homme un vaste réservoir régulateur qui joue par rapport au régime du fleuve le même rôle que les lacs cités plus haut par rapport à celui des affluents.

177. Nécessité de travaux complémentaires d'irrigation et de desséchement. — Tel est, à grands traits, l'endiguement du Pô. Toutefois limitée à ce que nous venons d'exposer, l'opération serait incomplète. Isolées des cours d'eau qui les bordent, les vastes mailles du réseau que tracent les digues perdraient le bénéfice du desséchement et de l'irrigation, si un nouveau travail ne le leur restituait. On conçoit, en effet, que les eaux de source, les eaux pluviales, les eaux d'infiltration après chaque crue, doivent pouvoir s'écou-

ler sous peine de transformer en marécages les terrains protégés. D'autre part, si l'on se reporte à ce que nous avons dit de
l'influence fécondante des eaux épandues sur le sol, on conce-
vra facilement que, surtout sous le soleil de l'Italie, il ait été
impossible d'y renoncer dans la plaine du Pô. De là une nouvelle œuvre, moins ardue que la première, mais aussi nécessaire en matière d'endiguement, le desséchement et l'irrigation du périmètre protégé.

Il n'entre pas dans notre cadre de fournir des développements à ce sujet ; mais nous aurions été incomplet, si nous
n'avions pas appelé l'attention sur cette conséquence forcée
des endiguements. Difficile et coûteuse en elle-même, cette
opération entraîne encore la création de canaux colateurs traversant les digues aux points les plus bas et fermés, à leur
extrémité d'aval, par des ouvrages spéciaux destinés à livrer
passage aux eaux du périmètre protégé dès qu'elles peuvent
sortir et à fermer l'accès de ce même périmètre aux eaux
d'inondation.

Enfin, il a fallu en outre, pour restituer au sol ses conditions agricoles originelles, des canaux d'irrigation qui ramè-
nent par de nouvelles voies les eaux des affluents dérivés à la
limite du champ d'inondation. C'est alors seulement que
l'œuvre a pu être considérée comme complète.

**178. Effet de l'endiguement sur la hauteur des
crues. Ruptures de digues.** — A mesure que les digues
se sont développées et ont rétréci le champ d'inondation, les
crues se sont élevées et on a dû exhausser les digues pour les
suivre [1]. Dans cette lutte, il est arrivé souvent que le fleuve a

1. En ce qui concerne le Pô en particulier, le relèvement du niveau des
crues peut provenir aussi, dans une certaine mesure, de la prolongation du
lit du fleuve due à l'empiétement de la terre sur la mer, lequel est important
à l'embouchure du Pô. Même pendant les cent dernières années, de grands
changements se sont opérés. En 1788, le village de Goro, sur une des principales branches du Pô, n'était qu'à 2.700 mètres de la mer ; en 1872, il en
était distant de 12 kilomètres. A mesure que la distance entre un point considéré du fleuve et la mer augmente, la pente totale des eaux entre les deux
augmente aussi.

Novembre 1705 (6m.88)

Novembre 1719 (6m.84)

Novembre 1749 (7m.13)

Octobre 1755 (7m.44)

Septembre 1772 (7m.63)
Juin 1777 (7m.77)

Juillet 1799 (7m.21) — Novembre 1801 (7m.69)

Décembre 1807 (7m.94) — Mai 1810 (8m.15)
Octobre 1812 (8m.17)

Mai 1827 (8m.16)

Octobre 1839 (8m.31) — Novembre 1842 (8m.29)
Octobre 1847 (8m.09)
Octobre 1846 (8m.78)

Octobre 1857 (6m.58) — Novembre 1851 (8m.19)

Octobre 1868 (8m.66)
Octobre 1872 (8m.04)

Juin 1879 (8m.83)
Octobre 1868 (8m.70)
Novembre 1886 (8m.60) — Octobre 1889 (8m.38)

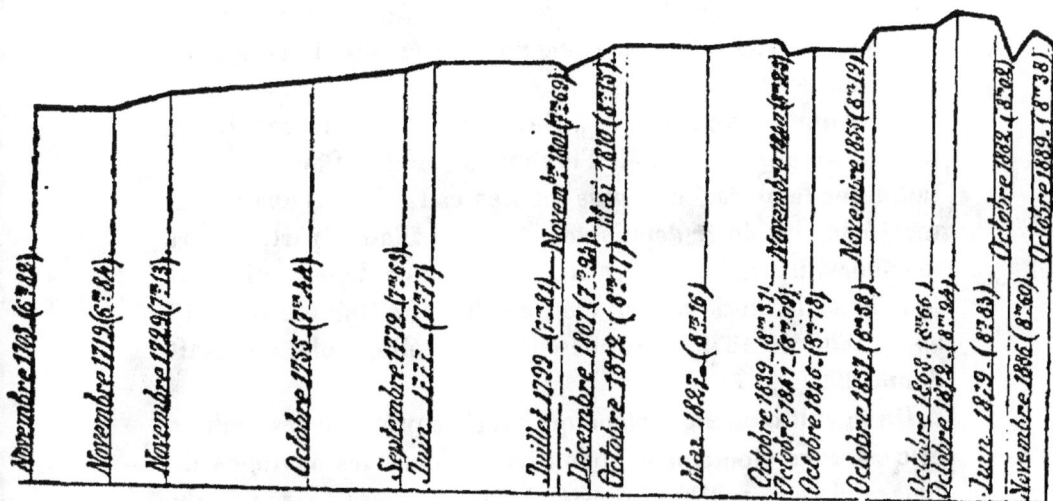

Pl. XX. DIAGRAMME DES HAUTEURS MAXIMA DU PO A L'ÉCHELLE DE PONTELAGOSCURO

reconquis son domaine, alors on a consolidé les points faibles et l'on en est redevenu maître, mais chaque progrès fait sous ce rapport a été le signal d'une surélévation nouvelle. Depuis le commencement du xviiie siècle, les hauteurs maxima relevées à l'échelle de Pontelagoscuro, près de Ferrare, ont suivi la marche ascensionnelle mise en évidence par le diagramme ci-contre (pl. XX).

Antérieurement à 1729, les plus hautes cotes relevées restent au-dessous de 7^m. De 1729 à 1809, soit durant une période de 80 ans, la cote de 7^m est dépassée *sept fois* sans que la cote de 8^m ait été atteinte ; depuis 1810, c'est-à-dire durant une période sensiblement égale à la précédente, la cote de 8^m a été dépassée *quinze fois*.

Dans une note présentée à l'Académie des sciences, il y a près de vingt-cinq ans, M. l'ingénieur en chef Dausse [1] constatait que le niveau des plus hautes eaux du Pô avait augmenté de plus de 2^m depuis deux siècles. D'autre part, d'après le même auteur, le nombre des ruptures de digues qui, dans tout le xviiie siècle n'avait été que de 41, s'était élevé à 119 en 1800 et 1872 et l'année 1872, à elle seule, en avait donné 36.

On le voit donc, le tableau qui précède présente des ombres et c'est sans étonnement qu'on trouve dans les ouvrages de Belgrand cette réflexion répétée à deux reprises : « J'ai voulu « faire voir que, même dans un pays où l'endiguement existe « depuis vingt siècles, où la propriété en a subi toutes les « conséquences, la vallée du Pô, il n'est pas bien démontré que « les avantages soient plus grands que les inconvénients. »

179. ENDIGUEMENTS DE LA THEISS. Description du bassin. — L'endiguement de la Theiss a fait l'objet d'un mémoire très intéressant de M. l'ingénieur de la Brosse [2], auquel nous empruntons les détails qui suivent.

1. *Annales des Ponts et Chaussées*, 1875, 1er semestre, page 560.
2. *Annales des Ponts et Chaussées*, 1890, 2e semestre, page 512.

La plaine de Hongrie où coule la Theiss (pl. XXI) est formée
d'une couche de terre végétale d'épaisseur variable, reposant
sur une puissante assise d'argile noire, très compacte, dans la
quelle s'ouvre le lit ; c'est la couche de terre végétale qui
forme presque partout les berges de la rivière.

On n'y rencontre ni pierre, ni caillou sur des espaces considérables. La Theiss et ses affluents n'apportent que du limon
et on y chercherait en vain des matériaux analogues à ceux
que charrient nos rivières.

La pente de la Theiss, rapide dans la partie montagneuse
de son cours, va sans cesse en diminuant dans la plaine hon-
groise : elle tombe à quelques centimètres par kilomètre à
Szégédin [1]. Il en est de même de ses affluents : les vitesses
vont toutes en diminuant vers l'aval, tandis que les hauteurs
des crues augmentent à mesure que les pentes s'atténuent.

Les crues surviennent toujours au printemps, à la fonte des
neiges dans les Carpathes. Elles sont lentes, mettent souvent
plusieurs semaines à monter et l'étale dure lui-même plusieurs
jours. Le débit maximum à Szégédin est évalué à 3.500 mètres
cubes, mais se soutient longtemps. Il a été déterminé au moyen
de jaugeages effectués par un spécialiste distingué, M. Hirsch-
feld, qui employait à peu près exclusivement le moulinet de
Woltmann, à ailettes hélicoïdales, avec appareil électrique
enregistreur, c'est-à-dire un procédé tout à fait analogue à
celui de Harlacher.

Quant à la profondeur, elle est presque partout de *4 mètres*
au moins à l'étiage. Grâce à ce magnifique mouillage et à sa
très faible pente, la Theiss présente des conditions de navigabilité que l'on rencontre bien rarement sur les fleuves et
rivières à courant libre. La navigation y est active, les routes
font défaut dans le pays, par suite du manque de matériaux
d'empierrement, et c'est par la Theiss que s'effectue une
grande partie des transports.

[1]. La chute totale sur les 256 kilomètres compris entre le confluent de la
Koros et le Danube ne dépasse pas 7^{m}50, ce qui correspond à une pente générale moyenne de 0^{m}029 par kilomètre.

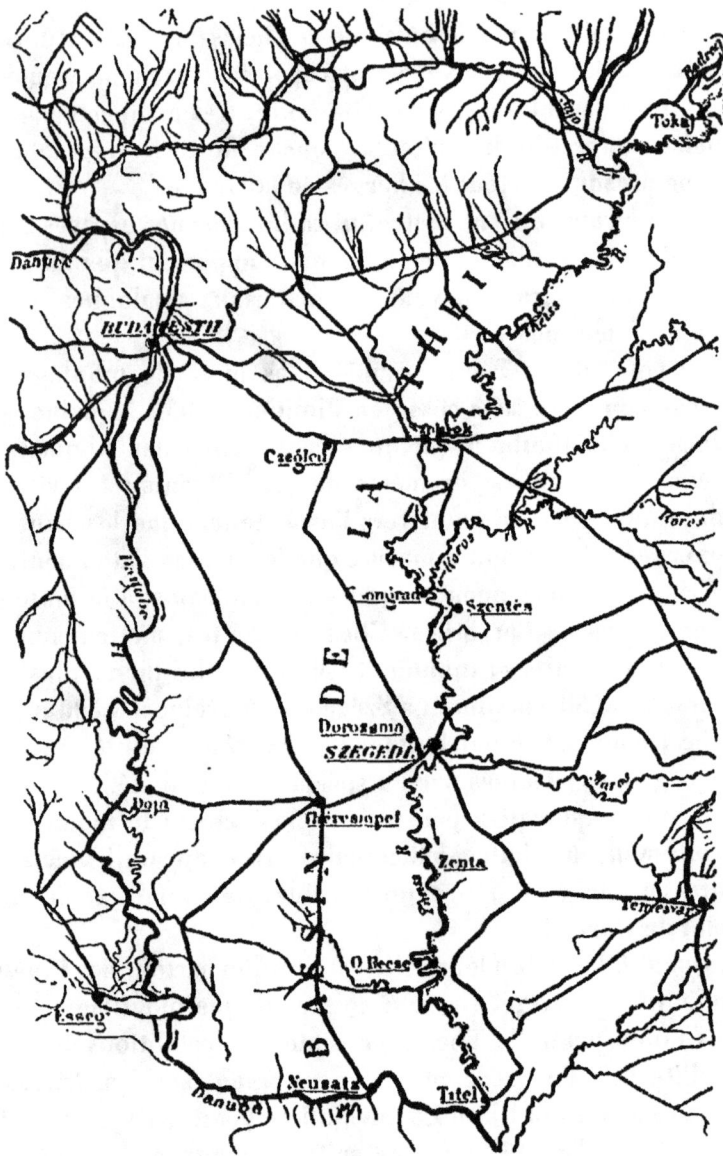

Pl. XXI. CARTE DU COURS INFÉRIEUR DE LA THEISS

La plaine de Hongrie, dans laquelle coulent cette rivière et ses affluents, formait un vaste lac aux temps géologiques. Le passage que les eaux se sont ouvert à travers le barrage naturel qui les retenait, constitue aujourd'hui les défilés du Bas-Danube et les cataractes, dont la principale porte le nom des *Portes de Fer*.

Cette immense plaine, dans laquelle on peut circuler pendant des journées entières sans apercevoir la moindre éminence et sans sortir de la zone submersible, était jadis couverte de marais et exposée à des submersions très étendues. Aussi, l'Administration et les propriétaires intéressés ont-ils depuis longtemps réuni leurs efforts pour combattre les inondations, endiguer la rivière et restituer à la culture les vastes territoires qui avaient été dans le passé le domaine des crues.

Cette œuvre avait pris à peu près tout son développement à l'époque où M. de la Brosse en a rendu compte, et les résultats obtenus sont à coup sûr fort remarquables.

180. Profil des digues. — Des digues continues règnent sans interruption le long de la Theiss et de ses grands affluents.

Le profil-type le plus général de ces digues, entre le confluent de la Koros et le Danube, sur un parcours de 256 kilomètres, est le suivant.

Fig. 44

Leur couronnement, arasé à 1m50 au-dessus du niveau des plus fortes crues, présente une largeur de 6m en couronne (fig. 44). Du côté de la rivière, les talus sont réglés à 2 de base pour 1 de hauteur jusqu'au niveau des hautes eaux et avec une inclinaison très douce, de 4 de base pour 1 de hauteur, en dessous de ce niveau. Du côté des terres, le talus est réglé uniformément à l'inclinaison de 2 de base pour 1 de hauteur, mais il est coupé par une banquette de 4 mètres de largeur, ménagée à 1 mètre en contre-bas du niveau des hautes eaux. Le tout est gazonné.

Mais le gazonnement ne suffit pas toujours pour défendre le corps de la digue contre l'action des vagues qui est extrêmement offensive et qui constitue le plus sérieux danger pendant les crues.

Dans ce pays où l'on ne trouve ni pierre ni gravier, on a fréquemment recours à un mode de protection ou de réparation qui mérite une mention spéciale. Il consiste en un solide fascinage maintenu par des pieux espacés de 1 mètre dont le

Fig. 45

diamètre moyen ne dépasse pas 0^m08 ; ce sont plutôt des piquets que des pieux. Derrière les fascines, des roseaux coupés, bourrés en masse plus ou moins épaisse, empêchent que les terres ne soient délavées et entraînées par les eaux (fig. 45).

Les fascines et les roseaux se trouvent en abondance le long des digues dans des plantations renouvelées et entretenues avec soin. Les syndicats chargés de l'entretien possèdent, à cet effet, de vastes espaces, où l'on cultive diverses variétés de roseaux. Les uns, à tige pleine et rigide, servent à confectionner des fascines ; les autres, plus flexibles, sont surtout employés au bourrage des vides et au revêtement des parties exposées à l'action des vagues.

Ces plantations sont entretenues dans une zone d'une cinquantaine de mètres de largeur en avant des digues du côté de la rivière. Elles constituent un matelas élastique qui brise la vitesse des vagues, en même temps qu'elles fournissent les matériaux nécessaires à l'entretien. Les plantations de ce genre sont plus rares du côté des terres. Quant aux magasins d'approvisionnement, contenant pieux, fascines, outils, ils sont extrêmement nombreux le long des digues, de manière à offrir les moyens de réparer ou de prévenir immédiatement une avarie. Enfin, les règlements interdisent sévèrement toute plantation d'*arbres à haute tige* sur les digues, les talus, les banquettes et leurs dépendances.

Le mode de protection ci-dessus décrit est caractéristique : mais on emploie concurremment les fascines, les panneaux en charpente, les sacs pleins de terre. On a aussi recours à des revêtements en briques fondés eux-mêmes sur des massifs de briques qui remplacent ici les enrochements. Quant à la pierre, on n'en use que d'une manière tout à fait exceptionnelle, car elle fait absolument défaut dans le pays et y atteint des prix excessifs : toutes les constructions, même les chaussées des routes, d'ailleurs fort rares, sont en briques que l'on se procure en faisant cuire l'argile du sous-sol.

181. Tracé des digues. — Comme sur le Pô, ces digues sont rarement contiguës au lit mineur. Leur espacement est très variable ; généralement compris entre 800 mètres et 1 kilomètre pour un lit mineur de 200 à 250 mètres, il ne descend guère au-dessous de 500 mètres. Par contre, les digues s'évasent considérablement au droit des nombreuses coupures dont il a été parlé plus haut, de manière à embrasser à la fois le nouveau et l'ancien lit. La planche XXII reproduit, à titre d'exemple, la disposition adoptée aux environs de Szégédin, à l'amont du confluent de la Maros.

182. Travaux de desséchement. — Les sujétions que nous avons signalées, à propos de l'endiguement du Pô, se retrouvent également en Hongrie. L'irrigation offre, il est

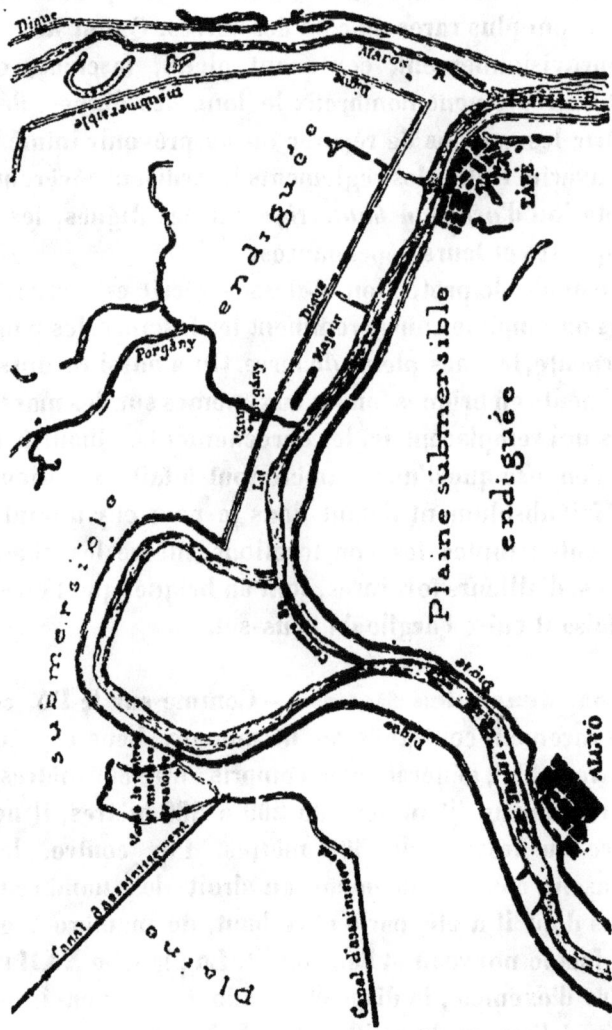

Pl. XXII. TRACÉ DES DIGUES DE LA THEISS A L'AMONT DU CONFLUENT DE LA MAROS

vrai, peu d'intérêt. Mais l'asséchement des mailles comprises dans ce vaste réseau de digues y présente encore plus d'importance en raison du climat et de la nature argileuse du sol.

Isolées de leur émissaire naturel, les eaux de pluie se concentrent dans les parties basses ainsi que dans les canaux de desséchement qui sillonnent la plaine et aboutissent à des vannes soigneusement établies. Ces vannes demeurent ouvertes pendant les basses eaux ; mais aussitôt que la crue survient, il faut les abaisser et les eaux se trouvent sans issue. Elles s'accumulent alors derrière les digues et couvrent les régions voisines généralement occupées par des pâturages de peu de valeur. En quelques points, elles sont enlevées par des machines élévatoires.

183. Périmètre défendu. Dépenses faites. Résultats obtenus.

— A l'époque où M. de la Brosse a visité la Theiss, en 1888, les dépenses faites pour l'établissement des digues, tant par l'État que par les intéressés, étaient évaluées en nombre rond à 150 millions de francs pour une surface de *1.710.000 hectares*, c'est-à-dire cinq ou six fois plus grande que l'étendue protégée par les digues du Pô. La dépense revenait donc en moyenne à 86 francs par hectare, y compris les terrains habités.

Quant à l'entretien, il est assuré par de vastes associations de propriétaires, constituées à peu près à la façon de nos syndicats. Quelques-unes d'entre elles ont une importance considérable. Nous pouvons citer celle dont le périmètre s'étend sur la rive gauche de la Theiss entre les confluents de la Koros et de la Maros, distants de 75 kilomètres suivant le cours de la rivière ; elle embrasse 300.000 hectares.

Habituellement, l'État ne donne pas de subvention pour les travaux d'entretien proprement dits, à moins qu'il ne s'agisse de réparations d'une importance toute particulière. Mais il vient en aide aux syndicats en garantissant leurs emprunts, en faisant opérer par ses percepteurs le recouvrement

des taxes, en un mot, par tous les moyens dont il dispose
en dehors d'un concours en argent.

Telle est, brièvement résumée, cette œuvre grandiose qui
ne le cède, ni en importance, ni au point de vue des résultats
acquis, à celle de l'endiguement du Pô. Ici, il n'existe pas de
vallée dans l'acception que nous donnons habituellement à ce
mot. C'est une vaste plaine, autrefois marécageuse, qu'on a
convertie en un territoire d'une fertilité et d'une richesse
exceptionnelles et qui constitue aujourd'hui l'un des greniers
de l'Europe. La culture des céréales y a pris une extension
considérable ; le pays est maintenant couvert de fermes, de
villages, de villes importantes, il est traversé par plusieurs
grandes lignes de chemins de fer et habité par une nombreuse
population.

La grandeur de ces résultats justifie l'opération et les sacrifices qu'elle a entraînés. Il y a lieu d'ajouter que le régime lent
et tranquille des rivières de Hongrie et la constitution de leur
lit enlèvent à l'endiguement une partie des inconvénients qu'il
présente sur le Pô et, à plus forte raison, sur la plupart des
cours d'eau de notre pays, à fond de gravier et à régime plus
ou moins torrentiel, au moins en temps de crue.

Malgré ces circonstances exceptionnellement favorables,
peut-être uniques en Europe, il y a bien quelques ombres au
tableau.

184. Effet de l'endiguement sur les crues. — Comme
sur le Pô, la hauteur des crues va sans cesse en augmentant.
Voici les hauteurs successivement observées à Szégédin :

En 1845	6ᵐ39
— 1855.....................	6 96
— 1867.....................	7 22
— 1876.....................	7 86
— 1877.....................	7 95
— 1879.....................	8 06
— 1881.....................	8 45
— 1888.....................	8 46

Cette aggravation peut être attribuée en partie aux coupures qui, en procurant un raccourcissement de 480 kilomètres, ont amené plus d'eau dans un temps donné à la partie inférieure de la vallée, mais elle est due aussi aux endiguements de la Theiss et de ses affluents. Il serait difficile de définir la part qui incombe à chacune des deux opérations dans cet exhaussement progressif; toutefois, il est certain qu'elles concourent toutes deux au même résultat.

Plus les crues s'élèvent, plus la charge augmente sur les digues, plus les ruptures sont à craindre et les désastres considérables en cas de rupture. On en a eu un exemple néfaste en 1879, dans l'inondation qui a à peu près détruit la ville de Szégédin, l'une des plus importantes de la Hongrie, peuplée de 75.000 habitants.

Depuis lors, il est vrai, on a exhaussé et consolidé les digues et deux crues supérieures de 0m40 à celle de 1879 ont passé sans faire de mal. Mais en sera-t-il toujours ainsi ? La hauteur des crues ne continuera-t-elle pas à s'accroître d'une manière dangereuse, même pour les digues ainsi consolidées ? Les anciens bras réservés à l'écoulement des grandes eaux au droit de chacune des coupures ne se colmateront-ils pas peu à peu ? La surveillance, aujourd'hui mise en éveil par un désastre encore présent à tous les souvenirs, n'ira-t-elle pas en se relâchant ? Quand on voit ce qui se passe partout ailleurs, on ne peut se défendre à cet égard de quelques appréhensions, et, tout en rendant hommage à cette œuvre remarquable, il importe de ne pas dissimuler les craintes que l'on peut concevoir pour l'avenir.

185. ENDIGUEMENTS DE LA LOIRE. Description sommaire du bassin. — Nous compléterons cette étude des endiguements insubmersibles par l'examen de ce qui a été fait sur la Loire. Le sujet est digne d'attention, tant à cause de l'époque reculée à laquelle remonte l'origine des travaux (le plan des endiguements de la Loire paraît avoir été conçu par les princes carlovingiens) qu'à raison même des mécomptes auxquels ils ont donné lieu. Ils nous touchent de plus près d'ailleurs, et par cela même ont pour nous un intérêt plus vif. Nous donnerons donc à cet examen un certain développement.

La Loire prend naissance à l'altitude de 1.408 mètres au-dessus du niveau de la mer. Depuis sa source jusqu'à son embouchure, à St-Nazaire, elle a un développement de près de 1000 kilomètres. La superficie totale de son bassin est de 115.121 kilomètres carrés.

La partie intéressante au point de vue des endiguements s'étend depuis le confluent de l'Allier, au Bec d'Allier, jusqu'à Nantes (voir les planches II et III, pages 90 et 94). Sur un parcours de 487 kilomètres, la vallée est formée par une plaine submersible qui s'étend d'un coteau à l'autre et dont la largeur moyenne est un peu supérieure à 2 kilomètres. Deux élargissements notables s'y font sentir, l'un vers Orléans, l'autre vers Saumur. Le val[1] d'Orléans est long de 60 kilomètres ; sa largeur va jusqu'à 6 kilomètres. Le val de l'Authion est long de 75 kilomètres ; sa largeur approche de 10 kilomètres sur une assez grande longueur.

Dans cette partie de son cours, la Loire présente encore une pente assez rapide qui varie de 0^m45 par kilomètre au Bec d'Allier à 0^m35 vers Tours et 0^m15 vers Nantes.

186. Dispositions générales de l'endiguement. — L'endiguement n'a été généralement exécuté que d'un seul côté et la Loire est presque partout comprise entre une levée et un coteau. Sur quelques points, lorsque le fleuve traverse la

---

1. Sur la Loire, les digues qui limitent le lit majeur portent le nom de

Fig. 46

levées. On appelle *val* le territoire compris entre la levée et le coteau et *chantier* les terrains compris entre la levée et la berge du lit mineur (fig. 46).

plaine pour passer d'un coteau à l'autre, l'endiguement est double, mais cette disposition des lieux est exceptionnelle.

Peu de vals sont complètement endigués ; la plupart ne le sont qu'à l'amont sur une longueur plus ou moins grande, tandis qu'à l'aval l'eau peut entrer par remous. La levée a d'ailleurs été prolongée suffisamment pour mettre à l'abri des courants dévastateurs tout le terrain que l'on voulait protéger.

La largeur du lit majeur est très variable ; elle atteint au maximum 2.200 mètres ; elle descend souvent à 500, parfois même à 250 vers Blois et Jargeau. Le tableau ci-après fait connaître sa largeur moyenne dans chacune des quatre divisions qu'il est naturel de considérer entre le Bec d'Allier et Nantes ; on y trouve aussi, en même temps que les longueurs de ces divisions, la longueur des levées établies et la superficie des terrains protégés, dans chaque division.

DÉSIGNATION DES DIVISIONS	Longueurs des divisions	Longueurs des levées	Surfaces des terrains protégés	Largeur moyenne du lit majeur
	kilom.	kilom.	hectares	mètres
1º Du Bec d'Allier à Briare.	90	42 880	5.906	1.430
2º De Briare à l'embouchure du Cher............	216	267 522	44.277	790
3º De l'embouchure du Cher aux Ponts-de-Cé.....	89	132 740	39.488	1.060
4º Des Ponts-de-Cé à Nantes	92	40 536	5.946	1.620
Totaux et moyennes....	487	483 678	95.617	1.090

Les endiguements ont relativement peu d'importance dans les divisions extrêmes ; les deux divisions intermédiaires, de Briare aux Ponts-de-Cé, au contraire, comprennent 83 0/0 de la longueur totale des levées et 88 0/0 de la superficie totale des terrains protégés.

187. Conséquences de ces dispositions. — La Loire, dans les grandes crues extraordinaires, débite, autant qu'on a pu s'en rendre compte, jusqu'à 10.000 mètres cubes par seconde à l'aval du Bec d'Allier. Cette énorme masse d'eau se trouve concentrée dans un lit majeur irrégulier, étroit, dont souvent les largeurs, résultant de l'établissement d'ouvrages fort anciens, n'ont pas été déterminées d'après des vues d'ensemble et un programme rationnel. Dans ces conditions, le niveau des grandes eaux devait s'élever considérablement et cela d'autant plus que de nouveaux progrès de l'endiguement mettraient davantage obstacle à l'épanouissement et à l'emmagasinement des crues. Primitivement, on avait placé le couronnement des levées à *15 pieds* au-dessus de l'étiage. Après la crue de 1706 qui s'était élevée en certains points à 18 pieds, on fixa la hauteur des levées à *21 pieds*. Mais cette nouvelle hauteur s'est trouvée trop faible. Toutes les grandes crues ont continué à surmonter et à rompre les levées.

Après la crue de 1846, on tenta de nouveau de mettre les levées à l'abri des ruptures en les exhaussant d'environ *1 mètre* au moyen d'une petite banquette construite sur leur crête du côté du fleuve; mais les crues de 1856 et 1866 ont démontré que cet exhaussement était encore insuffisant.

Il y a donc toujours à redouter que l'eau surmonte les levées en quelque point et se déverse par dessus. Or, une levée surmontée est presque toujours rompue.

Dès qu'une rupture se produit, il en résulte un emmagasinement d'eau considérable et un très notable accroissement de la section d'écoulement, par suite un abaissement de la crue, de telle sorte que son maximum reste inférieur au niveau qu'elle aurait atteint si les levées avaient résisté.

Quoi qu'il en soit, lors des grandes crues de 1846, 1856 et 1866, les ruptures se sont multipliées, entraînant les conséquences les plus désastreuses, et se reproduisant avec une similitude effrayante pour l'avenir.

Il y a lieu de remarquer qu'en 1866, des brèches se sont

produites par affaissement bien avant que la crue ait atteint le niveau de la plate-forme de la levée, mais cela s'est produit le plus souvent à l'emplacement d'anciennes brèches de 1856 fermées dans des conditions défectueuses, par mesure d'économie. Le noyau était en sable et les talus seuls en bonne terre sur une certaine épaisseur. Ces ruptures de 1866 sont donc un fait exceptionnel parfaitement explicable et qui n'infirme pas la règle à savoir que c'est généralement le déversement des eaux par dessus le couronnement qui occasionne la rupture des levées, du moins quand elles ont été bien construites.

188. Comparaison avec les endiguements du Pô. — De ce qui a été dit plus haut, il résulte que la Loire a une pente beaucoup plus rapide que le Pô et un débit maximum qui, en certains points, peut s'élever au double de celui du grand fleuve d'Italie. La largeur du lit majeur naturel (de la plaine submersible) est incomparablement plus petite pour la Loire que pour le Pô ; il en est de même du lit majeur artificiel, l'écartement des digues variant de 250 à 2.200 mètres pour celle-là et de 500 à 7.000 mètres pour celui-ci.

D'autre part, sur le Pô, *514 kilomètres* de digues protègent *3.245 kilomètres carrés*, soit *631 hectares* par kilomètre de digue. L'intérêt qui se rattache à la création d'un kilomètre de digue est donc considérable ; il est même plus grand qu'il ne le paraît à première vue, parce que la vallée submersible étant extrèmement large, les bâtiments d'exploitation doivent être forcément dans le périmètre protégé, ce qui en augmente considérablement la valeur par hectare. Sur la Loire, *484 kilomètres* de levées protègent *956 kilomètres carrés*, soit seulement *198 hectares* par kilomètre. Et, si l'on excepte de l'endiguement général les vals situés près d'Orléans et de Saumur, où 147 kilomètres de levées défendent 54.200 hectares (soit 368 hectares au kilomètre de levée). il reste pour tous les autres vals réunis, 41.400 hectares et 337 kilomètres de levées, soit 123 hectares au kilomètre, ou 1/5 à peine de l'étendue protégée dans la vallée du Pô. Il y a lieu d'ajouter que le peu de largeur de la vallée de la Loire permettrait sur bien des points de placer les bâtiments d'exploitation hors du périmètre inondé.

189. Conclusion. — Si donc, dans la vallée du Pô, il n'est pas démontré, d'après Belgrand, que les avantages de l'endiguement soient plus grands que ses inconvénients, que peut-on dire de la vallée de la Loire, où la superficie protégée est infiniment moindre, où l'hygiène n'était pas sérieusement en jeu, où un grand nombre de vals pouvaient n'être pas forcément habités et où la fixation de la largeur indispensable au lit majeur du fleuve a été abandonnée à des appréciations locales que ne contrôlait aucune vue d'ensemble. Assurément, on doit reconnaître que si l'endiguement de la Loire était à faire, il faudrait au moins le limiter à certaines parties du champ d'inondation et partout ailleurs laisser aux crues toute la vallée.

Mais l'endiguement de la Loire n'est pas à faire ; l'ordre de choses qui s'est établi est né depuis un grand nombre de siècles et s'est développé avec l'assentiment et le concours de tous les gouvernements successifs. Sur les 483 kil. 678 de levées dont nous avons signalé l'existence entre le Bec d'Allier et Nantes, les levées qui font partie du Domaine public (anciennement ouvrages royaux) et sont entièrement entretenues par l'État ont un développement de 412 kil. 452, soit 85 0/0 de la longueur totale.

En face de ce puissant patronage qui semblait leur garantir l'avenir, les populations se sont groupées par places, avec plus de foi que de prudence, dans le périmètre submersible et il en est résulté de véritables droits acquis, avec lesquels il faut compter aujourd'hui. L'endiguement de la Loire peut donc être modifié ; mais les faits accomplis pèsent lourdement sur les mesures à prendre et rendent difficile toute tentative de marche en sens inverse de celle qui a été suivie dans le passé.

190. Programme de travaux proposé par la Com-

mission des inondations, en 1867. — Cependant, après les trois désastres de 1846, 1856 et 1866, la question fut remise sur le tapis et une Commission d'inspecteurs généraux des Ponts et Chaussées fut chargée « d'étudier une combinaison « consistant à préparer à l'avance et à régulariser l'introduc- « tion des eaux dans les vals endigués, de manière à la rendre « inoffensive ou du moins à en atténuer autant que possible « les effets. » Le principe de la solution était, en cas de grande crue, un *retour* aux conditions naturelles ; puisque ce retour se produisait *brusquement*, au prix de désastres et quoi qu'on fit pour l'éviter, mieux valait l'accepter franchement et le préparer partout où il était acceptable, en le rendant aussi peu dommageable que possible.

La Commission parcourut la vallée de la Loire, s'éclaira de l'avis des intéressés et conclut « à l'emploi de déversoirs ou- « verts dans la partie d'amont des vals, en des points conve- « nablement choisis, déversoirs qui seraient placés à une hau- « teur suffisante pour garantir les vals contre toutes les grandes « crues ordinaires et auxquels on donnerait la longueur né- « cessaire pour que, pendant la dernière croissance de la crue « et jusqu'à l'instant du maximum, les vals puissent recevoir « une quantité d'eau suffisante pour produire, dans le débit « maximum de la crue, l'atténuation qui s'est réalisée dans « toutes les grandes crues extraordinaires de la Loire. »

Dans la pensée de la Commission, la crête de ces déversoirs devait être à peu près à 5m00 au-dessus de l'étiage et leur lon- gueur, variable avec l'étendue du val à remplir[1], n'excéde- rait nulle part 600 mètres par ouvrage. Introduites ainsi par l'amont, les eaux s'écouleraient naturellement par la partie inférieure des vals non fermés, tandis que dans les vals fer- més, on construirait des reversoirs qui restitueraient au lit majeur en aval le produit des déversoirs d'amont.

---

1. M. l'ingénieur en chef Jollois a donné le moyen de calculer à l'aide de quelques tâtonnements la longueur de déversoir qui répond aux conditions fixées par la Commission. *Annales des Ponts et Chaussées*, 1869, 2ᵉ se- mestre.

Par cette combinaison, les crues ordinaires resteraient endi-
guées comme elles l'étaient auparavant et lorsque le danger
commencerait, les vals se rempliraient de toutes parts ; le lit
majeur se trouverait élargi dans une notable proportion et l'on
pourrait espérer une atténuation dans le niveau maximum des
inondations. En tous cas, on éviterait les graves accidents qui
suivent la formation des brèches d'entrée et de sortie, et qui
sont, au fond, la partie la plus redoutable du dommage causé.

Ce serait là la règle générale. Exception serait faite : 1°
pour les parties de la vallée où des centres de population se
sont établis ; on consentirait les sacrifices nécessaires pour y
rendre les levées insubmersibles et inébranlables ; 2°. pour
quelques petits vals presque complètement submergés par remous. La même exception a encore été admise, en fait, pour
le grand val de l'Authion et il faut reconnaître que sur ce
point la question est des plus délicates. L'emmagasinement
qui s'y fait par l'aval est déjà notable ; l'établissement d'un
déversoir à l'amont l'augmenterait considérablement au grand
bénéfice de la sécurité des parties inférieures de la vallée et
notamment de la ville de Nantes ; mais d'un autre côté les
lieux habités qui se trouvent dans le val, sont nombreux et
importants.

Tel était le plan général des travaux adoptés en principe
pour atténuer les dommages causés par les inondations. En
y comprenant la défense des villes et centres habités, les con-
solidations jugées utiles tant aux levées qu'aux lignes de
chemins de fer exposées aux crues et les améliorations à apporter à l'écoulement des eaux dans le lit principal, le total
de la dépense prévue s'élevait à 32 millions de francs.

191. Travaux faits en exécution de ce programme.
— En exécution de ce programme, il a été fait des travaux
considérables.

Si nous nous limitons à la partie du fleuve comprise entre
Briare et les Ponts-de-Cé (voir la planche III, page 94), où les

endiguements ont leur plus complet développement, nous
devons citer en première ligne, la construction de cinq grands
déversoirs, savoir :

Le déversoir d'Ouzouer, en tête du val d'Ouzouer ;
— de Jargeau,   — d'Orléans ;
— d'Avaray,   — d'Avaray ;
— de Montlivault, — de Blois ;
— du Bec du Cher, — du Vieux Cher.

Dans cette partie, il ne reste plus à construire qu'un seul
grand déversoir, celui de Chouzy (entre Blois et Amboise) ;
mais l'établissement de ce déversoir entraîne l'exhaussement
de la voie ferrée d'Orléans à Tours et l'affaire a été jusqu'ici
ajournée par suite du refus de la Compagnie d'Orléans de par-
ticiper à la dépense.

D'autre part, d'importants ouvrages ont été exécutés pour la
défense des villes, notamment à Blois, Amboise, Tours, Langeais, Saumur.

Depuis qu'ils sont exécutés, ces différents travaux n'ont
pas encore eu à subir l'épreuve d'une grande crue extraordinaire comme celles de 1846, 1856 et 1866 ; il est donc impossible de porter un jugement définitif sur leur efficacité. Leur
étude n'en est pas moins extrêmement intéressante et ins-
tructive ; nous nous y arrêterons quelques instants.

193. Déversoirs. — La Commission des inondations avait
proposé un type de déversoir. Celui qui a été appliqué dans les
travaux mentionnés ci-dessus en diffère par une disposition
essentielle ; c'est le type modifié, figuré dans la planche XXIII,
que nous allons décrire.

Le déversoir est formé en dérasant la levée sur la longueur
prévue pour chaque val, à la hauteur de 5m00 au-dessus de
l'étiage. Le massif de l'ouvrage est enveloppé d'une chemise
en maçonnerie à bain de mortier hydraulique bien pleine,
se raccordant avec le sol naturel du côté du val, et continuée
dans le val par un massif de très gros enrochements. Les in-

DÉVERSOIR

Plus hautes eaux refoulées
Crue de 1825

Chantier

Profil de n°3

T. A. J.

Niveau du terrain naturel du côté du Val

Étiage

15ᵐ00   3ᵐ00   20ᵐ00

LEVÉE

P. 105

Pente de 0ᵐ04 p.m.

Minimum de largeur pour les levées Routes N°2

3ᵐ20   0ᵐ80   5ᵐ00   5ᵐ00

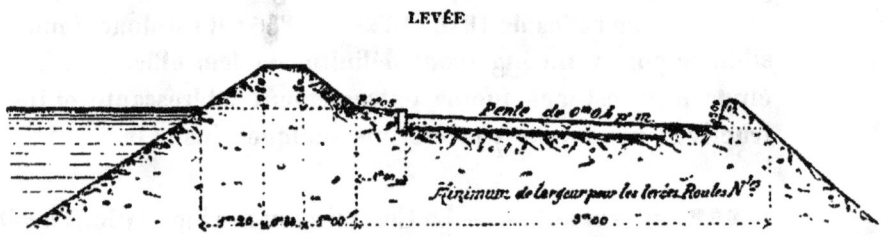

Pl. XXIII. TRAVAUX D'ENDIGUEMENT DE LA LOIRE

terstices des enrochements sont soigneusement remplis de
bonne terre en vue de favoriser le développement de la végétation ; dans le même but leur surface est également recouverte de bonne terre sur 0m40 d'épaisseur, cela exactement au
niveau du val de manière à éviter autant que possible les dégradations.

Du côté du fleuve un massif en bonne terre, partant du niveau du chantier, supporte une banquette de défense de 1m00
à 1m50 de hauteur, dérasée exactement au niveau de la crue de
1825, qui s'appuie ainsi, tout du long, sur le talus antérieur du
déversoir, mais en est complètement indépendante. Des perrés
à pierres sèches défendent ce massif contre les corrosions.

Le déversoir se raccorde avec les parties conservées des
levées par des rampes qui ont généralement une inclinaison
de 0m04 par mètre ; le revêtement en maçonnerie est continué
un peu après l'extrémité des rampes de manière à éviter les
dégradations. La banquette en terre complétant le déversoir
se continue sur les rampes jusqu'au point où son niveau est
atteint ; à la suite, il n'y a plus qu'une petite banquette pour
la sûreté de la circulation.

La longueur des déversoirs d'Ouzouer, de Jargeau, d'Avaray, de Montlivault et du Bec du Cher varie de 521 à 929
mètres rampes comprises (la plate-forme seule mesure de 300
à 800 mètres). Pour la plupart, le travail a été complété par
l'exhaussement et la consolidation des levés aux abords, surtout à l'amont du déversoir, où tout le débit doit passer dans
le lit endigué.

La dépense pour les déversoirs proprement dits, par mètre
courant de déversoir, rampes comprises, varie de 629 à 973
francs ; elle est en moyenne de 761 francs.

Voici maintenant quel doit être le fonctionnement d'un ouvrage de ce genre. Lorsque les eaux dépasseront le niveau de
la banquette en terre, elles s'introduiront dans le val par déversement et détruiront assez rapidement cette banquette ;
après quoi, le déversoir débitera en plein. La crue passée, on
reconstruira la banquette.

Cette disposition a l'avantage de continuer à protéger complètement les vals pour des crues inférieures à celle de décembre 1825 qui a marqué 6ᵐ25 au-dessus de l'étiage à Orléans et qui est la plus forte crue connue qui ait passé dans le lit endigué sans brèches aux levées.

Si la crue n'est que peu supérieure à celle de 1825, la résistance de la banquette à l'entraînement réduira à un petit volume l'invasion de l'eau dans le val.

Si, au contraire, la crue est une grande crue d'inondation comme en 1846, 1856, 1866, on a tout au moins l'avantage de retarder l'invasion des eaux, et cela offre un intérêt sérieux, non-seulement au point de vue des mesures à prendre par les populations, mais aussi pour l'atténuation de la crue. En effet, l'invasion des vals par les eaux à une heure tardive et assez voisine du maximum a pour effet d'atténuer le maximum du débit pour toute la région d'aval. Cet effet, considérable avec les brèches, sera évidemment beaucoup moindre avec les déversoirs, mais il sera cependant bien plus important qu'avec des déversoirs dépourvus de banquettes.

193. Reversoirs. — Si le val n'est pas ouvert ou est insuffisamment ouvert à l'aval, le fonctionnement d'un déversoir ou l'ouverture d'une brèche à l'amont présente les mêmes dangers. L'eau introduite dans le val s'accumule dans la partie inférieure et tend à y prendre le niveau du fleuve au droit de la partie supérieure. Si on ne lui donnait un moyen d'écoulement, cette eau s'élèverait rapidement à un niveau désastreux, surmonterait les levées et entraînerait leur ruine. Aussi est-il arrivé plus d'une fois que les populations de ces vals fermés, pour conjurer les périls résultant de la rupture de la levée à l'amont, n'ont pas hésité à la rompre à l'aval. Les reversoirs ont, en quelque sorte, pour objet de régulariser cette pratique ; leur but est de donner à l'eau venant d'amont, lorsqu'elle devient menaçante, l'écoulement nécessaire. D'un autre côté, ces ouvrages doivent être disposés de manière à ne

pas hâter outre mesure la rentrée des eaux du fleuve par reflux dans le val[1]. On concilie ces deux exigences contradictoires par une combinaison tout à fait analogue à celle que
nous avons mentionnée plus haut ; il suffira d'en indiquer le
principe.

Le reversoir comprend : 1° un déversoir maçonné dont le
couronnement est établi à un niveau peu différent de celui du
val; 2° une banquette en terre appuyée au déversoir du côté
du chantier. Cette banquette a une hauteur et une résistance
suffisantes pour que les eaux de la Loire ne puissent pas pénétrer trop tôt par reflux dans le val ; mais elle serait emportée
dès que les eaux introduites par l'amont dans ce même val at-
teindraient un certain niveau ; libre écoulement serait alors
donné à ces dernières.

194. Couronnement des levées. — Lorsque les eaux surmontent une levée et se déversent par dessus, il se produit
sur la crête et dans le talus du côté du val des érosions qui
s'augmentent avec une grande rapidité et peuvent amener, en
quelques moments, la destruction de l'ouvrage. Il est admis d'une façon générale qu'une levée surmontée est perdue.

Il serait donc très désirable que le couronnement des levées
fût partout plus élevé que le niveau des plus hautes eaux re-
doutées, et observons ici qu'il ne s'agit pas du niveau effectivement atteint par *la plus haute crue connue*, car ce niveau a été
limité par la formation des brèches, mais du niveau qu'aurait
atteint la dite crue avec le fonctionnement des déversoirs.

Cependant, par raison d'économie, c'est précisément à ce
dernier niveau qu'est généralement réglé le couronnement des
levées, et la revanche de sécurité s'obtient au moyen d'une
banquette de défense établie à la crête du talus du côté du
fleuve. Les détails d'exécution de cette banquette peuvent va-

---

1. Il y a, en effet, nécessairement de sérieux motifs pour qu'on n'ait pas
adopté le système ordinaire : levée enracinée à l'amont, laissant une ouverture à l'aval.

rier ; la planche XXIII (page 285) montre le profil généralement adopté dans les travaux d'exhaussement et de consolidation récemment exécutés pour le couronnement des levées empruntées par une route nationale.

Le pied de la banquette de défense contre les inondations est établi au niveau qu'aurait atteint la crue de 1856 (la plus forte connue) avec le fonctionnement des déversoirs [1]. La banquette a au moins 3^{m}00 d'épaisseur à ce niveau ; sa hauteur est de 0^{m}80 et constitue la revanche contre les lames, les imprévisions, etc.... En dedans de cette banquette, la plate-forme comprend : un trottoir de 1^{m}00 de largeur ; une chaussée déversée du côté du val ; enfin une petite banquette de sûreté établie à la crête du talus du même côté, dans laquelle sont ménagées des coupures ou des barbacanes pour l'écoulement des eaux pluviales.

La banquette de défense contre les inondations ne doit présenter aucune solution de continuité. A cet effet, les passages pour accéder de la plate-forme de la levée au chantier, affectent l'une ou l'autre des dispositions suivantes : 1° un double plan incliné dont le sommet coïncide avec celui de la banquette et, dans ce cas, celle-ci est réellement ininterrompue ; 2° une coupure limitée par deux bajoyers verticaux en maçonnerie munis de rainures qui permettent, en cas de besoin, de fermer l'ouverture avec des poutrelles.

195. Stabilité des levées. — Sur une très grande partie de leur développement total, les levées sont empruntées par des routes ou des chemins publics et alors même qu'il n'en est pas ainsi, on est conduit, pour la facilité de l'entretien et des réparations, à leur donner au sommet une largeur qui permette la circulation des voitures. La largeur du couronnement des levées est donc généralement très grande par rapport à

1. Sans entrer dans aucun détail, nous dirons que ce niveau a été déterminé au moyen des formules de M. Sainjon que nous avons fait connaître plus haut.

leur hauteur, et il suffit de donner aux talus une inclinaison qui ne soit pas supérieure à 2/3 (3 de base pour 2 de hauteur) pour que la stabilité soit assurée. En cas de hauteur exceptionnelle, on peut augmenter l'épaisseur moyenne, sans modifier l'inclinaison des talus en ménageant une risberme du côté du val.

Même avec une inclinaison de 3 de base pour 2 de hauteur au plus, les talus se dégraderaient s'ils n'étaient revêtus. Le plus simple et le plus usité des revêtements est le gazonnement ; avec un mélange de Raygrass et de Chiendent, on obtient de très bons résultats.

Sur le talus du côté du fleuve, on peut aussi employer des plantations d'arbustes en buissons. En même temps que les racines maintiennent les terres du talus, les branches, en brisant le courant et les vagues, atténuent l'action destructive de l'eau. Dans ce cas, il est bon d'étendre la plantation dans le chantier, sur une zone d'une certaine largeur en avant du pied de la levée. Sur le talus du côté du val, il est préférable d'appliquer exclusivement le gazonnement ; il est, en effet, très important d'éviter tout ce qui pourrait masquer, le cas échéant, les premières dégradations qui viendraient à se produire sur ce talus. Sur beaucoup de points, le talus du côté du fleuve est revêtu d'un perré à pierres sèches, mais son existence peut parfaitement se concilier avec le développement de la végétation herbacée ou même arbustive, ainsi que nous l'avons expliqué plus haut.

Ce qu'on doit proscrire absolument sur les levées, c'est la plantation d'arbres à haute tige. Agités par le vent, ils transmettent aux remblais un ébranlement nuisible ; s'ils sont déracinés, ils peuvent entraîner, en tombant, une masse de terre considérable et créer de véritables brèches. Enfin, lorsqu'ils ont été coupés, les racines qui restent dans les remblais se pourrissent et forment des conduites toutes préparées pour ces rentrées d'eau abondantes et périlleuses qu'on appelle des *renards*. Ce dernier inconvénient, très sérieux, se produit surtout avec les peupliers.

Disons encore que l'on doit considérer comme une disposition essentiellement vicieuse, bien qu'on en rencontre de trop nombreux exemples, l'ouverture de chambres d'emprunt immédiatement au pied des levées.

196. Constitution des levées. Rupture par imbibition. — Nous avons vu que des considérations étrangères à la question de stabilité avaient en général conduit à donner aux levées une masse plus que suffisante; il s'en faut que leur constitution intime soit toujours aussi satisfaisante; c'est un point sur lequel il convient d'insister.

La vallée de la Loire est généralement constituée par d'immenses dépôts de sable s'étendant d'un coteau à l'autre et formant un banc d'une épaisseur très considérable. Le sol y est par suite essentiellement perméable et si la couche supérieure transformée en terre végétale par la culture et les dépôts des crues est un peu moins facile à pénétrer par les eaux, elle ne se ressent pas moins de son origine et reste légère et sablonneuse. Les conséquences de cette perméabilité du sol ne sont d'ailleurs pas toujours également fâcheuses au point de vue de la conservation des ouvrages établis à la surface. Si le sous-sol est formé de gravier (appelé *jard* dans le pays) ou même de gros sable, les filtrations qui peuvent se produire se font sans entraînement de matières et ne sont pas dangereuses. Il n'y a danger que dans le cas où le sous-sol est formé de matières très ténues, telles que le sable fluent, susceptibles d'être entraînées par les filtrations; il peut alors en résulter un affaissement de la levée.

D'autre part, lorsqu'on a construit, réparé, exhaussé les levées, on ne s'est pas toujours astreint, en raison du prix des transports, à n'employer que de la bonne terre [1]. Nous avons déjà eu occasion de dire qu'après la crue de 1856, nombre de

---

1. La bonne terre pour la construction des digues est celle où le sable est mélangé d'argile dans une proportion suffisante sans être excessive : 1/3 d'argile pour 2/3 de sable par exemple.

brèches avaient été fermées dans des conditions défectueuses par mesure d'économie ; les portions de levées rétablies à cette époque ont été le plus souvent construites en sable avec un simple revêtement des talus en terre végétale.

Enfin, il est permis de se demander si les remblais des levées ont partout et toujours été exécutés avec les soins nécessaires. Ces remblais ne doivent pas être faits comme des remblais de route ou de chemins de fer auxquels la stabilité suffit ; il faut encore qu'ils soient, autant que possible étanches, imperméables. Pour obtenir ce résultat, il est indispensable de prendre certaines précautions que nous nous contenterons d'indiquer sommairement. L'emprise de la levée doit être soigneusement décapée, débarrassée de toute trace de végétation et même labourée, de manière à obtenir une jonction intime entre le sol naturel et les remblais. Ceux-ci doivent être exécutés par couches minces et sinon corroyés du moins pilonnés, battus ou roulés de manière à ce qu'ils deviennent aussi compactes que possible et que chaque couche soit parfaitement liée avec la précédente.

Quand une levée a été mal construite et spécialement avec des terres trop légères ou trop sableuses, elle est exposée à la rupture par imbibition. Voici comment cela se produit.

A mesure que l'eau monte dans le fleuve des suintements de plus en plus considérables se font sentir sur la face opposée ; là où se trouve le maximum de perméabilité (en tenant compte de la pression et de l'épaisseur) le talus du côté du val se délite et un premier affaissement se produit. Cet affaissement, souvent sans importance, est suivi d'un autre qui vient d'autant plus rapidement que la perméabilité s'est accrue par la diminution de l'épaisseur. Puis, après quelques accidents successifs, le reste de l'ouvrage, n'ayant plus la résistance suffisante, est emporté, et la brèche se produit dans de vastes proportions. On le voit, la rupture n'est pas brusque. Sous l'influence de l'imbibition, la digue fuse, se liquéfie comme un morceau de sucre au contact de l'eau, s'étale du côté exposé

à l'air et ne s'effondre définitivement qu'au moment où ce travail l'a suffisamment affaiblie.

L'avarie peut, en somme, être attribuée à une double cause ;
d'une part, le talus qui convient aux terres trop légères employées en remblais, quand elles sont sèches, ne suffit plus à
l'équilibre quand elles sont mouillées ; d'autre part, ces terres
sont entraînées par les filtrations.

197. Consolidation des levées. — Le danger de rupture par imbibition provenant essentiellement de l'excès de perméabilité des remblais, il paraît rationnel d'essayer de préserver ces derniers du contact de l'eau au moyen d'un revêtement
étanche, d'un perré maçonné établi sur le talus du côté du
fleuve. Cependant cette solution a été très vivement critiquée.
On a objecté notamment la dépense considérable, tant pour le
premier établissement que pour l'entretien, et l'impossibilité
d'éviter qu'avec le temps et sous l'action de causes multiples,
il ne se produise dans ce revêtement des solutions de continuité qui feraient cesser son étanchéité. Sans doute, il y aurait
illusion et danger à compter d'une façon absolue sur cette
étanchéité, mais alors même qu'on ne ferait que réduire dans
une certaine proportion, et il n'est pas douteux que cette proportion soit très considérable, la quantité d'eau qui peut s'introduire dans les remblais et y causer les désastres que l'on
sait, ne serait-ce pas déjà un très sérieux avantage, un avantage suffisant pour justifier la dépense ? En fait, ce mode de
consolidation, par le talus du côté du fleuve, est fréquemment
appliqué aux levées de la Loire faites en terres trop légères
ou trop sableuses. Généralement le perré maçonné est descendu à une certaine profondeur au-dessous du sol naturel,
notamment lorsque le sous-sol manque de consistance et
pourrait être entraîné par les filtrations.

Passons maintenant du côté du val ; nous avons dit que le
talus qui convient à la terre sablonneuse sèche ne suffit plus à
l'équilibre quand cette terre est mouillée ; ne serait-ce pas le

cas de donner, *a priori*, à la levée, du côté du val, le talus qui
convient à cette terre mouillée? C'est là une solution purement théorique. L'élargissement démesuré qui en résulterait
dans l'emprise de la levée, et surtout l'incertitude qui règne
sur le profil exact à donner au talus pour le mettre en rapport
avec la nature du remblai et son degré d'imbibition, suffiraient
déjà à la faire écarter, mais il faut encore observer qu'elle ne
mettrait aucun obstacle à l'entraînement de matières par les
filtrations, autre cause de destruction.

Si, au contraire, on soutient la levée du côté du val par un
massif à pierres sèches suffisamment haut et épais, on peut
mettre obstacle à l'affaissement des remblais humides. Si de
plus, on a soin de remblayer derrière ce massif, d'abord avec
des pierres plus petites puis avec du simple gravier, de façon
à constituer un véritable filtre, on empêchera tout entrainement de matières par les infiltrations. Celles-ci continueront
à se produire, mais sans effets fâcheux et la levée restera
debout.

M. l'inspecteur général Guillemain rapporte que des dispositions de ce genre ont été appliquées aux levées de défense
de la ville de Roanne. Depuis leur restauration, ces ouvrages
n'ont pas eu à subir le choc d'une grande crue extraordinaire,
mais ils se sont parfaitement comportés lors des hautes eaux
d'octobre 1872 qui ont été les plus fortes depuis celles de
1846, 1856 et 1866.

198. Mesures à prendre en cas de péril. — D'après
tout ce qui précède, il est facile d'imaginer quelles mesures il
convient de prendre en cas de grandes crues extraordinaires
pour chercher à conjurer les désastres qui peuvent menacer
de se produire.

Lorsque les eaux, dans leur mouvement ascensionnel, tendent à surmonter une levée, il faut faire tout au monde pour
empêcher le déversement qui généralement entraîne la rupture. Dans bien des cas, le succès a couronné les efforts judi-

cieusement faits dans cet ordre d'idées. C'est ainsi qu'en 1856
et 1866, les populations appelées en masse sur les points
menacés ont exhaussé les levées en toute hâte au moyen de
bourrelets provisoires en remblai, en sacs remplis de terre,
en fumier, en fascines, etc...; le niveau a été dépassé sur certains points de plus de 0m40, sans qu'il y ait eu rupture.

Mais le déversement n'est pas le seul péril à redouter ; les
levées peuvent aussi être ruinées par l'imbibition, par les filtrations. Dès lors il convient d'observer et de suivre avec la
plus vigilante attention toutes les manifestations de ces phénomènes qui peuvent se produire du côté du val. De là la
nécessité déjà signalée de ne rien tolérer sur les talus qui
puisse masquer ces manifestations.

L'aspect des eaux de filtration est caractéristique. Tant
qu'elles sont claires, il n'y a pas entraînement de matières, il
n'y a pas de danger immédiat ; si elles deviennent troubles,
c'est qu'il y a entraînement de matières, le cas est grave. Il
faut chercher à empêcher cet entraînement et, à cet effet, constituer un filtre au moyen de pierres, de fascines, de fumier, etc...
En chargeant en outre le talus de moellons, on s'opposera à
sa déformation en même temps qu'on maintiendra le filtre en
place. C'est, en somme, appliquer, à la demande des circonstances, avec des moyens de fortune, le mode de consolidation
employé, comme nous l'avons dit ci-dessus, à Roanne. L'expérience a consacré cette manière de faire ; dans les grandes crues,
les populations, au moment du danger, s'empressent de charger
de moellons bruts les parties qui se ramollissent. Sur bien des
points, on retrouve les matériaux qui ont été ainsi déposés et
qui sont en quelque sorte les témoins des efforts faits et des
succès obtenus.

Comme exemple de l'emploi de ce procédé, nous pouvons
citer l'application qui en a été faite par M. Lechalas, en 1856,
à la défense de la levée d'Embreil, dans le val complètement
fermé de la Divatte (Loire-Inférieure). La levée de la Divatte
avait été rompue vers l'amont et la levée d'Embreil, construite

parallèlement et en arrière, devenait l'unique protection de
4.000 hectares de terrains. L'Ingénieur, ayant remarqué sur
le couronnement une lézarde longue de 15 à 20 mètres (très
étroite encore) à petite distance du talus du côté du val, fit
immédiatement charger ce talus d'une masse d'enrochements
enlevés d'office aux carrières voisines et la levée fut sauvée.
Il est vrai que le maximum de pression ne dura pas bien
longtemps, les habitants du val de la Divatte n'ayant pas tardé
à rompre leur levée à l'aval.

199. Travaux de défense des villes. — Quand il s'agit
de la défense des villes, il ne peut être question de laisser rentrer les eaux dans le périmètre protégé lorsqu'elles atteignent
une certaine hauteur ; c'est la lutte à outrance. L'ensemble des
travaux doit former une enceinte exactement fermée ; les levées
sont plus hautes, plus massives, formées de terres de choix
mises en œuvre avec toutes les précautions dont nous avons
donné plus haut une esquisse ; le talus du côté du fleuve est
revêtu de perrés le plus souvent maçonnés. Dans nombre de
cas, d'ailleurs, les levées sont remplacées par des murs de quai
verticaux en maçonnerie.

A la place de la banquette en terre qui surmonte les levées en
rase campagne, c'est un solide parapet en maçonnerie couron-
nant les murs de quai, ou élevé à la crête des levées du côté du
fleuve, qui donne ici la revanche de sécurité.

Mais si nous nous bornions à cette énumération, on n'aurait
qu'une conception bien insuffisante des travaux multiples et
complexes que comporte la défense d'une ville contre les inondations ; pour en donner une juste idée, il est indispensable
de prendre un exemple et d'entrer dans quelques détails.

200. Défense de la ville d'Amboise. — La ville d'Amboise est située sur la rive gauche de la Loire, au confluent de
la rivière de l'Amasse (pl. XXIV) ; elle occupe toute la partie
basse de la vallée de l'Amasse où se trouvent les quartiers

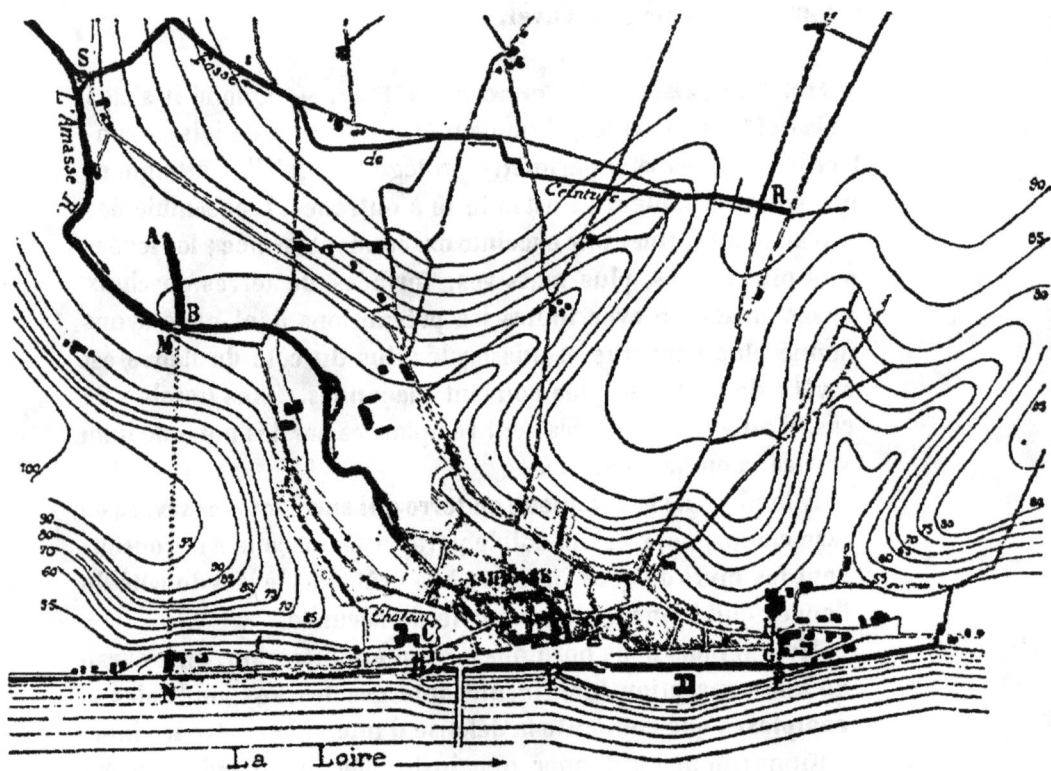

Pl. XXIV. TRAVAUX DE DÉFENSE DE LA VILLE D'AMBOISE

commerçants et les établissements industriels. Elle était inondée à toutes les grandes crues de la Loire, et dans les crues
extraordinaires comme celles de 1846 et de 1856 les principales rues de la ville étaient submergées sur 2^{m}00 à 3^{m}50 de
hauteur. Les crues de l'Amasse elles-mêmes (qui ne concordent nullement avec celles de la Loire) produisaient de petites
inondations et des dommages assez sérieux.

C'est pour remédier à cette situation qu'un projet de défense
de la ville a été dressé après l'inondation de 1856 ; il a été exécuté vers 1860, et a reçu depuis divers compléments.

Les travaux comprenaient d'abord une enceinte de défense
contre la Loire.

Cette enceinte CDEFGH s'enracine à l'amont dans le coteau
calcaire très élevé sur lequel est établi le château, se développe ensuite parallèlement à la Loire, pour s'enraciner de
nouveau à l'aval de la ville dans le coteau insubmersible.
Les retours CD et FGH sont constitués par un mur en maçonnerie ; la partie parallèle à la Loire est une levée en terre
avec talus maçonnés du côté du fleuve. Toute cette défense
est établie à 2^{m}00 au-dessus du maximum de 1856.

L'enceinte de défense contre la Loire est percée à l'amont et
à l'aval de baies pour la possibilité des communications. Ces
baies sont, en temps d'inondation, fermées par des poutrelles
glissant dans des rainures. Les baies C et H n'ont que 4^{m}00
d'ouverture ; en G, deux baies de 4^{m}00 sont séparées par une
pile en maçonnerie ; en D, à raison de l'importance du passage
et des abords du pont, s'ouvre une large baie divisée par des
chevalets métalliques mis en place seulement en cas d'inondation.

A l'embouchure de l'Amasse, en E, un ouvrage appelé
Écluse d'embouchure de l'Amasse donne, en temps ordinaire,
passage aux eaux de la rivière ; les pertuis de cette écluse
sont fermés en temps d'inondation par de grands clapets métalliques avec tiges de serrage, manœuvrés du haut du terre-
plein de l'écluse ; on a ajouté depuis, pour parer au cas d'ac-

cident ou de mauvais fonctionnement, des vannes métalliques de sûreté.

Lorsque l'écluse d'embouchure est fermée, la ville serait vite inondée par les eaux de l'Amasse, si l'on n'avait constitué en même temps un système de dérivation de cette rivière.

La vallée de l'Amasse a donc été barrée en AB par une levée établie au même niveau que la défense contre la Loire, et immédiatement en amont on a percé dans le coteau calcaire un tunnel de dérivation MN rejetant les eaux directement en Loire ; ce tunnel a 6^{m}00 d'ouverture et 5^{m}00 de hauteur au plafond ; les têtes seules sont revêtues de maçonneries.

En B, à l'extrémité nord de la levée de l'Amasse a été établi un ouvrage appelé *Écluse de l'Amasse* donnant, en temps ordinaire, passage aux eaux de cette rivière par des pertuis ; ces pertuis sont, en temps d'inondation, fermés par des vannes métalliques manœuvrées du haut de l'écluse par des tiges à vis. Un déversoir établi près de la tête du tunnel assure, en temps ordinaire, l'arrivée en ville du volume d'eau nécessaire pour la marche des usines.

Dès l'annonce d'une crue assez forte pour causer des dégâts (et il suffit d'une crue peu élevée), on ferme l'écluse de l'Amasse, on vide la rivière en ouvrant toutes les vannes de décharge des usines, puis on ferme l'écluse d'embouchure. L'enceinte défendue forme alors une vaste cuvette ; les eaux provenant soit des pluies dans le bassin versant en ville, soit des infiltrations sous la levée de défense, s'accumulent dans le lit de la rivière puis dans les parties basses.

La défense a parfaitement fonctionné pendant la grande inondation de 1866 et pendant la crue extraordinaire de 1872.

Cependant pendant l'inondation de 1866, les infiltrations sous la levée de défense ont été assez importantes pour que certaines parties basses aient été couvertes d'eau, mais *d'eau claire*.

Pour diminuer les infiltrations on a, après l'inondation de 1866, prolongé le perré maçonné de la levée de la Loire par un écran vertical en béton descendu à une certaine profondeur dans le terrain naturel.

En 1881, pour parer à l'éventualité de grandes pluies pendant la période de fermeture de l'enceinte de défense, on a établi, sur la rive gauche de l'Amasse, un fossé de ceinture RS détournant en dehors de l'enceinte les eaux de la plus grande partie du bassin versant, lequel se trouve aujourd'hui réduit à une surface peu importante.

La dépense a été en chiffres ronds de 800.000 fr.

La Ville y a contribué pour 100.000 fr., le département pour 20.000 fr. et les propriétaires intéressés pour 45.000 fr. ; ces derniers avaient été réunis, à cet effet, en association syndicale.

§ 4

ENDIGUEMENTS SUBMERSIBLES

301. Idée de principe d'un endiguement général. — On a tracé et justifié comme il suit le programme de l'endiguement général d'une vallée au moyen d'ouvrages submersibles.

Les grandes crues des cours d'eau sont un phénomène contre lequel il est irrationnel et impossible de lutter dans la plupart de nos vallées ; il faut nécessairement leur laisser le champ libre et leur permettre de s'emmagasiner dans tout l'espace compris entre les versants. Elles ont d'ailleurs des avantages de fertilisation qu'il ne faut pas négliger, en sorte que, sauf les ouvrages nécessaires pour prévenir les corrosions et les changements de lit qui les suivent, le débordement devra être libre pour toutes les crues extraordinaires.

Mais les crues ordinaires, les crues d'été surtout, n'ont pas les mêmes exigences ; ces dernières se produisent d'ailleurs à un moment où la submersion des récoltes est essentiellement nuisible et il y a lieu de les empêcher d'envahir les terrains cultivés.

On peut atteindre ce double résultat en endiguant le cours d'eau *à une hauteur qui n'excède que légèrement celle des crues d'été.* Ces crues demeureront alors contenues entre les digues ; si plus tard les besoins de l'écoulement viennent à l'exiger, le périmètre jusque-là protégé se remplira et la nappe d'inondation deviendra tout à fait libre dans sa partie supérieure.

Pour que l'introduction des eaux ne soit pas brusque, et par conséquent nuisible, au moment où la crue prend un caractère alarmant, le périmètre protégé sera divisé par des digues transversales, à défaut d'obstacles naturels, en une suite de compartiments assez restreints pour qu'il soit possible, au moyen d'ouvrages spéciaux, de les noyer par remous avant le moment où l'inondation dépassera le niveau dit de protection. Des revêtements suffisants défendront d'ailleurs ces digues à leur partie supérieure, soit contre l'action des courants, s'ils viennent à se produire, soit contre les déversements temporaires qui pourraient éventuellement avoir lieu quand la crue prend possession de la vallée.

202. Difficultés d'application. — Cette combinaison constitue une solution théorique du problème ; mais son application est loin d'être généralement pratique, ainsi qu'on va le voir.

D'abord, la distinction entre les crues d'été et les crues d'hiver n'est pas nettement tranchée, en France du moins, où les mois de mai, juin et septembre amènent souvent de très fortes pluies suivies de débordements. Les observations ne remontent pas assez loin dans la plupart des pays pour que le passé garantisse l'avenir et la fixation du niveau de protection sera fort difficile par elle-même.

Elle le sera bien plus encore si l'on a un endiguement submersible à prévoir sur une grande échelle, comme il faudrait le faire pour que l'opération fût fructueuse, car alors on se trouvera en face d'un élément nouveau et inconnu avec lequel il faudrait cependant compter. Plus l'endiguement sera prolongé, plus l'emmagasinement supprimé prendra d'importance, plus le niveau de protection devra se relever à mesure qu'on descendra la vallée, plus la crue qui était ordinaire à l'amont se rapprochera de l'extraordinaire à l'aval.

Où sera dès lors le niveau de protection et à quelle hauteur va-t-on l'arrêter ? Il y a sur ce point capital une grave incertitude qu'on ne voit pas le moyen de lever.

Si maintenant on examine la question de dépense, on est frappé du développement des ouvrages à construire. Les vallées du Rhône, de la Garonne, de la Loire, dans leur partie centrale, ont des pentes de 0^m60 à 0^m35 par kilomètre, leurs affluents présentent des déclivités encore plus fortes. Comment alors y étager des digues qui circonscrivent des surfaces sensiblement horizontales ? Le nombre de ces digues devra être énorme ou, si on le réduit, les digues à l'amont subiront tour à tour un déversement d'autant plus dangereux que la pente du cours d'eau sera plus considérable. Il est évident, en effet, que l'eau qui s'introduira par l'aval dans chaque case de ce vaste damier, montera tout au plus à la hauteur de la digue vers l'aval, tandis que l'eau qui franchira la digue à l'amont y arrivera avec le niveau d'amont. De là, la nécessité de prévoir des défenses aussi multipliées que les digues.

Une estimation a été produite pour la vallée de la Garonne ; elle s'élevait à 12.600.000 francs et on ne laissait pas ignorer que l'aggravation des crues qui en résulterait accroîtrait ce chiffre dans une proportion inconnue, ce qui a motivé les conclusions suivantes de M. l'inspecteur général Payen. « En ré-« sumé, le profit des digues décroît à mesure que celles-ci « s'étendent et pourrait devenir à peu près nul, sinon se « changer en perte dans les parties inférieures de la vallée, « si l'endiguement devenait général. L'Administration devra, « par conséquent, se garder de pousser les populations dans « cette voie par des encouragements. Ne pouvant s'opposer à « l'exécution de tels travaux, il conviendra qu'elle se borne à « tolérer ceux que les riverains voudraient entreprendre à

« leurs risques et périls et sous leur responsabilité, mais en
« fixant, suivant un projet d'ensemble préalablement arrêté,
« l'emplacement et la hauteur à donner aux digues. »

Nous verrons plus loin que, contrairement à la dernière
partie de ces conclusions, l'autorité publique peut, en réalité,
s'opposer à des travaux reconnus dommageables pour l'ensemble d'une vallée.

203. Digues submersibles isolées. — Dans le département de Maine-et-Loire, à la partie inférieure de la vallée de
la Loire, où la pente du fleuve est notablement réduite, on
trouve des digues submersibles isolées dont le but est de protéger les terrains en arrière, seulement contre l'invasion des
crues ordinaires qui, si elles se produisaient en été, détrui-
raient les récoltes. En cas de crue supérieure au niveau de ces
digues, l'eau pénètre par déversement, dans le territoire protégé. On a soin que ce déversement commence à se produire
sur les points où il est le moins dangereux, soit à raison de la
configuration naturelle du sol, soit à raison de la disposition
particulière des ouvrages. Au droit de ces points, la crête de
la digue est légèrement abaissée et convenablement défendue ;
on y crée, en somme, de véritables déversoirs. Il n'y a point
de digues transversales à travers le territoire protégé. Ces
digues submersibles donnent de bons résultats dans les conditions où elles sont établies.

Les digues submersibles peuvent encore être avantageusement appliquées dans les circonstances suivantes. Les plaines
inondables présentent souvent des dépressions qui, généralement, marquent la place d'anciens lits du cours d'eau. Ces
parties basses sont envahies par des crues qui respectent le
reste de la plaine, les récoltes y sont particulièrement mena-
cées, et en cas de submersion générale, il s'y produit des
courants assez violents pour dégrader la surface du sol. On
remédie à ces inconvénients par la construction, dans les dépressions correspondantes des berges actuelles, de digues

submersibles arasées au niveau des parties hautes de la plaine. Si la dépression ainsi fermée à ses extrémités présente une certaine longueur, on fera bien d'y établir de distance en distance quelques digues transversales intermédiaires ; de cette manière, on évitera sûrement la formation des courants dommageables.

§ 5

EXÉCUTION DES TRAVAUX AVEC LE CONCOURS DES RIVERAINS

304. Résumé des notions précédemment acquises. — De l'examen détaillé, auquel nous venons de nous livrer, des diverses tentatives faites pour réagir contre les inondations, une conclusion paraît se dégager très nettement, c'est qu'il est, le plus souvent, impossible de se soustraire à ce grand phénomène naturel. Il produit du bien et du mal ; dans nombre de cas, il produirait beaucoup moins de mal si la main de l'homme ne l'avait modifié par des opérations imprudentes ou des entreprises irréfléchies.

D'une manière générale, les curages, les redressements ou coupures l'aggravent.

L'emmagasinement des eaux vers les sources amènerait probablement avec le temps, non la suppression de toutes les submersions, ce qui serait déplorable, mais un abaissement du niveau des grandes crues qui, seules, sont vraiment dommageables ; seulement, ce n'est qu'après une longue période d'efforts continus qu'on peut espérer obtenir, dans cette voie, un résultat sensible.

Sauf de rares exceptions, les endiguements, en rase campagne du moins, sont un remède pire que le mal. Il n'est permis d'y avoir recours qu'en sauvegardant l'intérêt général, et au nom d'un intérêt local assez puissant pour en justifier les frais. Or cette double condition ne paraît pas se réaliser dans la plupart de nos vallées.

Il semble donc qu'il n'y ait, le plus souvent, qu'une chose à faire, c'est de subir le mal en s'efforçant de l'atténuer autant que possible. On arrivera à ce dernier résultat :

En ce qui concerne les centres de population, en les protégeant par de solides digues insubmersibles, lorsque leur importance est suffisamment grande [1] ;

En ce qui concerne les terrains cultivés, en y développant les cultures qui peuvent s'accommoder de l'éventualité des submersions ; étant bien entendu, d'ailleurs, que l'intensité de ces submersions se modérera au fur et à mesure que les emmagasinements d'eau vers les sources se développeront, et qu'au lieu de combattre l'introduction des eaux dans les territoires submersibles, on s'appliquera à la rendre facile, lente, paisible surtout, de manière à en retirer tout l'effet fertilisant et à éviter les ravages produits par les courants.

205. Nécessité de l'intervention des riverains. — Tant que les dommages causés par l'invasion des eaux sont la suite d'événements de force majeure, nul n'en est responsable et tout le monde est forcé de s'y soumettre. La situation de riverain d'un fleuve ou d'une rivière comporte des avantages et des inconvénients ; parmi ces derniers figure assurément l'éventualité des submersions ; l'État ne saurait être tenu d'y porter remède ou atténuation, en admettant que la chose soit possible. En cas d'exécution de travaux de préservation, l'État peut en prendre à sa charge une partie plus ou moins grande suivant l'importance des intérêts généraux en jeu, mais la nécessité de l'intervention des riverains ne paraît pas contestable, en principe.

1. Pour les petites agglomérations, sur bien des points, on peut voir déjà réalisé, ce qu'il convient d'y faire. C'est ainsi que dans certaines localités de la vallée de la Loire, le premier étage des maisons communique avec la plaine, par des escaliers extérieurs, tandis que le rez-de-chaussée est disposé pour subir l'inondation sans trop de dommages.

306. Travaux pour la défense des villes. — En ce qui concerne les travaux pour la défense des villes, ce principe est explicitement consacré par la loi; les règles à suivre, au point de vue administratif, sont très nettement tracées par la loi du 28 mai 1858, qui est applicable à toute l'étendue du territoire français. C'est par l'État qu'il doit être procédé à l'exécution de ces travaux, mais les départements, les communes et les particuliers sont tenus de concourir aux dépenses dans la proportion de leur intérêt respectif, suivant décret rendu dans la forme des règlements d'Administration publique.

La loi de 1858 ne vise que les *villes*, mais ce mot ne doit pas être entendu dans un sens trop restrictif. Il est hors de doute que cette expression a été employée pour désigner tous les *centres de population* et c'est bien ainsi que la loi a été interprétée [1]. Il va de soi qu'il ne faut pas tomber dans l'excès contraire et lui donner un sens trop étendu. Quelques habitations éparses sur un territoire susceptible d'être inondé ne peuvent entraîner la défense de ce territoire, et il ne faut pas qu'un terrain submersible, bâti par spéculation et habité contrairement à la prudence, vienne réclamer une assistance qui n'aurait pas de raison d'être.

307. Travaux en dehors des villes. — En ce qui concerne les travaux en dehors des villes, la loi du 28 mai 1858 ne contient que des dispositions préventives ayant pour but de parer aux périls que des endiguements mal conçus peuvent engendrer, en restreignant outre mesure le champ des inondations, en supprimant les réservoirs naturels où s'accumulent les eaux et en précipitant ainsi l'invasion des crues dans les régions inférieures de la vallée [2]. Aucune digue ne peut être établie sans qu'une déclaration ait été préalablement faite à l'Administration qui a le droit d'*interdire* ou de *modifier* le travail, sur les parties submersibles des vallées de la Seine,

1. Alfred Picard, *Traité des eaux*, tome II, pages 359 et 372.
2. Alfred Picard, *Traité des eaux*, tome II, page 296.

de la Loire, du Rhône, de la Garonne et de leurs affluents ci-après désignés :

Seine — Yonne, Aube, Marne et Oise ;

Loire — Allier, Cher et Maine ;

Rhône — Ain, Saône, Isère et Durance ;

Garonne — Gers et Baïse.

Cette disposition, en limitant dans un intérêt général, l'initiative privée en matière d'endiguement, paraît consacrer d'une manière indubitable le principe de l'intervention des riverains.

Du reste, les endiguements sont compris parmi les travaux qui, aux termes de la loi du 21 juin 1865 modifiée par celle du 22 décembre 1888, peuvent faire l'objet d'une association syndicale. Lorsqu'ils sont exécutés avec le concours de l'Etat, l'acte d'association fixe généralement la participation de celui-ci, non seulement dans les frais de premier établissement, mais encore dans les dépenses d'entretien.

Quand il s'agit de digues antérieures à la loi de 1865, ou elles sont *domaniales* et comme telles entièrement à la charge de l'Etat (nous avons vu que c'était le cas le plus fréquent pour les levées de la Loire), ou elles sont *syndicales* et alors les ordonnances ou décrets constitutifs fixent les charges respectives de l'Etat et des syndicats. Dans le cas où ces actes seraient muets sur la question d'entretien, celui-ci pourrait faire l'objet d'une association constituée conformément à la loi de 1865.

208. Travaux de défense des rives. — Sur une échelle plus modeste, l'exécution des travaux de défense de rives donne lieu à des questions tout à fait analogues à celles que soulève l'exécution des travaux d'endiguement, il paraît donc indiqué d'en dire ici quelques mots.

Nous avons déjà constaté l'intérêt que les travaux de défense de rives présentent au point de vue de la navigation. L'intérêt des riverains n'est pas moindre, car c'est leur propriété qu'at-

teignent les corrosions. Or le sol des vallées est généralement riche ; il prend souvent sur le bord des cours d'eau navigables une grande valeur industrielle ; enfin nous avons vu
qu'en cas de corrosion de la berge, le déplacement de la zone
frappée de la servitude de halage pouvait, parfois, entraîner la
destruction de propriétés bâties de grande importance.

Il n'est dès lors pas surprenant que, souvent, des défenses
de rives soient réclamées avec insistance par les riverains et
·donnent lieu, de leur part, à des offres de concours dont la
conséquence est l'exécution de travaux à frais communs par
l'État et les particuliers. C'est presque toujours, dans ce cas,
l'Administration qui se charge de l'étude du projet et de son
exécution.

D'autre part, les défenses de rives anciennes peuvent donner
naissance à de sérieuses difficultés.

Il est donc fort utile, tant au point de vue de la conservation des ouvrages existants qu'à celui de l'exécution de défenses nouvelles, de connaître les règles qui résultent de la
jurisprudence et des usages de l'Administration.

309. Circulaire du 22 décembre 1887. — En ce qui
concerne d'abord la répartition des frais de premier établissement, les règles à suivre ont été nettement posées par une
circulaire ministérielle du 22 décembre 1887.

Cette circulaire divise les travaux de défenses de rives en
deux catégories, suivant qu'ils concernent une rivière desservant une navigation effective ou un cours d'eau qui, tout en
étant classé comme navigable ou flottable, n'est pas utilisé, en
fait, par la navigation.

Dans le premier cas, les travaux de défenses de rives, en
même temps qu'ils protègent les propriétés riveraines, offrent
un intérêt réel au point de vue de la navigation. Ils empêchent
le lit de se déformer, arrêtent les éboulements qui l'encom-
breraient et contribuent à maintenir le chenal en bon état. Il
est bien évident, dès lors, que l'Administration doit concou-

rir à la dépense *dans la proportion des avantages qu'elle retire des travaux.*

Il peut même arriver, en pareil cas, que l'intérêt de la navigation soit tellement prépondérant qu'à défaut du concours des riverains l'Administration exécute les travaux *entièrement à ses frais.*

Dans le second cas, au contraire, lorsqu'aucune navigation effective n'existe sur le cours d'eau, la circulaire précitée distingue trois espèces :

1° Les travaux projetés ont uniquement pour but la défense d'une propriété particulière. Ni l'intérêt de la navigation, ni aucun intérêt général ne sont alors en jeu ; il n'y a donc aucune raison pour que l'État contribue à la dépense.

2° Les travaux, tout en ayant pour objet immédiat de défendre une propriété particulière, doivent, en même temps, protéger des ouvrages du Domaine public, tels que routes, ponts, levées, prises d'eau alimentaires des canaux etc..., à l'entretien desquels l'Administration est tenue de pourvoir. Il est juste que celle-ci participe à la dépense *dans la proportion de l'intérêt qu'offre le projet au point de vue de la conservation des ouvrages en question.*

3° Enfin, les travaux à exécuter sont destinés à protéger un centre habité, ou une vaste étendue de terrains en culture. Dans ce cas, la circulaire de 1887 admet qu'il y a en cause des intérêts généraux qui peuvent justifier dans une certaine mesure l'intervention de l'État, sauf à l'administration des Travaux publics à réclamer le concours du département de l'Agriculture toutes les fois qu'il y aura des intérêts agricoles engagés dans la question. La subvention de l'État, qui est alors toute d'encouragement, *ne dépasse pas le tiers de la dépense totale.* C'est du moins la règle qui, sans avoir rien d'absolu, se dégage de très nombreux précédents.

310. Création de défenses de rives nouvelles. — Les défenses de rives sont au nombre des travaux pour les-

quels des syndicats peuvent être organisés aux termes de la
loi du 21 juin 1865 modifiée par celle du 22 décembre 1888 ;
lorsque la rive d'un cours d'eau doit être fixée dans le double
intérêt de l'État et des riverains, il y a lieu de recourir, avant
tout, à ces lois. Ce serait sortir de notre cadre que d'en faire
connaître en détail les dispositions. Il suffira de dire qu'elles
assurent l'*entretien* et l'avenir des travaux en même temps que
leur exécution.

Si les travaux à réaliser n'embrassent qu'une étendue restreinte, on peut se borner à une simple convention avec le ou
les propriétaires intéressés. On y reproduit les clauses légales
en les limitant à ce qui est indispensable, mais en conservant
soigneusement toutes celles qui fixent le partage des responsabilités pour l'avenir et notamment celles qui règlent la question de l'*entretien*.

Enfin, quand les travaux que l'on exécute sont effectués aux
frais de l'État seul et dans un intérêt exclusif de navigation,
il importe qu'à défaut de mention insérée dans la décision
approbative des travaux, le fait soit constaté par une inscription spéciale et officielle conservée dans les archives du service. Si ultérieurement l'ouvrage venait à être détruit et abandonné par l'Administration, celle-ci serait armée vis-à-vis des
riverains qui se plaindraient et en mesure de réclamer leur
concours au rétablissement dudit ouvrage.

211. Entretien des défenses de rives existantes.
— Telle est la marche à suivre pour les défenses de rives à
créer. Pour celles qui existent et qu'il faut maintenir ou renouveler, la situation peut devenir très délicate *si les conventions
initiales font défaut*, soit qu'il n'y en ait jamais eu, soit qu'on
en ait perdu la trace. Il règne alors, dans les obligations et
dans les responsabilités, une confusion que les efforts des ingénieurs doivent tendre à faire disparaître.

Deux cas peuvent se présenter : ou bien les riverains sont
désireux d'échapper à cette confusion ; ou bien ils tiennent à
la voir se perpétuer.

Dans le premier cas, rien n'est plus simple que de faire retour à la loi du 21 juin 1865. Les intérêts en présence sont définis et réglés dans l'acte constitutif du syndicat.

Dans le second cas, la situation des ingénieurs est fausse. Ils ne peuvent : ni agir sans le concours des riverains (ce serait accepter pour l'État une charge indue) ; ni s'abstenir complètement (ce serait encourir la responsabilité morale d'une regrettable inertie). D'autre part, ils ne sauraient faire abstraction des intérêts de la navigation qui peuvent être plus ou moins engagés dans la question. Ils feront donc bien de prendre les instructions de l'Administration ; mais tout en demandant ces instructions, ils ne devront pas perdre de vue dans leurs avis les considérations suivantes.

Si la nécessité de l'intervention des riverains paraît bien justifiée en principe, elle l'est mieux encore en fait. Réduit à ses seules ressources, l'État ne saurait faire face aux lourdes charges de la fixation et de la conservation des berges, surtout sur nombre de fleuves et de rivières où l'intérêt de la navigation est insignifiant ou nul.

D'autre part, les initiatives privées ou collectives méritent encouragement ; il serait de mauvaise administration de traiter sur le même pied ceux qui ne veulent rien faire et ceux qui sont prêts à consentir des sacrifices.

Il semble donc que l'attitude à prendre vis-à-vis des intéressés ait été exactement définie dans ce vers du fabuliste :

Aide-toi, le ciel t'aidera.

CHAPITRE VI
RÉGULARISATION DES FLEUVES ET RIVIÈRES

§1. *Emploi des digues longitudinales.* — § 2. *Emploi des digues transversales ou épis.* — § 3. *Système mixte.*

312. Considérations générales. — En temps normal, c'est-à-dire en dehors des crues, par des eaux basses ou moyennes, la navigation sur les fleuves et rivières à courant libre se heurte à des obstacles de diverse nature.

C'est d'abord le tracé irrégulier du thalweg et la largeur insuffisante du chenal. Nous avons déjà eu l'occasion de faire ressortir la différence qui existe entre le thalweg et le chenal ; le premier est la ligne des plus grandes profondeurs, le second consiste en une zone plus ou moins large dans toute l'étendue de laquelle la batellerie doit trouver un certain minimum de mouillage indispensable ; mais il est aisé de comprendre que le chenal suit, d'une façon générale, la ligne des plus grandes profondeurs, et subit le contre-coup des irrégularités de cette dernière.

C'est ensuite l'insuffisance du mouillage.

C'est enfin la violence et les variations d'intensité du courant. Celui-ci est toujours un obstacle à la remonte ; à la descente, bien qu'il soit le plus souvent un auxiliaire, il peut devenir un sérieux danger quand il est excessif et que cet excès se rencontre, comme cela arrive généralement, en des points où le thalweg présente des sinuosités très prononcées, où le chenal manque de largeur, où le mouillage est insuffisant.

Il ne faut pas oublier d'ailleurs que le lit des fleuves et rivières est presque toujours ouvert à travers des matériaux plus ou moins mobiles, susceptibles d'être entraînés dès que le débit et la vitesse de l'eau atteignent une certaine importance. Il y a donc tendance pour le lit à se déformer, pour les obstacles à se déplacer et à se modifier, et l'incertitude qui peut régner dans certains cas sur la position et l'importance de ces derniers en augmente encore le péril.

Régularité et largeur du chenal, importance du mouillage, intensité du courant, on s'est depuis longtemps rendu compte que ces divers éléments avaient d'étroites relations entre eux, ainsi qu'avec la configuration du lit et le tracé des berges.

Par exemple, chacun a le sentiment que si, au lieu d'être concentrées dans un lit unique, les eaux se partagent entre plusieurs bras, on risque fort de ne trouver dans aucun de ces derniers le débit nécessaire pour donner une largeur de chenal et une profondeur suffisantes.

Qu'une boucle prononcée formée par une rivière soit remplacée par une coupure de même section transversale, mais de moindre longueur, il semble évident que la vitesse augmentera avec la pente et que, comme conséquence, la surface de la section mouillée diminuera ainsi que le mouillage.

Que l'on diminue la largeur libre entre les berges, on peut penser que par suite du gonflement des eaux le mouillage augmentera et aussi la vitesse, etc.

On a été ainsi conduit à tenter d'améliorer les conditions de navigabilité des fleuves et rivières, non plus seulement en défendant les rives sur quelques points plus particulièrement menacés, ou en faisant disparaître certains écueils isolés, mais en modifiant systématiquement, sur des sections quelquefois très étendues, le tracé des berges et la configuration même du lit. Ces travaux ont généralement un point commun, la concentration des basses eaux dans un lit unique par la fermeture des faux bras ; mais pour le surplus ils peuvent présenter de très grandes différences, suivant le système employé, ainsi que nous le verrons au cours de ce chapitre.

En Allemagne, où ils ont été appliqués sur une très large échelle, on les désigne sous le nom générique de travaux de *régularisation* (Regulirung), par opposition aux travaux de *canalisation* (Canalisirung) dont nous aurons à nous occuper plus tard. Nous n'avons pas hésité à adopter le mot de régularisation parce qu'il est parfaitement juste et très suggestif.

§ 1

EMPLOI DES DIGUES LONGITUDINALES

313. Resserrements. — Les digues longitudinales ont été employées tout d'abord pour protéger les berges contre l'action corrosive des eaux et pour régulariser leurs sinuosités dans l'intérêt de la direction du cours d'eau.

Plus tard, on a pensé qu'il serait possible d'obtenir une augmentation du mouillage en basses eaux en resserrant le lit de celles-ci soit entre deux digues, soit entre une digue et une berge suffisamment résistante. Si sur toute la longueur d'un haut fond on resserrait ainsi l'espace réservé à l'écoulement des basses eaux, n'obtiendrait-on pas un double bénéfice : l'augmentation de mouillage résultant du gonflement de l'eau obligée de s'écouler par une section de moindre largeur, et l'écrètement définitif du haut-fond, les eaux resserrées devant acquérir une vitesse suffisante soit pour effectuer elles-mêmes le dragage nécessaire, soit pour en maintenir le bénéfice une fois qu'il aurait été effectué mécaniquement au début de l'opération ?

On dût bien vite reconnaître qu'un ouvrage de ce genre ne faisait, en général, que déplacer l'obstacle. D'une part, l'écrètement du haut-fond, souvent plus complet qu'on ne l'avait prévu, avait pour résultat d'abaisser le niveau dans la mouille d'amont et, par conséquent, d'augmenter la chute du haut-fond immédiatement supérieur, ou encore de faire émerger de nouveaux hauts-fonds que le niveau ancien de l'eau dans ladite mouille avait jusqu'alors suffi à masquer ; d'autre part, les matériaux provenant de l'écrètement du haut-fond venaient se déposer immédiatement à l'aval du resserrement où ils formaient un nouvel écueil.

On en vint alors à appliquer le resserrement à des sections étendues de cours d'eau en justifiant l'opération par les considérations suivantes. Soient i la pente moyenne et Q le débit en basses eaux de la partie de rivière considérée. Un canal artificiel présentant la pente i, aurait le débit Q avec un profil en travers dont il est facile de calculer la largeur moyenne du moment qu'on lui assigne une profondeur déterminée. Si on concentre toutes les eaux de la rivière entre deux digues longitudinales établies de manière à dessiner le profil en travers calculé comme il vient d'être dit *(profil normal)*, n'est-il pas naturel de penser qu'on obtiendra la même régularité de pente et de profondeur que dans le canal ouvert de main d'homme?

Là encore les mécomptes devaient être sérieux. La rivière resserrée ne saurait être assimilée à un canal artificiel dont elle n'a naturellement ni la pente uniforme ni surtout le débit constant. Or, dès que ce débit acquiert une certaine importance, la force d'entraînement du courant devient suffisante pour mettre en mouvement les matériaux plus ou moins mobiles dans lesquels est ouvert le lit de la rivière. Par suite des travaux de resserrement, les conditions d'écoulement des eaux moyennes et des hautes eaux vont être modifiées aussi bien que celles des eaux basses ; les nouvelles conditions d'écoulement de ces eaux provoqueront des modifications dans la forme du lit et la nouvelle forme qu'il prendra modifiera à son tour les conditions d'écoulement des basses eaux, cela souvent dans un sens tout différent des premières prévisions.

En dehors de ce vice fondamental, les resserrements au moyen de digues longitudinales donnent lieu, *a priori*, à certaines objections.

Nous avons vu que l'on comptait sur l'augmentation de

vitesse du courant pour augmenter ou maintenir la profondeur du chenal rétréci; cette accélération du courant ne laisse pas d'être un inconvénient au point de vue de la navigation à la remonte. Si les digues sont tenues un peu hautes elles resserrent non seulement les basses eaux, mais encore les eaux moyennes qui prennent une vitesse considérable et alors l'inconvénient signalé ci-dessus devient des plus sérieux, la navigation se trouvant gênée au moment même où l'abondance des eaux semblait devoir lui permettre de prendre tout son essor. Si, pour éviter cet inconvénient, on tient les digues trop basses, on a à craindre de voir les hautes eaux insuffisamment dirigées sortir du lit qu'on voulait fixer, bouleverser les digues et reprendre leur cours primitif.

D'autre part, quand une digue suit une rive concave, le courant qui ne peut plus affouiller la rive, concentre sa force sur le fond, creuse au pied et vient ainsi placer le chenal le long de la berge en telle position qu'il peut cesser d'être praticable.

Enfin, dans les calculs établis en vue d'un état futur à créer et à maintenir, on fait entrer en ligne de compte un débit d'étiage, qu'on suppose un minimum et qui, dans une section déterminée, doit donner le mouillage utile. Or, nous avons vu que ce débit d'étiage n'est pas fixe et est généralement exposé à subir d'importantes diminutions; dans ce cas, le mouillage se trouverait réduit en proportion.

Cependant, il serait excessif de soutenir que le système des resserrements au moyen de digues longitudinales a partout et toujours abouti à un insuccès complet; on lui doit des améliorations locales incontestables, et sur certains cours d'eau il a rendu des services à une époque où les voies navigables n'étaient pas arrivées à leur état de perfectionnement actuel, où un moindre mouillage suffisait à la batellerie et où l'on se contentait d'améliorations plus modestes.

Dans tous les cas, il ne peut qu'être très instructif de se rendre un compte bien exact des causes qui ont fait généralement abandonner ce système séduisant *a priori* ; nous examinerons

donc avec quelque détail certaines applications particulièrement intéressantes qui en ont été faites.

314. Exemple de la Meuse. — En son état naturel, la
Meuse, dans le département du même nom, divaguait dans
toute l'étendue de son lit majeur ; la première chose à
faire était de créer son lit mineur, de fixer ses berges. On y est
arrivé peu à peu en défendant les rives, en établissant des
levées de halage, en procédant à un *calibrage* progressif de son
cours. Une opération de ce genre est un travail de longue ha-
leine, qui doit se poursuivre lentement de manière à éviter
toute variation brusque du régime des eaux et qui exige encore
plus de temps que d'argent.

Simultanément, pour écrêter les seuils et régulariser le profil
en long, on avait recours à l'emploi de digues longitudinales
et de *chenaux* (c'est le nom qu'on donne sur la Meuse aux resserrements). Les conditions étaient particulièrement favorables : la Meuse charrie peu ; la plus grande partie des apports
provient de la corrosion des berges, de sorte qu'en défendant
les rives, on peut sinon supprimer ces apports d'une manière
complète, au moins les diminuer dans une large mesure.
D'autre part, les affouillements s'arrêtent généralement à 2^m00
ou 2^m50 au dessous de l'étiage, où ils rencontrent un banc

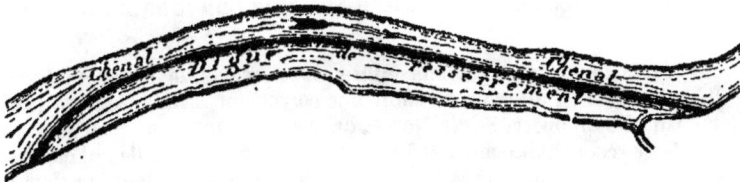

Fig. 47

solide et résistant. Enfin, il ne faut pas perdre de vue qu'on
avait seulement pour objectif le mouillage très restreint de
1^m00.

Le chenal de Dom-le-Mesnil, représenté ci-contre (fig. 47).

peut être considéré comme un chenal-type et donne une idée précise de la manière dont étaient tracés ces ouvrages.

Pour calculer, avant l'exécution du travail, l'effet probable des resserrements projetés, on se servait des formules d'hydraulique bien connues :

$$Ri = au + bu^2,$$

ou plus simplement $\quad Ri = b_1 u^2,$

et $\qquad\qquad Q = \omega u.$

dans lesquelles Q désigne le débit d'étiage, R le rayon moyen, u la vitesse moyenne, a, b et b_1 des coefficients connus.

Entre ces deux équations, on éliminait u et on avait une relation entre les autres quantités. Le débit d'étiage Q était connu ; ω et R étaient déterminés par la section qu'on voulait assigner au chenal ; on pouvait donc en déduire i. En comparant la pente ainsi calculée à la pente existante, on se rendait compte des modifications que ferait subir au plan d'eau l'exécution du chenal projeté et de son influence sur la mouille supérieure. Si ces modifications paraissaient inadmissibles, on modifiait, en conséquence, les dimensions du chenal, jusqu'à ce qu'on pût maintenir la dénivellation dans des limites acceptables [1].

Les digues, construites entièrement en enrochements, étaient arrasées au début à 0ᵐ20 au-dessus de l'étiage ; on laissait ensuite à l'expérience le soin de décider, par des tâtonnements successifs, la hauteur la plus convenable à leur assi-

[1]. Pour donner des résultats suffisamment exacts, la formule d'Eytelwein, $Ri = au + bu^2$, a besoin de subir une correction variable suivant la rivière sur laquelle on opère. Sur la Meuse, on avait reconnu expérimentalement que la vitesse réelle était égale à 0,72 ou 0,75 seulement de celle qui était donnée par la formule et on adoptait ce coefficient de réduction dans le calcul précédent.

D'autres fois, on se servait de la formule de Bazin :

$$Ri = \left(\alpha + \frac{\beta}{R}\right) u^2.$$

qui est plus complexe, mais dont l'emploi n'exigeait sur la Meuse aucune correction.

gner. Quant à la largeur des chenaux, elle était réduite à celle qu'exigeait le croisement de deux bateaux, c'est-à-dire 11 à 12 mètres au plafond pour des bateaux de 5^m50 de largeur.

Autant qu'on peut le savoir, les effets de ces chenaux ne laissaient pas, au bout d'un certain temps du moins, de différer notablement de ce que le calcul avait indiqué. Il y avait des affouillements en amont et des dépôts en aval ; la pente moyenne diminuait ; par suite, on avait un plus grand mouillage (1^m20 à 1^m30) et une vitesse plus faible (1^m00 environ) qu'on ne l'avait prévu.

Lorsque les autres voies de communication se sont perfectionnées et qu'un chemin de fer a été établi dans la vallée de la Meuse, ce mode d'amélioration est devenu tout à fait insuffisant. A partir de 1874, on a fait disparaître les chenaux pour construire des barrages et des écluses ; on a canalisé la rivière, de manière à lui donner, en même temps que des eaux calmes, le mouillage de 2^m20 ou même de 2^m50 qu'exige aujourd'hui généralement la batellerie. Les Belges en ont fait autant de leur côté et la Meuse constitue maintenant une des plus importantes parmi nos voies internationales de navigation intérieure.

Ces transformations successives ne sont d'ailleurs pas spéciales à la Meuse. Sauf quelques différences qui ne sont que de simples nuances, celles de nos voies navigables naturelles qui sont aujourd'hui canalisées en France, la Seine, la Saône, la Moselle, etc....., ont toutes passé par les mêmes phases. Il a d'abord fallu fixer leur lit, défendre leurs berges ; puis on a cherché à les améliorer au moyen de digues ; enfin, à des dates plus ou moins récentes, suivant les circonstances et l'importance de leur navigation, on les a canalisées pour les amener à l'état de perfection où elles se trouvent aujourd'hui.

On peut dire, d'une manière générale, que les premières transformations ont été très utiles pour constituer un lit stable et à peu près régulier, dans lequel on pût ensuite établir des ouvrages plus importants, et qu'elles ont facilité la construction de ces derniers dans une large mesure.

Il faut même ajouter que ces travaux de la première heure peuvent encore trouver d'utiles applications sur les affluents secondaires qui n'ont qu'une navigation locale peu importante, où la dépense d'une canalisation complète serait hors de proportion avec le trafic à desservir, et à plus forte raison sur les cours d'eau qui ne servent qu'au flottage du bois. Les trains n'exigent, en effet, qu'un assez faible mouillage, et un courant un peu vif n'a pas d'inconvénient sérieux pour eux puisque le flottage ne s'exerce qu'à la descente.

215. Exemple du Rhône. — C'est le même système de resserrements qui a été suivi dans les travaux du Rhône jusqu'en 1882. Bien qu'il ait donné lieu, en définitive, à des mécomptes qui l'ont fait abandonner, et même précisément à cause de ces mécomptes, il est intéressant de fournir quelques détails sur son application et nous emprunterons au mémoire déjà si souvent cité de M. Girardon un exemple d'autant plus instructif qu'il est choisi parmi les travaux qui ont produit une amélioration locale incontestable. Il s'agit d'une régularisation exécutée en amont de Lyon sur 17 kilomètres de longueur, à laquelle on a donné le nom de canal de Miribel.

Entre le confluent de l'Ain et celui de la Saône, partie de son cours où il présente un parcours total de 34 kilomètres et une pente moyenne de 0ᵐ81 par kilomètre, le Rhône se divisait en trois sections d'allures bien distinctes. Sur 9 kilomètres en aval du confluent de l'Ain, les eaux du fleuve étaient presque continuellement réunies en un seul bras appuyé contre les coteaux de rive gauche ; sur les 8 kilomètres en amont du confluent de la Saône qui comprennent la traversée de Lyon, les eaux étaient également réunies dans un seul lit ; mais dans les 17 kilomètres intermédiaires, elles se partageaient entre des bras nombreux, divaguant à travers la plaine, sur une surface qui atteignait, en certains points, près de 6 kilomètres de largeur. Le bras principal suivi par la batellerie se déplaçait in-

cessamment et la navigation s'y heurtait à des difficultés qu'il
est aisé de concevoir, difficultés incomparablement plus grandes,
en tout cas, que celles déjà sérieuses qu'elle rencontrait dans
les sections d'amont et d'aval.

Le programme suivant lequel les travaux de régularisation
ont été exécutés, et terminés en 1857, comprenait : 1° la construction des ouvrages nécessaires pour séparer le bras dit de
Miribel alors suivi par la navigation, des faux bras, et pour y
concentrer les eaux ; 2° la correction du tracé de ce bras avec
application d'un *profil normal* calculé pour donner un mouillage de 1m60 aux basses eaux ordinaires.

Tout d'abord, l'amélioration fut très sensible ; la navigation
trouva dans le canal de Miribel un chenal facile à suivre et des
profondeurs suffisantes en tout temps. Puis, peu à peu, le fond
se creusa dans la partie amont du canal pour s'exhausser dans
la partie aval (pl. XXV), si bien que par les eaux moyennes
d'été, les fondations des ouvrages, faites cependant au niveau
des basses eaux, apparaissaient dans la première partie, tandis
que le chemin de halage, dans la seconde, était noyé et devenait impraticable. La situation menaçait de devenir très grave ;
on chercha à y remédier en abaissant les ouvrages de manière
à diminuer la quantité d'eau concentrée dans le canal ; depuis,
le mouvement de transformation du profil en long est devenu
beaucoup moins rapide, mais il continue toujours ; la pente
d'équilibre n'est pas encore réalisée.

Si nous considérons d'abord le canal de Miribel en lui-même,
quel but poursuivait-on, quels résultats a-t-on obtenus ?

Le but poursuivi, c'était la réalisation d'un profil normal,
c'est-à-dire d'une profondeur uniforme aussi bien dans chaque
profil en travers que d'un profil à l'autre ; c'était la régularisation, l'uniformisation de la pente. Sur l'un et l'autre point, il
s'en faut du tout au tout que les choses se soient passées comme
on l'espérait.

Sans doute, on a obtenu un chenal de navigation beaucoup
plus facile à suivre ; le minimum de profondeur sur ce chenal

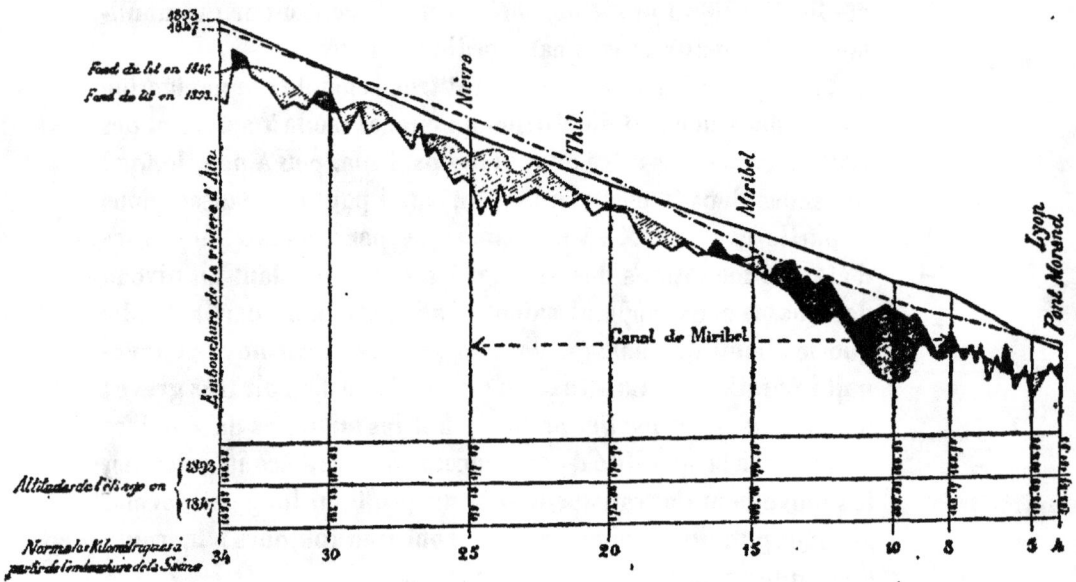

Pl. XXV. PROFILS EN LONG DU RHONE EN AMONT DE LYON

qui était de 0ᵐ80 à 0ᵐ90 varie maintenant de 1ᵐ20 à 1ᵐ25 ; la profondeur moyenne dans le canal s'élève à 1ᵐ80, lorsque le débit atteint le chiffre sur lequel avaient été faits les calculs du projet, dépassant par conséquent de 0ᵐ20 les prévisions, et est encore de 1ᵐ50 par les plus basses eaux. Mais cette profondeur moyenne n'est pas uniforme d'un profil à l'autre ; elle est comprise entre 1ᵐ20 et 2ᵐ20. Quant aux profondeurs extrêmes, elles passent d'un maximum de 4ᵐ70 à un minimum de 0ᵐ50 mesuré à 30 mètres de la rive. Enfin, la forme générale du profil en travers est quelquefois rectangulaire, mais le plus souvent elle est triangulaire. le sommet se rapprochant tantôt d'une rive, tantôt de l'autre.

La pente longitudinale est tombée à 0ᵐ70 par kilomètre, en moyenne, mais elle est répartie très irrégulièrement ; la pente kilométrique varie de 0ᵐ41 à 1ᵐ09 et la pente locale de 0ᵐ20 à 2ᵐ20 par kilomètre. En somme, le fait dominant, c'est la diminution de la pente moyenne du canal ; elle était de 0ᵐ88 avant l'exécution des travaux ; elle est tombée à 0ᵐ70, le lit s'étant creusé à l'amont et exhaussé en aval.

En dehors du canal, la pente générale, du confluent de l'Ain à celui de la Saône et même à la sortie de Lyon (kil. 5) n'ayant pas sensiblement changé, les conséquences n'ont pu être que fâcheuses et, en effet, en amont du canal, entre les kilomètres 34 et 25, la pente moyenne qui était de 0ᵐ75 s'est élevée à 0ᵐ96 et en aval, entre les kilomètres 8 et 5, elle a passé de 0ᵐ49 à 1ᵐ06 par kilomètre. Si la navigation est devenue plus facile dans le canal, elle a été rendue plus difficile en amont et en aval.

En présence de cette situation, n'y avait-il pas lieu de continuer en amont et en aval des travaux qui avaient incontestablement donné de bons résultats à leur emplacement même ? On y renonça, après avoir constaté sur un grand nombre de points des faits analogues à ceux observés sur le canal de Miribel. On dut reconnaître que l'abaissement de la pente était une conséquence inévitable du rétrécissement de la section ;

en prolongeant les travaux, on n'aurait donc fait qu'accentuer la chute à l'une et à l'autre extrémités, déplacer les difficultés en les exagérant, et on aurait risqué de provoquer à l'extrémité amont un creusement du lit tel qu'il aurait amené l'éboulement des berges.

216. Travaux de M. l'inspecteur général Fargue, sur la Garonne. — Les essais de régularisation de la Meuse et du Rhône par voie de resserrement du chenal au moyen de digues longitudinales, à la description desquels nous avons cru devoir donner un certain développement, reposaient, en somme, sur une conception purement théorique. Le but poursuivi, vainement d'ailleurs, était de réaliser sur un cours d'eau naturel à fond plus ou moins mobile, l'uniformité de pente et la régularité de section (profil normal) qu'on trouverait dans un canal artificiel dont le lit absolument résistant donnerait écoulement à des eaux parfaitement pures, sans aucun transport de matières.

Tout au contraire, les travaux de M. l'inspecteur général Fargue sur la Garonne ont pour base une longue et patiente observation des phénomènes naturels, complétée et confirmée en tant que de besoin, par des recherches expérimentales. Ces travaux ont donné lieu à divers mémoires insérés dans les *Annales des Ponts et Chaussées* [1] et ont été résumés par l'auteur lui-même dans une note présentée au Ve Congrès international de navigation intérieure, tenu à Paris en 1892, sous le titre de *Tracé rationnel des rives artificielles d'une rivière navigable à fond mobile.*

Dans cette note, M. Fargue constate d'abord les faits généraux suivants ; ils sont bien d'accord avec ceux que nous avons exposés dans le § 3 du chapitre I et avec les conclusions que nous avons formulées à la fin du même chapitre.

1. *Rivières à fond mobile, configuration, lit, profondeur,* 1868, 1er semestre ; *Étude sur la largeur du lit de la Garonne,* 1882, 2e semestre ; *Note sur le tracé des rives de la Garonne,* 1884, 1er semestre.

Le chenal ou thalweg suit la rive concave. Les grèves ou banes se déposent le long de la rive convexe.

Le chenal est d'autant plus profond et la grève est d'autant plus saillante que la courbure concave ou convexe est plus accentuée. Au maximum et au minimum de la courbure correspondent respectivement le maximum et le minimum de profondeur.

Cette correspondance n'a pas lieu dans le même profil transversal. La mouille est en aval du sommet concave; la plus grande saillie du banc est en aval du sommet convexe. Le maigre est en aval du point où la concavité se change en convexité.

Le chenal présente de la régularité dans son profil en long quand la courbure de l'axe du lit varie d'une manière graduelle et continue, et tout changement brusque de courbure est accompagné d'un changement brusque de profondeur.

Ces relations existent seulement dans les portions de la rivière où la longueur des sinuosités, c'est-à-dire la distance entre deux points d'inflexion consécutifs, n'est ni trop grande ni trop petite. Partout où ces relations n'existent pas, le chenal est formé de fosses isolées, séparées les unes des autres par des hauts-fonds, seuils ou maigres, qui se reforment promptement après qu'ils ont été enlevés par les dragages.

En raisonnant sur ces faits généraux, M. Fargue est arrivé à formuler les règles suivantes :

1° *Pour que le chenal soit stable et permanent, il faut que chaque rive présente une succession d'arcs curvilignes, alternativement concaves et convexes et raccordant des alignements droits formés par la direction prolongée des parties des rives où la courbure change de sens.*

2° *Pour que le chenal soit profond, il faut que le réseau polygonal formé par l'ensemble de ces alignements droits, ait des angles et des côtés qui ne soient ni trop grands ni trop petits.*

3° *Pour que le chenal soit régulier, il faut que l'arc curvi-*

ligne ait des courbures graduées, c'est-à-dire appartienne à une courbe dont la courbure est nulle à l'inflexion, croît d'une manière continue jusqu'à un certain maximum et décroît ensuite de même, pour redevenir nulle à l'inflexion suivante.

4° *L'écartement des rives doit varier avec deux éléments, la distance et la courbure, savoir :*

D'une part, la largeur au point d'inflexion doit croître de l'amont vers l'aval ;

D'autre part, entre deux points d'inflexion consécutifs, la largeur doit croître avec la courbure et présenter vers le sommet un maximum qui est d'autant plus grand que la courbure du sommet est elle-même plus grande.

La largeur croît donc suivant une loi périodique de manière que le lit se trouve élargi vers les sommets des courbes et rétréci dans la région où la courbure change de sens.

5° *Dans cette même région, les points d'inflexion des deux rives ne doivent pas se trouver dans un même profil transversal. Celui où la concavité se change en convexité doit être en amont de celui où se fait le changement inverse à une distance qui ne paraît dépendre que de la largeur au point d'inflexion.*

C'est sur la partie de la Garonne comprise entre la limite du département de la Gironde et Bordeaux, mais principalement dans la section de 22 kilomètres de longueur qui s'étend du bourg de Gironde à Barsac, que les règles fixées par M. Fargue ont été appliquées. Les seuils, aux abords desquels les rives ont été disposées suivant ces règles, sont particulièrement profonds et jouissent d'une remarquable stabilité de régime. Nous pouvons citer d'après la note présentée au Congrès de navigation de Paris :

La traversée en amont de Caudrot, qui présente constamment depuis quarante ans, des profondeurs variant entre 3ᵐ30 et 4ᵐ00 ;

La passe de Mondiet ; cette passe, de 1852 à 1865, était barrée par un seuil en écharpe, sur lequel les bateaux ne trouvaient parfois que 0ᵐ75 ; en 1866, elle a été approfondie à

2 mètres par un dragage, accompagné d'une correction de tracé de la rive gauche conçue dans l'ordre d'idées ci-dessus exposé ; moyennant un seul dragage subséquent, exécuté vingt ans après, la profondeur s'y est toujours maintenue entre 1m30 et 2m00 ;

La passe de Cadroy, où la profondeur à l'étiage était de 1 mètre seulement avant 1870 ; cette passe a été, en 1872, ouverte par un dragage, accompagné de la construction de deux rives artificielles rationnellement tracées ; elle a depuis lors conservé, sans autre dragage, une profondeur qui a varié entre 2m65 et 2m90.

Mais un fait général domine ces améliorations locales. Dans la portion du fleuve où les resserrements ont été exécutés, le lit s'est creusé à l'amont et s'est remblayé en aval, la pente moyenne a diminué. A Caudrot, vers l'extrémité amont, à 3 kilomètres au-dessus de l'embouchure du canal latéral à la Garonne, le niveau de l'étiage s'est abaissé de 1m64.

217. Effets constants du resserrement du lit d'un cours d'eau à fond mobile. — Les phénomènes généraux que nous avons eu occasion de signaler sur le Rhône (canal de Miribel), se sont donc reproduits exactement sur la Garonne. On peut dire qu'ils ont été constatés partout, dans des circonstances analogues, et énoncer comme une loi générale que dans un cours d'eau à fond mobile, un endiguement continu diminuant la largeur de la section, produit les effets suivants :

Vers l'amont, un abaissement du fond du lit qui a pour conséquence un abaissement correspondant du plan d'eau ;

Vers l'aval, un exhaussement du fond et du plan d'eau ;

Dans toute la partie endiguée, une diminution de la pente moyenne du fond et de la surface, diminution qui doit nécessairement entraîner une augmentation des profondeurs.

En même temps qu'il énonce cette loi dans son *Traité d'hydraulique*, M. l'inspecteur général Flamant fait observer que dans un canal artificiel à fond fixe, un étranglement continu d'une certaine longueur produit des effets tout contraires, savoir : un relèvement du niveau vers l'amont ; un abaissement vers l'aval ; une augmentation de la pente superficielle dans l'étendue de la partie resserrée ; et il ajoute très justement : « Cette comparaison suffit à montrer avec quelle réserve « il faut appliquer aux cours d'eau naturels les formules qui « ont été trouvées pour les canaux découverts. La mobilité du « fond, les variations de forme qu'il éprouve peuvent renver- « ser complètement les résultats, et en tout cas les fausser au « point de leur ôter toute probabilité. »

218. Barrages de soutènement. — Ces effets constants du resserrement, certains ingénieurs et notamment M. l'inspecteur général Lechalas proposent d'en faire la base d'un système particulier d'amélioration de la navigation sur les cours d'eau à fond mobile.

Le cours d'eau considéré serait divisé en un certain nombre de sections ou biefs par des barrages dits *barrages de soutènement du lit* arasés sensiblement au niveau du fond et constituant autant de seuils fixes. Dans chaque bief, un endiguement continu, rationnellement tracé, produirait ses effets : abaissement du fond et du plan d'eau à l'amont ; diminution de la pente moyenne du fond et de la surface ; augmentation du mouillage. Comme conséquence inévitable il se formerait au droit de chaque barrage, une chute brusque, infranchissable pour la navigation, nécessitant la construction d'une écluse ; mais il ne faut pas perdre de vue que sans barrages pour limiter les biefs l'approfondissement serait excessif à l'amont et pourrait entraîner l'écroulement des berges.

D'après ce que nous avons exposé plus haut, il n'est pas douteux qu'on obtiendrait ainsi dans chaque bief une réduction de la pente moyenne et une augmentation du mouillage. Dans quelles limites se produiraient la réduction de l'une et l'augmentation de l'autre ; là est l'aléa.

A notre connaissance, cette ingénieuse conception n'a pas

encore été appliquée. Dans tous les cas, elle constitue un véritable système de canalisation et non plus un mode d'amélioration des fleuves et rivières à courant libre.

§ 2

EMPLOI DES DIGUES TRANSVERSALES OU ÉPIS

319. Epis de Chouzé sur la Loire. — Alors que l'on se proposait comme but des travaux de régularisation la réalisation d'un profil normal, on s'est demandé si, au lieu de limiter le lit par des digues longitudinales continues, il ne suffirait pas de dessiner de distance en distance ce profil normal au moyen de digues transversales ou *épis*. Ce système se recommandait, en effet, dans nombre de cas, par des raisons d'économie.

Dès 1825, on en a fait l'essai sur la Loire, à Chouzé. On a cherché à rectifier le chenal en construisant trois digues transversales *normales* à la rive droite du fleuve, longues de

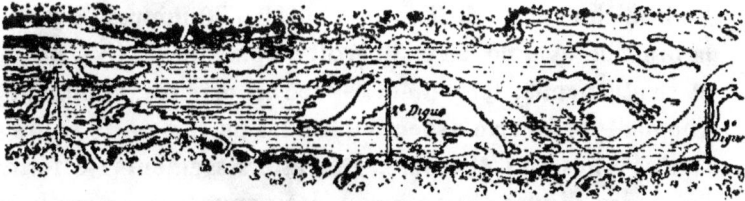

Fig. 48

240 mètres, distantes de 1.100 à 1.200 et laissant un espace libre de 120 mètres vers la rive opposée (fig. 48). Que les extrémités de ces trois épis *hauts et forts* dussent appeler et retenir les profondeurs, cela n'est pas douteux d'après ce que nous savons et cela a effectivement eu lieu. Mais, il y avait sans doute illusion à penser que le thalweg suivrait bénévolement la ligne

droite d'un de ces points à l'autre. Si cela s'est réalisé au début, cela n'a pas duré, car lorsqu'on a relevé ce thalweg en 1832, il suivait le tracé ponctué indiqué sur le plan. Au point de vue de la navigabilité, l'état du fleuve avait empiré.

280. Digues de la Durance. — On cite, au contraire, comme ayant donné de bons résultats, les *épis saillants et hauts* employés sur la Durance ; mais, à propos de ces travaux de la Durance, il y a plus d'une observation à faire.

Tout d'abord, il convient de remarquer qu'il n'était pas question, dans l'espèce, d'améliorer la navigation (la Durance n'est navigable que de nom) ; l'intérêt agricole était seul en jeu. Il s'agissait, non-seulement de restreindre l'espace livré au courant de cette rivière qui divague dans sa vallée et la ravage à chaque crue importante, mais surtout de restituer à l'agriculture des terrains inutilement occupés par le cours d'eau, en y provoquant des atterrissements, des colmatages.

D'autre part, il faut considérer que chaque épi, normal à la rive et insubmersible sur presque toute sa longueur, se termine par un tronçon de digue longitudinale perpendiculaire à l'épi et submersible ; d'où le nom de digues en T donné à ces ouvrages[1]. La branche amont du T mesure de 60 à 80 mètres de longueur, la branche aval de 25 à 30 (voir la planche XXVI, page 332) et ces tronçons, largement espacés il est vrai, jalonnent l'alignement de la rive espérée dans les parties où le cours de la rivière a besoin d'être fixé. Des atterrissements se forment à l'abri des digues et peu à peu des conquêtes se réalisent au profit des terres cultivées, sur le sol improductif.

Enfin, sans méconnaître l'intérêt que peuvent présenter au point de vue agricole les entreprises de ce genre, il ne faut pas oublier qu'elles rentrent dans la catégorie de celles qui, en restreignant l'espace affecté à l'écoulement ou à l'emmagasinement des crues, sont de nature à aggraver les effets des inon-

1. Hardy, *Endiguements de la Durance, Annales des Ponts et Chaussées*, 1876, 1er semestre.

Profil sur AB

Coupe longitudinale suivant CD

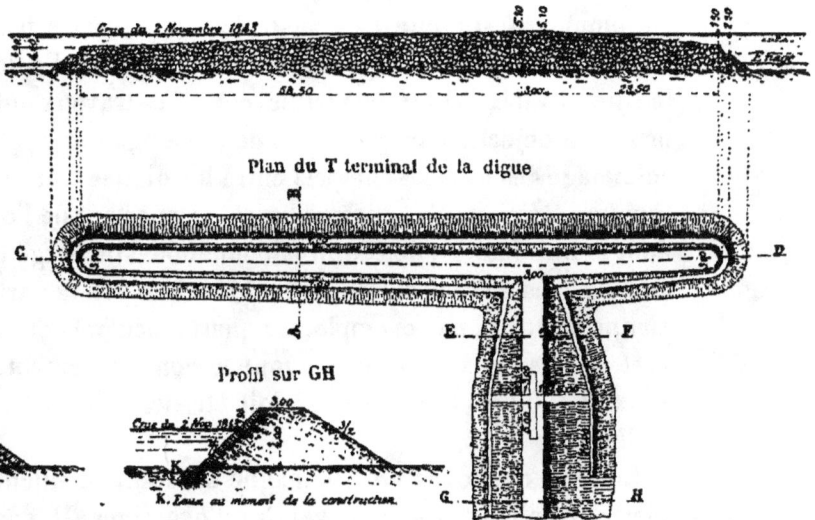

Plan du T terminal de la digue

Profil sur EF

Profil sur GH

Pl. XXVI. DIGUE DE LA DURANCE

dations. Elles doivent donc être conduites avec une grande
prudence et ne peuvent se justifier que par la prévision de bé-
néfices importants ; il faut que la conquête à réaliser ait une
valeur qui compense très largement les sacrifices à faire dans
le présent comme dépenses de premier établissement, et dans
l'avenir comme frais d'entretien des ouvrages. Il est, toutefois
à remarquer que dans la vallée de la Durance la plaine était
dans un état lamentable et que le point essentiel n'était pas la
hauteur des inondations, mais bien la direction des courants.

221. Emploi des épis en Allemagne. — Les épis ont
été employés sur une très vaste échelle dans les travaux de
régularisation des principaux fleuves et rivières de l'Allemagne :
le Rhin, l'Elbe, l'Oder, la Vistule, etc... Ces travaux ont comme
principal objectif l'amélioration de la navigation, toutefois, le
colmatage des espaces compris entre les digues transversales a
toujours été considéré comme un côté important de l'opération
dont le but final est de réunir par une nouvelle berge continue
les têtes des épis successifs. C'est ainsi que sur la partie prussienne du Rhin, par exemple, un quart à peu près du lit recouvert par les eaux moyennes avant le commencement des travaux, 3.400 hectares environ, doit être transformé en terrains
d'alluvion.

Les épis employés en Allemagne diffèrent, d'ailleurs, notablement de ceux que nous venons d'examiner. Ils sont moins
longs et beaucoup plus rapprochés ; sur l'Elbe prussienne, on
compte près de huit épis par kilomètre de rive, en moyenne.
Ils sont aussi moins hauts ; le couronnement du musoir des
épis ne dépasse pas le plus souvent le niveau des eaux moyennes.
Enfin, ils ne sont généralement pas normaux à la rive, mais
inclinés vers l'amont suivant un angle de 75° environ avec
cette rive.

222. Observation sur l'emploi des épis. — C'est surtout en combinant, dans un système mixte, les digues trans-

versales et les digues longitudinales qu'on a obtenu, ainsi que nous le verrons plus loin, des résultats satisfaisants. Toutefois, nous croyons devoir signaler, dès maintenant, le grand avantage que présentent les épis, quand on peut les employer ; ils permettent de modifier facilement et à peu de frais le profil transversal adopté pour le cours d'eau régularisé.

On conçoit aisément tout ce qu'a d'aléatoire la détermination de la distance à laisser libre entre les ouvrages qui dessinent ou jalonnent les nouvelles berges du cours d'eau, et combien il est facile de se tromper en pareille matière. Pour réparer une erreur de ce genre, si l'on a affaire à une digue longitudinale, il n'y a d'autre ressource que de la déplacer ou d'en construire une nouvelle, ce qui entraîne de grands frais. Avec des épis, il suffit de raccourcir ou d'allonger chacun d'eux d'une faible quantité en le faisant au niveau reconnu le plus convenable ; la dépense est insignifiante.

§ 3

SYSTÈME MIXTE

293. Travaux du Rhône. — Les travaux d'amélioration du Bas-Rhône (de Lyon à Arles) et du Rhône maritime (d'Arles à la mer), autorisés par la loi du 13 mai 1878, offrent un remarquable exemple du système mixte de régularisation auquel nous avons fait allusion plus haut. Ces travaux ont été commencés par M. Jacquet et dirigés par lui jusqu'au 1er octobre 1883, date de sa nomination au grade d'inspecteur général ; depuis cette époque, ils ont été poursuivis par M. l'ingénieur en chef Girardon.

Jusqu'alors, le système des resserrements au moyen de digues longitudinales avait été appliqué sur le Rhône. Nous avons fait connaître plus haut les résultats obtenus ; ils ont été tels que l'on a abandonné ce mode de régularisation, que l'on a renoncé à poursuivre la réalisation d'un profil normal calculé comme si le lit était résistant et le débit exclusivement liquide et à chercher l'uniformisation de la pente.

Dans les nouveaux travaux, on a considéré, au contraire, que l'écoulement variable et intermittent des graviers est une loi nécessaire du mouvement des eaux et des matériaux dans une rivière à fond mobile ; on a admis, en conséquence, le maintien des seuils et la conservation du profil en long en escalier.

Ainsi que cela résulte des explications données au chapitre Ier (§ 3, Forme du lit des cours d'eau), *le lit d'une rivière à fond mobile est constitué par une série de mouilles plus ou moins longues, suivant la pente de la rivière, courbes en plan, relativement profondes, à pente superficielle modérée, séparées par des seuils, véritables barrages naturels, et l'écoulement se produit, d'une mouille à l'autre, comme sur des déversoirs plus ou moins noyés.* Non-seulement ces dispositions existent sur les cours d'eau à l'état naturel, mais elles se reproduisent aussi entre les ouvrages de régularisation et malgré les travaux destinés à les faire disparaître. Il faut donc les conserver.

324. Mauvais et bons passages. — Si on appelle passage l'étendue de rivière comprenant deux mouilles séparées par un seuil, ou deux courbes de sens contraire séparées par une inflexion, ces passages présentent assurément bien des variétés, mais ils peuvent cependant se ramener à deux types principaux, le type *N° 1* d'un *mauvais passage* et le type *N° 2* d'un *bon passage* (voir la planche **XXVII**, page 336).

Le premier se rencontre presque partout où le fleuve divague et même souvent là où les eaux sont réunies en un seul bras, quand les circonstances ou des ouvrages mal tracés favorisent le maintien des profondeurs sur les deux rives. Il est caractérisé par les traits suivants.

Les deux mouilles chevauchent l'une sur l'autre ; le thalweg passe brusquement de l'une à l'autre rive en suivant une ligne qui se rapproche plus ou moins de la normale à leur

1. MAUVAIS PASSAGE

Plan

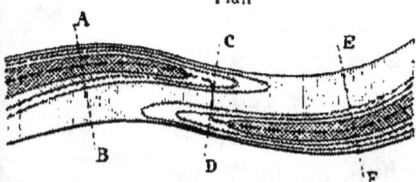

Profil en long du chenal

Profils en travers

AB   CD   EF

2. BON PASSAGE

Plan

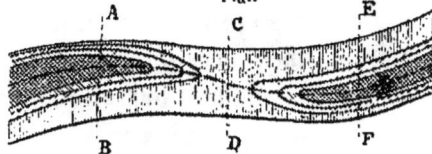

Profil en long du chenal

Profils en travers

AB   CD   EF

Pl. XXVII. TRAVAUX DU RHONE. — PASSAGES TYPES.

direction générale. Le seuil qui sépare les deux mouilles forme
une écharpe très peu inclinée sur cette direction générale ; il
constitue un long déversoir peu noyé sur lequel la lame déversante est mince et la chute courte ; le mouillage peut y tomber
à 0ᵐ40 ; le passage des bateaux y trouve réunies toutes les
difficultés possibles.

Le second type se rencontre presque uniquement là où toutes
les eaux se trouvent réunies dans un seul bras entre des rives
suffisamment stables ; il est caractérisé comme suit.

Les deux mouilles ont leurs extrémités opposées l'une à
l'autre sans chevauchement. Le thalweg présente des courbures régulières ; l'inflexion se fait graduellement sans changement brusque de direction. Le seuil qui sépare les deux mouilles
forme une barre sensiblement normale à la direction générale
des rives ; il constitue un déversoir court, fortement noyé, sur
lequel la lame déversante est épaisse et la chute allongée. Le
mouillage minimum sur ces passages varie, suivant les points,
de 1ᵐ30 à 2ᵐ00. Ils sont facilement franchis par les bateaux.

**285. Travaux nécessaires pour ramener un passage
d'un type à l'autre.** — Dans les travaux de régularisation qui
sont en voie d'achèvement sur le Rhône, on a pour objectif de
ramener tous les passages du premier type au second, en
cherchant à réaliser dans le plan, dans le profil transversal et
dans le profil longitudinal, les dispositions et les formes qui se
rencontrent sur les passages naturellement bons. Pour obtenir
ce résultat, il faut :

1° Réunir toutes les basses eaux dans un lit mineur unique en
barrant les bras secondaires, opération sur laquelle nous avons
déjà donné des détails suffisants ; nous n'y reviendrons pas ;

2° Fixer dans ce lit la position des profondeurs et par suite
celle des seuils, ce qui exige une détermination convenable de
la forme des rives, ainsi que des ouvrages à adopter pour les
tracer et assurer leur conservation ;

3° Régler l'orientation des seuils.

336. Tracé de la rive concave. — Il y a généralement avantage à constituer la rive concave par une digue longitudinale dont l'action continue est plus favorable à la bonne direction du courant et à la répétition des effets qui réalisent les profondeurs. Si on examine le thalweg d'un bon passage, on constate que, voisin de la berge au sommet de la courbe, il s'en écarte peu à peu pour passer à peu près à égale distance des rives, au voisinage de l'inflexion. Il présente d'ailleurs une courbure continue passant d'une valeur maxima au sommet à une valeur nulle à l'inflexion. La rive ne doit donc pas être parallèle au thalweg et les courbures de son tracé doivent être telles que le thalweg puisse s'en détacher peu à peu à mesure qu'on approche de l'inflexion. Or, la rive attire le thalweg d'autant plus fortement que sa courbure est plus prononcée, il faut donc que la courbure diminue à mesure que le thalweg doit s'éloigner de la digue, c'est-à-dire qu'elle doit passer d'une *manière continue* de sa valeur maxima au sommet à une valeur nulle à l'inflexion [1].

On a constaté, dans les travaux du Rhône, qu'on obtenait une continuité suffisante en employant simplement une série d'arcs de cercles de rayons croissants depuis le sommet de la courbe jusqu'à l'inflexion. Il va d'ailleurs sans dire qu'une concavité se trouvant placée entre deux inflexions, la même condition de continuité doit être remplie par les courbes différentes qui la dessinent de chaque côté du sommet.

C'est également la continuité et non l'uniformité que l'on cherche à réaliser dans le profil en long de la digue. Son couronnement doit être placé à une hauteur telle qu'elle contienne les eaux aussi longtemps qu'il y a intérêt à les concentrer pour augmenter le mouillage. Dès que celui-ci est suffisant, il convient, au contraire, de laisser les eaux se répandre sur la plus grande surface possible, de manière à éviter un creusement excessif nuisible à la conservation de la pente et de la largeur

1. C'est exactement la règle formulée sous le n° 3 par M. l'inspecteur général Fargue (page 326).

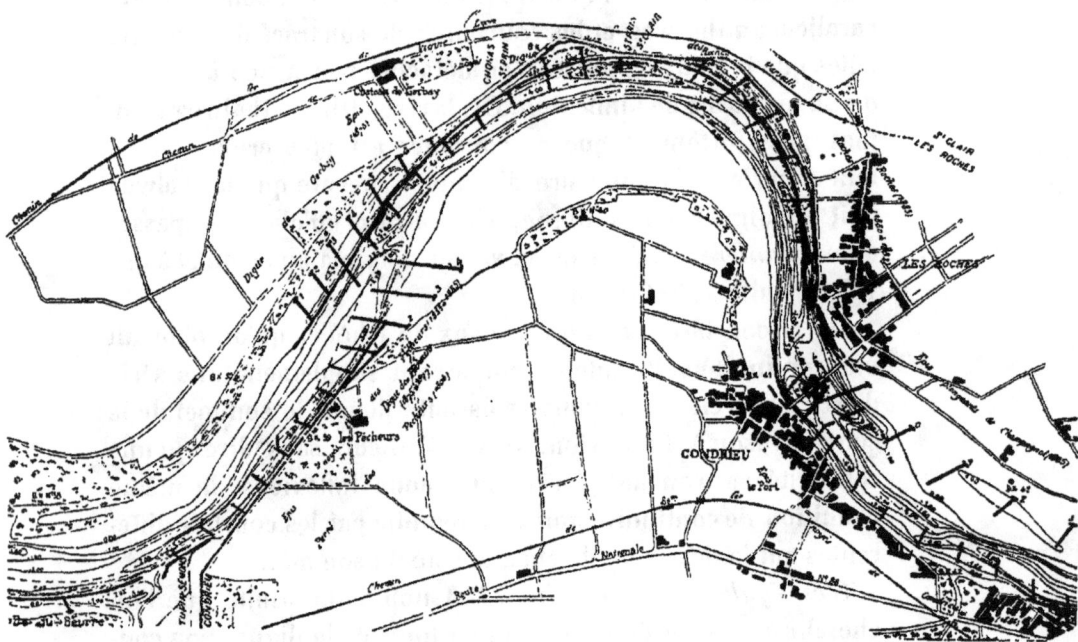

Pl. XXVIII. PASSAGE DE GERBAY ET CONDRIEU

du chenal. Dans les conditions particulières au Rhône, ce niveau ne doit pas dépasser *1ᵐ00 environ au-dessus des plus basses eaux*, mais il ne doit pas être le même sur toute l'étendue de la digue. Les profondeurs étant d'autant plus grandes et plus voisines de la rive que celle-ci est plus haute, il faut, pour que le chenal puisse s'en détacher, que l'effet de la digue aille en diminuant à mesure qu'on s'approche de l'inflexion ; c'est donc au sommet de la concavité qu'elle doit présenter la hauteur *maxima pour* s'abaisser de part et d'autre jusqu'au niveau de la plage naturelle, au voisinage de chaque inflexion.

Lorsque les eaux s'élèvent assez pour surmonter la digue, cet ouvrage, s'il était isolé, serait menacé. Les eaux, en se déversant sur la digue, affouilleraient son pied ; on risquerait de la voir emporter et de voir en outre se créer en arrière des courants secondaires qui pourraient ouvrir un nouveau chenal ; enfin, les bateaux pourraient être entraînés sur les digues par le courant transversal de déversement et s'y perdre. Pour s'opposer à ces effets, on relie la digue à la rive par des ouvrages transversaux qui prennent le nom de *Traverses, Tenons ou Rattachements* (voir la planche **XXVIII**, à la page 339, et la planche **XXIX**). Ces ouvrages sont orientés vers l'amont à partir de la berge et ils descendent en pente depuis cette berge jusqu'à la digue ; de telle sorte que les actions combinées de leur pente et de leur orientation concordent pour ramener le courant sur l'axe du chenal principal et s'opposent à la formation de courants secondaires ainsi qu'au déversement des eaux. Leur pente est d'ailleurs d'autant plus considérable que les eaux tendent plus résolument à sortir du chenal ; c'est donc au point où la courbure atteint son maximum que la pente des traverses est la plus forte.

Quand la pente du fleuve est faible et la courbure du chenal peu prononcée, on peut, pour simplifier, supprimer la digue longitudinale et se contenter des ouvrages de rattachement pour diriger les eaux ; mais les points où cette disposition suffit sont rares.

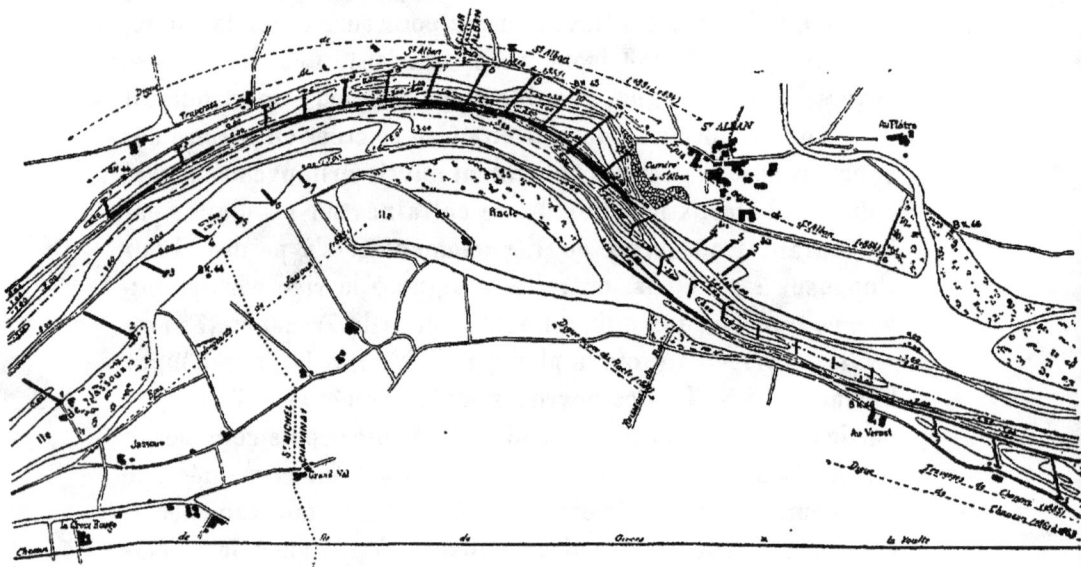

Pl. XXIX. PASSAGE DE SAINT-ALBAN

227. Tracé de la rive convexe. — Cette rive doit présenter les dispositions qu'on rencontre naturellement sur les bons passages, c'est-à-dire celles d'une plage en pente douce qui permet aux eaux de s'étaler progressivement sans jamais acquérir une vitesse suffisante pour déterminer les affouillements. Quand la plage existe et présente assez de résistance, il n'y a rien à faire ; si sa résistance est trop faible, on la consolide en établissant des *épis plongeants* sans relief sur le sol naturel (voir les planches **XXVIII** et **XXIX**, pages 339 et 341). Si la plage n'existe pas, on en construit, de la même manière, l'ossature à l'aide d'épis plongeants qui en dessinent la forme, dirigent les eaux comme ferait la plage elle-même et en provoquent la formation. Ces épis doivent être orientés de manière à rejeter le courant principal sur la ligne du thalweg ; leur pente doit être réglée dans le même but ; par conséquent, elle atteint son maximum sur l'épi qui correspond au point où la courbure est la plus forte, pour aller en diminuant de part et d'autre jusqu'au voisinage de l'inflexion.

228. Position de l'inflexion. Fixité du seuil. — Pour achever de déterminer le tracé des rives, il ne reste plus qu'à fixer la position des inflexions, entre lesquelles les courbures devront être distribuées de manière à satisfaire à la fois aux exigences locales et à la condition de continuité dont nous avons montré la nécessité.

Cette position ne saurait être arbitraire. Les inflexions sont, en effet, les étapes où doivent s'arrêter les matériaux, quand la baisse des eaux suspend leur écoulement, et la distance entre ces étapes dépend essentiellement du régime de la rivière, *du débit de ses eaux, de sa pente, de la quantité et de la nature des matériaux qu'elle transporte ;* conditions qui varient non seulement d'une rivière à une autre, mais aussi d'une région à une autre sur une même rivière. L'observation permet de constater que dans une section donnée de rivière, lorsque les conditions de débit et de pente sont peu différentes, la distance

de deux seuils reste comprise dans des limites qui ne sont pas
très éloignées l'une de l'autre. C'est entre ces limites qu'il convient de maintenir l'espacement des inflexions [1] en se guidant
sur les indications des bons passages et sur les circonstances
locales, de manière à conserver à peu près le nombre des seuils
qui se forment naturellement. Si ce nombre doit être légèrement modifié, il faut plutôt l'augmenter que le diminuer,
attendu que chacun des seuils correspondant à une chute du
profil des eaux, la hauteur de chacune d'elles diminue quand
leur nombre augmente.

229. Orientation des seuils. — Le tracé des rives est
suffisant pour ramener la formation des seuils à la même place,
mais dans beaucoup de cas il ne l'est pas pour régler leur
forme et leur donner une bonne orientation ; son action doit
être complétée par celle d'ouvrages spécialement destinés à
guider l'inflexion et à ménager la transition graduée d'une
forme concave à la forme concave inverse.

Dans un bon passage (voir la planche **XXVII**, page 336),
les profondeurs ne sont pas excessives et le chenal est large ;
le thalweg, toujours suffisamment éloigné de la rive, s'en
détache progressivement, tandis que la profondeur diminue
peu à peu à mesure que l'on approche de l'inflexion. La forme
du profil en travers est toujours celle d'un triangle dont le
sommet correspond au thalweg et la base à la surface des eaux,
mais la base est large et la hauteur modérée ; le sommet reste
toujours assez éloigné de la rive concave et l'inclinaison des
côtés, plus forte vers cette dernière. correspond pour les deux
à des pentes assez faibles. Ce profil se déforme graduellement
à mesure qu'on s'approche de l'inflexion. La hauteur diminue

---

1. Recommandation à rapprocher de la règle formulée sous le n° 2 par
M. l'inspecteur général Fargue (page 326). « Pour que le chenal soit profond,
« il faut que le réseau polygonal formé par l'ensemble de ces alignements
« droits (alignements formés par la direction prolongée des parties des rives
« où la courbure change de sens), aient des angles et des côtés qui ne soient
« ni trop grands ni trop petits. »

à mesure que le sommet s'éloigne de la rive concave ; l'inclinaison des côtés diminue en même temps, mais plus vite du côté concave, de telle sorte qu'elle arrive à avoir la même valeur des deux côtés au voisinage de l'inflexion. De l'autre côté de cette inflexion, des formes symétriques se reproduisent dans le même ordre.

Dans un mauvais passage (voir la planche XXVII, page 336), les profondeurs sont considérables au voisinage de la rive concave et le chenal est étroit ; le thalweg très rapproché de cette rive s'en détache difficilement et brusquement pour passer sur l'autre ; les profondeurs se conservent jusqu'au voisinage de l'inflexion pour cesser tout à coup et reparaître de l'autre côté. Le profil en travers a toujours la forme d'un triangle, mais la base est étroite et la hauteur considérable. Le sommet est très voisin de la rive concave et l'inclinaison des deux côtés très forte. Cette disposition se conserve presque jusqu'à l'inflexion au delà de laquelle on retrouve, sans transition des formes symétriques.

Pour obtenir la bonne orientation du seuil, il faut donc substituer aux formes vicieuses que le profil en travers présente sur ces mauvais passages, les formes rationnelles qu'il prend naturellement dans les bons. On y arrive en dessinant de distance en distance ce profil en travers à l'aide d'*épis noyés* (voir les planches XXVIII et XXIX, pages 339 et 341), barrages transversaux établis dans les profondeurs à un niveau assez bas pour qu'ils ne gênent pas la navigation et ne causent à la surface aucune perturbation.

Retranchant une partie de la profondeur, ces épis provoquent l'élargissement du chenal. Ayant pour but d'écarter le courant de la rive concave, ils doivent être orientés vers l'amont et présenter une pente à partir de la rive. Leur point le plus bas, déterminant le maximum des profondeurs, fixe en même temps la position du maximum des vitesses et l'axe du chenal. Cet axe doit être d'autant plus près de la rive que le point considéré est plus voisin du sommet de la courbe et les plus grandes pro-

fondeurs doivent correspondre également aux plus grandes
courbures (un peu en aval suivant l'observation constante) [1].
L'épi qui correspond à ce point devra donc avoir son enracine-
ment plus bas que les autres, une pente plus forte et son extrémité en rivière plus profonde. Les épis suivants se relèveront
peu à peu et leur pente diminuera à mesure qu'on s'éloignera
du sommet de la courbe. Si bien que les épis successifs constituent réellement les génératrices d'une surface gauche qui se
déforme par gradations successives jusqu'à la forme moyenne
qui doit exister à l'inflexion pour présenter au delà des dispositions inverses.

On est ainsi amené, après avoir réalisé la continuité dans
le tracé du chenal en plan, dans le profil, la hauteur et la pente
des ouvrages de rive, à l'assurer aussi dans le profil en long
du fond et dans la forme des profils en travers.

Les épis noyés employés comme il vient d'être dit, remplis-
sent donc une double fonction. Ils dirigent l'inflexion et empêchent le creusement excessif du lit de part et d'autre de cette
inflexion. Souvent, on va encore plus loin dans la consolidation
du fond quand il est très affouillable et on le fixe sur toute sa
largeur en prolongeant les épis d'une rive à l'autre. Ils prennent alors le nom de *seuils de fond* (voir la planche **XXVIII**,
page 339) et sont établis en chevron la pointe tournée vers
l'amont et placée sur l'axe du chenal dont elle fixe la position
en y déterminant le maximum des profondeurs.

230. Résumé des règles suivies. — Tel est l'ensemble
des règles suivies et des ouvrages adoptés sur le Rhône depuis
1884.

On ne cherche plus à transformer le cours d'eau en un canal
artificiel et à obtenir dans le profil en long et le profil en travers une uniformité dont la nature n'offre pas d'exemples ; on
conserve, au contraire, les formes naturelles que prend un cours

---

1. Observation en accord complet avec les faits généraux constatés par
M. Fargue (page 326).

d'eau sous l'action des lois qui règlent son débit liquide et son débit solide, mais on s'efforce d'établir la continuité dans la variation de ces formes. On ne leur fait subir aucune modification profonde, on se borne à les régulariser sur le modèle de celles qui sont naturellement bonnes et à substituer aux causes accidentelles des irrégularités gênantes pour la navigation des résistances convenablement distribuées, cause permanente du retour périodique des dispositions qui lui sont le plus favorables.

Les rives du fleuve restent sinueuses, et leur tracé s'écarte aussi peu que possible de celui qu'il s'est fait lui-même, mais la continuité est introduite dans la succession de leurs courbures.

Le lit reste formé d'une suite de fosses séparées par des seuils, mais le passage des parties profondes aux parties en relief est ménagé par gradations continues.

Le profil en long des basses eaux conserve la forme brisée, il reste composé d'une suite de biefs en pente faible séparés par des chutes ; mais la pente des biefs est soutenue par la consolidation du fond et la raideur des chutes est adoucie par la bonne orientation des seuils.

Les matières charriées continuent à s'écouler par transports successifs séparés par des étapes ; mais la position de ces étapes est déterminée à l'avance. Les graviers ne sauraient s'arrêter dans les courbes où tout a été disposé pour favoriser la conservation des profondeurs ; ils ne peuvent se déposer qu'à l'inflexion qui sépare deux courbes de sens contraire ; mais là se trouve placée à l'avance toute une série d'ouvrages régulateurs de la forme du lit et de la distribution des vitesses qui, sans faire obstacle au dépôt, en déterminent la forme et l'orientation. La profondeur qui subsiste sur les seuils après le passage de chaque crue est continuellement variable et dépend des circonstances de la crue et de la quantité des matériaux transportés ; des causes changeantes ne peuvent pas avoir des effets constants ; mais cette profondeur est toujours la plus

grande qui puisse résulter des conditions dans lesquelles le
seuil s'est formé et que comporte le régime de la rivière, car
son maximum correspond invariablement à la bonne orientation des seuils.

Chaque seuil régularisé peut, en quelque sorte, être comparé
à un corps humain dont les différents ouvrages, épis noyés,
seuils de fond, etc..., formeraient le squelette et les matériaux
déposés, la chair. Suivant les circonstances de chaque crue, le
corps maigrit ou engraisse alternativement, mais ces modifications, toujours transitoires, apportent le moindre trouble possible dans l'harmonie générale de ses formes.

231. Sondages et observations hydrométriques. —
L'étude de ces modifications se poursuit sans interruption ;
elle a pour base des observations incessantes. Il importe de
signaler ici, ne fût-ce que sommairement, les méthodes employées tant pour le relevé que pour la mise en œuvre de ces
observations, et de mentionner les principales constatations
qu'elles ont permis de faire.

Dans chaque subdivision de conducteur, des sondages sont
faits, chaque semaine, sur toute la longueur du thalweg praticable du fleuve.

Dans chaque subdivision de conducteur, on trouve une
échelle principale où la cote est relevée trois fois par jour, et
des échelles locales au nombre d'environ quatre par kilomètre.
Chaque quinzaine on fait la lecture à toutes les échelles, et
cela a permis de dégager la relation qui existe entre le mouvement des eaux à chacune des échelles locales et le mouvement des eaux à l'échelle principale [1].

Pour *tous* les seuils sans exception, au nombre de 150 environ, qui se trouvent sur le Rhône, à l'aval de Lyon, on

---

1. Si on désigne par h la cote à l'échelle principale, h' la cote à l'échelle
locale, α et n deux coefficients variables d'une échelle locale à l'autre, on a,
avec une approximation suffisante :

$$h' = \alpha + nh$$

construit un premier graphique dont la planche **XXX** présente un double spécimen, en prenant pour abscisse la cote à l'échelle principale de la subdivision au moment du sondage et pour ordonnée la profondeur sur le seuil considéré. On a pu constater qu'il existe entre la profondeur sur un seuil et la cote à l'échelle principale une relation représentée avec une approximation très suffisante par une fonction linéaire telle que

$$t = K + mh$$

dans laquelle : t est le mouillage sur le seuil, h est la cote à l'échelle principale, K et m sont des coefficients variables d'un seuil à l'autre et même, sur un même seuil, d'une époque à l'autre.

Mais quand le seuil est bien fixé, en tant qu'il peut l'être, quand l'inflexion est bien guidée, les coefficients K et m varient peu ; les points donnés par les divers sondages viennent se placer sur la droite $t = K + mh$ avec une régularité remarquable ; enfin la valeur de t pour la cote correspondant à l'étiage ne présente que des variations de 10 à 15 centimètres avec un minimum toujours supérieur à 1^m50 et souvent à 2^m. Plus de 120 seuils sont aujourd'hui dans cette situation.

Il n'est pas besoin d'insister sur l'utilité pratique de la connaissance des relations dont il vient d'être parlé. Il suffit au conducteur de lire la cote à l'échelle principale de sa subdivision pour avoir une idée suffisamment exacte du mouillage dont la batellerie peut disposer sur tous les seuils de son service.

Pour un certain nombre de seuils, on dresse un second graphique en prenant pour plan de comparaison le plan horizontal passant par le zéro de l'échelle principale de la subdivision ; les temps sont les abscisses, les hauteurs à l'échelle locale les ordonnées. On obtient ainsi la courbe classique des mouvements du plan d'eau, mais en portant en ordonnées au-dessous de cette courbe les profondeurs données par les son-

Seuil des Fillettes.

Indication du sondage $\left\{\begin{array}{l}\textit{de 1897.}\;\cdot\\\textit{de 1898.}\;\bullet\end{array}\right.$

2.00

1.50

1.00

0.00   Échelle de Tournon

0.00   1.00   2.00

Seuil de Limas

Indication du sondage $\left\{\begin{array}{l}\textit{de 1897.}\;\cdot\\\textit{de 1898.}\;\bullet\end{array}\right.$

2.00

1.50

1.00

1.00   Échelle de Bourg-S.-Andéol

0.00   1.00   2.00

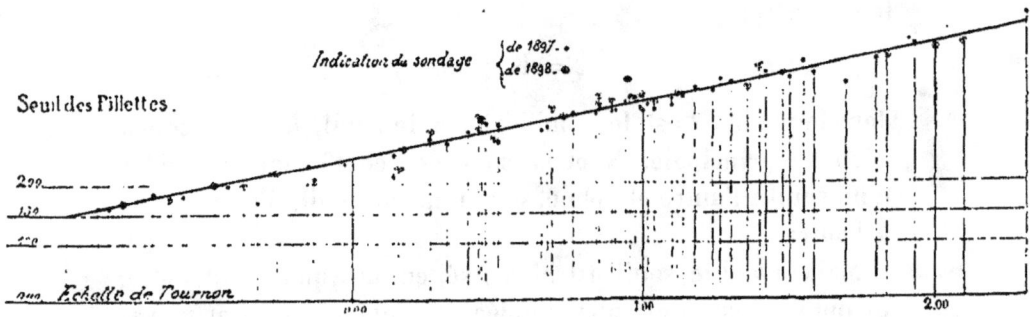

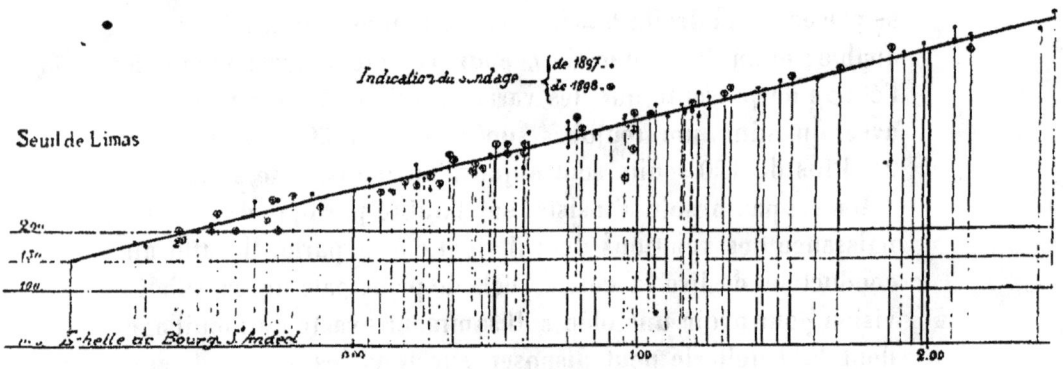

Pl. XXX. GRAPHIQUES DES MOUILLAGES

dages, on obtient une seconde courbe qui représente les mouvements du fond (pl. XXXI).

De l'examen des courbes de cette dernière espèce, il résulte qu'il y a des seuils sur lesquels le mouvement du fond suit le mouvement des eaux, où le fond se relève quand les eaux montent et s'abaisse quand les eaux baissent ; il y a aussi des seuils où le fond varie peu ; il y en a d'autres enfin où il suit un mouvement inverse, s'abaissant quand les eaux montent et se relevant quand les eaux baissent.

Il ne paraît donc pas qu'il y ait une loi générale qui lie le sens des mouvements du fond à celui des mouvements de la surface.

D'autre part, lorsqu'on dit qu'un seuil est fixé, il doit être entendu qu'il s'agit seulement d'une fixité relative réduite à ceci : *le retour des mêmes conditions d'écoulement amène la reproduction des mêmes formes et de profondeurs peu différentes.* Cela est d'ailleurs parfaitement suffisant si, comme il arrive sur les passages fixés, le retour des basses eaux ramène des profondeurs toujours assez grandes pour une facile navigation, soit 1^{m}50 au minimum sur le Rhône.

232. Exécution des ouvrages en enrochements. — Les ouvrages construits pour la régularisation du Rhône sont presque exclusivement exécutés en enrochements échoués à pierres perdues[1] ; l'ordre suivi dans l'exécution et les soins qu'on y apporte ont une influence considérable sur le résultat.

Tout obstacle brusque, toute saillie violente et isolée provoque des tourbillons et des affouillements. Il convient donc partout d'adoucir les formes des ouvrages.

On raccorde le talus des digues aux pentes du fond par une risberme.

On prolonge le talus des épis noyés par un tapissage plus ou moins long selon leur relief.

---

[1] Quelques digues sont seulement revêtues d'enrochements, le corps de l'ouvrage étant constitué par un massif de graviers compris entre deux rangées parallèles de clayonnages.

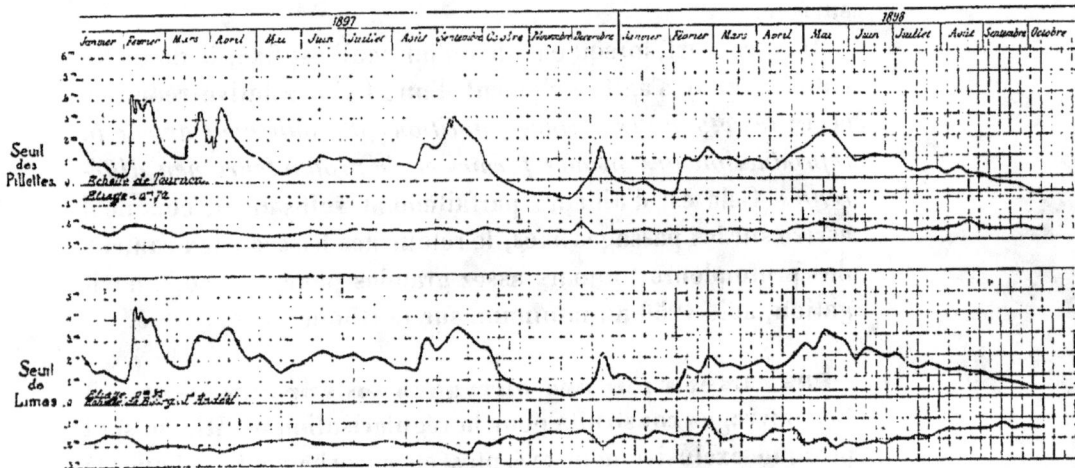

Pl. XXXI. — GRAPHIQUES DES MOUVEMENTS DES EAUX ET DU FOND

On redresse la pente de ces épis et on élargit leur profil au voisinage de la digue pour ménager la transition entre les formes des deux ouvrages et, pour le même motif, on adoucit leur pente aux points où ils rejoignent le fond.

Il faut procéder aux modifications du chenal peu à peu, par changements gradués et successifs, ébaucher d'abord les ouvrages avec un faible relief, les conduire autant que possible par séries, car leurs effets se complètent en se limitant les uns par les autres ; puis les suspendre après une première ébauche, laisser agir le fleuve et y revenir ensuite. Non-seulement on évite ainsi les perturbations que provoquent les ouvrages saillants et les affouillements qu'il faudrait combler, mais on profite au contraire des atterrissements qui se produisent ordinairement autour des ouvrages de faible relief et de formes adoucies et on les conduit à leur hauteur définitive avec une notable économie. On peut enfin juger peu à peu des effets produits, rectifier les dispositions prévues si l'exécution en indique la convenance et atteindre avec plus de certitude le résultat cherché.

En un mot, dans l'exécution comme dans le tracé et la disposition des ouvrages, c'est le principe de la *continuité* qui doit invariablement dominer.

233. Épis en clayonnages. — Sur le Rhône maritime et sur le Petit Rhône [1], où la pente est insignifiante et où les matériaux en suspension sont extrêmement ténus (sable très fin mêlé d'argile légère), on a fait aussi usage d'épis en clayonnages d'un système particulier dont il nous paraît intéressant de dire ici quelques mots.

Ces épis sont tracés suivant les mêmes règles que s'il s'agissait d'ouvrages en enrochements, c'est-à-dire légèrement orientés en plan vers l'amont à partir de la rive, et inclinés

---

1. On appelle ainsi le bras occidental du fleuve qui a son origine à Fourques, un peu en amont d'Arles.

suivant la pente qu'on veut donner à la plage dont ils doivent former l'ossature.

Chacun d'eux est constitué par une file de pieux espacés de 0ᵐ90 d'axe en axe, sur lesquels on vient appliquer des panneaux préparés d'avance, des cadres garnis d'osier tressé (voir la planche XXXII, page 354).

Les cadres, rectangulaires, formés de bois de $\dfrac{0^{m}050}{0^{m}027}$ et contreventés en leur milieu par une traverse de même équarrissage, ont tous uniformément 2ᵐ00 de longueur, de telle sorte qu'ils s'appuient sur trois pieux. Leur hauteur varie de 25 en 25 centimètres, depuis 0ᵐ50 jusqu'à 1ᵐ50.

Ils sont garnis d'osiers tressés en *chicane*, ils laissent donc passer l'eau à travers leurs mailles, et c'est seulement par le ralentissement de la vitesse qu'ils occasionnent, qu'ils provoquent des dépôts continus. Des essais comparatifs ont été faits pour déterminer le genre de tressage qui donne les résultats les plus rapides ; on a constaté que les panneaux sont d'autant plus efficaces que le tressage est moins serré, sans que toutefois la proportion des vides dépasse la moitié de la surface totale.

La construction d'un épi comprend le battage des pieux et la mise en place des panneaux.

De la première opération, il nous suffira de dire qu'elle se fait soit à la main, soit à la sonnette, ce dernier procédé n'étant généralement appliqué qu'à quelques pieux extrêmes du côté du chenal.

Pour faciliter la mise en place des panneaux, chacun d'eux est muni, à chaque angle, de boucles grossièrement faites en fil de fer galvanisé qui s'enfilent sur les pieux à la façon d'une bague, et servent à guider les cadres pendant la descente. Cette descente s'opère d'ailleurs très facilement en poussant le cadre avec une fourche ou une perche quelconque ; il suffit seulement de le presser autant à une extrémité qu'à l'autre pour éviter qu'il se coince. Dans chaque rangée verticale, on

23

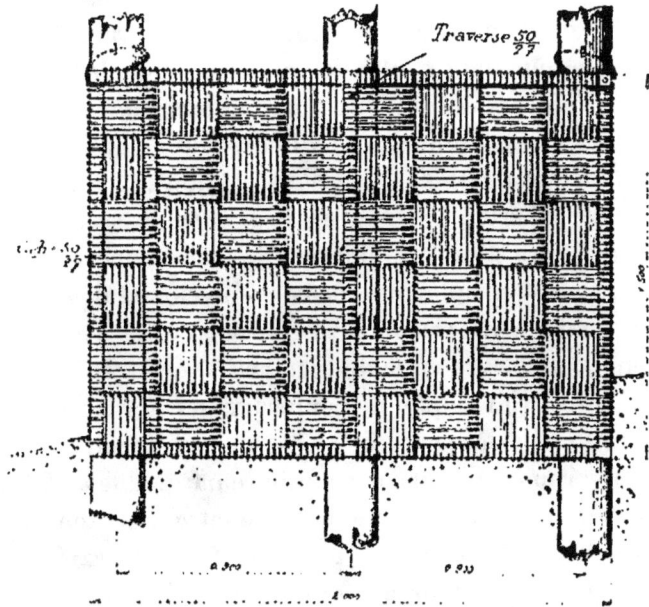

Traverse $\frac{50}{77}$

Pl. XXXII. EPI EN CLAYONNAGES

superpose les panneaux de manière à atteindre exactement le niveau prévu. Les panneaux ayant des hauteurs qui varient de 25 en 25 centimètres, la chose ne présente aucune difficulté ; il suffit, au moment où on place le panneau inférieur, de l'enfoncer dans le sol jusqu'à ce que la hauteur comprise entre la partie supérieure du cadre et le sommet de l'épi corresponde à un nombre entier de panneaux. Quand tous les cadres sont en place et le profil de l'épi bien réglé, on arrête définitivement le cadre supérieur de chaque rangée en fixant les boucles du haut contre les pieux à l'aide de petits crampons, et l'on recèpe les pieux à la hauteur voulue.

L'expérience, confirmant d'ailleurs tout ce qui a été dit plus haut au sujet de la *continuité*, a démontré la nécessité de prolonger la crête inclinée de l'épi jusqu'à se perdre sur le fond du cours d'eau. La fixation du cadre supérieur de quelques rangées de panneaux du côté du chenal devient un peu moins facile et on est obligé de recéper sous l'eau les pieux extrêmes, mais ce sont là de bien petits inconvénients.

En définitive l'emploi de panneaux en osier tressé, préparés à l'avance par des spécialistes, permet d'exécuter ces travaux avec une rapidité et une économie remarquables. Un chantier de huit hommes peut, en trois ou quatre jours, construire un épi de 50 à 60 mètres de longueur. Or cette rapidité est un avantage capital pour des ouvrages qu'il y a tout intérêt à exécuter pendant des périodes de basses eaux généralement de peu de durée. Quant à la dépense, elle est de 5 à 6 francs par mètre carré et se décompose comme suit :

Panneaux en osier, le mètre carré . . . . 2 fr. 00
Pieux à 0^{m}90 d'écartement par mètre carré
   d'ouvrage 2   50
Main d'œuvre, fourniture de fil de fer et de
   crampons 1   25
                  Total . . . . 5 fr. 75

Le colmatage provoqué par ces épis s'est d'ailleurs généra-

lement réalisé avec une rapidité imprévue ; des ouvrages ont
été en grande partie couverts, en peu de mois, sans crues et
même sans eaux troubles.

224. Résultats obtenus. — Pour mieux faire apprécier
les résultats obtenus, il n'est pas sans intérêt de rappeler ici
les principaux éléments du régime du Rhône.

Entre Lyon (embouchure de la Saône) et la mer, seule partie où aient été exécutés les travaux de régularisation ci-dessus décrits, le cours du fleuve mesure 331 kilomètres [1].
L'altitude, au confluent du Rhône et de la Saône étant (158,58),
la pente moyenne est de 0^{m}48 par kilomètre. Mais cette pente
est très inégalement répartie ; on trouve :

Entre Lyon et l'Isère .... sur 104^{k}000.... 0^{m}500 par kilomètre.
  — l'Isère et l'Ardèche .... — 87,000.... 0,775   do
  — l'Ardèche et la Durance .... — 57,000.... 0,513   do
  — la Durance et Soujean ..... — 28,000.... 0,260   do
  — Soujean et Saint-Louis ..... — 47,000.... 0,023   do

Sur certains points, la pente est bien supérieure à la
moyenne et on rencontre des passages où, sur une petite longueur, elle atteint et dépasse même 3 à 4 mètres par kilomètre.

La vitesse superficielle du courant varie beaucoup dans une
même section ; celles qui se rencontrent jusqu'à la limite des
eaux navigables sont :

En eaux basses, de 1^{m}00 à 2^{m}50 par seconde suivant les
points ;

En eaux moyennes, de 1^{m}50 à 3^{m}50 ;

En hautes eaux, de 2^{m}50 à 4^{m}00.

Le lit du Rhône est formé par une couche très épaisse de
gravier très mobile et très affouillable. Sur certains points
émergent des roches isolées ; sur d'autres, assez rares, de véritables bandes transversales de rocher s'étendent d'une rive
à l'autre. Cette constitution du lit est sensiblement la même

---

1. Par le bras oriental du fleuve, par Arles et Saint-Louis.

sur toute l'étendue du fleuve ; la seule différence d'un point à l'autre consiste dans la grosseur des graviers. A partir de Soujean, à 28 kilomètres à l'aval de la Durance, dernier affluent important du fleuve, le gravier disparaît et on ne trouve plus que du sable fin.

Le débit du Rhône est très variable ; l'écart entre le volume des basses eaux et celui des crues est considérable, ainsi qu'il résulte du tableau suivant :

DÉSIGNATION DES POINTS où les observations ont été faites	Minimum observé en 1884	Étiage convention- nel en 1878	Maximum observé en 1856
	m.c.	m.c.	m.c.
En amont du confluent de la Saône.....	130	140	5.400
En av — de la Saône.....	150	240	7.000
— — de l'Isère........	250	365	9.700
— — de l'Ardèche....	300	380	11.900
— — de la Durance ..	370	450	13.900

Le mouillage minimum avant les travaux tombait souvent à 0m40 ; aujourd'hui on doit compter sur un minimum de 1m25 à l'étiage et on peut très raisonnablement prévoir qu'avec l'action du temps et les travaux de parachèvement indispensables, on arrivera à 1m40, 1m50, peut-être même au desideratum de 1m60.

Mais, sur un fleuve à courant libre, comme le Rhône, où le mouillage varie incessamment, le mouillage minimum d'étiage est une mesure très imparfaite des conditions de navigabilité. C'est ainsi qu'aujourd'hui même où ce minimum n'est encore que de 1m25, le mouillage est égal ou supérieur à 1m60 pendant *311 jours* par an en moyenne, et c'est cela qui importe réellement pour la batellerie.

L'amélioration obtenue ressort donc bien plus nettement de l'examen du tableau ci-après où sont mises en regard les conditions de navigabilité, en année moyenne, telles qu'elles étaient avant les travaux et telles qu'elles sont aujourd'hui.

CONDITIONS DE NAVIGABILITÉ		Avant les travaux	Actuellement	Gain	
				absolu	relatif
		jours	jours	jours	
Navigation interrompue par :	les glaces.............	6	6		
	les vents et les brouillards	2	2		
	les basses eaux........	66	2		
	les crues de plus de 4m50 sur l'étiage.........	4	4		
		93	14	79	85 0/0
	le manque de hauteur sous les ponts........	15	»		
Navigation difficile	Réduction des chargements, difficultés de manœuvre et de gouverne	129	14	115	89 0/0
Navigation facile	Pleine charge, gouverne facile, courants maniables................	143	337	194	136 0/0
		365	365		

Pour éviter tout malentendu sur la valeur des chiffres inscrits dans ce tableau, il importe de bien remarquer que l'année considérée est, comme tenue des eaux, *la moyenne de vingt années* d'observations. Il est clair que si le régime du fleuve venait à changer, tous ces chiffres devraient changer également. Sans aller aussi loin, on ne saurait être surpris des différences qu'ils peuvent présenter avec les constatations faites pendant une année exceptionnelle (comme l'année 1897, par exemple, l'a été à plus d'un titre) ou même pendant une série d'années caractérisées par des basses eaux plus longues que la moyenne.

Sous réserve de ces observations, la comparaison entre l'état ancien et l'état actuel peut s'établir comme il précède.

Anciennement l'état du Rhône pouvait se définir très simplement :

Trois mois de chômage, quatre mois de difficultés, cinq mois de navigation facile.

Aujourd'hui, au contraire, on peut compter moyennement sur :

Quatorze jours de chômage, quatorze jours de difficultés moindres qu'autrefois, en tout un mois environ, et onze mois de navigation facile et à pleine charge.

Ce résultat est assurément des plus remarquables et, au point de vue de l'hydraulique fluviale, on peut dire que le succès est complet. Au point de vue de l'industrie des transports une difficulté subsiste, difficulté sérieuse et irréductible celle-là ; c'est la vitesse du courant. Arrivera-t-on à en triompher économiquement ?

Dans le courant de l'année 1896, la Compagnie générale de navigation a inauguré une organisation nouvelle des transports sur le Rhône, au moyen d'un matériel spécial étudié avec le plus grand soin. Nous donnons un peu plus loin quelques détails sur cette organisation dont il paraît permis d'espérer d'heureux effets ; dans tous les cas, il est indispensable d'attendre qu'elle ait fonctionné pendant un temps suffisant, avant de pouvoir répondre à la question que nous posions ci-dessus.

235. Travaux de régularisation en Allemagne. — Nous avons déjà dit que les travaux de régularisation avaient été exécutés sur une très large échelle, en Allemagne. A la suite de ces travaux, la navigation a pris sur les principaux cours d'eau de l'Empire un développement énorme.

Il est possible que cet essor de la navigation fluviale, chez nos voisins, provienne en partie de causes économiques et même politiques; il n'en est pas moins manifeste qu'il est principalement dû à cette circonstance que les grands fleuves allemands n'ont que des pentes minimes, du moins si on les compare avec celles du Rhône. Il nous suffira de rappeler ici quelques-uns des chiffres que nous avons déjà donnés au chapitre I (page 55). Tandis que le Rhône atteint l'altitude de 100 mètres à 215 kilomètres seulement de son embouchure, il faut pour parvenir à la même altitude, remonter l'Oder sur 524 kilomètres à partir de la mer, le Rhin sur 621 et l'Elbe sur 662. Pour ce dernier fleuve, le point à l'altitude de 100 mètres se trouve à 25 kilomètres seulement à l'aval de Dresde.

Les travaux de régularisation du Rhin n'ont pris un développement sérieux qu'à partir de 1831, après la conclusion de l'*Acte pour la navigation du Rhin*, obligeant les États riverains à établir partout un bon chenal de navigation et à construire un chemin de halage. Le système adopté consiste à dessiner le cours du fleuve à l'aide d'épis très rapprochés et à établir au moyen de dragages dans le lit ainsi limité un chenal de navigation aussi régulier que possible; mais on a eu recours aussi dans une large mesure aux ouvrages longitudinaux : défenses de rives et digues parallèles.

D'après un mémoire publié en 1888 par le Ministère des travaux publics de Prusse [1] à l'occasion du Congrès international de navigation intérieure tenu à Francfort-sur-le-Mein, les ouvrages construits à cette époque pour la régularisation du Rhin, sur un parcours de 332 kilomètres entièrement en territoire prussien, comprenaient :

---

1. Denkschrift über die Ströme Memel, Weichsel, Oder, Elbe, Weser und Rhein, bearbeitet im Auftrage des Herrn Ministers der öffentlichen Arbeiten. Berlin, 1888.

1852 épis mesurant ensemble une longueur
totale de...........................   106 ᵏ 898
Des défenses de rives présentant un développement de............................   355   409
Et des digues parallèles, longues ensemble
de................................   22   637
Développement total des ouvrages.........   484   944

Pour l'ELBE, c'est seulement en 1842 que furent arrêtées les
premières bases de la régularisation du fleuve suivant des
principes uniformes, dans toute l'étendue des territoires allemands. Les obligations réciproques des états riverains sont
fixées par l'acte du 13 avril 1844 additionnel à l'acte de navigation sur l'Elbe.

Les travaux exécutés comportent essentiellement, comme
nous l'avons déjà vu plus haut, la construction de nombreux
épis (épis plongeants), et en même temps l'exécution de dragages importants pour l'ouverture et le maintien du chenal.
Des ouvrages longitudinaux, défenses de rives et digues parallèles, ont aussi été établis, mais avec beaucoup moins de développement que sur le Rhin ; d'après la publication officielle
que nous avons déjà citée, il existait en 1888, sur le cours
prussien de l'Elbe, plus de 6000 épis (exactement 6103),
tandis que les ouvrages longitudinaux ne mesuraient ensemble que 39ᵏ465 de longueur. Par contre les seuils de
fond ont été employés sur une large échelle.

C'est également vers 1842 que l'on commença à s'occuper
sérieusement de l'amélioration de la navigation sur l'ODER.
Contrairement aux deux précédents, ce fleuve est canalisé sur
une partie de son cours. De Kosel à l'embouchure de la Neisse
de Glatz. la canalisation est continue sur une longueur de
80 kilomètres. De l'embouchure de la Neisse jusqu'à Breslau
et dans l'intérieur de cette ville, sur un parcours de 77 kilomètres, on rencontre encore quatre barrages éclusés, mais
ces ouvrages, établis anciennement pour créer des usines hy-

drauliques, sont trop éloignés l'un de l'autre pour pouvoir constituer une canalisation continue. Les travaux de régularisation exécutés sur l'Oder ne diffèrent pas beaucoup de ceux de l'Elbe ; la prédominance de l'emploi des épis y est également très marquée ; on n'a construit de digues longitudinales que sur un petit nombre de points.

Il serait inutile de multiplier les exemples.

Les ingénieurs allemands paraissent s'être beaucoup préoccupés, à l'origine, de la détermination et de la réalisation d'un profil normal ainsi que de l'uniformisation de la pente, mais il semble qu'il s'est fait, depuis, dans leurs idées une évolution semblable à celle que nous avons déjà constatée [1]. Voici en effet textuellement reproduit le résumé de la doctrine professée sur ce point par M. Schlichting, professeur à l'École polytechnique de Charlottenbourg. La méthode qu'il préconise et à laquelle il donne le nom de *système combiné de régularisation des fleuves allemands* repose sur les principes suivants :

1° *Construction dans les rives convexes d'épis, dans les courbes concaves de digues de défense et de digues parallèles aux rives, avec emploi de seuils de fond très inclinés pour fermer les grandes profondeurs devant les ouvrages régulateurs des concavités.*

2° *Transformation des lignes droites en sinuosités peu prononcées s'adaptant le mieux possible à la situation du chenal navigable dans le lit naturel.*

3° *Alternance systématique répondant à l'alternance des convexités et des concavités, des épis sur l'une des rives avec des ouvrages de défense et des digues sur l'autre.*

4° *Resserrement de la largeur du fleuve par l'avancement dans le lit des courbes convexes avec faible aplatissement des courbes concaves.*

_____

1. Il convient de faire observer que les ingénieurs du Rhône se sont toujours tenus au courant des travaux de régularisation exécutés en Allemagne et que par contre, les ingénieurs allemands ont toujours suivi avec beaucoup d'intérêt les travaux du Rhône.

5° *Diminution des masses de matières transportées dans le chenal navigable, amenée par la consolidation des bancs d'alluvions dans les parties convexes.*

En ce qui concerne les procédés d'exécution, ils sont à peu près les mêmes en Allemagne qu'en France ; seulement, la pierre étant rare dans une grande partie de l'Empire, les matières ligneuses y sont plus fréquemment employées. C'est ainsi que les enrochements y sont souvent remplacés par des matériaux artificiels du genre de ceux dont nous avons parlé à propos de la construction des digues.

Les travaux de régularisation exécutés comme il vient d'être dit sur les principaux cours d'eau navigables, en Allemagne, ont pour but d'obtenir les mouillages ci-après :

Sur le Rhin, de Mannheim à Coblentz.....	2 m 00	
Sur le Rhin, de Coblentz à Cologne......	2 50	
Sur le Rhin, en aval de Cologne.........	3 00	
Sur le Weser, suivant les sections.......	0 80 à	1 m 25
Sur l'Elbe.........................	0 94	
Sur l'Oder..........................	1 00	
Sur la Vistule......................	1 75	
Sur la Memel.......................	1 70	

Ces profondeurs qui ne sont pas encore obtenues partout, et ne sont pas toujours atteintes lors des plus basses eaux dans les années sèches, peuvent nous paraître faibles par rapport à celles de nos rivières canalisées dont le mouillage est uniformément de 2 m 00 au minimum en temps normal et atteint 3 m 20 sur la Basse-Seine, mais nous avons déjà eu occasion de voir que sur un fleuve à courant libre, le mouillage minimum d'étiage est une mesure très imparfaite des conditions de navigabilité.

Le fait incontestable c'est qu'en adoptant des procédés d'exploitation et un matériel appropriés à ce mode de navigation, les Allemands sont arrivés à desservir sur ces voies à mouillages relativement faibles des trafics énormes ; et d'autre part,

il est certain que les travaux de régularisation exécutés ont
été, en général, relativement peu dispendieux.

336. Conclusions générales. — De tout ce que nous
avons dit sur la régularisation des fleuves et rivières, il semble
qu'il soit maintenant possible de dégager une certaine doctrine, de déduire certaines conclusions générales ; c'est ce que
nous allons essayer de faire.

Considérons un cours d'eau navigable, ou plutôt une section de ce cours d'eau comprise entre deux affluents importants. Les éléments du régime de cette section du cours d'eau
sont : les uns topographiques, la pente totale de la vallée d'une
extrémité à l'autre de la section et le développement total du
cours d'eau entre les mêmes points, qui détermine sa pente
moyenne ; les autres géologiques, la nature des matériaux dans
lequel est ouvert le lit de la rivière, la nature des apports venant soit de la partie supérieure de son cours, soit de ses affluents ; d'autres enfin hydrologiques, le débit en basses eaux
et dans les crues, les allures calmes ou torrentielles de ces
dernières, etc.

De ces différents éléments constitutifs du régime, les résultantes qui intéressent la navigation sont le tracé du thalweg,
la largeur du chenal, le mouillage et la vitesse du courant.
Pour la section de cours d'eau considérée, il existe une combinaison de ces résultantes qui est la plus favorable possible
au point de vue de la navigation, combinaison que la nature
ne réalise généralement pas spontanément, mais que des travaux de régularisation judicieusement conduits permettent
d'obtenir.

Quelle est cette combinaison la plus favorable? C'est ce
qu'une longue expérience basée sur de patientes observations
et le plus souvent des échecs réitérés permettront seuls de déterminer. On ne saurait le dire *a priori*, et le lecteur trouvera
là l'explication de cette diversité qui a dû le surprendre, à
première vue, dans les mouillages adoptés pour les différents

fleuves de l'Allemagne. On a adopté pour chacun le plus grand mouillage en basses eaux reconnu compatible *avec d'autres conditions plus indispensables.*

En effet, si la navigation doit prendre sur une rivière un certain développement (dans le cas contraire le mieux serait de ne pas s'en occuper), elle ne peut être pratiquée avec facilité et même sécurité qu'à la condition d'avoir un chenal suffisamment large. Lorsque nous avons étudié les resserrements qui avaient été essayés sur la Meuse, nous avons rencontré le chiffre de 11 à 12 mètres pour la largeur au plafond du profil normal adopté. Une semblable largeur peut suffire pour assurer le croisement de deux bateaux dans un canal, mais elle est tout à fait incompatible avec un mouvement quelque peu important en rivière. En rivière, les bateaux doivent toujours avoir une certaine facilité d'évolution et d'ailleurs, dès que la navigation devient importante, elle se fait par convois. Une largeur de chenal de 25 à 30 mètres doit être assurément considérée comme un minimum. Sur le Rhin, le chenal a 150 mètres de largeur.

D'autre part il est indispensable que la vitesse du courant ne dépasse pas certaines limites. Un courant d'une rapidité excessive peut mettre obstacle à une traction économique à la remorque et, par conséquent, dans certains cas, au développement de la navigation.

Que faut-il en conclure ? C'est que les travaux de régularisation ne sont susceptibles de donner de sérieux résultats que sur les cours d'eau à grand débit d'étiage (condition *sine quâ non*) et généralement à pente modérée.

Ces deux conditions se trouvent le plus souvent réunies dans le régime des grands fleuves de l'Allemagne et c'est ce qui explique le succès et la faveur des travaux de régularisation dans ce pays. On les trouvera aussi plus fréquemment dans la partie moyenne ou inférieure des cours d'eau que dans leur partie supérieure ; aussi les travaux de régularisation peuvent-ils, pour certains cours d'eau, être justifiés dans quelques sections et pas dans d'autres.

Dans tous les cas les améliorations que l'on peut attendre de ces travaux ne sauraient dépasser certaines limites qu'il est bien difficile pour ne pas dire impossible de déterminer *a priori*; elles sont donc aléatoires, c'est un point sur lequel on ne saurait trop appeler l'attention.

On s'est demandé aussi si elles étaient définitives, si l'ossature du lit régularisé établie en basses-eaux résisterait aux grandes crues. Il semble bien certain que les ouvrages constitutifs de cette ossature peuvent être maintenus, mais à la condition d'un entretien extrêmement vigilant. Cet entretien est, d'ailleurs, d'autant plus nécessaire et d'autant plus dispendieux que les ouvrages sont plus récents, restent isolés et ne sont pas encore solidaires d'un système de régularisation bien complet. Des avaries importantes survenues à ces ouvrages peuvent avoir pour conséquence des perturbations graves dans le chenal, là surtout où sa fixation n'est pas complète [1].

Il n'est que juste d'observer qu'il n'y a pas d'ouvrages qui n'exigent un entretien, et qui ne soient sujets à des avaries troublant plus ou moins profondément le régime des voies de communication sur lesquelles ils sont établis.

237. Remarque sur l'établissement des ponts. — Tandis que les auteurs des premiers projets de resserrements poursuivaient une uniformité qui n'est pas compatible avec le régime des cours d'eau naturels (profil normal uniforme, uniformité de la pente), on cherche aujourd'hui, dans les travaux de régularisation de rivières, à réaliser une continuité aussi parfaite que possible, aussi bien dans les profils en long et en travers que dans le tracé des rives et du thalweg. Toute modification brusque dans la configuration du lit est considérée comme pouvant faire naître un obstacle à la navigation.

On conçoit d'après cela que l'établissement d'un pont peut avoir des conséquences fort graves à ce point de vue ; aussi est-il dans le rôle des ingénieurs des services spéciaux de veil-

1. C'est, notamment, ce qui s'est produit sur le Rhône, en 1897.

ler de très près à ce que la disposition de ces ouvrages ne présente rien de défectueux.

Un débouché linéaire total assez grand pour *respecter complètement* la section du cours d'eau, de larges ouvertures dans lesquelles la batellerie trouve une grande facilité de manœuvre et des chemins de halage ininterrompus, tel est le desideratum ; les ingénieurs de la navigation n'ont alors à intervenir que pour assurer l'emplacement et l'orientation convenables des piles, ainsi qu'une hauteur libre suffisante pour les divers états des eaux. Leur devoir est d'insister pour obtenir des dispositions de ce genre toutes les fois qu'une solution contraire n'est pas imposée par les circonstances locales.

Mais si le lit doit être modifié, il faut examiner le projet avec le soin le plus minutieux et vérifier que toutes les dispositions ont bien été prises pour éviter qu'il n'en résulte de fâcheuses conséquences.

Voici, entre autres, une erreur très fréquente et qu'il importe de signaler. Le débouché linéaire d'un pont est déterminé en vue des plus grandes crues ; le nombre et la largeur des ouvertures sont fixés en conséquence. Pour avoir aussi le débouché superficiel jugé nécessaire, on élargit le lit mineur de manière à lui faire embrasser la totalité de ces ouvertures ; on le creuse ; on n'hésite pas à lui donner des dimensions qui ne sont plus en rapport avec le régime du cours d'eau. Cette brusque augmentation des dimensions transversales du lit mineur ne peut avoir que des conséquences fâcheuses et les résultats sont, le plus souvent, tout contraires à ceux qu'on attendait. Les ensablements que l'on constate au droit de bien des ponts n'ont, en général, pour cause que la brusque augmentation de section donnée inconsidérément au lit mineur.

Des épis plongeants ou noyés peuvent souvent être employés avec succès, pour prévenir ou corriger les inconvénients résultant de la construction d'un pont. Ainsi, sur la Saône, à Lyon, le pont d'Ainay actuellement en reconstruc-

tion, dont les arches étaient étroites et encombrées d'enrochements, ne présentait jadis en hautes eaux, *qu'une* arche
praticable à la navigation, et encore au prix de grandes difficultés. La construction de quelques seuils en aval avait, dans
les derniers temps, suffisamment atténué la chute pour que
les mêmes bateaux pussent traverser sans difficulté sérieuse
les arches qu'ils ne pouvaient aborder auparavant.

329. Observation finale. — Avant d'aborder l'étude de
l'entretien et de l'exploitation des fleuves et rivières à courant
libre, en terminant ici ce qui a trait à leur régime et aux travaux d'amélioration qu'ils comportent, il nous paraît impossible de ne pas insister sur un point de capitale importance,
que nous avons déjà eu occasion d'indiquer à diverses reprises.

Nous avons vu que le régime des cours d'eau naturels peut
être, et a été souvent, grandement modifié par le fait de
l'homme. Par le fait de l'homme, on a dû maintes fois le
constater, l'étiage s'est appauvri tandis que les grandes crues
ont augmenté ; double résultat également funeste, tant au
point de vue de la navigation qu'à celui des intérêts généraux
de la sécurité du territoire et de la conservation du capital national.

A vrai dire, les travaux exécutés dans le lit même des cours
d'eau, pour l'amélioration de la navigation, n'ont eu qu'une
influence à peu près nulle. Nous avons vu que les nouvelles
méthodes de régularisation des fleuves et rivières avaient
précisément pour objectif de modifier le moins possible les
conditions dans lesquelles se fait naturellement l'écoulement
des eaux. Tout au plus pourrait-on incriminer dans le passé,
au point de vue de l'écoulement des grandes crues, quelques
rétrécissements ou rectifications des lits mineurs, le barrement de certains bras secondaires, etc....; encore paraît-il certain que la plus grande régularité donnée aux voies d'écoulement a compensé, en général, la diminution de section.

Tout autre a été le rôle des trop nombreux travaux exécutés dans les vallées par les collectivités ou les particuliers, dans l'intérêt de la propriété, de l'agriculture, de l'industrie : endiguements hauts, constructions et autres obstacles à l'écoulement dans les plaines submersibles ; dessèchements, curages, irrigations ; déboisements et défrichements imprudents, dépaissance exagérée, etc...

Doit-on se résigner à voir la situation s'aggraver sans cesse, sans qu'il soit possible de s'arrêter dans cette voie funeste ? De tout ce que nous avons eu occasion de dire, sur les différents sujets que nous avons passés en revue, doit résulter la conviction contraire ; mais pour enrayer le mal et améliorer la situation, une condition est absolument indispensable.

Il faut qu'il y ait complète unité de vues judicieuses, il faut qu'il y ait parfaite concordance d'efforts persévérants, de la part des diverses administrations chargées de l'exécution ou du contrôle des entreprises qui peuvent, directement ou indirectement, avoir une influence sur l'aménagement et l'emploi des eaux, dans toute l'étendue du territoire.

CHAPITRE VII

EXPLOITATION

---

239. Division du chapitre. — Si on procède par analogie avec ce qui se passe sur les voies ferrés, et il est très intéressant de procéder ainsi, il y a lieu de comprendre dans le présent chapitre sous la seule rubrique *Exploitation* tous les faits relatifs aux fonctionnement des voies navigables, en dehors de leur amélioration ou de leur construction. Ces faits doivent alors être envisagés comme se rapportant à trois branches principales, savoir :

L'entretien de la voie ;

Le matériel et la traction ;

L'exploitation proprement dite, comprenant elle-même l'exploitation technique et l'exploitation commerciale.

Dans cette dernière catégorie de faits, cependant, l'installation et le fonctionnement des ports tiennent une telle place que nous avons cru devoir traiter séparément cet important sujet.

Enfin, dans une cinquième section, nous avons essayé de mettre en évidence l'importance des dépenses faites jusqu'ici sur certaines voies navigables à courant libre et d'en rapprocher les résultats obtenus au point de vue du prix des transports.

§ 1

ENTRETIEN DE LA VOIE

240. Mode d'exécution des travaux. — Ainsi que nous l'avons déjà exposé au début de ce cours, l'État a, dans notre pays, la charge entière de l'entretien des voies navigables qu'il administre. Les fleuves et rivières à courant libre sont tous, sans exception, administrés par l'État. Leur entretien est donc payé par le Trésor et dirigé par le personnel des Ponts et Chaussées. Aux travaux d'entretien proprement dits viennent s'ajouter quelques grosses réparations qui, sans avoir le caractère de travaux neufs, excèdent pourtant les ressources de l'entretien normal. Ces dernières sont imputées sur le même chapitre du budget ordinaire (1re section) mais dans une catégorie distincte (2e catégorie).

L'exécution se fait, tantôt en régie, tantôt par un entrepreneur, sur série de prix. Le premier mode est actuellement le plus usité pour les travaux d'entretien proprement dits, à raison de la dissémination et du peu d'importance des chantiers qu'ils comportent généralement, le second est, au contraire, le plus souvent employé pour les travaux de grosses réparations.

241. Entretien des berges. — La destruction des berges peut avoir les conséquences les plus fâcheuses : le déplacement du chenal, quelquefois même son obstruction [1], la réduction du mouillage, d'une part, et d'autre part, l'interruption du halage ou, au moins, une gêne apportée à la traction des bateaux. La conservation des berges doit donc être considérée

---

1. D'après M. l'inspecteur général Comoy, les éboulements des berges de l'Allier sont la cause principale de l'obstruction de la Loire par les sables.

comme de très grande importance. Il est bien entendu que
nous faisons ici abstraction des portions de rives défendues
par des murs, des perrés ou d'autres ouvrages spéciaux ;
l'entretien de ces portions de rives, c'est-à-dire des ouvrages
qui les défendent, rentre dans l'entretien des ouvrages d'art.

Sur les cours d'eau naturels, où la largeur ne fait pas
défaut, ou le profil mouillé a une surface importante, le procédé le plus pratique consiste à adoucir les talus des berges
de manière à éviter les éboulements, à leur donner l'inclinaison qui convient à la nature particulière du sol en contact
avec l'eau et à y favoriser le développement de la végétation.
Toute rive où la végétation prospère est sauvée.

On obtient aussi de très bons résultats en recouvrant les
talus des berges d'une couche de matériaux offrant plus de
résistance que le sol naturel à l'action de l'eau et susceptibles
de se tenir sous une plus grande inclinaison. Sur la Haute-
Seine, à une certaine époque, les dragueurs, marchands de
sable, ne savaient que faire des cailloux provenant du cri-
blage des déblais sableux qu'ils extrayaient du lit du fleuve ;
en leur faisant déposer ces cailloux le long des .berges aux
endroits menacés, on a réalisé, sans bourse délier, une excellente consolidation. Aujourd'hui les cailloux en question ont
pris une valeur marchande, mais peu élevée encore (2 fr.
environ le mètre cube) et leur emploi reste très avantageux.
Le talus qui convient à ces matériaux et au régime de la
Haute-Seine est de 2 de base pour 1 de hauteur.

242. Entretien du chenal. — Quelque développement
qu'on ait donné aux travaux de défense des berges d'une rivière, il faut compter avec les matériaux amenés par les crues
de la partie supérieure de son cours ou provenant des affluents.
Assurément on peut, au moyen de travaux de régularisation
rationnellement conduits, fixer les points où ces matériaux
se déposent, régler dans une certaine mesure la hauteur et
l'orientation des dépôts ; néanmoins l'entretien d'un chenal

comporte toujours des dragages. C'est là un sujet que nous avons déjà effleuré (page 160) ; il est assez important pour que nous y revenions.

Nous avons dit que les travaux de régularisation avaient pour objet de réaliser, parmi les différentes combinaisons de tracé du thalweg, de largeur du chenal, de mouillage et de vitesse du courant en rapport avec les éléments constitutifs du régime d'un cours d'eau, celle qui était la plus favorable à la navigation. Quelque succès qu'on puisse obtenir dans cette réalisation, on ne saurait avoir la prétention, en ce qui concerne plus particulièrement le mouillage, d'arriver à une complète uniformité sur tous les seuils. Il y aura toujours un certain nombre de hauts fonds donnant moins d'eau que la généralité : c'est eux qui régleront les chargements ; il peut y avoir grand intérêt à les écrêter de quelques décimètres à l'origine de chaque période de basses eaux. Si donc il doit être généralement admis que les dragages ne constituent pas un moyen d'amélioration durable des hauts-fonds, ils peuvent être, très judicieusement, employés pour tirer tout le bénéfice possible des améliorations obtenues par d'autres procédés.

Tout ce qui a trait à la description et à l'emploi des dragues ressortit au cours de Procédés généraux de construction ; nous nous bornerons à mentionner certains artifices, certains appareils spéciaux qui ont pour but de déblayer le chenal, sans enlever les matières, en les dispersant simplement dans le lit, et qui utilisent, à cet effet, la force même du courant.

C'est ainsi que, d'après une tradition très répandue, les Turcs, à l'époque où ils étaient maîtres des bouches du Danube, entretenaient une profondeur suffisante à l'embouchure de Soulina en obligeant tout bâtiment franchissant la barre à remorquer de lourds grappins qui désagrégeaient le fond du lit dont les matériaux étaient entraînés par le courant.

Citons, dans cet ordre d'idées, sans que cette énumération ait, le moins du monde, la prétention d'être complète :

Les chasses mobiles de la Garonne [1] ;

Les chevalages de la Loire ;

Le bac à rateau de la Charente [2] ;

Le vannage ou radeau dragueur de la Somme [3] ;

Les excavateurs du colonel Long et du général Mac-Alester employés sur le Mississipi [4].

Ces divers procédés, primitifs ou perfectionnés, ne sont en réalité que des *expédients* et ne sauraient aboutir à des améliorations sérieuses et durables ; mais ils peuvent rendre des services à l'occasion et il convenait de les signaler en passant.

Par contre, une pratique qu'on ne saurait trop recommander consiste à profiter, chaque fois, des eaux basses et claires pour procéder à un examen minutieux du chenal dans le but de reconnaître les écueils qui pourraient s'y trouver. Il va sans dire que tout écueil reconnu devra être enlevé sans délai.

243. Entretien des ouvrages d'art. — L'entretien des ouvrages d'art a pour objet d'assurer leur conservation et de rétablir dans leur état primitif toutes les parties de ces ouvrages qui viendraient à être avariées, détruites, emportées ; il est facile de déduire les obligations qui découlent de ce programme.

Les massifs d'enrochements seront rechargés au fur et à mesure que les enrochements auront été entraînés par les eaux ou se seront enfoncés dans le sol [5].

1. *Annales des Ponts et Chaussées*, 1836, 1er semestre. Mémoire de M. Borrel.

2. *Annales des Ponts et Chaussées*, 1832, 1er semestre. Notice de M. Masquelez.

3. *Annales des Ponts et Chaussées*, 1852, 1er semestre. Mémoire de M. Cambuzat.

4. *Journal de Mission* de M. Malézieux en Amérique.

5. Sur le Rhône, où presque tous les ouvrages de régularisation sont faits en enrochements, on applique avec succès le procédé suivant aux massifs établis de longue date qui ont bien pris leur assiette définitive. C'est le couronnement seul de ces massifs qui peut être avarié ; pour le consolider, on procède à un rangement à la main des moellons qui le constituent et on solidarise ces moellons en coulant du béton hydraulique dans les joints. Le couronnement ainsi traité forme comme un monolithe.

Les maçonneries à pierres sèches seront relevées et rétablies suivant les profils primitifs dès qu'elles accuseront des mouvements de suffisante importance.

Il en sera de même des maçonneries à bain de mortier ; mais dans ces dernières on devra, en outre, en tant que de besoin, refaire les joints et remplacer les pierres détériorées soit par des matériaux neufs soit par des rocaillages.

Dans les ouvrages en charpente ou en métal, toutes les pièces brisées, avariées, hors de service seront remplacées ; le goudronnage et la peinture seront fréquemment renouvelés, etc.

Lorsqu'il s'agit d'avaries accidentelles causées par exemple, par la violence du courant, l'action des vagues, etc..., il importe de les réparer dès qu'elles se manifestent ; on peut alors y faire face à peu de frais ; tandis que, si l'on attend, les choses risquent de s'aggraver et on peut se trouver, un beau jour, en face d'un sérieux dommage dont la réparation exigera une dépense importante. C'est le cas d'appliquer l'adage latin : *principiis obsta*.

S'il s'agit, au contraire, d'une usure normale, il peut être avantageux de réduire au plus strict nécessaire les réparations courantes et de procéder par réfections périodiques, par aménagement en quelque sorte. C'est ainsi que pour l'entretien des pavages, il est préférable de s'abstenir autant que possible de repiquages et de soufflages pour faire, de temps à autre, des relevés à bout.

Ici se place tout naturellement une recommandation que nous considérons comme très importante.

Dans les maçonneries à pierres sèches, surtout lorsqu'elles sont employées en revêtements, le développement de la végétation herbacée et même arbustive est un élément sérieux de consolidation. Il est donc rationnel de favoriser ce développement, en ayant soin, cependant, de toujours maintenir les arbustes à l'état de buisson et de ne pas laisser s'élever d'arbres à haute tige. Sur les maçonneries à bain de mortier, au contraire, la végétation qui ne peut se développer qu'à la faveur de la destruction des joints, est une cause de ruine et doit être *impitoyablement* proscrite.

344. Précautions spéciales à prendre contre les glaces. — La formation et surtout les mouvements des glaces peuvent avoir une action funeste notamment sur les berges et sur les ouvrages d'art. La première mesure de précaution qui s'impose lorsqu'une rivière est prise, est, autant qu'on le peut, de casser la glace au pourtour de ces ouvrages ; il est facile d'en justifier l'utilité.

Supposons, par exemple, une palée en charpente dans une rivière congelée, si on n'a pas le soin de casser la glace tout autour, la charpente reste engagée dans la masse ; qu'il survienne un exhaussement du niveau de la rivière, comme cela a généralement lieu avant la débâcle, la palée tout entière sera soulevée avec la croute de glace et les pieux seront arrachés. Des effets analogues peuvent se produire sur d'autres ouvrages, par exemple sur les perrés de défense de rives, sur les perrés à pierres sèches notamment, s'il n'y a pas une solution de continuité entre la glace qui recouvre le cours d'eau et le parement de la maçonnerie.

Mais les glaces sont particulièrement dangereuses quand elles sont en mouvement, entraînées par le courant, soit avant la prise complète du cours d'eau, soit surtout au moment de la *débâcle*. Lorsque ce phénomène se produit à la faveur d'une crue, avant que les glaces aient perdu au moins une partie de leur épaisseur et de leur résistance, il semble que ses effets doivent être terribles. Il est cependant facile d'en conjurer les périls au moyen d'ouvrages appelés brise-glaces dont le principe est basé sur une observation bien simple. La glace, très résistante tant qu'elle repose sur l'eau, devient très fragile dès qu'elle est en porte-à-faux. Si un glaçon entraîné par le courant rencontre une arête inclinée le long de laquelle il s'élève en vertu de la vitesse acquise, il se rom-

pra quelle que soit son épaisseur, dès qu'il aura suffisamment
émergé. C'est d'après ce principe que dans les pays du Nord,
les avant-becs des piles des ponts présentent tous une arête
doucement inclinée vers l'amont constituée par la maçonnerie ou par des pièces métalliques. C'est ainsi encore qu'une
simple pièce de charpente inclinée suffit pour diviser et
rendre inoffensifs des glaçons qui l'auraient fauchée comme
un fétu de paille, si elle avait été plantée verticalement dans
le lit du cours d'eau.

Il est un phénomène beaucoup plus redoutable que la
débâcle, c'est l'*embâcle*.

Les glaçons ayant un poids spécifique peu différent de l'eau,
sont susceptibles de prendre dans un courant des positions
très variées; ils peuvent plonger, aller frapper le fond du
cours d'eau et même s'y ficher. Que d'autres suivent le même
chemin et s'accumulent derrière les premiers, le cours d'eau
pourra être plus ou moins complètement barré; c'est à ces
barrages de glace qu'on donne le nom d'embâcles; leur formation, on le conçoit de reste, est souvent provoquée par les
ponts, surtout par ceux qui présentent de nombreuses piles et
des substructions massives. L'eau retenue par le barrage de
glace se gonfle : elle peut produire des inondations à l'amont
et des affouillements très dangereux à l'aval ; enfin quand la
masse finit par céder à la poussée de l'eau, elle est susceptible
de tout emporter sur son passage. Aussi lorsqu'une embâcle
se forme, il faut faire tout le possible pour la détruire ; à cet
effet, les explosifs et notamment la dynamite rendent de grands
services [1].

245. Déglaçage du chenal. — Les glaces sont, d'autre
part, une cause d'interruption de la navigation. Dans quelles

---

1. Voir dans les *Annales des Ponts et Chaussées*, 1880, 2ᵉ semestre,
une note de M. de Préaudeau sur les glaces et la débâcle de la Seine dans
l'hiver 1879-1880 et une note de M. Pasqueau sur les glaces et la débâcle de
la Saône pendant le même hiver.

limites peut-on efficacement réagir contre ce phénomène
naturel, contre ce cas de force majeure?

La question présente, dans certains pays du moins, un
intérêt de premier ordre, la permanence et la régularité des
transports n'étant pas moins désirables sur les voies d'eau
que sur les chemins de fer. Malheureusement elle est, en
même temps, très complexe et ne comporte pas de solution
générale.

Tout d'abord, le déglaçage d'un chenal comprend deux
phases bien distinctes, le cassage des glaces et leur évacuation. Or, si le cassage est relativement facile dans la plupart
des cas, il n'en est pas de même de l'évacuation des glaçons.
Dans les estuaires, le jeu des marées peut fournir le moyen
de s'en débarrasser ; dans les rivières, même à courant libre,
la difficulté devient parfois très grande, il y a là un premier
élément à apprécier.

D'autre part, les moyens à employer sont naturellement
subordonnés à l'importance des intérêts en jeu, c'est-à-dire à
l'activité du mouvement commercial, à la durée et à l'intensité
des gelées.

Enfin, il faut tenir compte de la nature du matériel flottant
qui, dans certains cas, peut affronter les glaçons épars, qui,
dans d'autres, est incapable de se frayer un chemin à travers
ces glaçons.

Au Congrès international de navigation intérieure qui s'est
tenu à La Haye, en 1894, des communications très intéressantes ont été faites sur ce sujet par les ingénieurs hollandais et allemands, mais il ne faut pas perdre de vue les
conditions spéciales du problème qu'ils paraissent avoir heureusement résolu. Il est certain que quand un port de l'importance de Hambourg, par exemple, se trouve séparé de la
mer libre, par une zone de glaces fluviales relativement peu
étendue, il faut à tout prix rompre cette barrière. Les résultats apportés au Congrès par les ingénieurs cités plus haut
prouvent qu'on peut y arriver ; l'opération exige alors des

moyens d'action très énergiques et notamment l'emploi de bateaux-béliers, robustes bateaux à vapeur qui d'ailleurs, ne diffèrent que par la puissance des autres bateaux brise-glaces. Le mode d'action est toujours le même. Très enfoncé à l'arrière, le bateau émerge à l'avant ; quand il est lancé contre un banc de glace, il monte dessus et s'y engage d'une partie de sa longueur ; la glace s'effondre sous le poids.

Mais il ne faudrait pas généraliser ces résultats et en conclure que les mêmes procédés sont partout applicables

Il semble, au contraire, dans bien des cas, qu'on ne doive toucher aux glaces et les mettre en mouvement sur une certaine étendue qu'avec une grande prudence. Cela revient, en effet, à provoquer artificiellement une débâcle locale avec ses dangers et au risque de produire des embâcles à l'aval.

Quoiqu'il en soit, si le déglaçage est jugé opportun on peut, en dehors des bateaux brise-glaces, se servir avec succès des explosifs et notamment de la dynamite dont les effets sont d'autant plus avantageux que la charge est placée au-dessous de la glace et même à une assez grande profondeur.

Il convient encore de signaler les essais de sciage de la glace faits sur la Basse-Seine par M. l'inspecteur général Caméré, alors ingénieur en chef du service. Pour procéder à ces essais, M. Caméré avait fait monter, sur l'avant d'un bateau de service, un chassis articulé portant un arbre muni de deux scies circulaires ; ces dernières, faisant légèrement saillie sur les flancs du bateau, étaient actionnées par une locomobile installée à bord. Les glaces sciées, puis brisées à l'aide de pilons manœuvrés à la main, étaient, en outre, refoulées sous les glaces latérales au chenal, de manière à dégager complètement ce dernier de tout glaçon flottant. La tentative est intéressante, mais il n'est pas à notre connaissance que le procédé soit entré dans la pratique.

246. Police de la conservation des voies navigables. — Le service de l'entretien comprend encore l'exercice d'un contrôle incessant et vigilant sur toutes les entreprises des riverains ou autres qui peuvent intéresser la conservation de la voie navigable. Poursuite et répression des entreprises illicites, fixation des conditions auxquelles peuvent être autorisées les entreprises licites, c'est sous l'une et l'autre formes que s'exerce le contrôle en question.

Les règles relatives à la police de la conservation des voies navigables se trouvent, pour une large part, dans des règlements antérieurs à la Révolution, mais confirmés par l'article 29 de la loi des 19-22 juillet 1791. Parmi ceux qui sont encore d'une application journalière, on peut citer :

L'ordonnance du roi pour les eaux et forêts, d'août 1669 ;

L'ordonnance royale de décembre 1672 sur la juridiction des prévôts des marchands et échevins de la ville de Paris, ordonnance spéciale à la Seine et à ses affluents ;

L'arrêt du Conseil d'Etat du roi du 24 juin 1777 portant règlement de la rivière de Marne et autres rivières et canaux navigables.

Cependant les dispositions essentielles de ces anciens règlements se trouvent maintenant reproduites dans le titre IV de la loi du 8 avril 1898 sur le régime des eaux.

§ 2.

MATÉRIEL ET TRACTION

847. Matériel normal en France. — Nous avons déjà donné (chapitre III) des renseignements assez circonstanciés sur le *matériel* et les *procédés de la navigation fluviale*, nous aurons peu de chose à y ajouter ici, d'autant plus que tout ce qui concerne le matériel et la traction est, en général, exclusivement du ressort de l'industrie privée.

On peut considérer comme matériel normal, en France, celui dont les dimensions s'accordent avec les chiffres inscrits dans la loi du 5 août 1879, celui qui est susceptible de passer par les écluses des canaux et, par conséquent, de circuler sur tout le réseau des voies principales. Il ne faut pas oublier, en effet, que dans notre pays, le réseau de navigation est essentiellement mixte, et qu'on ne saurait guère y faire de parcours un peu étendus sans emprunter les canaux sur une longueur plus ou moins importante.

On sait que les dimensions maxima du matériel normal sont les suivantes.

Longueur 38m50
Largeur 5,00
Tirant d'eau. 1,80

Le produit des trois dimensions ci-dessus, 350 mètres cubes en nombre rond, est, pour un bateau de ce matériel, le maximum possible du déplacement, poids mort et poids utile ensemble. D'ailleurs, dans les limites où peut varier la forme des coques, leur poids doit être considéré comme sensiblement constant et égal à 50 tonnes environ. Il en résulte : 1° que le chargement utile ne peut guère dépasser 300 tonnes ; 2° que chaque centième de diminution dans le coefficient de déplacement correspond à une réduction de 3t50 dans ce chargement utile.

248. Matériel spécial. — Pour le matériel qui se résigne à naviguer *exclusivement* sur les fleuves et rivières à courant libre et même sur les cours d'eau canalisés à grandes écluses, la nécessité n'existe plus de limiter aussi étroitement les dimensions des bateaux, au moins en longueur et en largeur. Aussi y a-t-il une tendance générale à augmenter les dimensions de ce matériel spécial, tendance justifiée d'ailleurs par des considérations d'une valeur incontestable.

En effet, grâce à cette augmentation, on peut donner aux embarcations des formes plus fines qui diminuent leur résistance à la traction et qui les rendent plus aptes à gouverner, tout en leur laissant un tonnage important. Il est certain, d'autre part, que les frais de premier établissement, les frais d'armement et d'équipage, les frais de traction ne croissent pas proportionnellement aux dimensions, à la jauge d'un bateau.

Toutefois, cet accroissement des dimensions ne saurait être indéfini ; sur chaque voie considérée, il est limité par les conditions de navigabilité et surtout, peut-être, par des considérations commerciales. La bonne utilisation d'un matériel de très grandes dimensions peut, en effet, en dehors de circonstances particulières, se heurter à des difficultés qui compensent et au-delà les avantages que nous avons fait ressortir plus haut.

C'est ainsi que sur la Basse-Seine, entre Paris et Rouen ou le Havre, les plus grands chalands ne dépassent guère 1.000 tonnes ; encore sont-ils en fort petit nombre, tandis que sur le Rhin on construit maintenant des bateaux de 2.100 tonnes. Ces colosses de la navigation intérieure en Europe, longs de 94^{m}00, larges de 12^{m}00, et susceptibles de prendre un enfoncement de 2^{m}70, sont toujours assurés de trouver rapidement leur chargement complet, soit de houille dans les ports de la Wesphalie, soit de céréales ou de minerais à Anvers ou à Rotterdam. Toutefois il est à penser que ces dernières dimensions ne seront pas dépassées.

249. Améliorations désirables. — Nous avons, en maintes circonstances, émis l'opinion que le matériel de la navigation intérieure, notamment dans notre pays, était susceptible de sérieuses améliorations. Il paraît certain que les formes des types les plus usuels laissent beaucoup à désirer et qu'on pourrait, sans faire de trop grands sacrifices sur la capacité, tout en conservant des coefficients de déplacement élevés, obtenir des embarcations dont la résistance à la traction serait considérablement moindre. En pareille matière, l'Administration ne peut guère intervenir que par voie de

propagande, en donnant la plus grande publicité possible aux
résultats des expériences ainsi qu'au succès des tentatives
faites dans la voie du progrès. Elle peut cependant, dans certains cas, encourager ces tentatives d'une façon plus directe.

Sur nos fleuves et rivières, les entreprises de traction sont
généralement distinctes des entreprises de transport ; il n'y a
que quelques compagnies importantes qui assurent elles-
mêmes la traction de leurs bateaux. Le remorquage est libre ;
les prix de traction sont librement débattus entre remorqueurs
et bateliers. Les entreprises de touage *sur chaîne noyée*, au
contraire, ne peuvent s'installer qu'en vertu d'une autorisation et leurs prix de traction sont réglés par un tarif officiel. Il
y a peu de temps encore ces tarifs étaient des tarifs fermes,
établis par tonne et par kilomètre, sans distinction du mode
de construction des bateaux, de sorte que les propriétaires de
ces derniers n'avaient aucun intérêt à en améliorer les formes
pour diminuer l'effort de traction [1]. Depuis quelques années,
l'administration a changé ses errements d'une façon fort heureuse ; les actes d'autorisation ont été modifiés, les tarifs qui
y sont inscrits ont été revisés, et surtout ils n'ont plus que le
caractère de maxima. L'entrepreneur de traction ne peut
jamais les dépasser, mais il peut rester en dessous ; il peut
donc proportionner la rémunération qu'il demande au service
qu'il rend, et faire des avantages aux bateaux qui présentent
une moindre résistance à la traction. En procédant à cette
réforme des actes d'autorisation des entreprises de touage
sur chaîne noyée, l'Administration a certainement donné un
encouragement direct à l'amélioration des formes des bateaux.

1. A un autre point de vue, cette fixité des tarifs mettait les entreprises
de touage dans l'impossibilité de soutenir la lutte avec le remorquage. En
basses eaux, les remorqueurs pouvaient faire des prix plus faibles et accapa-
raient la clientèle. En hautes eaux, le touage qui ne pouvait demander plus
que son tarif, retrouvait des clients nombreux, trop nombreux même, car à
ce moment la traction était devenue assez difficile pour que les prix du tarif
ne fussent plus rémunérateurs.

250. Traction. — Nous avons déjà eu occasion de dire que, en ce qui concerne les fleuves et rivières, la question des transports par eau avait été résolue de la façon la plus heureuse et la plus complète par l'application de la vapeur.

Aux marchandises qui réclament avant tout la vitesse et qui la peuvent payer, les bateaux à vapeur porteurs assurent des transports rapides.

Aux autres, le remorquage ou le touage des bateaux ordinaires réunis en convoi procure une traction économique, extraordinairement économique même dans certaines circonstances favorables.

C'est ainsi que sur le Rhin, en huit à dix jours, d'Anvers ou de Rotterdam à Mannheim (565 ou 671 kilomètres) un seul remorqueur traîne jusqu'à 4500 tonnes de marchandises, les frais de traction tombant à 2 millimes et demi ou 3 millimes par tonne kilométrique, y compris le bénéfice des entrepreneurs de remorquage.

251. Composition des convois. Mode d'attelage des bateaux. — On a quelquefois reproché à la navigation par convois les inconvénients inhérents à la solidarité d'une longue file de bateaux amarrés les uns aux autres, si bien qu'un accident arrivé à l'un d'eux doit arrêter l'ensemble du système. On a fait observer que ces inconvénients étaient particulièrement graves à la descente, sur une rivière rapide. Il faut, en effet, dans ce cas, pour que le remorqueur puisse gouverner ainsi que les bateaux qui le suivent, que la marche du convoi soit notablement plus rapide que celle du courant. Si, alors, le bateau de tête est forcé de s'arrêter ou de ralentir, les autres bateaux peuvent être jetés les uns sur les autres ou sur l'obstacle qui a causé l'arrêt ; de graves avaries sont à redouter. On a, enfin, ajouté que dans les courbes la remorque est moins avantageuse et nécessite un effort de tous les gouvernails qui constitue une perte de force, perte de force à peu près permanente, la ligne droite dans le tracé étant l'exception.

Il y a lieu de remarquer que le mode d'attelage des bateaux qui composent les convois peut varier suivant les circonstances, de manière à éviter ou, à atténuer les inconvénients signalés.

Sur le Rhin, où de puissants vapeurs, généralement munis de roues à aubes ou d'une double hélice, remorquent des bateaux ayant eux-mêmes de très grandes dimensions et des formes appropriées au courant rapide du fleuve, l'attelage se fait à remorques indépendantes. Il y a autant de remorques différentes que de bateaux ; chacun d'eux conserve, autant que possible, son indépendance de manœuvre.

Sur la Seine, ce système serait impraticable, à raison du défaut de largeur du chenal, mais le mode d'attelage dit à *longues remorques* (pl. XXXIII) dans lequel chaque embarcation est distante de la précédente d'au moins une longueur de bateau (40 mètres environ), les points d'attache des remorques se trouvant dans l'axe longitudinal des bateaux, laisse encore à ceux-ci une certaine indépendance de manœuvre.

On emploie encore sur la Seine d'autres combinaisons, qui ont au contraire pour objet de solidariser les divers éléments du convoi, par exemple, l'attelage à *remorques croisées* et l'attelage appelé par les mariniers *nez-sur-cul ;* tous deux sont figurés également sur la planche XXXIII. Avec ce dernier dispositif, notamment, l'ensemble du convoi ne forme plus, en réalité, qu'une seule embarcation, il devient possible de réaliser des réductions importantes dans l'effectif des équipages ; le règlement de police n'exige plus qu'un homme pour trois bateaux.

Ces combinaisons ont, en outre, pour effet de réduire dans une proportion notable la résistance à la traction du convoi. Voici, par exemple, les résultats d'expériences faites avec quatre bateaux réunis en convoi successivement suivant les trois dispositifs indiqués ci-dessus [1].

1. *Recherches expérimentales sur le matériel de la batellerie,* par F. B. de Mas, pages 67 et suivantes.

ATTELAGE A LONGUES REMORQUES

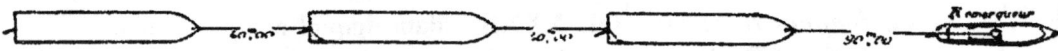

ATTELAGE A REMORQUES CROISÉES

ATTELAGE NEZ-SUR-CUL

Pl. XXXIII. MODES D'ATTELAGE DES BATEAUX SUR LA SEINE

Avec l'attelage à longues remorques, la résistance totale du convoi était sensiblement égale à la sommē des résistances totales des embarcations qui le composaient. Cela est d'ailleurs assez naturel.

Avec l'attelage à remorques croisées, la résistance totale du convoi a présenté sur la somme des résistances des bateaux, une réduction variant de 0,10 à 0,16 suivant la vitesse. Avec l'attelage nez-sur-cul la réduction s'est encore accentuée et a varié de 0,15 à 0,24.

Les ingénieurs de la Compagnie I. R. P. de navigation sur le Danube paraissent avoir étudié avec grand soin cette question de la constitution des convois de bateaux remorqués. Des détails très intéressants ont été donnés sur ce sujet, dans une communication faite au mois de mai 1897, à Vienne, à l'Union Allemande-Autrichienne-Hongroise pour la navigation intérieure [1].

Parmi les nombreuses combinaisons décrites comme étant en usage sur les différentes sections du grand fleuve international (13 pour la remonte et 6 pour la descente) nous n'en citerons que trois qui sont figurées dans la planche XXXIV.

Les deux premières sont employées à la remonte ; on y trouve alliés dans une certaine mesure l'attelage à remorques indépendantes du Rhin et l'attelage à longues remorques de la Seine. La troisième est usitée à la descente ; dans cette dernière les bateaux sont, au contraire, autant que possible solidarisés entre eux et avec le remorqueur.

M. l'ingénieur en chef Vétillart [2] cite un remarquable exemple des avantages que l'on peut obtenir en réunissant fortement entre eux, de manière à former une seule masse flottante, un nombre considérable de bateaux. Ce procédé est employé à la descente sur l'Ohio et le Mississipi, pour le

1. *Mittheilungen über die derzeitige und angestrebte Schiffbarkeit der Hauptströme und ihrer Nebenflüsse, I Heft, Schiffbarkeit der Donau und ihrer Nebenflüsse*; Berlin, 1897, Siemenroth et Troschel.

2. *La Navigation aux Etats-Unis*; Paris, 1892, Imprimerie Nationale.

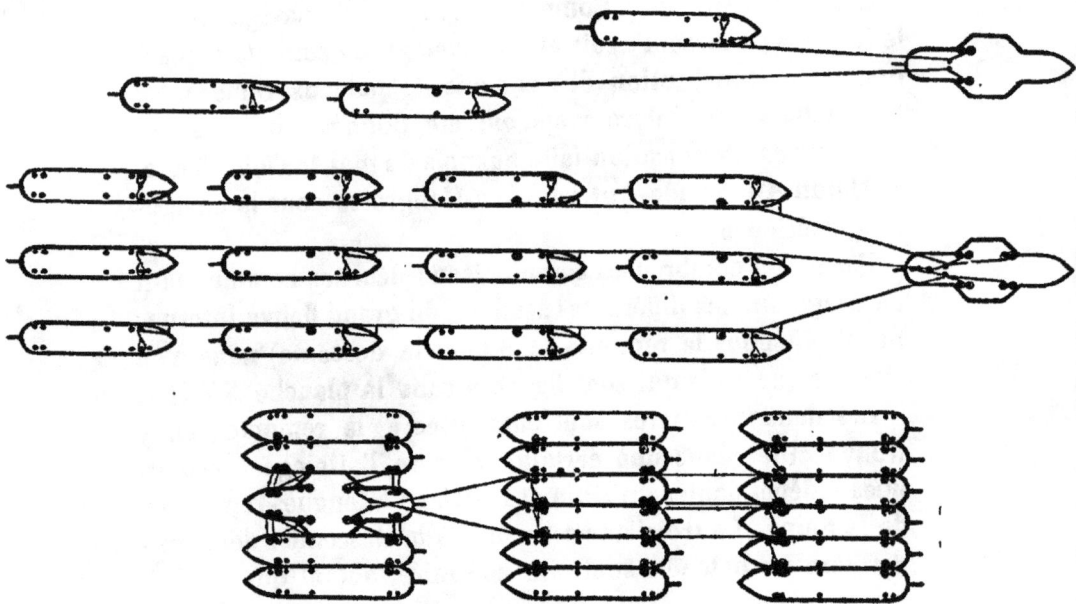

Pl. XXXIV. MODES D'ATTELAGE DES BATEAUX SUR LE DANUBE

transport des charbons destinés à la Nouvelle-Orléans. Un seul remorqueur à roue arrière, engagé entre les bateaux à la queue du convoi, peut alors servir de propulseur pour une véritable flotte, et on réalise ainsi des conditions de transport exceptionnellement économiques. On cite des convois composés de 26 bateaux contenant ensemble 20.700 tonnes de houille transportées sur un parcours de 3110 kilomètres pour un fret total de 18.000 dollars. Cela ferait un prix de transport de 4 fr. 50 par tonne pour la distance entière, soit moins de 0 fr. 0015 par tonne kilométrique. Par contre, il faut reconnaître qu'en cas de choc contre d'autres masses flottantes ou contre des obstacles fixes, une combinaison de ce genre pourrait donner lieu à de terribles accidents.

252. Matériel et traction sur le Rhône. — Cette circonstance que le Rhône est le seul de nos fleuves et rivières à courant libre où la navigation fluviale conserve actuellement une certaine importance sur un long parcours et les difficultés toutes particulières qu'y présente cette navigation donnent un sérieux intérêt à l'étude de l'organisation nouvelle que vient d'adopter la Compagnie générale de navigation.

La Compagnie générale a, en fait, le monopole des transports sur le Rhône entre Lyon et la mer ou, plus exactement entre Lyon et Saint-Louis (pl. XXXV). Il y a quelques années à peine ces transports se faisaient, pour la plus grande partie, au moyen d'immenses bateaux à vapeur porteurs à roues à aubes, véritables tours de force de construction nautique. Longs de 120 à 135 mètres, larges de 7 m. 50 seulement, actionnés par des machines de 800 à 900 chevaux, ces bateaux portaient de 400 à 500 tonnes à leur enfoncement maximum de 1 m. 30. Ils tendent à disparaître ; on n'en compte plus aujourd'hui que 7 en service et l'on peut entrevoir le jour où les transports sur le Rhône se feront exclusivement au moyen de coques porteuses remorquées ou touées.

Ces coques, en acier, constituent un matériel spécial au

PL. XXXV. CARTE DU RHONE ENTRE LYON ET LA MER

Rhône ; le transbordement à Lyon [1] est admis comme un principe absolu et avec juste raison, croyons-nous. Sur un parcours important présentant des difficultés toutes spéciales, l'emploi exclusif d'un matériel approprié doit assurément permettre de réaliser des économies bien supérieures au prix du transbordement.

Les chalands du premier type mis en service ont les deux extrémités arrondies en forme de cuiller ; celui qui est figuré dans la planche XXXVI est caractérisé par les données numériques ci-après empruntées au procès-verbal de jaugeage :

Longueur (la plus grande) de l'avant à l'arrière.	57m30
Largeur (au milieu) au-dessus du plat-bord....	7 58
Hauteur totale au milieu des flancs............	2 54
Tirant d'eau à vide.........................	0 30
— à charge complète................	1 40
Tonnage à 1m40 d'enfoncement..............	400 tonnes
— 1 30 —	362 —
— 1 20 —	325 —
— 1 10 —	287 —
— 1 00 —	250 —

Le chaland représenté dans la planche XXXVII (page 393) a, au contraire, une étrave et des formes effilées analogues à celles des navires de mer. Ce second type a été reconnu plus maniable dans les courants extrêmement rapides que l'on trouve sur le Rhône [2]. Voici les données numériques qui le caractérisent :

Longueur (la plus grande) de l'avant à l'arrière.	57m68
Largeur (au milieu) au-dessus du plat-bord.....	8 08
Hauteur totale au milieu des flancs...........	2 54
Tirant d'eau à vide........................	0 30
— à charge complète..............	1 40

1. La Saône canalisée, dans la partie appelée *Grande Saône*, présente des écluses de dimensions telles que les chalands du Rhône pourraient remonter jusqu'à Verdun, à 160 kilomètres en amont de Lyon (Mulatière).
2. La même observation a été faite sur le Danube.

Coupe longitudinale

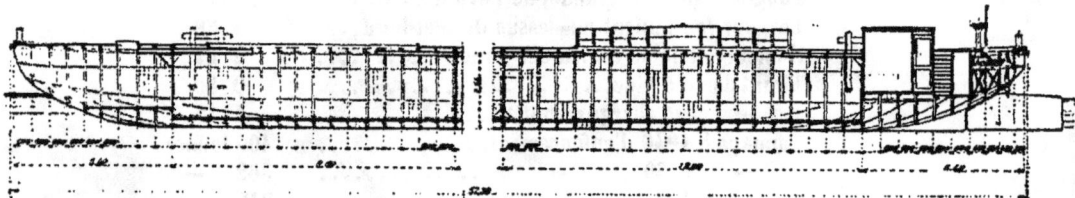

Plan

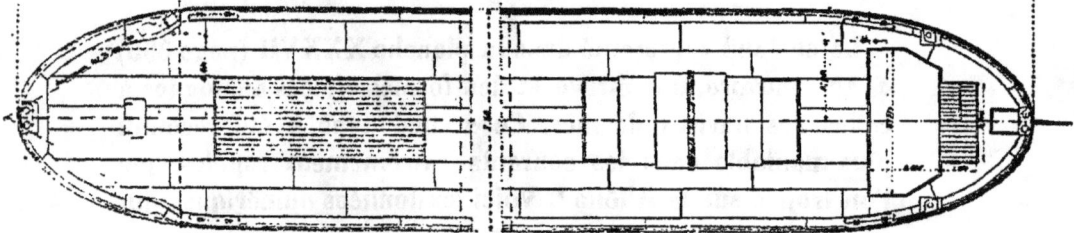

Pl. XXXVI. CHALAND DU RHONE. — PREMIER TYPE.

Tonnage à 1ᵐ40 d'enfoncement..............	388 tonnes
— 1 30 —	351 —
— 1 20 —	313 —
— 1 10 —	276 —
— 1 00 —	239 —

Au point de vue de la traction, le fleuve (voir la planche XXXV, page 391) a été divisé en quatre sections, savoir :

1ʳᵉ Section de Lyon (Mulatière) à Serves.....	82 kilomètres
2ᵉ — de Serves à Pont-Saint-Esprit.....	111 —
3ᵉ — de Pont-Saint-Esprit à Arles	90 —
4ᵉ — d'Arles à Saint-Louis	40 —
Total.........	323 kilomètres

Dans la première et la troisième sections, où la pente moyenne ne dépasse guère 0 m. 50 par kilomètre, la traction est faite au moyen de puissants remorqueurs à roues à aubes, de construction nouvelle et très perfectionnée. Ils mesurent 60 m. 00 de longueur et 8 m. 00 de largeur au maître-couple (15 m. 80 aux tambours); leur tirant d'eau à pleine charge est de 1 m. 10 ; la puissance des machines est de 750 chevaux-vapeur indiqués et peut atteindre 1.000 et même 1.100 chevaux.

Sur la quatrième section où cette pente moyenne tombe à 0 m. 023 par kilomètre, le service est assuré par un remorqueur quelconque.

Sur la deuxième section, où la pente moyenne atteint 0 m. 775 par kilomètre, on a installé le touage par relais dont nous avons déjà dit quelques mots au commencement de ce volume (page 152). Les toueurs en service sont au nombre de 9 ; ce qui donne pour la longueur moyenne du relai un peu plus de 12 kilomètres $\left(\frac{111}{9} = 12 \text{ kilom. } 333\right)$. Les toueurs, dont la planche XXXVIII (page 397) donne seulement un croquis schématique, ont 52 m. 20 de longueur totale et 7 m. 50 de largeur au maître-couple, en dedans des ceintures en bois destinées à protéger la coque ; leur tirant d'eau à pleine charge est de 0 m. 90 ; la puissance des machines est

Elévation

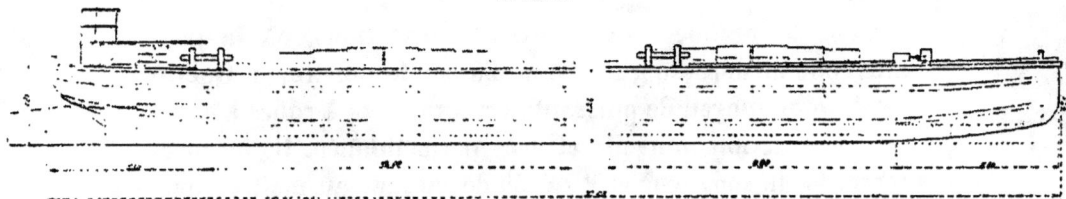

Plan

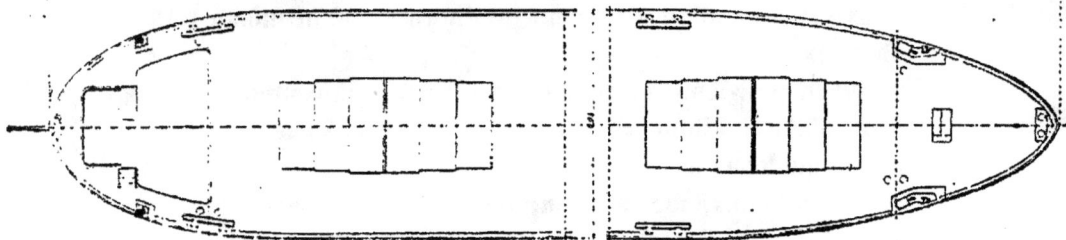

Pl. XXXVII. CHALAND DU RHONE. — SECOND TYPE.

de 150 chevaux indiqués. Ce sont de forts beaux engins dont la description détaillée sortirait du cadre de ce cours, mais dont il est possible de faire connaître, en peu de mots, les dispositions caractéristiques.

Tout d'abord, on conçoit aisément que pour faciliter l'emmagasinement à bord de plus de 12 kilomètres de câble, il était intéressant de réduire autant que possible le poids de ce dernier et, en conséquence, d'employer à sa construction un métal extrèmement résistant. Le câble adopté (fig. 49) pèse 2 kilogr. 750 au mètre courant ; il a 0 m. 0228 de diamètre et sa charge de rupture est de 36.000 kilogrammes. Il est tout en acier. Autour d'un fil d'âme central de 0 m. 0027 de diamètre, s'enroulent :

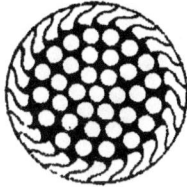

Fig. 49

1°   6 fils de 0,00246 de diamètre ;

2° 11 fils   —

3° 16 fils   —

4° 25 fils enclavés n° 118 (type excelsior).

La section totale du métal est d'environ 335 millimètres carrés. La résistance à la rupture est de 150 kilogr. par millimètre carré pour les fils intérieurs et de 115 pour les fils d'enveloppe.

Ces derniers n'ont pas une section circulaire ; ils s'enclavent les uns dans les autres et donnent une surface extérieure tout à fait lisse, ce qui est très important pour un bon enroulement.

En entrant sur le toueur par l'avant, le câble passe d'abord dans un guide A (pl. XXXVIII) essentiellement composé d'une poulie à axe horizontal et de deux cylindres verticaux ; il est ensuite porté par des rouleaux horizontaux R, au nombre de quatre, jusqu'à un second guide B composé comme le premier, et vient enfin s'enrouler sur le grand treuil T dont le diamètre est de 1 m.50, et la longueur de 3 m.50. Le treuil est commandé par les machines principales ainsi que le guide

Elévation

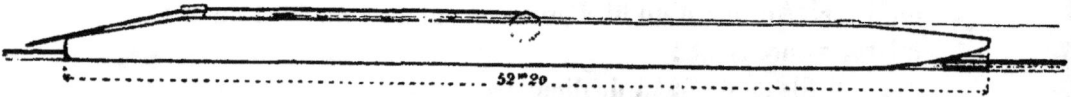

52ᵐ20

Plan

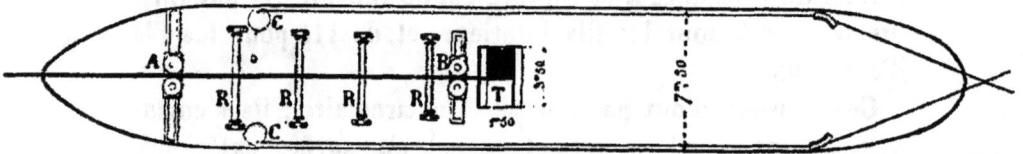

Pl. XXXVIII. TOUEUR DU RHONE.

B qui se déplace automatiquement, tantôt de tribord vers babord, tantôt de babord vers tribord. Le déplacement correspondant à chaque tour du treuil est précisément égal au diamètre du câble, de telle façon que celui-ci soit toujours bien placé et bien serré sur le treuil.

Le guide A, au contraire, est commandé par une machine spéciale et peut se déplacer d'un bord à l'autre à la demande du pilote. Le point d'attache du toueur au câble sur lequel il se hale peut donc, à volonté, être maintenu sur l'axe du toueur, porté à tribord ou porté à babord. Dans ces deux derniers cas, la coque prend une direction oblique par rapport au câble et l'action du courant sur le flanc du toueur seconde puissamment l'action du gouvernail.

Voici, par exemple, la manœuvre à laquelle nous avons assisté au départ d'un toueur, à Pont-Saint-Esprit. Le toueur et son convoi stationnaient le long de la rive droite ; le guide A étant à sa position extrême à tribord, l'action du courant tendait à maintenir le toueur contre la rive. Au moment du démarrage, le guide A fut amené à sa position extrême à babord, immédiatement, et rien que par l'action du courant, le toueur fut poussé au large.

Egalement dans le but de faire concourir à la manœuvre l'action du courant, les remorques croisées [1] qui relient le convoi au toueur s'enroulent sur des cabestans C commandés, eux aussi, par des machines spéciales, de telle sorte que l'attelage peut être resserré ou relâché d'un côté ou de l'autre à la volonté du pilote. On a donné ainsi au toueur et au convoi les moyens de se rendre, autant que possible, indépendants du câble, en ce qui concerne la direction et les évolutions.

Le fonctionnement de ces toueurs est, assurément, très remarquable, mais il est encore trop récent pour qu'on puisse

---

1. Nous avons indiqué plus haut (page 380) ce que c'est que l'attelage à remorques croisées.

être fixé sur certains points d'importance capitale, par exemple la durée du câble.

Chaque toueur peut faire le parcours de son relais (remonte et d _cente) deux fois dans la journée avec un convoi composé de deux chalands chargés, portant chacun normalement 350 tonnes de marchandises, et d'un certain nombre de bateaux vides. L'organisation aujourd'hui réalisée permettrait donc de faire face à un trafic annuel de près d'un million de tonnes, c'est-à-dire à une augmentation considérable du mouvement actuel.

Voici, en effet, quels sont les chiffres relevés entre Lyon et Arles, en 1897 :

Tonnage effectif.........................	598.520 tonnes
— ramené au parcours d'un kilomètre...	63.139.670 t.-kilom.
— moyen, ramené à la distance entière..	226.961 tonnes

§ 3

EXPLOITATION TECHNIQUE ET COMMERCIALE

253. Manœuvre des ouvrages de navigation. — La manœuvre des ouvrages de navigation (écluses, barrages, ponts mobiles, etc.) qui, sur les autres voies navigables, constitue une branche importante de l'exploitation technique, et ressortit, en France, au service des Ponts et Chaussées, se réduit à presque rien sur les fleuves et rivières à courant libre. On n'y rencontre, en effet, en fait d'ouvrages à manœuvrer, que quelques ponts mobiles. Il n'y a pas à s'arrêter sur ce point.

254. Police de la navigation. — En ce qui concerne les autres branches de l'exploitation technique qui sont du domaine de l'industrie privée, et sur lesquelles les ingénieurs de l'État n'exercent qu'un droit de contrôle, on peut dire que les

règles relatives à la police de la navigation en forment la base
essentielle. Ces règles se trouvent, pour une bonne part, dans
les règlements antérieurs à la Révolution, mais confirmés par
l'article 29 de la loi des 19-22 juillet 1791. Nous avons déjà
cité plus haut (page 381) ceux qui sont encore appliqués le plus
fréquemment.

Postérieurement à la Révolution, des actes de diverse
nature ont réglementé certaines matières spéciales, savoir :

*Le jaugeage des bateaux et les pièces dont les conducteurs de
bateaux doivent être porteurs* (loi du 19 février 1880 et décret
du 17 novembre de la même année) [1];

Le transport des matières dangereuses (loi du 18 juin 1870,
décrets des 31 juillet 1875 et 30 décembre 1887);

Les bateaux à vapeur (loi du 21 juillet 1856 et décret du
9 avril 1883) ;

*L'éclairage des bateaux et des écueils ou obstacles à la navi-
gation pendant la nuit* (décret du 30 novembre 1893) ;

La navigation de plaisance (circulaire ministérielle du 13 novembre 1880 portant envoi d'un modèle d'arrêté préfectoral
réglementaire).

255. Règlement de police type. — C'est, en effet, en
dehors des règlements généraux, aux préfets des départements
traversés par des voies navigables qu'il appartient de prendre
des arrêtés portant règlement de police pour la conservation
et l'usage de ces voies, naturelles ou artificielles. Pour éviter
des divergences fâcheuses, le Ministre des Travaux publics a
envoyé, à différentes reprises, aux autorités départementales
un modèle de règlement.

Le dernier *règlement de police type* remonte au 1er mai
1882, mais il n'a, pour ainsi dire, pas été appliqué et un nou-

1. Ce décret doit être incessamment modifié à raison de la prochaine mise
en vigueur de la convention internationale pour l'unification des méthodes de
jaugeage passée le 4 février 1898, entre l'Allemagne, la Belgique, la France
et la Hollande.

veau modèle est aujourd'hui à l'étude. Nous nous contenterons de reproduire ci-après les en-têtes des titres du modèle de 1882, pour donner une idée des dispositions qui peuvent être comprises dans les règlements locaux :

Titre I. Conditions à remplir pour naviguer;

Titre II. Classement des bateaux, bateaux à vapeur; service régulier et service ordinaire [1]; trématage [2] et priorité de passage aux écluses et ponts mobiles; halage;

Titre III. Bateaux, trains ou radeaux en marche; passage aux écluses et ponts mobiles;

Titre IV. Passage des souterrains;

Titre V. Stationnement des bateaux; embarquement, débarquement et entrepôt des marchandises; mesures d'ordre dans les ports publics et privés; réparation des bateaux; garage;

Titre VI. Interdictions et prescriptions; autorisations; dispositions diverses;

Titre VII. Procès-verbaux de contravention et délits; juridictions; exécutions d'office et cautions.

Le dernier titre comprend seulement les règles de procédure et le sixième vise presque exclusivement la conservation de la voie navigable, c'est-à-dire l'entretien; mais les cinq premiers constituent comme un code de l'exploitation technique.

250. Relèvement des bateaux coulés à fond. — Parmi les nombreux articles compris sous les diverses rubriques énumérées ci-dessus, il en est un qui nous paraît mériter une mention spéciale, c'est celui qui a trait au relèvement des bateaux coulés à fond. Indépendamment des pertes

1. On entend par navigation régulière celle des bateaux qui partent et arrivent à jour fixe et ne s'arrêtent qu'à des ports déterminés. La navigation ordinaire comprend les autres bateaux, isolés ou en convois, les trains de bois ou radeaux.

2. Le trématage est le fait d'un bateau qui, en cours de route, en dépasse un autre marchant dans le même sens.

de marchandises et même des accidents de personnes, un sinistre de ce genre peut avoir comme conséquence l'obstruction partielle ou totale du chenal navigable. C'est là un fait de gravité exceptionnelle qui appelle un remède aussi prompt que possible.

L'article 54 du titre VI du règlement de police type est ainsi conçu : « Le propriétaire ou patron d'un bateau, train ou « radeau qui viendrait à couler à fond, est tenu de prendre, « dans le délai qui lui sera prescrit par l'agent de la naviga- « tion le plus voisin, les dispositions nécessaires pour retirer « ce bateau ou le remettre à flot. Faute par lui d'avoir satis- « fait à cette obligation dans le délai fixé, il y sera pourvu « à ses frais par l'agent de la navigation. Ce dernier fera « d'ailleurs prévenir sur-le-champ l'ingénieur et constatera « dans un procès-verbal la cause du naufrage, le retard qui « en sera résulté pour la navigation et les dépenses qui au- « raient pu être faites d'office ».

Quelque intérêt qu'il puisse y avoir à opérer rapidement, il ne faut pas perdre de vue la nécessité d'opérer régulièrement, lorsqu'il faut avoir recours à l'exécution d'office. Le relèvement d'un bateau coulé à fond [1] entraîne presque toujours des dépenses importantes dont le recouvrement sur les intéressés présente les plus sérieuses difficultés et qui restent bien souvent à la charge du Trésor. Il importe de réduire autant que possible ces mauvaises chances en suivant une procédure irréprochable. En conséquence, on ne procédera à l'exécution d'office qu'après mise en demeure adressée au propriétaire ou patron du bateau coulé sous forme d'un arrêté préfectoral régulièrement notifié, et après expiration du nouveau délai que cet arrêté ne manquera jamais d'impartir à l'intéressé.

_____

1. Le *Cours de Travaux maritimes* rédigé par M. l'inspecteur général Quinette de Rochemont et M. l'ingénieur Desprez donne (chapitre XXVIII) des indications détaillées sur les procédés à employer pour le renflouement, ou pour la dispersion des épaves.

257. Observation générale sur l'application des règlements pour la police de la navigation. — Nous avons dit que les règles relatives à la police de la navigation formaient la base de l'exploitation technique des voies navigables, aussi convient-il, dans l'application de ces règles, de ne jamais perdre de vue le but, c'est-à-dire l'intérêt même de la batellerie. Les ingénieurs des voies navigables sont ainsi mêlés intimement à tout ce qui concerne l'exploitation et doivent se considérer comme les collaborateurs des entrepreneurs de transport par eau. A notre avis, c'est le charme et l'honneur de leur carrière d'être industriels autant que fonctionnaires et de penser qu'ils peuvent contribuer directement, et dans une large mesure, au développement et à la prospérité d'une branche importante de l'activité nationale.

258. Fret. — Tout ce qui concerne l'exploitation commerciale des voies de navigation intérieure est du domaine de l'industrie privée. Le principe qui domine la matière est que les prix de transport, les *frets*, sont librement débattus entre l'expéditeur de la marchandise et le transporteur. Les tarifs que publient certaines compagnies de navigation sont de simples renseignements et n'ont en aucune façon le caractère des tarifs de chemins de fer.

Lorsqu'il s'agit de ces compagnies, le client sait toujours où les trouver et les compagnies savent solliciter la clientèle. Quand il s'agit, au contraire, de la petite batellerie, expéditeurs et mariniers prennent contact sur les *marchés d'affrètement* qui se tiennent dans certaines localités. Il y a grand intérêt à ce que des relations directes entre les uns et les autres puissent s'établir avec la plus grande facilité, sans intermédiaires dont l'intervention est coûteuse et grève quelquefois lourdement le prix de revient des transports.

§ 4

PORTS

259. Installations que comporte un port. Outillage.
— Les voies navigables, en général, offrent cet avantage que
les embarquements et les débarquements peuvent se faire
presque sur tous les points de leur parcours. Chacune de ces
voies constitue, pour ainsi dire, un port dans toute son étendue ; c'est même là une des différences les plus caractéristiques qu'elles présentent avec les chemins de fer, sur lesquels
la manutention des marchandises est impossible en dehors de
gares plus ou moins éloignées les unes des autres.

En fait, le commerce, l'industrie, l'agriculture surtout,
usent fréquemment de cette latitude qui permet de réduire
le camionnage au strict minimum. On conçoit cependant que
le stationnement des bateaux en pleine voie ne soit pas absolument libre ; il est essentiel, en effet, que la circulation générale ne soit pas exposée à en souffrir ; une autorisation est
donc nécessaire. Elle est donnée par l'ingénieur ordinaire, s'il
s'agit d'un bateau isolé, et par l'ingénieur en chef, s'il s'agit
de chargements ou de déchargements qui doivent avoir une
certaine durée ou une certaine continuité. Les ingénieurs
doivent user des pouvoirs qui leur sont donnés en cette matière, dans un sens très libéral, toutes les fois que le stationnement des bateaux ne peut pas causer de préjudice à la circulation ; ils seront donc fort larges du côté du contre-halage,
beaucoup plus réservés de l'autre côté.

Quoi qu'il en soit, et malgré les services qu'ils peuvent
rendre, les chargements et déchargements en pleine voie ne
constituent qu'une exception ; la règle c'est que les marchandises sont manutentionnées dans des ports ; et le *desideratum*
serait de voir l'installation de ces ports calquée sur celle des

ports maritimes, car la marchandise, qu'elle soit transportée sur les voies de navigation intérieure ou sur mer, a les mêmes besoins au départ et à l'arrivée [1].

Un port de navigation intérieure convenablement aménagé doit donc comporter :

1° Un accostage facile et sûr; à cet effet, un développement suffisant de quais établis soit le long de la voie navigable elle-même, soit le long de bassins communiquant avec ladite voie ;

2° En arrière de ces quais, de larges terre-pleins offrant tout l'espace nécessaire pour effectuer, dans de bonnes conditions, l'*adduction* et le *conditionnement*, la *reconnaissance* et l'*enlèvement* des marchandises ;

3° Des appareils de levage, grues, élévateurs, etc.., qui permettent de mettre aisément et rapidement la marchandise du bateau sur wagons ou voitures, ou en dépôt sur le terre-plein et inversement ;

4° Un réseau de voies ferrées reliant le port au chemin de fer le plus voisin et aux établissements industriels de la localité ;

5° Des hangars pour abriter en tant que de besoin les marchandises qui ne peuvent pas être immédiatement transbordées du bateau sur wagons ou voitures et inversement ;

6° Des magasins et entrepôts où les marchandises puissent séjourner tout le temps nécessaire aux opérations commerciales dont elles sont l'objet, et où elles soient assurées de recevoir tous les soins nécessaires à leur sécurité et à leur conservation.

Les installations énumérées sous les articles 3, 4, 5 et 6, constituent plus particulièrement ce qu'on appelle l'*outillage* du port. Cet outillage peut être *privé* ou *public*. L'outillage

---

1. Aussi ne saurions-nous trop recommander de consulter sur ce point le *Cours de Travaux maritimes* rédigé par M. l'inspecteur général Quinette de Rochemont et M. l'ingénieur Desprez, dans lequel la question de l'outillage des ports est traitée avec une grande autorité et avec beaucoup de développements.

public est constitué par les organes que leur détenteur doit
obligatoirement mettre à la disposition du public dans des
conditions déterminées.

260. Ports particuliers. — Les ports particuliers ou
privés, destinés à desservir les industries riveraines des voies
navigables, sont créés et entretenus par les soins des intéressés. L'administration n'intervient ni dans les frais de premier
établissement, ni dans les frais d'entretien ; néanmoins elle
exerce sur leur exécution et leur développement une action
directe, soit par les autorisations qu'elle accorde, soit par les
facilités qu'elle donne à ces installations.

En cette matière encore, les ingénieurs doivent s'inspirer
de l'esprit le plus libéral et seconder de leur mieux les efforts
des industriels : en les aidant, le cas échéant, de leurs conseils et de leurs études techniques ; et surtout en s'abstenant,
quand ils sont saisis officiellement des affaires, d'un forma-
lisme trop rigoureux. Assurément, leur premier devoir est de
sauvegarder les intérêts généraux dont ils ont la gestion et
d'assurer la conservation du domaine public[1] ; sur ce dernier
point, nous nous sommes déjà expliqué plus haut (page 207)
avec toute la netteté désirable. Mais ces deux conditions une
fois remplies, les ingénieurs doivent donner tout leur concours à la création d'installations qui ont pour conséquence
la mise en rapport de la voie navigable et, par suite, l'augmentation de la richesse publique.

Le long d'un fleuve ou d'une rivière, un mur de quai, une
estacade, sera l'élément constitutif du port ; quant aux dispositions de détail et à l'outillage, ils sont trop variables suivant
les circonstances et la nature de chaque industrie pour qu'il
soit possible d'en aborder ici la description.

261. Ports publics. — Le principe qui domine actuelle-

---

[1]. L'occupation de ce domaine ne peut être consentie qu'à titre précaire et
révocable et moyennant le paiement d'une redevance.

ment, en France, l'exploitation des voies navigables, c'est que l'Etat fournit gratuitement aux usagers la voie d'eau, sur laquelle tout péage a été supprimé par les lois du 21 décembre 1879 et du 19 février 1880. En conséquence, il assure à ses frais la construction, l'entretien et la manœuvre de tous les ouvrages que comportent la création et le fonctionnement de la voie proprement dite, naturelle ou artificielle. En matière de ports publics, il faut distinguer entre l'infrastructure, s'il est possible de s'exprimer ainsi, (bassins, quais et terre-pleins), et l'outillage qui constitue la superstructure. En ce qui concerne l'infrastructure, l'Etat intervient encore, mais seulement pour une partie de la dépense, l'autre étant fournie par les collectivités intéressées. Ainsi, par exemple, pour l'établissement des ports publics des Carrières et de Choisy-le-Roi sur la Haute-Seine (pages 230 et 232), l'Etat a supporté seulement un tiers de la dépense ; les deux autres tiers ont été fournis, l'un par le département de la Seine, l'autre par les communes. La transformation en ports droits, actuellement en cours dans la traversée de Paris, de la plus grande partie des ports de tirage qui existent encore, est faite à frais communs par l'Etat et la ville, chaque partie supportant la moitié de la dépense.

En ce qui concerne l'outillage, l'Etat laisse aux collectivités et aux personnalités intéressées le soin d'y pourvoir et les autorise, quand il s'agit d'un outillage public, à se rémunérer des dépenses de premier établissement, d'entretien, d'exploitation, etc.., par la perception de taxes qui ne sont que la représentation du service rendu à la marchandise. Il y a malheureusement lieu de constater que l'outillage des ports publics, en France, laisse généralement beaucoup à désirer.

262. Ports de la Seine dans la traversée de Paris. — Les ports de la Seine dans la traversée de Paris, actuellement en cours de transformation ainsi que nous l'avons dit plus haut, comprenaient à la fin de 1897 :

1° Des ports de tirage d'une longueur ensemble de 3.565 mètres, avec terre-pleins d'une largeur moyenne de 31 mètres ;

2° Des ports droits d'une longueur ensemble de 8.183 mètres, avec terre-pleins d'une largeur moyenne de 32 mètres.

Il convient de faire entrer en outre en ligne de compte des banquettes, d'un développement presque égal à celui des ports, soutenues soit par des murs verticaux, soit par des perrés, et en partie susceptibles d'être aussi utilisées pour le chargement et le déchargement des marchandises.

En somme la surface totale des terre-pleins était de 419.171 mètres carrés, savoir :

Ports de tirage .... 110.540 mètres carrés.
Ports droits................. 259.411   —
Banquettes................. 49.220   —
                Total égal...... 419.171   —

soit en nombre rond, 42 hectares.

Ce qui caractérise les ports de la Seine, dans la traversée de Paris, c'est l'absence à peu près complète d'outillage public.

En fait de magasins, on ne peut guère citer que les caves établies par la ville de Paris sous le quai qui borde le bas port de l'entrepôt de Bercy long de 1125 mètres, et le dépôt de farine établi par la Société des grands moulins de Corbeil au port Saint-Bernard.

Il n'y a pas de hangars ; c'est ainsi que les sucres embarqués au port Saint-Nicolas à destination de Londres n'ont qu'une simple bâche pour les préserver des intempéries. Les constructions, de minime importance d'ailleurs, plutôt bureaux que hangars, que l'on aperçoit sur certains ports ont été établies par des particuliers pour leur usage exclusif.

On ne trouve qu'un seul raccordement avec les voies ferrées, au port de Javel, avec le chemin de fer des Moulineaux du réseau de l'Ouest.

Pour ce qui est des appareils de levage, on ne peut citer

que deux grues publiques, deux grues fixes à vapeur, l'une
de 2500 l'autre de 3000 kilogrammes de puissance, installées
sur le port de Javel en vertu d'un décret du 6 novembre 1895 [1].

Par contre, les appareils de levage ressortissant à l'outillage privé sont nombreux et, en général, parfaitement appropriés à leur destination. A terre, on trouve 19 grues
dont 11 de 1.500 à 3.500 kilogrammes, 3 de 15 tonnes et 1 de
30, ainsi que 5 monte-sacs de différents systèmes. En outre,
une *cinquantaine* de grues flottantes dont la puissance varie
de 1.000 à 5.000 kilogrammes peuvent être distribuées sur
tous les points où la manutention des marchandises le
réclame.

Quoi qu'il en soit, c'est un outillage bien mesquin pour
un port dont le mouvement total en 1897 s'est élevé à
6.162.263 tonnes, c'est-à-dire à un chiffre déjà très supérieur
au mouvement du port de Marseille pendant la même année.
Si au trafic ci-dessus qui se rapporte seulement à la Seine on

1. Voici comment l'article 28 du décret fixe les taxes à percevoir pour
l'usage de ces engins.
Les taxes maxima qui peuvent être perçues à partir de la mise en service
des appareils sont les suivantes :

A. *Marchandises prises en bateau et déposées sur le bas-port ou sur
voitures et inversement :*

1° Sciure de bois.....................	0 fr. 50 la tonne.	
2° Farine, son, maïs, sel, sable........	0 fr. 60	—
3° Combustibles minéraux, coke, as- phalte, pyrites, phosphates, huiles...	0 fr. 70	—
4° Fer, fonte, matériaux d'empierrement.	0 fr. 80	—
5° Marchandises de toute nature autres que celles dénommées ci-dessus......	1 fr. 00	—

B. *Location de la grue à l'heure :*
L'heure......................... 7 fr. 00
La première heure est comptée double.
Le permissionnaire aura la faculté d'appliquer le tarif B à toutes les marchandises non dénommées pour lesquelles est prévu, d'autre part, à titre éven-
tuel le tarif 5° ci-dessus, et d'une manière générale aux colis d'un poids
indivisible supérieur à 1000 kilos.
Le minimum de perception est, dans tous les cas, et quel que soit le tarif
appliqué, fixé à quatorze francs payables d'avance, à titre d'arrhes, lors de
la demande de l'engin.

ajoute celui des canaux Saint-Martin, Saint-Denis et de
l'Ourcq, on obtient pour l'ensemble du port de Paris, en 1897,
un total de 7.923.795 tonnes qui laisse bien loin derrière lui
notre grand port de la Méditerranée (5.598 997 t.)

262. Quai de transbordement sur la Seine à Ivry.
— On exécute en ce moment sur la rive gauche de la Seine,
à Ivry, immédiatement en amont de Paris, un quai destiné au
transbordement des marchandises qui constituera *un élément*
de port intéressant tant à raison de son outillage qu'à raison
des voies et moyens d'exécution. Ce quai (pl. XXXIX)
comporte une partie haute (mur vertical arasé à l'altitude (31.75)) de 162 mètres de longueur, et une partie basse
(perré couronné à l'altitude (29.00)) de 126 mètres de longueur, avec des terre-pleins d'une surface totale de 17.500^2.

L'outillage[1] doit comprendre :

Trois grues roulantes mues par la vapeur ou l'électricité de
la force de 1500 kilogrammes ;

Trois voies de quai et un raccordement, de 1200 mètres
environ de longueur, avec la ligne de Paris à Orléans, à la
station d'Ivry-Chevaleret (station en construction) ;

1. Le décret du 28 juin 1997, qui a autorisé la construction d'un port à
Ivry (Seine) et le raccordement de ce port au réseau d'Orléans, a fixé comme
il suit les taxes maxima qui peuvent être perçues pour l'usage des différentes
parties de l'outillage.

1o Pour l'usage des engins mécaniques
de 1500 kilogrammes.

I. Taxe payable par les marchandises prises sur les bateaux et mises à
terre ou sur wagons, ou prises à terre ou sur wagons et chargées en bateau,
par tonne de 1000 kilogr., 50 centimes.

II. Taxes payables pour la location des appareils, à l'heure ou à la demi-
journée :

Demi-journée............ 35 francs.
Demi-nuit............... 45 —
Heure de jour,.......... 10 —
Heure de nuit.......... 12 —

La demi-journée compte de sept heures du matin à onze heures, ou de midi
et demi à quatre heures et demie du 1er novembre au 1er février ; de six
heures du matin à onze heures et de une heure à six heures du 1er février

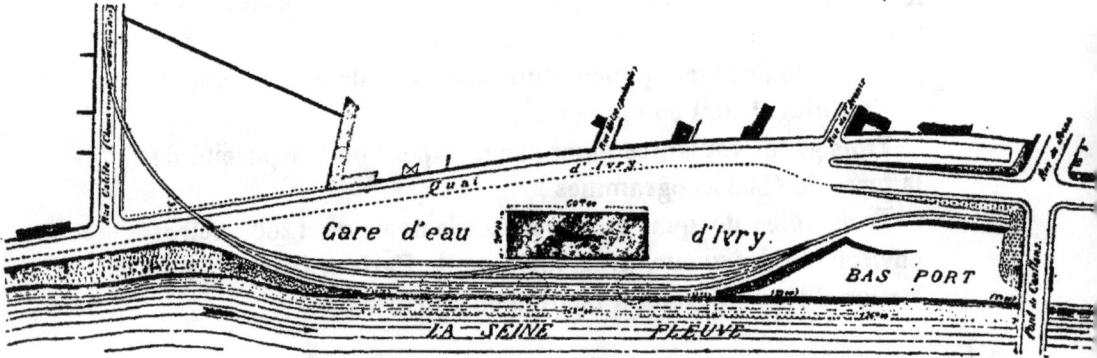

Pl. XXXIX. QUAI DE TRANSBORDEMENT A IVRY.

Un hangar d'une superficie totale de 1200 mètres carrés.

L'infrastructure (quais, dragages en Seine aux abords, terre-pleins) est exécutée par l'État avec le concours de la commune d'Ivry pour la moitié de la dépense. L'outillage sera établi aux frais de la Chambre de commerce de Paris qui restera chargée de l'exploitation des grues et du hangar, tandis que celle du raccordement sera faite par la Compagnie d'Orléans.

264. Grands ports de l'Europe centrale. — C'est dans l'Europe centrale, notamment sur le Rhin, qu'on trouve de véritables modèles pour l'installation des ports fluviaux.

Dans le bassin du Rhin, il faut mettre hors de pair :

1° Le groupe des ports de Mannheim et de Ludwigshafen qui, établis en face l'un de l'autre, sur la rive droite et sur la rive gauche, marquent le terminus actuel de la grande navigation sur le fleuve ;

2° Le groupe des ports de Ruhrort, Duisbourg, Homberg et Hochfeld qui ne forment à proprement parler qu'un seul et unique port, concentrés qu'ils sont sur une section du Rhin longue de 8 kilomètres à peine. C'est par ce dernier groupe

au 1er novembre. La demi-nuit compte de quatre heures et demie du soir à huit heures et demie du soir du 1er novembre au 1er février, ou de six heures du soir à onze heures du soir du 1er février au 1er novembre.

2° *Pour l'usage des hangars.*

Taxes à percevoir sur les marchandises déposées sous les hangars, par tonne de 1000 kilogrammes :
Pour une première période au plus égale à douze jours, 50 centimes ;
Pour chaque jour en sus pendant les six premiers jours, 5   —
Pour chaque jour suivant,........................ 7   —

3° *Pour l'usage des voies ferrées.*

Tarif pour le transport des marchandises de toute nature, par partie d'un poids égal ou supérieur au chargement d'un wagon (soit 4000 kilogr. ou payant ce poids) en provenance ou à destination du réseau d'Orléans, à échanger entre la gare du Chevaleret et un point quelconque des voies nouvelles, 4 centimes par fraction indivisible de 100 kilogrammes.

Au prix de transport fixé ci-dessus, il sera ajouté, pour rémunérer le capital dépensé pour l'établissement des voies, une taxe de 15 centimes par tonne.

que le bassin de la Ruhr écoule ses produits et s'approvisionne ; aussi le trafic y dépasse-t-il celui des plus grands ports maritimes du continent européen (10.511.923 tonnes en 1896).

Mais en dehors de ces centres d'un formidable mouvement commercial, on trouve encore dans nombre d'autres villes, à Francfort, à Gustavsbourg, à Mayence, à Cologne, à Düsseldorf, etc.., des ports remarquablement installés, pourvus d'un outillage qui réalise tous les progrès de la science moderne ; des ports qui n'ont rien à envier aux ports maritimes de premier ordre.

Sur l'Elbe et la Sprée, sur l'Oder, l'outillage est moins perfectionné parce que la main-d'œuvre est moins chère, mais l'organisation des ports est la même. En Allemagne, on peut citer les ports de Berlin et de Magdebourg ; en Bohême, les installations de Tetschen et de Laube et surtout le grand port charbonnier d'Aussig [1].

En ce qui concerne les voies et moyens d'exécution on est en présence de solutions très variées.

A Francfort, à Mayence, à Düsseldorf et dans un grand nombre d'autres localités, ce sont les villes ou les chambres de commerce qui fournissent les fonds nécessaires aux installations, sauf à rentrer ensuite, par la perception de droits, dans tout ou partie de leurs déboursés. A Ruhrort, c'est l'Etat prussien qui a payé les dépenses ; ailleurs, ce sont les chemins de fer de l'Etat ou les Compagnies privées de chemins de fer. Ainsi à Mannheim ce sont les chemins de fer de l'Etat badois, à Gustavsbourg c'est la Compagnie des chemins de fer hes-

1. Voir à ce sujet les mémoires publiés :
1° Par M. l'ingénieur Monet, dans les Annales des Ponts et Chaussées, *Rapport sur quelques ports de navigation intérieure de l'Allemagne et de la Bohême* (1891, 1er semestre) ;
2° Par M. A. Dufourny, ingénieur en chef directeur des Ponts et Chaussées, dans les Annales des travaux publics de Belgique :
Le Rhin et ses ports (avril 1896) ;
Le port de Ruhrort-Duisbourg (avril 1896) ;
Le port de Mannheim-Ludwigshafen (août 1896).

sois, qui ont construit les ports et les exploitent. Il en est de
même en Bohême, où tous les ports de l'Elbe appartiennent
aux Compagnies de chemins de fer. Cette union intime des
chemins de fer et de la navigation est caractéristique.

365. Port de Düsseldorf. — Ce port est particulièrement intéressant, bien que d'importance secondaire, et même
précisément parce que le mouvement commercial en vue
duquel il a été construit n'a rien d'exceptionnel. Son outillage
est très moderne et la ville a consenti, pour l'établir, des
sacrifices relativement considérables. La population de Düsseldorf, en 1896, ne dépassait pas 176.025 habitants, la
dépense que la ville s'est imposée pour l'installation de son
port fluvial s'élève à près de dix millions de marks (12 millions
500.000 francs).

Le port de Düsseldorf se compose exclusivement de bassins
ouverts sur la rive droite du Rhin, à l'abri d'une digue de
protection (pl. XL).

Quatre d'entre eux ont une entrée commune et sont dénommés : port de la Douane, port du commerce, port au bois,
port de sécurité ou de refuge.

A propos de ce dernier, quelques explications sont nécessaires. Dans les pays du Nord où l'interruption de la navigation par les glaces est un fait normal, dont la durée seule varie
d'une année à l'autre, il est indispensable que les embarcations puissent trouver un refuge assuré dans des bassins où
elles soient complètement à l'abri des glaçons charriés ou des
débacles ainsi que des grandes crues. Ces bassins se sont
multipliés, le long du Rhin notamment, à mesure que le mouvement de la navigation s'est développé ; ils peuvent d'ailleurs pendant la belle saison être utilisés, en tant que de
besoin, pour les opérations commerciales.

Un cinquième bassin, dit port à pétrole, *avec une entrée
spéciale*, est placé à l'*aval* des précédents. C'est là une disposition rationnelle. En cas de sinistre, le pétrole enflammé sur-

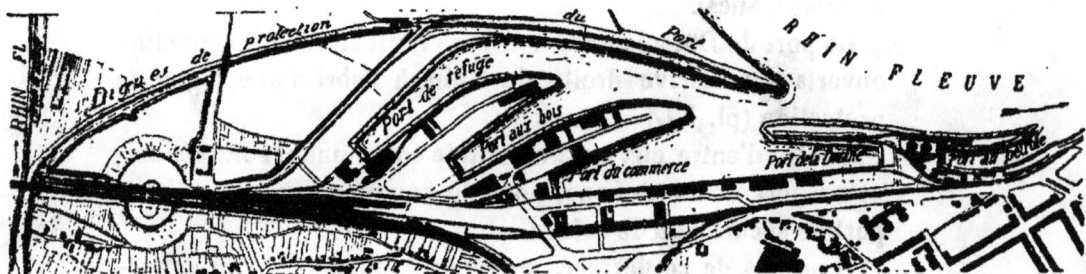

Pl. XL. PORT DE DUSSELDORF

nageant à la surface de l'eau pourrait suivre le cours naturel du fleuve sans menacer la sécurité des embarcations dans les autres parties du port.

Un réseau spécial de voies ferrées, relié à la gare principale de la ville, comprend la gare du port, des voies de jonction, des voies de chargement etc., avec une longueur totale de voies de 18 kilomètres.

La superficie totale du port et de ses annexes est de 79 hectares 75.

Tous les appareils mécaniques du port sont actionnés par l'électricité ; l'éclairage est entièrement électrique ; on compte :

    5 grues de 1.500 kilogrammes ;
    2   —   2.200   —
    1   —   4.500   —
    1   —   25.000   —
    3 monte-charges de 1.500 kilogrammes ;
    2 câbles élévateurs de 1.000 kilogrammes ;
   98 lampes à arc ;
 847 à incandescence.

Pour se rémunérer de ses dépenses et en représentation des divers services rendus à la marchandise, la ville de Düsseldorf perçoit des taxes dont la multiplicité donne une idée de la variété et de l'importance des opérations que comporte l'administration d'un port de cette nature[1].

---

1. Ces taxes sont énumérées ci-après. Pour éviter des fractions compliquées, les tarifs sont donnés en marks. Le mark, on le sait, vaut 1 fr. 25.
Droits de quai : tarif de 0 m. 40 par tonne, réduit à 0 m. 20 et même 0 m. 10 pour certaines marchandises dénommées ; tarif spécial pour les bois ; tarif de transbordement de 0 m. 10 et 0 m. 05 par tonne.
Droits de grue : 0 m. 40 par tonne, avec réduction à moitié si l'intéressé fournit la main-d'œuvre, à l'exception du machiniste ; les grues peuvent aussi être prises en location à raison de 4 marks l'heure, chacune avec un machiniste.
Droits de pesage : pesage effectué immédiatement après l'emmagasinement ou la sortie du magasin, 0 m. 20 par tonne ; autrement 0 m. 40 jusqu'à 5 tonnes et 0 m. 30 au delà ; pesage effectué par les particuliers avec

En regard des sacrifices consentis par la ville il est intéressant de montrer la progression du mouvement du port qui, de
138.810 tonnes en 1880, s'est élevé à 398.071 en 1896 et à
507.261 en 1897 ; il a donc presque quadruplé en dix-sept
ans. Dans le mouvement total en 1897, les entrées figurent
pour 423.626 tonnes (84 0/0), et les sorties pour 83.635 (16 0/0).
Le port de Düsseldorf est donc surtout un port d'importation
des marchandises destinées au commerce et à l'industrie de la
ville, ainsi qu'à la consommation des régions avoisinantes.

266. Port de Mannheim. — Le port de Mannheim, ou
plutôt le groupe des ports de Mannheim et de Luwigshafen
(voir la planche XLI, page 418) est également un port d'importation. Dans le mouvement total de 1896, qui s'est élevé
à 5.276.079 tonnes, les entrées comptent pour 4.381.143 tonnes (83 0/0) et les sorties pour 894.936 tonnes seulement
(17 0/0). Quelque florissante que soit l'industrie locale,
l'énormité de ces chiffres témoigne surtout de l'ampleur du
rayon d'action du port qui forme aujourd'hui le terminus de
la grande navigation sur le Rhin, de l'étendue de son *hinter-
land* si on peut employer ici une expression surtout usitée en
matière coloniale. Le port de Mannheim-Ludwigshafen est, en
effet, au premier chef, un port de transbordement.

Il comprend à la fois des quais très étendus construits sur

leurs propres bascules, dans l'intérieur du port 0 m. 20. Pesage des wagons
(par wagon) :

Jusqu'à	50 par mois	1 m. 00
De 51 à	100 —	0 75
Au delà de	100 —	0 50

Droits divers : pour chargement et déchargement à bras des voitures et
wagons, 0 m. 40 par tonne ; pour dépôt, au delà de 48 heures de séjour,
0 m. 50 par jour ; pour entrepôt, le premier mois 1 m. 50, les mois suivants
0 m. 70 chacun.

Droits de relâche pendant l'hiver : suivant tarif détaillé. Du 1er avril au
31 octobre, les navires qui restent plus de *trois* jours dans le port, sans y
faire d'opérations de chargement ou de déchargement, acquittent un droit
d'emplacement fixé à la moitié des droits de relâche.

Droits perçus dans les docks de la ville : suivant tarif détaillé.

Droits de remorquage : suivant tarif détaillé.

27

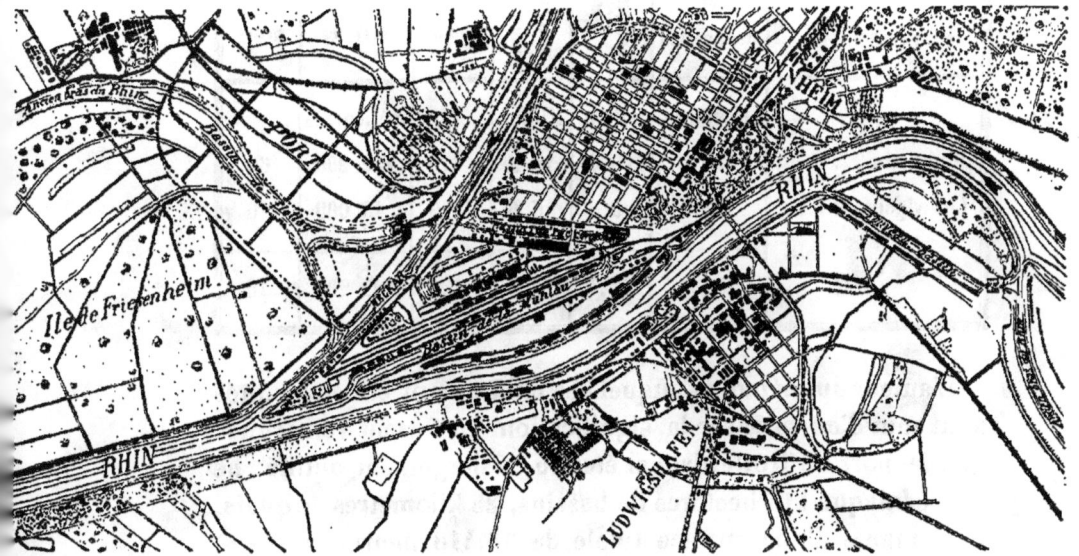

Pl. XLI. PORT DE MANNHEIM

les deux rives du Rhin et du Neckar, et de nombreux
et vastes bassins en libre communication avec le fleuve
et son affluent. Dans leur ensemble, les installations peuvent se résumer par les indications du tableau ci-après [1].

DÉSIGNATION DES PORTS	Superficie d'eau des ports et des bassins	Longueur des rives accostables	Longueur des rives munies de voies ferrées	ENTREPÔTS, HALLES et HANGARS		Nombre de grues
				Nombre	Surfaces	
	Hectares	Kilom.	Kilom.		mèt. carrés	
Mannheim.........	218.5	19.8	18 2	110	142 200	60
Ludwigshafen	35. »	6.6	6.6	19	40 000	16
	253.5	26.4	24.8	129	182 200	76

L'auteur du mémoire auquel ces chiffres ont été empruntés
a eu soin d'en préciser la signification, en faisant remarquer
que le port de Rotterdam si étendu, si largement outillé, ne
possédait que 115 hectares de bassins, 25 kilomètres de quais,
37 hangars d'une surface totale de 75.418 mètres carrés et
71 grues.

Ces derniers appareils sont de systèmes très variés. Les
grues à vapeur sont les plus nombreuses ; quelques-unes sont
mues par l'électricité ; d'autres se manœuvrent encore à la
main.

Parmi les établissements les plus remarquables, il convient
de citer les magasins à silos pour l'entrepôt des céréales.
Deux de ces magasins construits le long du bassin de la Muh-

1. Extrait du mémoire publié par M. Dufourny, ingénieur en chef directeur des Ponts et Chaussées, dans les *Annales des Travaux publics* de
Belgique, n° d'août 1896.

lau et appartenant à la Société des entrepôts de Mannheim, peuvent loger 33.000 tonnes de grains. Le premier mesure 52 m. 00 de longueur sur 28 m. 00 de largeur et 30 m. 00 de hauteur ; le second, long de 62 m. 00 et large de 20 comporte 5 étages avec caves. Les élévateurs destinés au transbordement ou à la manutention des grains sont mus par la vapeur, par l'électricité ou au moyen de machines à gaz.

Mentionnons encore les *Tanks* ou réservoirs, installés à l'extrémité aval des quais de la rive droite du Rhin, pour l'emmagasinement des pétroles transportés en vrac, suivant la méthode généralement employée aujourd'hui. Ces réservoirs au nombre de 17 ont une capacité totale de 51.000 mètres cubes.

Il n'est pas nécessaire d'aligner de nouveaux chiffres pour mettre en complète lumière l'importance colossale des ports de Mannheim-Ludwigshafen, mais voici qui rendra encore plus suggestifs ceux que nous avons cités. Au moment où ils ont été relevés, le bassin le plus important de Ludwigshafen, le *Port-Canal*, était à peine achevé et n'était pas complètement outillé d'une part, et d'autre part, la ville de Mannheim se préparait à créer, avec le concours du gouvernement badois un nouveau port, port industriel, de 200 hectares de superficie, en utilisant, à cet effet, l'immense bassin de flottage existant sur la rive droite du Neckar.

267. Port de Ruhrort. — Contrairement aux exemples précédemment cités, le port de Ruhrort, et il est bien entendu que, sous ce nom, nous désignons l'ensemble des installations groupées autour de Ruhrort, Duisbourg, Homberg et Hochfeld (pl. XLII), contrairement aux exemples précédemment cités, le port de Ruhrort est surtout un port d'exportation. Dans le mouvement total de 1896, qui a dépassé dix millions de tonnes (exactement 10.511.923), les entrées comptent pour 3.525.511 tonnes seulement (34 0/0) et les sorties pour 6.986.412 (66 0/0). Dans ce dernier chiffre, la houille et le coke entrent

Pl. XLII. PORT DE RUHRORT

pour 5.985.547 tonnes, formant 86 0/0 des sorties et 57 0/0 du mouvement total. Le caractère particulier du port de Ruhrort, qui est surtout un port de transbordement de charbon, se trouve ainsi nettement établi.

Les opérations de chargement et de déchargement se font principalement dans les vastes bassins ouverts sur la rive droite du Rhin, cependant il faut noter que des quais d'un développement important sont établis le long du fleuve, ce qui augmente de beaucoup la superficie d'eau réellement utilisable.

Quelle que soit d'ailleurs la puissance des installations réalisées à un moment donné, elles deviennent bien vite insuffisantes en présence du développement extraordinairement rapide du trafic. En deux années, de 1894 à 1896, par exemple, le mouvement total a augmenté de près de deux millions de tonnes (exactement de 1.783.969). Aussi les transformations sont-elles incessantes et faut-il renoncer à l'espoir de donner des renseignements numériques qui puissent rester quelque temps exacts. Voici, à titre d'indication, ceux qui figurent au mémoire de M. Dufourny, publié dans les *Annales des Travaux publics* de Belgique, n° d'avril 1896.

DÉSIGNATION des PARTIES DU PORT	Superficie des bassins	Superficie des quais	Longueur des rives accostables	Surface des halles et entrepôts
	Hectares	Hectares	Kilomètr.	Mèt.carrés
Hochfeld.............	15.6	23.0	2.025	»
Duisbourg.............	29.4	93.0	7.140	51.340
Ruhrort.............	59.6	113.7	12.040	16.500
Homberg.............	0.7	»	0.640	500
	105.3	229.7	21.845	68.340

A l'époque où les chiffres du tableau ci-dessus ont été relevés, la longueur des voies ferrées installées le long des quais atteignait 230 kilomètres ; les halles et entrepôts étaient au nombre de 30 ; on comptait 3 installations pour silos à grains et une vingtaine de culbuteurs à charbon pour embarquement direct du wagon dans les bateaux.

Il n'est pas besoin d'insister sur l'importance du rôle que ces derniers appareils jouent dans l'outillage du port de Ruhrort, mais la place nous fait défaut pour entrer dans de longs détails sur leur description et leur fonctionnement ; il nous suffira de mentionner comme particulièrement satisfaisant un culbuteur hydraulique construit en 1894 par la maison Krupp de Magdebourg qui, dans une journée de dix heures de travail, peut décharger 120 à 150 wagons de 10 à 15 tonnes, soit jusqu'à 2.250 tonnes de charbon.

§ 5

RÉSULTATS FINANCIERS

268. Conséquences du régime particulier des voies navigables en France. — Si on considère les résultats de l'exploitation d'un réseau de chemins de fer concédé à une compagnie, on constate que la *recette brute* doit d'abord couvrir toutes les dépenses de l'exploitation, y compris l'entretien et le renouvellement de la voie et du matériel ; la différence constitue la *recette nette*. Mais sur cette dernière il faut encore prélever les sommes nécessaires pour l'intérêt et l'amortissement du capital de premier établissement ; c'est seulement l'excédent qui constitue le *bénéfice*. Le prix de revient des transports se trouve donc grevé, non seulement de la totalité des dépenses d'entretien et d'exploitation, mais encore de celles qui correspondent à la rémunération et au remboursement du capital de premier établissement.

En matière de transports par eau, il n'en est plus de même, puisque l'Etat fournit le capital de premier établissement, d'une part, et d'autre part, prend à sa charge les frais d'entretien, de renouvellement et de manœuvre des ouvrages de navigation. C'est ainsi, du moins, que les choses se passent en France, comme nous l'avons expliqué plus haut. Il en est de même en Allemagne pour les cours d'eau naturels dont le régime financier, en ce qui concerne la navigation, se résume dans l'adage topique *Wasser frei*, l'eau libre.

Les prix de revient des transports par eau ne sont donc grevés ni des frais d'entretien, de renouvellement et de manœuvre des ouvrages de navigation, ni des intérêts et de l'amortissement du capital de premier établissement. C'est là un point essentiel qu'il importe de ne jamais perdre de vue.

269. Dépenses de premier établissement. — En ce qui concerne les fleuves et rivières à courant libre, les dépenses de premier établissement correspondent à l'amélioration des conditions de navigabilité que présentaient les cours d'eau à l'état sauvage.

Rien de plus difficile que l'évaluation de ces dépenses.

Est-il rationnel de faire entrer en ligne de compte les sommes dépensées à toute époque, même pour des ouvrages qui n'ont plus actuellement aucune utilité, même pour des ouvrages qui ont disparu, qui ont été démolis et remplacés par des ouvrages tout différents ? D'autre part, s'il paraît judicieux de procéder à certains amortissements, dans quelles limites devra-t-on se tenir ?

A un autre point de vue, est-il rationnel de faire entrer en ligne de compte les sommes dépensées, non plus dans l'intérêt de la navigation, mais dans celui des régions riveraines, pour faciliter l'écoulement des eaux, prévenir ou atténuer le danger des corrosions ou des inondations ? Et d'autre part, dans le cas très fréquent d'un ouvrage à deux fins, comment déterminer la part du coût total qui doit être imputée au compte de l'amélioration de la navigation ?

N'oublions pas non plus que les chiffres de dépense accusés ne comprennent généralement qu'une petite partie des frais de personnel. Si certains frais d'études, de surveillance, de déplacements sont portés en compte, les émoluments du personnel sont généralement imputés sur d'autres chapitres du budget.

Enfin, sur les fleuves et rivières que nous pouvons considérer, il s'en faut que les améliorations poursuivies soient partout complètement réalisées, que les travaux de premier établissement soient terminés, si tant est qu'ils le soient jamais. Les transformations successives de l'outillage sont, en effet, indispensables, aussi bien pour l'industrie des transports que pour les autres.

La complication est d'autant plus inextricable que si l'on remonte à quelques années en arrière, les comptes que l'on peut consulter sont incomplets ou ne font pas de distinction entre des dépenses qui demanderaient cependant à être séparées, celles pour travaux d'entretien et celles pour travaux neufs, par exemple. Dans ces conditions, il n'est pas possible d'établir des chiffres susceptibles d'une comparaison rigoureuse avec les frais de premier établissement d'autres voies de communication. Nous avons été conduit à faire, pour chaque voie navigable considérée, un bloc des dépenses de toute nature effectuées depuis l'origine des renseignements que nous avons pu nous procurer. Tels qu'ils sont, les chiffres ainsi obtenus nous paraissent cependant présenter encore un très sérieux intérêt.

Pour le Rhin, on a, depuis 1831, le compte des dépenses faites en vertu de l'Acte pour la navigation du Rhin, par chacun des États riverains, à savoir :

la France ou l'Alsace-Lorraine,
le Grand Duché de Bade,
la Bavière,
la Hesse,

la Prusse [1],

les Pays-Bas.

Chaque année, la Commission centrale pour la navigation du Rhin publie un rapport [2] très documenté où ces dépenses sont exactement mentionnées.

Nous nous bornerons à considérer la section prussienne qui est la plus développée (depuis Mayence jusqu'à la frontière néerlandaise, sa longueur est de 359 kilomètres), qui coïncide avec la région moyenne du Rhin, qui est tout entière fréquentée par la grande navigation fluviale, qui présente, par suite, un caractère d'unité dont les autres sections du fleuve ne sont pas pourvues au même degré. On trouvera à la fin du volume (Annexe C. I) un tableau détaillé des dépenses faites depuis 1816 pour l'entretien et la régularisation de la section prussienne du Rhin [3]. Malheureusement, c'est seulement depuis l'exercice 1888-1889 que distinction est faite entre les travaux d'entretien et les travaux neufs; jusque-là ces deux natures de dépenses restent confondues. C'est aussi seulement à partir de la même époque qu'on a, très judicieusement, mis à part les dépenses faites pour les ports : ports d'hivernage, de refuge et de commerce.

Quoi qu'il en soit, il résulte de ce tableau que du 1er janvier 1816 au 31 mars 1897, la totalité des dépenses effectuées en Prusse, tant pour l'entretien que pour les améliorations de toute nature du fleuve, s'élève à 96.312.471 fr. 67, soit à

---

1. Le duché de Nassau ayant été annexé en 1866, les dépenses faites antérieurement, dans cet État, doivent être portées au compte de la Prusse.

2. *Jahres-Bericht der Central Commission für die Rhein-Schiffahrt.*

3. Les chiffres portés à ce tableau, ainsi que ceux relatifs à l'Elbe et à l'Oder, sont officiels. Pour les périodes antérieures à l'exercice 1888-1889 (en Prusse l'année budgétaire commence au 1er avril et finit au 31 mars de l'année suivante) ils ont été empruntés au mémoire déjà mentionné plus haut (page 360), publié en 1888 à l'occasion du Congrès international de navigation tenu à Francfort sur-le-Mein. Pour les exercices postérieurs, nous les avons reçus directement du Ministère des Travaux publics de Prusse, grâce à l'obligeante intervention de M. le Conseiller intime Pescheck, ancien attaché technique à l'ambassade d'Allemagne, à Paris, auquel nous sommes heureux de renouveler ici nos remerciements.

290.097 ou, en nombre rond, 290.000 francs par kilomètre. Si on réfléchit à l'importance du fleuve et à l'intensité de la navigation qui y est pratiquée, ce chiffre n'a absolument rien d'excessif étant donné surtout qu'il comprend les dépenses de toute nature, et notamment les frais d'entretien pendant quatre-vingt-un ans.

Si dans le but d'établir, comme on le verra plus loin, une comparaison avec les dépenses faites sur le Rhône, nous relevons seulement le total des sommes dépensées depuis 1871 inclusivement, nous trouvons qu'il est de 58.550.913 fr. 51 ce qui correspond à 163.094 francs par kilomètre.

Pour la partie prussienne de l'ELBE, qui s'étend de la frontière de Saxe à l'embouchure de la Seewe, un peu en amont de Hambourg, et qui mesure, déduction faite de la traversée du duché d'Anhalt, 436 kilomètres de longueur, le relevé ne remonte qu'à 1859 (voir Annexe C. II). Il en résulte que depuis le 1er janvier 1859 jusqu'au 31 mars 1897, la totalité des dépenses effectuées, tant pour l'entretien que pour les améliorations de toute nature du fleuve, s'élève à 67.918.650 fr. 46, soit à 155.777 ou, en nombre rond, 156.000 francs par kilomètre.

Si nous considérons seulement les sommes dépensées depuis 1871 inclus, nous trouvons que le total est de 56.753.036 fr. 46, ce qui correspond à 130.168 francs par kilomètre.

Depuis le 1er janvier 1869, jusqu'au 31 mars 1897, soit pour une période de vingt-huit ans, le tableau fait connaître la répartition des dépenses entre les travaux d'entretien et les travaux de régularisation ; les premiers absorbent 51 0/0 du total. Ce fait accentue encore le caractère économique des travaux à la faveur desquels l'immense développement de la navigation sur l'Elbe a pu se produire.

Pour l'ODER (voir Annexe C. III), les dépenses détaillées, par année, ne sont données qu'à partir de 1874, date de la création du service spécial des travaux de l'Oder ; les dépenses antérieures sont données en bloc par périodes assez longues dont la première remonte à 1816. Depuis 1871, distinction est faite entre les travaux d'entretien et les travaux de régularisation ; depuis le 1er avril 1894, on a mis à part les dépenses afférentes aux ports ; enfin deux autres comptes sont ouverts: l'un pour les travaux de canalisation exécutés entre Kosel et l'embouchure de la Neisse de Glatz, sur une longueur de 80 kilomètres où l'Oder est entièrement canalisé ; l'autre pour l'ouverture d'une voie de grande navigation dans l'intérieur de la ville de Breslau et pour les travaux exécutés aux barrages éclusés isolés d'Ohlau et de Brieg, en amont.

. Dans ces conditions, il n'est pas possible de faire ressortir des chiffres exactement comparables à ceux que nous avons établis pour la régularisation du Rhin et de l'Elbe.

Si on prend le total des dépenses faites depuis 1816 tant pour l'entretien que pour les améliorations de toute nature, on trouve qu'il est de 93.806.953 fr. 87. En le rapprochant de la longueur du fleuve comprise dans le service spécial des travaux de l'Oder, d'Oderberg à Schwedt (671 kilomètres), on arrive à une dépense kilométrique de 139.801 ou, en nombre rond, 140.000 francs. Mais ce chiffre comprend indépendamment du coût de la régularisation proprement dite, toutes les dépenses afférentes aux travaux de canalisation.

En ce qui concerne le total des dépenses faites depuis 1871 pour les travaux d'entretien et d'amélioration de toute nature, un calcul approximatif le fait ressortir à 70.720.250 fr. 75, ce qui, pour la longueur totale de 671 kilomètres, correspond à une dépense kilométrique de 105.395 francs.

On ne manquera pas de remarquer que, malgré la majoration résultant des travaux de canalisation, ces chiffres sont fort modérés.

Pour le Rhône, de Lyon à la mer (voir Annexe C. IV), on n'a pu relever les dépenses détaillées par années que depuis 1871 ; antérieurement on a seulement les dépenses extra-

ordinaires groupées par périodes dont la première commence
en 1846[1].

Le total des dépenses faites depuis 1871 jusqu'à 1896 inclus
pour les travaux d'entretien et de régularisation s'élève à
63.334.688 fr. 00, soit à 191.343 francs par kilomètre. Les
ingénieurs estiment qu'une dépense de 6 millions environ est
encore nécessaire pour achever les travaux compris dans le
programme de la loi du 13 mai 1878, la dernière qui ait
créé des ressources extraordinaires pour l'amélioration de la
navigation du Rhône entre Lyon et la mer.

En résumé, les sacrifices de toute nature faits au cours des
vingt-six dernières années, pour l'amélioration de la navigation, en Prusse sur le Rhin, l'Elbe et l'Oder, en France sur le
Rhône, peuvent se chiffrer comme il suit :

DÉSIGNATION du FLEUVE	Longueurs	PÉRIODE CONSIDÉRÉE	DÉPENSES FAITES pour entretien et améliorations de toute nature	
			Totales	par kilomètre
	Kilom.		Francs	Francs
RHIN, entre Mayence (Biebrich) et la frontière néerlandaise..	359	1er janvier 1871 31 mars 1897	58.550.913,51	163.094,00
ELBE, entre la frontière de Saxe et l'embouchure de la Seeve.	436	—	56.753.036,46	130.168,00
ODER, entre Oderberg et Schwedt........	671	—	70.720.250,75	105.395,00
RHÔNE, entre Lyon et la mer..........	331	1er janvier 1871 31 décem. 1896	63.334.688,00	191.343,00

1. Les chiffres inscrits au tableau C. IV. sont officiels ; nous les devons à
l'obligeance des bureaux du ministère des Travaux publics.

270. Frais d'entretien et de manœuvre des ouvrages de navigation. — Sur les fleuves et rivières à courant libre, les frais de manœuvre des ouvrages de navigation peuvent être considérés comme insignifiants.

Sur ces voies navigables, et notamment sur les fleuves que nous avons pris pour exemples, les dépenses inscrites au titre d'entretien ont-elles bien le caractère qui correspond à leur nom? ne constituent-elles pas, pour une bonne part au moins, des dépenses de parachèvement, c'est-à-dire de premier établissement?

Une digue en enrochements a besoin d'être rechargée. Si des moellons ont été entraînés par le courant leur remplacement est, à coup sûr, un travail d'entretien. Mais si ces moellons se sont enfouis dans le sol parce que la digue n'avait pas encore pris son assiette complète et définitive, le rechargement constitue, non moins sûrement, un travail de parachèvement, c'est-à-dire de premier établissement.

La distinction est impossible à établir, et alors il apparaît qu'il peut n'être pas déraisonnable de faire masse de toutes les dépenses, sans distinction, comme nous l'avons fait plus haut, et qu'on peut trouver dans les chiffres ainsi obtenus des éléments de comparaison intéressants.

Quoi qu'il en soit, les dépenses d'entretien doivent augmenter avec le développement des ouvrages, au fur et à mesure que la régularisation devient plus complète. C'est là un fait qui se vérifie d'une façon générale dans les récapitulations des dépenses faites sur le Rhin, l'Elbe, l'Oder et le Rhône (Annexes C. I, C. II, C. III et C. IV).

Il semble, d'autre part, qu'elles doivent diminuer une fois que les ouvrages, terminés, ont pris leur assiette complète et définitive.

On peut affirmer, croyons-nous, qu'aucun des fleuves énumérés ci-dessus n'est encore arrivé à cette situation. Néanmoins, et à titre de simple indication, voici quelle a été pour chacun d'eux, pendant les quatre dernières années budgétaires.

la moyenne annuelle kilométrique des dépenses portées au titre d'entretien :

Rhin	3.067	francs.
Elbe	3.766	—
Oder	2.607	—
Rhône	2.334	—

Il y a lieu d'insister ici sur une particularité remarquable que présentent les frais d'entretien des voies navigables et surtout des fleuves et rivières à courant libre. Ces frais sont indépendants de l'activité de la circulation. Sur les voies qui comportent des écluses, des ponts mobiles nombreux, on peut penser que les frais de manœuvre de ces ouvrages augmentent avec la fréquentation, qu'il en est de même de l'usure résultant de ces manœuvres et par suite des réparations que cette usure commande ; en réalité cette augmentation est insignifiante. Mais sur les fleuves et rivières à courant libre il n'y a même pas apparence d'une semblable augmentation. C'est uniquement à l'action des eaux et des matériaux solides entraînés par elles que les ouvrages ont à résister, la dépense d'entretien est absolument indépendante de l'intensité de la circulation.

Il en résulte que sur les voies à faible trafic, cette dépense rapportée à la tonne kilométrique peut être importante, tandis que sur les voies à circulation intensive elle se réduit à presque rien. Reprenons, pour fixer les idées, le chiffre de 2.334 francs par kilomètre que nous avons cité plus haut à propos du Rhône. Avec la circulation actuelle, les dépenses d'entretien s'élèvent à 0 fr. 01 environ par tonne kilométrique [1] ; elles descendraient à 0 fr. 0023 si le mouvement atteignait un million de tonnes par kilomètre, et tomberaient presque à 0 fr. 001 s'il parvenait à deux millions.

271. Prix du fret. — Le prix du fret, est la suprême résultante des efforts de tous ceux qui concourent au fonctionnement des voies navigables : ingénieurs, constructeurs

---

1. En 1897, le tonnage moyen du Rhône, de Lyon à la mer, a été de 221.811 tonnes.

de bateaux et de machines, entrepreneurs de transports ;
c'est aussi le criterium de l'utilité de ces efforts. D'après ce
que nous avons expliqué plus haut il doit comprendre : d'une
part, tous les frais que comporte le service du matériel et de
la traction ; d'autre part, toutes les dépenses d'exploitation
autres que celles de manœuvre des ouvrages de navigation ;
enfin, le bénéfice du transporteur.

Le prix du fret est essentiellement variable. Il dépend, d'un
côté, des conditions de navigabilité, et de l'autre des circonstances commerciales. Il est avant tout soumis à la loi économique de l'offre et de la demande. Dans quelles limites peut-
il varier sur les fleuves et rivières à courant libre ? Pour
éviter de multiplier inutilement les chiffres, nous nous contenterons de citer deux exemples, mais ces deux exemples sont
particulièrement topiques.

Sur le Rhône, où les améliorations compatibles avec le
régime exceptionnel du fleuve sont seulement en voie d'a-
chèvement, où le trafic n'est pas encore développé, où l'organisation d'un matériel approprié aux nouvelles conditions de
navigabilité ne date que d'hier, les prix de fret sont nécessairement fort élevés. Ils peuvent être considérés comme une
limite supérieure, et ne doivent être notés que dans la
pensée d'avoir bientôt à en constater la décroissance.

Pour les transports par les bateaux à vapeur porteurs ou
par les chalands en tôle loués et remorqués de la Compagnie
générale de navigation, on paye de 0 fr. 028 à 0 fr. 060 par
tonne et par kilomètre. Par bateaux ordinaires descendant à
gré d'eau et remontés vides ou à moitié chargés par le touage
et le remorquage, les prix varient de 0 fr. 029 à 0 fr. 044.

Par contre, sur le Rhin, où d'excellentes conditions de navigabilité sont, depuis nombre d'années déjà, réalisées, où le
trafic est colossal, où circule un matériel énorme et extrêmement perfectionné appartenant à de nombreuses et puissantes
entreprises de transport, sur le Rhin nous trouvons des prix
extraordinairement réduits et l'exemple du passé autorise à

penser qu'ils sont encore susceptibles de réductions nouvelles.

On peut dire, en adoptant la distinction consacrée entre les marchandises en vrac et les marchandises emballées, que les prix de fret sont actuellement les suivants, par tonne et par kilomètre :

A. *Marchandises en vrac.*

Minimum.............. 0 fr. 005
Maximum.............. 0 fr. 020
Moyenne.............. 0 fr. 010

B. *Marchandises emballées.*

Minimum.............. 0 fr. 010
Maximum .... 0 fr. 060
Moyenne .... 0 fr. 025

Privilégiés, assurément, sont les centres commerciaux et les régions industrielles qui peuvent avoir à leur disposition un outil d'une aussi incomparable puissance.

ANNEXES

A.

NOTE SUR LES FLUVIOGRAPHES
EN SERVICE AU BARRAGE DE SURESNES
par M. Equer, ingénieur des Ponts et Chaussées.

Les barrages de Suresnes tenant le plan d'eau dans la traversée de Paris, il était particulièrement intéressant de mettre à la disposition du personnel barragiste des appareils permettant de suivre la tenue du bief.

Ces appareils sont au nombre de trois. Deux d'entre eux, un fluviographe ordinaire à échelle et un fluviographe enregistreur donnent la cote immédiatement à l'amont des barrages ; le troisième, un fluviographe enregistreur dit *Hydrométrographe électrique*, donne à Suresnes par transmission électrique la cote du plan d'eau au Pont Royal à Paris. Ce dernier appareil a une utilité toute spéciale ; car le point important est de maintenir autant que possible la constance du plan d'eau dans la traversée de Paris, et comme la pente de la rivière varie avec son débit, c'est la cote au Pont Royal qui règle les manœuvres à faire à Suresnes.

Fluviographe ordinaire à échelle.

Cet appareil (voir la planche XLIII, page 438) permet simplement de lire la hauteur de l'eau en amont des barrages à l'aide d'un index qui se déplace sur une échelle graduée.

Il se compose d'un flotteur suspendu à une poulie et équilibré par un contre-poids. Pour éviter de trop grandes amplitudes dans la course de ce contre-poids, le fil qui le soutient s'en-

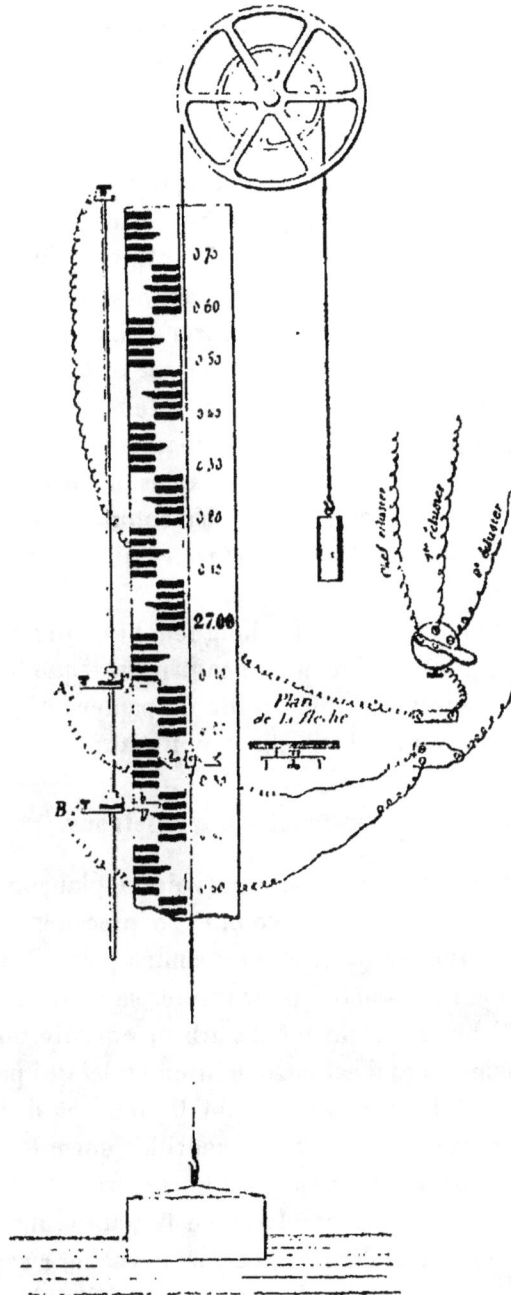

Pl. XLIII. FLUVIOGRAPHE ORDINAIRE A ÉCHELLE.

roule sur un pignon de petit diamètre monté sur le même arbre que la poulie. Une flèche horizontale fixée au fil de suspension du flotteur et rigoureusement repérée par rapport à l'é-
chelle graduée désigne par sa pointe la cote qu'il faut lire.
Quand le niveau atteint une limite prévue, la flèche met en action un avertisseur électrique appelant un éclusier.

Cet avertisseur se compose d'une tige en fer placée le long
de l'échelle et munie de deux curseurs A et B, placés chacun
en face de la cote à ne pas dépasser. Chaque curseur se compose de deux petites lames d'acier $a a'$ et $b b'$ séparées par un
corps isolant. Lorsque la flèche va atteindre l'un des curseurs,
un petit goujon qu'elle porte perpendiculairement à son plan
établit le contact entre les deux lames et ferme le circuit qui
met la sonnerie en mouvement. Un commutateur permet d'appeler le poste de celui des éclusiers qui est désigné pour le
service.

L'échelle n'a qu'une faible longueur; lorsqu'il y a de grandes
différences dans le niveau de l'eau, on masque le chiffre indiquant les mètres par une feuille de papier qui porte un autre
nombre et on repère la flèche à nouveau.

Fluviographe enregistreur.

Le fluviographe enregistreur (voir la planche XLIV, page
440) se compose d'abord, comme le précédent, d'un flotteur
suspendu à une poulie A et d'un contre-poids P monté sur un
pignon de petit diamètre pour limiter sa course. En outre, un
pignon B, placé sur le même arbre, enroule ou déroule un
ruban d'acier auquel est suspendu un stylet qui participe ainsi
verticalement au mouvement du flotteur et de la poulie et
laisse sa trace sur une feuille quadrillée enroulée sur un tambour T mû par un mouvement d'horlogerie.

Le pignon B est fou sur l'axe de la poulie, mais lui est rattaché par une roue dentée d et par un rochet r assujetti par le
ressort f, ce qui permet de régler la position du stylet.

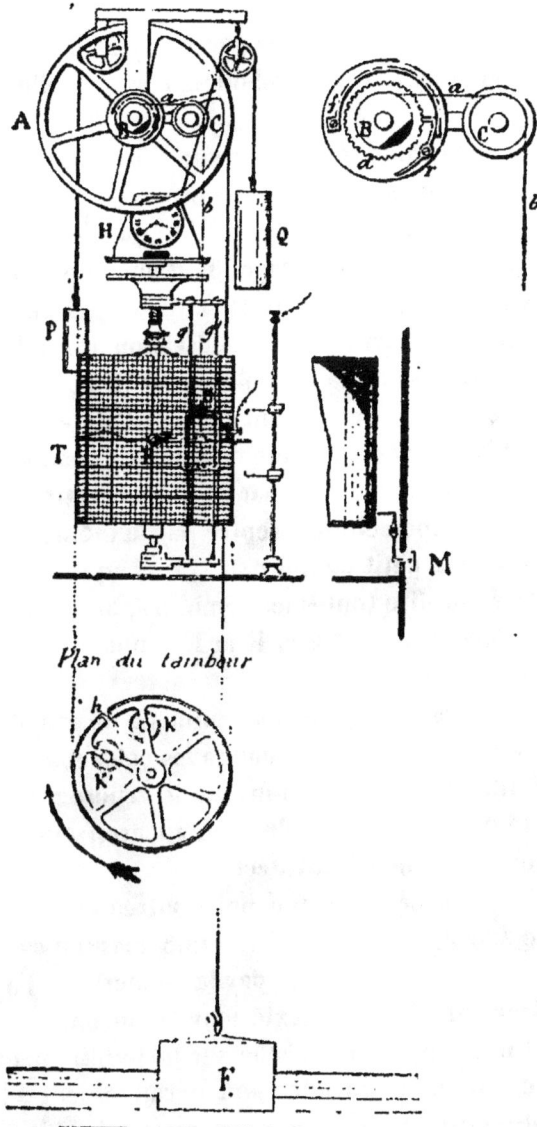

Plan du tambour

Pl. XLIV. FLUVIOGRAPHE ENREGISTREUR

Le ruban partant de la poulie B, vient passer sur une autre poulie C, descend jusqu'en D où il supporte un cadre en cuivre guidé par deux tiges de fer *g* et *g'*. A ce cadre est adapté le stylet E appuyé sur le tambour au moyen d'un petit ressort.

Ce tambour fait une révolution sur lui-même en 7 jours au moyen d'un mouvement d'horlogerie H, actionné par un poids Q. La feuille de papier quadrillé qui l'enveloppe est divisée en 7 parties égales correspondant aux sept jours de la semaine, et chaque division en 12 autres de 1 centimètre, de sorte que le stylet parcourt une division en 2 heures. Les divisions verticales sont à l'échelle de 0m10 pour mètre.

A l'intérieur du tambour sont placés deux autres petits cylindres K et K' qui servent à emmagasiner le papier. La feuille se déroule du cylindre K, sort par une fente verticale *h* du grand cylindre, enveloppe celui-ci, rentre par la même fente et s'enroule autour du petit cylindre K'. A chaque révolution du tambour, c'est-à-dire toutes les semaines, on déplace la feuille en faisant jouer les cylindres K et K'; une même feuille quadrillée dure un mois.

Quand le niveau de l'eau est soumis à de grandes différences en plus ou en moins, on change les cotes métriques du papier quadrillé, et on fait à nouveau le repérage du traceur[1]. Sur le côté du tambour est placé un appareil avertisseur analogue à celui précédemment décrit.

Le tout est placé dans une boîte vitrée et fermée à clef; lorsque le barragiste a eu à faire une manœuvre nécessitée par l'état des eaux et signalée par la sonnerie de l'avertisseur, il vient tirer sur un bouton extérieur M qui, par un levier intérieur, fait une impression sèche sur la feuille quadrillée. Le barragiste fait ainsi constater son dérangement; le traceur, de son côté, enregistre l'accomplissement de la manœuvre.

1. Un des diagrammes tracés par le fluviographe enregistreur de Suresnes est reproduit à titre de spécimen dans la planche XLV, page 442.

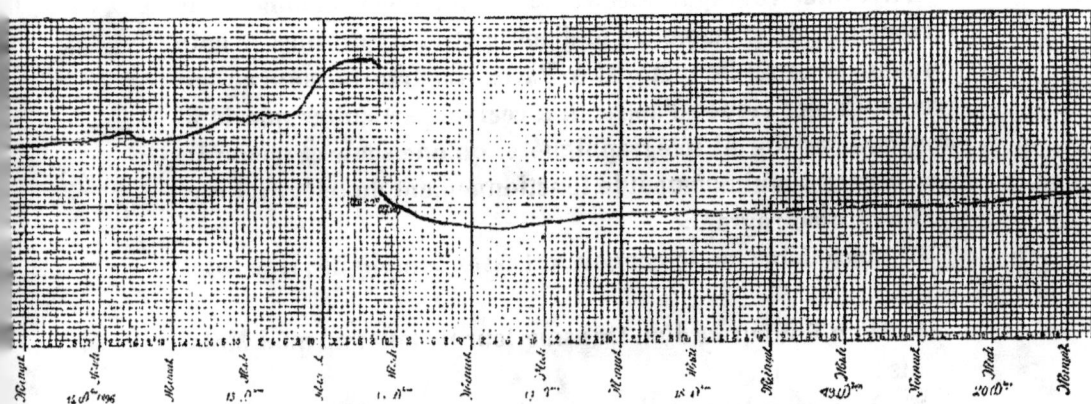

PL. XLV. DIAGRAMME TRACÉ PAR LE FLUVIOGRAPHE ENREGISTREUR

Ce fluviographe a été construit par M. Collin, horloger, d'après les indications de M. le conducteur Fleury.

Les deux fluviographes ci-dessus décrits ont leurs flotteurs situés dans un même puits de la maison éclusière. Le puits est mis en communication avec la rivière au moyen d'un tuyau de prise d'eau d'environ 90 mètres de longueur et de 0^{m}20 de diamètre. Trois puits secondaires sont intercalés sur le tuyau, autant pour permettre le nettoyage de la conduite que pour éteindre les oscillations du plan d'eau.

Hydrométrographe électrique.

L'hydrométrographe électrique a pour objet, comme nous l'avons dit, de transmettre et d'enregistrer à Suresnes la cote du plan d'eau au Pont Royal à Paris. La transmission se fait par un fil électrique ; l'appareil a ceci de particulier que le fil emprunté est un fil télégraphique et qu'une seule et même ligne assure simultanément le fonctionnement du télégraphe et de l'hydrométrographe.

Le mécanisme, on le conçoit, est assez compliqué ; il se compose :

1° D'un flotteur et d'un transmetteur installés au quai Malaquais ;

2° D'un récepteur et d'un enregistreur installés à la maison barragiste de Suresnes.

Il y a de plus, et accessoirement, un appareil enregistreur au quai Malaquais.

1° *Appareils installés au quai Malaquais.*

Ces appareils comprennent tout d'abord un flotteur et un contre-poids suspendus à une poulie dans des conditions analogues à celles qui ont été ci-dessus décrites. L'arbre de la poulie commande d'une part l'enregistreur installé accessoirement au quai Malaquais, d'autre part, le transmetteur.

a) Enregistreur.

L'enregistreur présente une disposition spéciale que nous

Altitude du Niveau d'Eau

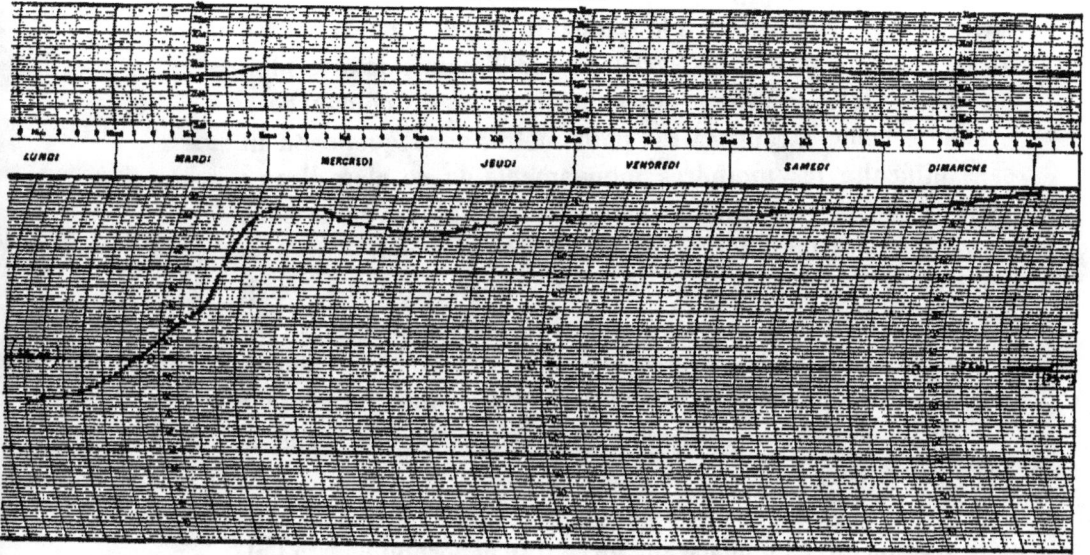

LUNDI	MARDI	MERCREDI	JEUDI	VENDREDI	SAMEDI	DIMANCHE

Hauteur d'Eau par fraction de mètre

Pl. XLVI. DIAGRAMMES TRACÉS PAR L'HYDROMÉTROGRAPHE ÉLECTRIQUE.

trouverons reproduite plus loin à l'enregistreur de Suresnes.
Sur un même tambour mû par un mouvement d'horlogerie
et recouvert de papier quadrillé, il trace deux courbes distinctes (pl. XLVI) au moyen de deux stylets superposés, montés
sur des arbres qui participent au mouvement du flotteur et de
la poulie par une série d'engrenages convenablement disposés.
Le stylet supérieur donne les variations de niveau à une très
petite échelle, 4 millimètres pour mètre ; sur la courbe correspondante, on peut facilement lire les nombres entiers de mètres, mais on ne peut guère apprécier les fractions. En revanche, et précisément grâce à la réduction de l'échelle, la course
de ce stylet s'étend à des variations de 8 mètres dans le plan
d'eau. Le stylet inférieur, au contraire, trace une courbe à
grande échelle, 5 centimètres pour mètre, sur laquelle on lit
sans difficulté les moindres mouvements de ce plan d'eau ;
mais sa course est limitée à 1 mètre en dessus ou en dessous
du zéro, et dès qu'il arrive à l'extrémité de sa course un système de déclic le ramène au zéro. Pour avoir l'altitude, on lit
les mètres de la première courbe et les centimètres de la seconde, absolument comme sur une montre on lit les heures
sur la petite aiguille et les minutes sur la grande. La planche
XLVII (page 446) montre les dispositions adoptées pour le
train d'engrenages.

Enfin sur l'arbre de commande du stylet inférieur est fixée
une aiguille qui se déplace sur un cadran et permet de lire l'altitude sans l'enregistrer.

La feuille de l'enregistreur est changée toutes les semaines.

b) Transmetteur.

La poulie du flotteur communique son mouvement de rotation à une roue dentée qui engrène avec un disque A ; ce disque, qui tourne librement sur un arbre horizontal, porte sur sa
face deux goujons saillants placés aux extrémités d'un même
diamètre. Un second disque, monté sur le même arbre, mais
calé sur lui et l'entraînant dans son mouvement, est placé en
regard du premier ; il porte également deux goujons saillants

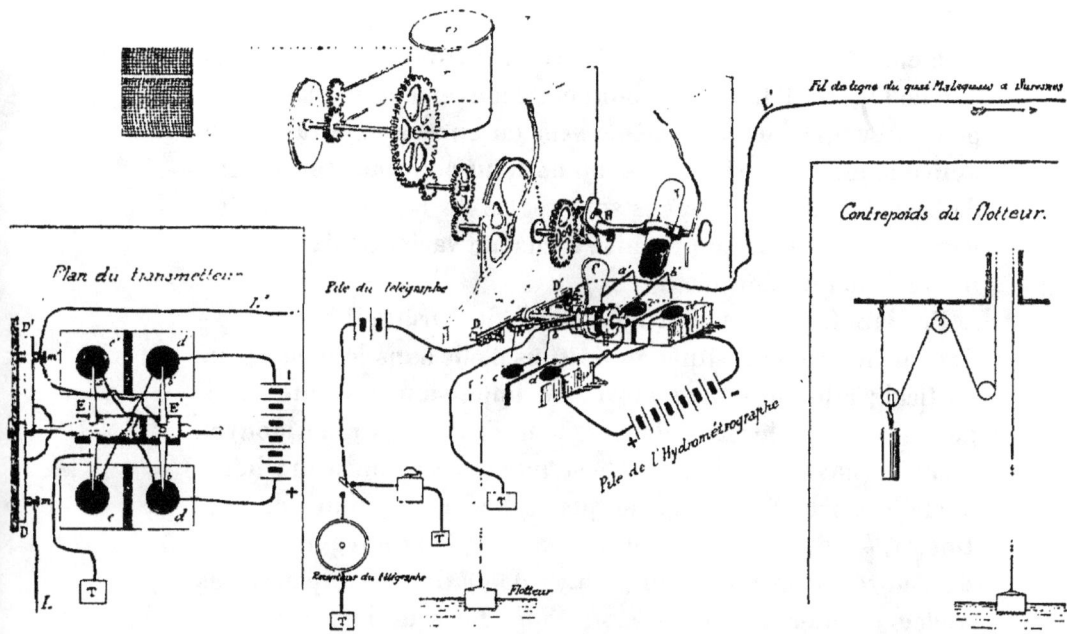

Plan du transmetteur.

Pile du télégraphe

Contrepoids du flotteur.

Fil de ligne du quai Malaquais à Suresnes

Pile de l'Hydrométrographe

Récepteur du télégraphe

Flotteur

Pl. XLVII. HYDROMÉTROGRAPHE ÉLECTRIQUE. — APPAREILS INSTALLÉS AU QUAI MALAQUAIS

aux extrémités d'un même diamètre. Sur le même arbre enfin sont montés une barette B et un tube cylindrique fermé
aux deux bouts et contenant du mercure. Lorsque les goujons
des deux disques ne sont pas en prise, ce tube se tient dans la
position verticale ; mais si, par suite du jeu de la poulie, les
goujons arrivent en prise, le tube suit le mouvement, et, dès
qu'il est arrivé à la position horizontale, il bascule sous le poids
du mercure et achève brusquement sa révolution pour reprendre la position verticale ; le tube et la barette ont alors tourné
de 180 degrés et les deux paires de goujons, qui se sont quittés
au moment du mouvement de bascule, se trouvent à 90 degrés
l'un de l'autre. Il faudra un nouveau mouvement du plan d'eau
pour provoquer dans le même sens ou en sens contraire une
nouvelle mise en prise des goujons et un nouveau mouvement
de bascule. Les engrenages sont réglés de façon qu'un mouvement de bascule se produise à chaque variation de 2 centimètres dans le plan d'eau.

Pendant le mouvement de bascule, la barette B vient frapper sur une came C située au-dessous d'elle dans le même plan
vertical ; elle lui donne ainsi une impulsion à droite ou à
gauche suivant le sens dans lequel s'est effectué le mouvement de bascule. La came C est montée sur un arbre horizontal et porte l'équipage de quatre leviers à pointes de platine, a, b, a', b', situés deux à deux dans le prolongement l'un
de l'autre. Au-dessous des pointes de platine sont placés des
godets de mercure isolés c, d, c', d'. Lorsque la came C est
poussée à droite ou à gauche, les pointes a' et b' ou les pointes
a et b viennent plonger dans les godets correspondants ; le
contact n'a qu'une très courte durée, 1 10e de seconde environ, après quoi les pointes reprennent la position horizontale.
Les leviers a et a' communiquent entre eux et avec la terre ;
les leviers b et b' communiquent entre eux, mais ils sont isolés de la masse et reliés par un fil conducteur à une borne m'
d'où part le fil de ligne L'. Les godets d et d' sont mis en
communication avec les deux pôles d'une pile ; enfin les

godets *d* et *c'* d'une part, *c* et *d'* d'autre part sont reliés entre
eux par un fil conducteur. Supposons que les pointes *a* et *b*
viennent plonger dans les godets *c* et *d*; un courant positif sera
envoyé dans la ligne L' en suivant le parcours *d b* E' *m'* L', et
le courant négatif retourne à la terre par le parcours *d'c a* ET.
Si ce sont au contraire les pointes *a'* et *b'* qui viennent plonger dans les godets *c'* et *d'*, la ligne L' reçoit un courant négatif par *d' b'* E' *m'* L', et le courant positif est fermé sur la terre
par *d c' a'* ET.

Mais le fil de ligne L' est le fil du télégraphe. Voyons comment est assuré le passage des courants télégraphiques. L'appareil télégraphique est monté sur un fil L qui aboutit à une
borne *m* : il est alimenté par une pile distincte beaucoup
moins forte que celle de l'hydrométrographe A l'extrémité de
l'arbre de la came C sont installés deux leviers D et D', isolés
de la masse mais communiquant entre eux ; ces leviers reposent par leurs extrémités libres sur les deux bornes *m* et *m'*.
Le levier D est soulevé par une came montée sur l'arbre en
même temps que les pointes *a* et *b* : il en est de même du levier
D', qui se soulève en même temps que les pointes *a'* et *b'*. En
temps ordinaire, les courants télégraphiques passent dans le
fil de ligne en suivant le parcours L *m m'* L' et tout se passe
comme si l'hydrométrographe n'existait pas. Si les pointes *a*
et *b* viennent à plonger, le levier D' est soulevé, le circuit du
télégraphe est interrompu en *m'* pendant un dixième de seconde ce qui est sans inconvénient pour les communications
télégraphiques, et c'est au contraire le courant de l'hydrométrographe qui passe dans le fil de ligne : tout se passe alors
comme si le télégraphe n'existait pas. Si ce sont les pointes *a'*
et *b'* qui plongent, le résultat est le même, mais c'est le levier
D qui se soulève et le circuit télégraphique est coupé en *m* au
lieu d'être coupé en *m'*. Le soulèvement des leviers D ou D'
a pour office de forcer le courant de l'hydrométrographe à passer dans le fil L sans se dériver dans le fil L où il s'affaibli-
rait, tout en provoquant des désordres dans l'appareil télégraphique du quai Malaquais.

Ainsi et en résumé, le fil de ligne L' reçoit et envoie à Suresnes :

1° Des courants télégraphiques ;

2° Des courants hydrométrographiques qui se distinguent des précédents en ce qu'ils sont de beaucoup plus faible durée et de plus forte intensité. Ces courants sont d'ailleurs positifs ou négatifs, suivant que le niveau de l'eau a monté ou baissé. Il y a enfin une émission de courant toutes les fois que la variation du plan d'eau atteint 2 centimètres.

2° *Appareils installés à Suresnes.*

Le fil de ligne L' traverse à Suresnes successivement le récepteur de l'hydrométrographe et l'appareil télégraphique (voir la planche XLVIII, page 450). Il faut que les courants télégraphiques restent sans action sur l'hydrométrographe et inversement. Les dispositions adoptées dans ce but sont les suivantes:

La ligne L' aboutit à un relai doublement polarisé F, sur lequel est montée une pile locale. Ce relai est sensible seulement aux courants émis par l'hydrométrographe : les courants télégraphiques sont trop faibles pour vaincre son inertie. Il est constitué par un électro-aimant placé entre les pôles d'un aimant qui a la forme indiquée sur la figure. A l'un des pôles de cet aimant est articulée une petite lame de fer doux dont l'extrémité, près de l'autre pôle, vient toucher l'une des bornes ƒ ou ƒ' suivant que le courant émis est positif ou négatif, en sorte que, suivant le sens du courant de ligne, le courant de la pile locale est fermé sur l'un des deux électro-aimants G ou G' intercalés dans le circuit.

Les armatures de ces électro-aimants sont respectivement reliées, par un système de leviers appropriés, à une roue montée sur un arbre horizontal ; l'une des armatures fait tourner la roue dans un sens, et l'autre armature en sens contraire. On a ainsi finalement à Suresnes un arbre qui suit exactement les mouvements de l'arbre de la poulie du flotteur du quai Malaquais, à cette différence près que le mouvement de rotation du premier est saccadé au lieu d'être continu comme celui du se-

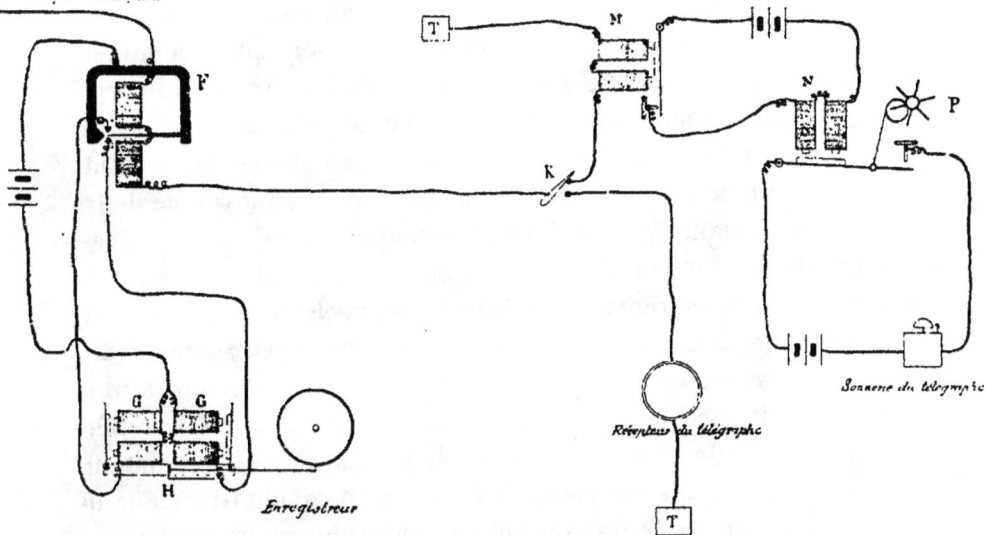

L' *Fil de ligne du ... télégraphe de Suresnes*

F

T

M

N

P

K

G   G

H

Enregistreur

Récepteur du télégraphe

T

Sonnerie du télégraphe

Pl. XLVIII. HYDROMÉTROGRAPHE ÉLECTRIQUE. — APPAREILS INSTALLÉS A SURESNES.

cond. C'est cet arbre qui commande l'enregistreur de Suresnes, lequel est identique à celui, ci-dessus décrit, du quai Malaquais.

Le fil de ligne, à sa sortie des bobines du relai doublement polarisé de l'hydrométrographe, arrive enfin à l'appareil télégraphique. Lorsque celui-ci fonctionne pour la transmission d'une dépêche, rien n'empêche qu'il ne soit traversé par le courant de l'hydrométrographe. La perturbation qui en résulte est de si courte durée qu'elle reste sans inconvénient ; elle ne se produit d'ailleurs qu'à de rares intervalles, et, s'il arrive par hasard quelque confusion, les télégraphistes en sont quittes pour faire répéter. Mais lorsque au contraire le commutateur K est placé sur la sonnerie du télégraphe, ce qui est sa position normale, chaque émission de courant de l'hydrométrographe ferait jouer la sonnerie et appellerait inutilement le télégraphiste. On a paré à cet inconvénient en commandant le circuit de la pile locale de la sonnerie au moyen de deux électro-aimants M et N. Le premier, appelé relai sensible, reçoit l'enroulement du fil de ligne. Il obéit instantanément à l'action des courants qui le traversent, quels qu'ils soient, son armature ferme le circuit local du second électro-aimant N, appelé relai paresseux. C'est l'armature de celui-ci qui ferme le circuit local de la sonnerie ; mais cette armature est reliée à l'aide d'une bielle et de roues dentées à un petit régulateur à ailettes P qui s'oppose à son mouvement rapide. Grâce à cette disposition, seuls les courants de durée plus ou moins longue du manipulateur du télégraphe mettent la sonnerie en action.

L'hydrométrographe qui vient d'être décrit a été imaginé et construit par M. Parenthou, 54 rue Saint-Maur à Paris.

B.

INSTRUCTIONS ET RÈGLEMENTS
POUR L'ANNONCE DES CRUES ET DES INONDATIONS
DANS LE BASSIN DE LA SEINE

I. Instruction générale.

Article 1er. — Objet du service. — Le service hydrométrique et de l'annonce des crues a pour objet :

1° D'étudier le régime des cours d'eau compris dans le bassin de la Seine, à l'aide d'observations hydrométriques et, s'il y a lieu, d'observations sur la pluie, déterminant à diverses époques, et notamment pendant les crues, les hauteurs successives des eaux en des points convenablement choisis, les débits et les vitesses de propagation correspondantes pour les divers états des eaux et de leurs versants, etc., et d'apprécier, autant que possible à l'avance, au moyen de ces éléments, les hauteurs probables que les eaux doivent atteindre devant les principales localités riveraines de la vallée ;

2° En cas de crues notables, de transmettre rapidement aux services publics et aux populations les renseignements qui peuvent les intéresser.

Article 2. — Division du service. — Ce service est réparti comme il suit, sous la haute direction de l'inspecteur général, directeur du service hydrométrique central du bassin de la Seine, entre l'ingénieur en chef du service hydrométrique central et les ingénieurs en chef chargés d'un service local d'annonce des crues :

1º En ce qui concerne les crues d'inondation.

DÉSIGNATION des rivières.	DÉSIGNATION du service chargé des annonces des crues.	DÉSIGNATION des ingénieurs ou conducteurs chargés d'apprécier à l'avance la hauteur des crues.	RÉSIDENCE	ÉCHELLES pour lesquelles se font les prévisions.
Seine, en amont de Montereau.	Navigation de la Seine (1ᵉ section, 1ᵉ divᵒⁿ.)	Conducteur délégué.	Nogent-sur-Seine.	Bray-sur-Seine.
Yonne.	Canal du Nivernais et Navigatᵒⁿ de l'Yonne.	Conducteur subdᵗ de la navigation.	Clamecy.	Clamecy.
		Ingénieur ordᵗ de la navigatᵒⁿ.	Auxerre. Sens.	Auxerre. Sens.
Armançon.	Id.	Id.	Auxerre.	Tonnerre.
Serein.	Id.	Id.	Id.	Chablis.
Cure.	Id	Conducteur délégué.	Vermenton.	Vermenton.
Seine, entre Montereau et Paris.	Service hydrométrique central.	Ingénieur ordinaire du service hydrométrique central.	Paris.	Montereau. Corbeil.
Marne, en amont du confluent du Grand Morin.	Service ordinaire du département de la Marne.	Ingénieur en chef du service ordinaire du département de la Marne.	Châlons.	La Chaussée. Pertuis de Damery.
	Navigation de la Marne	Conducteur délégué. Id.	Chât.-Thierry. Meaux.	Château-Thierry. Meaux.
Marne, en aval du confluent du Gᵈ Morin.	Service hydrométrique central.	Ingénieur ordinaire du service hydrométrique central.	Paris.	Chalifert (près Maux).
Aisne, en amont du département de l'Aisne.	Navigation de l'Aisne.	Ingénieur ordinaire du service de la navigation.	Rethel.	Vouziers. Biermes (près Rethel).
Aisne en aval du département des Ardennes.	Service hydrométrique central.	Ingénieur ordinaire du service hydrométrique central.	Paris.	Pontavert. Soissons.
Oise, traversée de l'arrondᵗ de St-Quentin.	Navigation de l'Oise.	Ingénieur ordinaire du service de la navigation.	St-Quentin.	Origny-Ste-Benoite.
Oise traversée de l'arrondissᵗ de Laon.	Id.	Id.	Id.	Condren (près Fargniers).
Oise, en amont du confluent de l'Aisne dans l'arrondissement de Compiègne.	Id.	Id.	Compiègne.	Sempigny (près Noyon).
Oise, en aval du confluent de l'Aisne.	Service hydrométrique central.	Ingénieur ordinaire du service hydrométrique central	Paris.	Venette (près Compiegne)
Seine, à Paris et en aval.	Id.	Id.	Id.	Paris(pᵒⁿᵗ d'Auster).) Bezons. Mantes.
Eure, dans le département d'Eure-et-Loir.	Service ordinaire du départ d'Eure-et-Loir	Ingénieur ordinaire du service ordinaire.	Chartres.	Chartres.
Eure, dans le départ de l'Eure.	Service ordinaire du départ de l'Eure.	Id.	Evreux.	Pacy sur-Eure. Louviers
Avre.	Id.	Conductᵗ du service ordinaire.	Verneuil.	Verneuil. Nonancourt.
Iton.	Id.	Ingénᵗ ordinᵉ du service ordᵗ.	Evreux.	Damville. Evreux.
Charentonne et Ternant.	Id.	Id.	Pont-Audemer.	Broglie. Bernay.
Rille.	Id.	Id.	Id.	Nassandres Brionne. Pont-Authou. Pont-Audemer.
Epte.	Id	Conductᵗ du service ordinaire.	Gisors.	Gisors

2° En ce qui concerne les crues qui ne sont pas présumées produire de submersions.

DÉSIGNATION des rivières.	DÉSIGNATION du service chargé des annonces des crues.	DÉSIGNATION des ingénieurs ou conducteurs chargés d'apprécier à l'avance la hauteur des crues.	RÉSIDENCE	ÉCHELLES pour lesquelles se font les prévisions.
Seine, en amont de Montereau.	Navigation de la Seine (1re secton, 1re divon)	Conducteur délégué.	Nogent-sur-Seine.	Bray-sur-Seine.
Yonne.	Navigation de l'Yonne.	Ingénieur ordinaire de la navigation de l'Yonne.	Sens.	Sens.
Marne, en amont du confluent du Grand Morin.	Service ordinaire du département de la Marne.	Ingénieur en chef du service ordinaire du département de la Marne.	Châlons	La Chaussée. Pertuis de Damery.
Seine, entre Montereau et Paris.	Service hydrométrique central.	Ingénieur ordinaire du service hydrométrique central.	Paris.	Montereau.
Marne, en aval du confluent du Grand-Morin.	Id.	Id.	Id.	Chalifert (près Meaux).
Aisne, en aval du département des Ardennes.	Id.	Id.	Id.	Pontavort.
Oise, en aval du confluent de l'Aisne.	Id.	Id.	Id.	Venette (près Compiègne).
Seine, à Paris et en aval.	Id.	Id.	Id	Paris (pont d'Austerlitz). Bezons. Mantes.

Article 3. — Service permanent. — Le service permanent sera soumis aux prescriptions formulées dans les règlements des stations désignées au tableau A ci-annexé, ainsi que dans l'instruction spéciale pour les observations.

Chaque jour, le chef des écluses ou barrages désignés dans le tableau C ci-annexé affichera, à mesure qu'il les aura observées ou reçues par le télégraphe, dans un tableau spécialement disposé à cet effet et suivant le modèle prescrit, les cotes constatées le jour même et la veille aux échelles dont la désignation est donnée au même tableau C.

En ce qui concerne le service permanent, les agents désignés aux règlements de stations seront placés sous les ordres de l'ingénieur en chef du service hydrométrique central.

Article 4. — Service en temps de crues ordinaires. — En temps de crues ordinaires, c'est-à-dire ne paraissant pas devoir atteindre les submersions définies par les cotes fixées à l'article 5 ci-après, les avertissements seront préparés par les ingénieurs désignés à l'article 2 ; ils seront adressés aux agents désignés au tableau D ci-annexé, sauf les additions ou modifications qui seraient ultérieurement concertées entre les ingénieurs en chef des services intéressés.

Aussitôt que les chefs des écluses ou barrages désignés à l'article 3 et au tableau C auront reçu ces avertissements, ils en afficheront la copie textuelle dans le tableau prescrit à l'article 3.

Les télégrammes relatifs aux annonces de crues seront suivis d'un bulletin postal destiné à compléter ou à suppléer en cas de besoin le télégramme.

Article 5. — Service en temps d'inondations probables.

RIVIÈRES	ECHELLES DE	COTES de submersion indiquées à l'échelle.	REMARQUES
Seine, en amont de Montereau.	Bray-sur-Seine.	1ᵐ80	
Yonne.	Clamecy (pont de Béthléem).	2.02	
	Auxerre.	2.60	
	Sens.	2.30	
Armançon.	Tonnerre (pont du chemin de fer en aval du moulin d'Enfer).	3.00	
Serein.	Chablis.	1.80	
Cure.	Vermenton.	2.50	
Seine, entre Montereau et Paris.	Montereau (échelle du pont de Seine).	3.20	(2ᵐ40 du 1ᵉʳ mai au 31 août).
	Corbeil.	3.00	
	La Chaussée.	2.40	(1ᵐ50 du 1ᵉʳ mai au 30 septembre).
Marne, en amont du confluent du Grand-Morin.	Pertuis de Damery.	3.00	
	Château-Thierry.	4.00	
	Meaux.	3.50	
Marne, en aval du confluent du Gd-Morin.	Chalifert (près Meaux).	3.70	
Aisne, en amont du département de l'Aisne.	Vouziers.	3.00	Le zéro de cette échelle posée sur le busc amont de l'écluse se trouve à 1ᵐ83 au-dessous de l'étiage.
Aisne, en aval du départ' des Ardennes.	Biermes (près Rethel).	1.20	
	Pontavert.	2.50	
	Soissons.	40.25	Cette échelle n'a pas de zéro, elle est divisée en cotes d'altitude. On retranche ordinairement 37ᵐ13 de la cote lue.

Article 5. — Service en temps d'inondations probables (suite).

RIVIÈRES	ÉCHELLES DE	COTES de submersion indiquées à l'échelle.	REMARQUES
Oise (traversée de l'arrondissement de St-Quentin)	Origny-Ste-Benoite.	2.50	
Oise (traversée de l'arrond' de Laon).	Condren.	1.65	
Oise, en amont du confluent de l'Aisne dans la traversée de l'arrond' de Compiègne.	Sempigny (près Noyon).	3.00	
Oise, en aval du confluent de l'Aisne.	Venette (près Compiègne).	4.45	
Seine, à Paris et en aval.	Paris (pont d'Austerlitz).	4.14	
	Bezons	4.80	
	Mantes.	6.00	
Eure, dans le département d'Eure-et-Loir.	Chartres.	1.00	
Eure, dans le depart' de l'Eure.	Pacy-sur-Eure.	0.50	
Avre.	Verneuil.	2.00	
Iton.	Damville.	0 70	
	Evreux.	0.40	
Charentonne.	Broglie.	1.10	
	Bugles.	1.80	
Rille.	Nassandres.	0.80	
	Brionne.	1.10	
Epte.	Gisors.	0.90	

Les avertissements seront préparés et transmis par la voie télégraphique ou par tout autre mode plus expéditif, par les ingénieurs et conducteurs délégués conformément à l'article 2 de la présente instruction, aux personnes désignées au tableau E ci-annexé, toutes les fois que la crue paraîtra devoir dépasser le niveau de submersion indiqué dans le tableau ci-dessus.

Les télégrammes relatifs aux annonces de crues seront suivis d'un bulletin postal destiné à compléter ou à suppléer en cas de besoin le télégramme.

La diffusion des avertissements aura lieu conformément aux règlements départementaux approuvés par le Ministre de l'intérieur et par le Ministre des travaux publics.

Article 6. — Responsabilité. — Pour que la responsabilité de chacun soit bien établie, chacun des correspondants des services d'annonce de crues devra garder pendant une année entière les bulletins ou télégrammes qui lui auront été envoyés pour l'annonce des crues.

Article 7. — *Comptes rendus annuels.* — Le service hydrométrique central est chargé, comme par le passé, de centraliser et de coordonner tous les documents d'un intérêt général relatifs au régime naturel des eaux dans le bassin de la Seine.

Ce service publiera, chaque année (art. 14 du règlement du 3 février 1854) :

1° *La représentation graphique des crues des principaux cours d'eau et des hauteurs de pluie tombée ;*

2° *Un rapport détaillé sur les opérations du service et les résultats obtenus.*

Chaque ingénieur en chef chargé d'un service d'annonce de crues enverra à l'inspecteur général, directeur du service hydrométrique du bassin de la Seine, un rapport annuel rendant compte de la marche du service et présentant la comparaison des cotes prévues et des cotes réalisées. Ce rapport sera rédigé de manière à correspondre à la période comprise entre le 1er mai de chaque année et le 30 avril de l'année suivante. Il devra être envoyé le 31 mai au plus tard.

Approuvé par décision du Ministre des travaux publics du 20 août 1885.

II. Règlement pour la transmission des avertissements relatifs aux grandes crues de la Seine, dans le département de Seine-et-Oise, en amont de Paris.

Article 1er. — Les avertissements ayant pour objet d'annoncer les grandes crues de la Seine aux localités du département de Seine-et-Oise qui sont exposées aux inondations de cette rivière, seront transmis conformément aux dispositions du présent règlement.

Article 2. — L'ingénieur en chef du service hydrométrique central du bassin de la Seine enverra par un télégramme, suivi d'un bulletin postal, les avertissements qu'il aura préparés pour les crues de la Seine :

Au sous-préfet de Corbeil,

Au conducteur du service de la navigation à Corbeil.

Article 3. — Des copies textuelles des avertissements qu'il aura reçus directement de l'ingénieur en chef du service hydrométrique central seront remises par le conducteur de la navigation en résidence à Corbeil :

Au maire de Corbeil.

Article 4. — Une copie de ces avertissements sera remise par le sous-préfet de Corbeil au maire de Corbeil ; en outre, ils seront transmis par voie télégraphique,

Par le sous-préfet de Corbeil aux maires de :

Essonnes,

Evry,

Ris-Orangis,

Soisy-sous-Etiolles,

Juvisy,

Draveil,

Athis-Mons,

Vigneux,

Ablon,

Villeneuve-St-Georges.

Article 5. — Des copies textuelles des avertissements seront transmises au moyen de la gendarmerie, savoir :

Par le maire de Corbeil, aux maires de :

Coudray,

Morsang,

Saintry,

St-Pierre-du-Perray.

Article 6. — Des copies textuelles des avertissements seront transmises au moyen du garde-champêtre ou d'un exprès spécial, savoir :

Par le maire de Soisy-sous-Etiolles,

Au maire d'Etiolles ;

Par le maire de Juvisy,

    Au maire de Viry-Châtillon ;

Par le maire de Villeneuve-Saint-Georges,

    Au maire de Villeneuve-le-Roi.

Article 7. — Les maires donneront immédiatement toute la publicité possible aux avertissements qui leur auront été transmis.

Article 8. — Outre les avertissements dont il est question dans les articles précédents, il sera affiché à chacune des écluses de la Seine un tableau faisant connaître quotidiennement la marche de la crue et les prévisions émises par le service hydrométrique central du bassin de la Seine.

Pendant toute la durée de cet affichage, un pavillon bleu sera arboré à la maison éclusière.

Approuvé le 23 octobre 1891, par M. le Ministre de l'intérieur.

Approuvé le 30 octobre 1891, par M. le Ministre des travaux publics.

III. Règlement de la station d'Auxerre (Yonne) sur la rivière d'Yonne.

Article 1er. — *Heures des observations.* — Le niveau des eaux sera observé chaque jour à 7 heures du matin à l'échelle du pont d'Auxerre (a).

Lorsque ce niveau dépassera 1m80 au-dessus du zéro de l'échelle ou lorsqu'il sera supérieur de 0m30 à celui de la veille, les observations seront faites trois fois par jour : à 7 heures du matin, à midi et à 5 heures du soir.

Dans les cas de très grandes crues correspondant à des

_____

(a) La rivière sort de son lit vers la cote 2m21 ; les submersions deviennent graves à la cote 2m60. La crue de 1836 s'est élevée à la cote 4m16. Le zéro de l'échelle est à 0m61 au-dessous de l'étiage. Le zéro de l'échelle d'Auxerre est à l'altitude 95m71 (Lettre de M. l'ingénieur en chef B. de Mas du 21 février 1889).

inondations tout à fait exceptionnelles, on fera autant que possible une observation supplémentaire vers minuit.

Pour les crues dépassant la cote 1m80 au-dessus du zéro de l'échelle, on indiquera la plus grande hauteur que l'eau a atteinte à l'échelle, l'heure où ce maximum s'est produit et le temps pendant lequel il s'est maintenu.

Les cotes de hauteur seront inscrites sur la feuille mensuelle d'observations du modèle B, dont copie sera adressée le 1er de chaque mois à l'ingénieur ordinaire de la navigation à Sens, chargé du service local d'annonce des crues.

Article 2. — Bulletins de l'observateur. — 1° Lorsque la rivière sera sortie de son lit, l'observateur enverra un bulletin extrait de sa feuille d'observations :

Au service hydrométrique central à Paris.

Ce bulletin, comprenant les cotes des cinq derniers jours, sera conforme au modèle F et rédigé d'après les indications inscrites sur ce modèle. Il sera mis à la poste de manière à arriver à Paris le lendemain, à la première distribution du matin. Un bulletin semblable sera envoyé les jours suivants jusqu'à ce que la rivière soit entrée franchement en baisse.

2° Chaque jour, sans exception, l'observateur fera parvenir en outre, aussitôt après chaque observation, un bulletin extrait de sa feuille mensuelle et conforme au modèle E :

A l'ingénieur ordinaire de la navigation à Auxerre.

Article 3. — Avis de crue. — Lorsque les eaux à l'échelle du pont d'Auxerre dépasseront 2m20, l'ingénieur ordinaire de la navigation en résidence dans cette ville remettra une fois par jour un avis de crue du modèle G :

Au préfet de l'Yonne,
Au maire d'Auxerre.

Si les eaux dépassent la cote 2m60, il leur remettra deux avis chaque jour, l'un vers 10 heures du matin, l'autre l'après-midi, après le relevé de la cote de midi.

Ces avis seront affichés dans un tableau spécial aux emplacements ci-après désignés :

A la porte de l'ingénieur ordinaire de la navigation à Auxerre,

A l'écluse de la Chaînette (Auxerre),

A la porte de la mairie.

Pendant tout le temps de l'affichage qui vient d'être prescrit, un signal spécial (pavillon bleu) sera arboré à un mât de pavillon à l'écluse de la Chaînette.

Article 4. — Télégrammes. — 1° Toutes les fois que la rivière sera sortie de son lit, l'observateur enverra directement ;

Au service hydrométrique central à Paris,
un télégramme donnant la cote observée le matin et la veille à l'échelle.

Il indiquera si la rivière continue à monter ou si elle est étale et quelle a été la hauteur du maximum.

Ce télégramme devra être déposé au bureau télégraphique à 8 heures du matin.

2° Lorsque les eaux s'élèveront au-dessus de 1^{m}80 à l'échelle ou lorsque la cote du jour sera supérieure de 0^{m}30 à celle de la veille, et en général toutes les fois qu'une inondation paraîtra menaçante, l'observateur fera connaître une fois par jour l'état de la rivière et la marche de la crue au destinataire suivant :

L'ingénieur ordinaire de la navigation à Sens,
par un télégramme donnant la cote observée le matin et la veille à l'échelle.

Ce télégramme devra être déposé au bureau télégraphique de la Chaînette à 8 heures du matin.

Pour toute crue dépassant 1^{m}80, la hauteur et l'heure du maximum seront signalées par un télégramme spécial.

3° Si, dans l'intervalle entre les télégrammes prescrits ci-dessus, les eaux s'élevaient avec une rapidité exceptionnelle, ou s'il survenait quelque événement extraordinaire, l'observateur devrait en informer par un ou plusieurs télégrammes supplémentaires ;

L'ingénieur ordinaire de la navigation à Sens.

4° Des télégrammes spéciaux seront envoyés toutes les fois qu'ils seront demandés par le service hydrométrique central ou par les services locaux d'annonce de crues.

Article 5. — Avertissements relatifs au maximum des crues. — Lorsque les dépêches reçues des stations supérieures feront prévoir l'arrivée d'une crue assez importante pour qu'il soit utile de l'annoncer aux populations riveraines, et en général paraissant devoir dépasser la cote 2ᵐ60 à l'échelle du pont d'Auxerre, l'ingénieur ordinaire de la navigation chargé du service local d'annonce des crues appréciera d'urgence, à l'avance autant que possible et d'après les résultats de l'expérience, la hauteur probable que les eaux doivent atteindre à l'échelle du pont d'Auxerre ; il consignera le résultat de ses appréciations dans un avertissement du modèle H qui devra autant que possible être terminé vers midi.

Il fera immédiatement afficher chaque avertissement sur des tableaux conformes au modèle prescrit :

A la porte de son domicile,

A l'écluse de la Chaînette (Auxerre),

A la gare d'Auxerre.

Il remettra immédiatement chaque avertissement aux fonctionnaires suivants :

Le préfet de l'Yonne,

Le maire d'Auxerre,

qui en donneront reçu et qui sont chargés, comme il est prescrit par le règlement départemental, de les transmettre par le mode le plus expéditif aux communes intéressées du département de l'Yonne.

Enfin il communiquera sans délai chaque avertissement par télégramme et par bulletin postal :

A l'ingénieur ordinaire de la navigation à Sens.

Le public sera prévenu en outre de l'état de la rivière et de la probabilité d'une inondation par un signal spécial (pavillon bleu) qui sera arboré à un mât de pavillon à l'écluse de la Chaînette, comme il est dit à l'article 3.

L'ingénieur ordinaire de la navigation, chargé du service local de l'annonce des crues, devra inscrire sur un registre spécial les calculs et autres modes d'appréciation qui lui auront servi à rédiger les avertissements ; il gardera copie textuelle de ces avertissements sur ce même registre.

Enfin, pour que la responsabilité de chacun soit bien établie, il devra garder pendant une année entière dans ses archives les bulletins et télégrammes qui lui auront été envoyés pour l'annonce des crues, ainsi que les reçus qui lui auront été donnés à lui-même pour ses avertissements.

Approuvé par décision du Ministre des travaux publics, le 20 août 1885.

IV. Règlement de la station des Settons, près Montsauche (Nièvre).

Article 1er. — Heures des observations. — Les observations seront faites r   'ièrement tous les jours à 7 heures du matin.

Les hauteurs de pluie et les autres renseignements seront inscrits sur la feuille mensuelle d'observations (modèle A), dont copie sera adressée le 1er de chaque mois à l'ingénieur en chef de la navigation à Paris et au service hydrométrique central à Paris.

Article 2. — Bulletins de l'Observateur. — Lorsque la pluie observée aura atteint (a) 40 millimètres dans les quatre derniers jours ou 20 millimètres dans les vingt-quatre heures, l'observateur enverra un bulletin extrait de sa feuille d'observations :

Au service hydrométrique central à Paris,

Au conducteur subdivisionnaire de la navigation à Clamecy (Nièvre),

A l'ingénieur de la navigation à Auxerre (Yonne),

(a) La hauteur de pluie limite indiquée à l'article 2 pour les Settons est plus forte que pour les autres stations, parce que les quantités de pluie y sont, en moyenne, beaucoup plus grandes qu'ailleurs.

A l'ingénieur de la navigation à Sens (Yonne),

Au conducteur de la navigation à Vermenton (Yonne).

Ce bulletin, comprenant les quantités de pluie recueillies pendant les huit derniers jours, sera conforme au modèle D et rédigé d'après les indications inscrites sur ce modèle.

Il sera mis à la poste de manière à arriver à destination le lendemain, à la première distribution du matin.

Un bulletin semblable sera envoyé les jours suivants jusqu'à ce que la pluie cesse.

L'envoi de ce bulletin devra également avoir lieu avec une remarque spéciale dans le cas d'une fonte de neige qui donnerait sensiblement les mêmes épaisseurs d'eau.

Article 3. — *Télégrammes*. — Chaque fois que la pluie constatée au pluviomètre aura produit plus de 25 millimètres en vingt-quatre heures, l'observateur enverra un télégramme :

Au service hydrométrique central à Paris,

Au conducteur subdivisionnaire de la navigation à Clamecy (Nièvre),

A l'ingénieur de la navigation à Auxerre (Yonne),

A l'ingénieur de la navigation à Sens (Yonne),

Au conducteur de la navigation à Vermenton (Yonne).

Ce télégramme devra être déposé au bureau télégraphique avant 8 heures du matin. Des télégrammes semblables seront envoyés les jours suivants à la même heure, jusqu'à ce que la pluie cesse ou soit inférieure à 5 millimètres par vingt-quatre heures.

Article 4. — Des télégrammes spéciaux seront envoyés toutes les fois qu'ils seront demandés par le service hydrométrique central ou par les services locaux d'annonce de crues.

Approuvé par décision du Ministre des travaux publics, du 20 août 1885.

C. I.

RÉCAPITULATION DES DÉPENSES FAITES SUR LE RHIN ENTRE MAYENCE ET LA FRONTIÈRE NÉERLANDAISE, DEPUIS 1816.

ANNÉES BUDGÉTAIRES (1)	ENTRETIEN [1] (2)	RÉGULARISATION (3)	TOTAL (Col. 2 et 3) (4)	PORTS d'hivernage, de refuge et de commerce (5)	OBSERVATIONS (6)
1816 à 1830	»	»	3.220.369,91	»	
1831 à 1866	»	»	31.174.000,00	»	
1867	»	»	716.606,25	»	1. Y compris l'entre-
1868	»	»	1.090.702,00	»	tien de trois ponts
1869	»	»	903.588,75	»	de bateaux.
1870	»	»	656.291,25	»	
1871	»	»	37.761.558,16 798.222,00	»	
1872	»	»	1.258.106,00	»	2. Année budgétaire
1873	»	»	1.096.807,00	»	du 1er janvier au
1874	»	»	1.571.510,00	»	31 décembre.
1875	»	»	1.363.473,75	»	
1876 [3]	»	»	1.464.372,80	»	3. Année budgétaire
1877-1878 [3]	»	»	1.681.243,75	»	du 1er janvier 1877
1878 1879 [4]	»	»	1.496.100,00	»	au 31 mars 1878.
1879-80	»	»	1.084.465,61	»	
1880-81	»	»	1.827.191,17	»	
1881-82	»	»	2.985.917,50	»	4. Année budgétaire
1882-83	»	»	1.577.058,39	»	du 1er avril 1878
1883-84	»	»	2.551.640,84	»	au 31 mars 1879,
1884-85	»	»	2.498.253,69	»	et ainsi de suite.
1885-86	»	»	2.965.591,93	»	
1886-87	»	»	2.748.024,71	»	
1887-88	»	»	2.806.924,62	»	
1888-89	657.214,92	1.840.175,40	2.497.390,32	391.348,44	
A reporter	657.214,92	1.840.175,40	72.034.121,94	301.348,44	

ANNÉES BUDGÉTAIRES (1)	ENTRETIEN [1] (2)	RÉGULARISATION (3)	TOTAL (Col. 2 et 3) (4)	PORTS d'hivernage, de refuge et de commerce (5)	OBSERVATIONS (6)
Report ...	657.214,92	1.840.175,40	72.034.421,94	301.348,44	
1889-90	870.219,62	1.901.427,59	2.771.647,21	551.951,91	
1890-91	786.115,43	1.652.523,10	2.438.638,53	185.410,10	
1891-92	923.058,95	1.536.654,44	2.459.713,39	81.080,85	
1892-93	932.919,40	1.386.148,94	2.319.068,34	304.824,29	
1893-94	962.942,96	1.802.313,69	2.765.256,65	550.199,23	
1894-95	915.530,46	2.084.070,21	2.999.600,67	319.642,82	
1895-96	1.357.078,00	1.544.906,06	2.901.984,06	580.322,50	
1896-97	1.168.065,71	1.045.733,04	2.213.798,75	533.861,99	
Totaux ...	8.573.145,45	14.793.952,47	92.903.820,54	3.408.642,13	

Les chiffres ci-dessus s'appliquent à l'ensemble de toutes les dépenses faites sur la longueur actuelle de la partie prussienne du Rhin. Les dépenses faites avant 1866 par l'ancien duché de Nassau y sont comprises.

La longueur totale du Rhin dans l'empire d'Allemagne s'établit comme suit :

de Bâle à Kehl 127k.00
de Kehl à Mannheim. . . . 131.50
de Mannheim à Mayence. . 72.50
de Mayence à Bingen . . . 30.33
de Bingen à Cologne. . . . 157.30
de Cologne à la frontière
néerlandaise. 176.00

} 694 kil. 63, soit en nombre rond, 695 kilomètres.

Entre Mayence et Bingen, la rive gauche est hessoise, la rive droite seule est prussienne, et encore seulement depuis

Biebrich, soit sur une longueur de 25 kil. 88. En définitive, la longueur totale du cours du Rhin, en Prusse, est de :

25,88 + 157,30 + 176,00 = 359,10, soit 359 kilomètres.

Depuis 1871, le total des dépenses faites pour les travaux d'entretien et les améliorations de toute nature (col. 4 + col. 5) s'élève à :

92.903.829,54 — 37.761.558,16 + 3.408.642,13 = 58.550.913,51

ce qui correspond à 163.094 francs par kilomètre.

C. II.

RÉCAPITULATION DES DÉPENSES FAITES SUR L'ELBE ENTRE LA FRONTIÈRE DE SAXE ET L'EMBOUCHURE DE LA SEEVE, EN AMONT DE HAMBOURG, DEPUIS 1859.

ANNÉES BUDGÉTAIRES (1)	ENTRETIEN (2)	RÉGULARISATION [1] (3)	TOTAL (Col 2 et 3) (4)	PORTS d'hivernage, de refuge et de commerce. (5)	OBSERVATIONS (6)
1859	»	»	388.344,00	»	
1860	»	»	593.679,00	»	1. Y compris les dé-
1861	»	»	820.656,00	»	penses pour l'ac-
1862	»	»	1.035.831,00	»	quisition de mou-
1863	»	»	862.105,00	»	lins sur bateaux.
1864	»	»	819.583,00	»	
1865	»	»	916.599,00	»	2. Année budgétaire
1866	»	»	779.076,00	»	du 1er janvier au
1867	»	»	1.375.176,00	»	31 décembre.
1868	»	»	1.372.501,00	»	
1869	455.644,00	669.728,00	1.125.372,00	»	3. Année budgétaire
1870	414.572,00	662.120,00	1.076.692,00	»	du 1er janvier 1877
1871	870.216,00 / 498.348,00	1.331.848,00 / 1.025.967,00	11.165.614,00 / 1.524.315,00	»	au 31 mars 1878.
1872	640.685,00	1.163.936,00	1.804.621,00	»	
1873	607.835,00	1.375.721,00	1.983.556,00	»	4. Année budgétaire
1874	604.580,00	1.661.594,00	2.266.174,00	»	du 1er avril 1878
1875	548.583,00	1.705.717,00	2 254.300,00	»	au 31 mars 1879,
1876 [2]	1.112.696,00	2.064.684,00	3.177.380,00	»	et ainsi de suite.
1877-78 [3]	1.285.737,00	1.031.359,00	2.317.096,00	»	
1878-79 [4]	808.900,00	1.236.086,00	2.044.986,00	»	
1879-80	597.256,00	987.581,00	1.584.837,00	»	
1880-81	752.448,00	1.759.802,00	2.512.250,00	»	
1881-82	1.052.059,00	1.980.247,00	3.032.306,00	»	
1882-83	908.244,00	1.436.339,00	2.344.583,00	»	
A reporter	10.287.587,00	18.760.881,00	39.012.018,00	»	

ANNÉES BUDGÉTAIRES (1)	ENTRETIEN (2)	RÉGULARISATION[1] (3)	TOTAL (Col. 2 et 3) (4)	PORTS d'hivernage, de refuge et de commerce. (5)	OBSERVATIONS (6)
Report ..	40.287.587,00	18.760.881,00	39.012.018,00	»	
1883-84	1.225.167,00	1.288.244,00	2.513.411,00	»	5. Avance rembour-
1884-85	1.133.108,00	869.951,00	2.003.059,00	»	sable.
1885-86	1.026.242,00	666.214,00	1.692.456,00	»	
1886-87	1.131.554,00	930.986,00	2.062.540,00	»	
1887-88	1.343.540,00	285.260,00	1.628.800,00	»	
1888-89	1.297.907,05	342.044,00	1.639.951,05	»	
1889-90	1.409.980,59	351.793,34	1.761.773,93	»	
1890-91	1.399.341,75	477.991,26	1.877.333,01	28.290,68	
1891-92	1.487.689,19	703.972,31	2.191.661,50	18.711,40	
1892-93	1.607.466,16	1.013.629,38	2.621.095,54	»	
1893-94	1.609.317,40	554.179,55	2.163.496,95	218.750,00[5]	
1894-95	1.571.960,99	416.478,87	1.991.439,86	54.495,45	
1895-96	1.657.258,59	686.157,35	2.343.415,94	425.025,88	
1896-97	1.621.664,74	770.149,90	2.391.814,64	280.210.63	
Totaux ..	29.812.784,46	28.117.931,96	66.894.266,42	1.024.384,04	

Les chiffres relatifs aux années budgétaires depuis 1869
inclus comprennent les dépenses faites en Prusse, seulement
entre la frontière de Saxe et l'embouchure de la Seeve, soit
sur des portions du cours du fleuve dont la longueur totale
est de 436 kilomètres. C'est aussi la longueur des portions
de la rive gauche qui rentrent dans les attributions de l'administration spéciale des travaux de l'Elbe créée en 1865 par
le gouvernement prussien. Les portions de la rive droite qui
rentrent dans les attributions de cette administration n'ont
que 379 kilomètres de longueur; soit en tout 815 kilomètres
de rives.

Depuis 1871, le total des dépenses faites pour les travaux d'entretien et les améliorations de toute nature (col. 4 et 5) s'élève à :

66.894.266,42—11.165.614,00+1.024.384,04=56.753.036,46

ce qui correspond à 130.168 francs par kilomètre de longueur du cours du fleuve.

C. III.

RÉCAPITULATION DES DÉPENSES FAITES SUR L'ODER
ENTRE ODERBERG ET SCHWEDT,
DEPUIS 1874.

ANNÉES budgétaires. (1)	ENTRETIEN (2)	RÉGULARISATION (3)	Canalisation de l'Oder supérieur de Kosel à l'embouchure de la Neiss et port de Kosel. (4)	Voie pour la grande navigation à Breslau. Ecluses de Brieg et d'Ohlau. Barrage inférieur de Brieg. (5)
1874	520.498f,75	1.708.218f,75	»	»
1875	460.717,50	1.651.622,50	»	»
1876 [1]	574.961,25	1.284.132,50	»	»
1877-78 [2]	544.696,25	1.043.776,25	»	»
1878-79 [3]	496.526,25	1.409.791,25	»	»
1879-80	529.210,00	1.295.558,75	»	»
1880-81	477.667,50	1.533.846,25	»	»
1881-82	711.776,25	1.737.762,50	»	»
1882-83	735.191,25	1.602.860,00	»	»
1883-84	673.220,00	1.204.528,75	»	»
1884-85	755.066,25	1.528.491,25	»	»
1885-86	639.753,75	1.515.780,00	»	»
1886-87	1.104.347,50	183.563,75	»	»
1887-88	1.224.272,50	133.305,00	»	»
1888-89	1.277.276,85	190.233,60	»	»
1889-90	1.372.901,01	399.288,70	»	»
1890-91	1.354.212,45	487.808,65	13.262,81	»
1891-92	1.423.312,95	442.090,46	1.026.908,74	29.243,69
1892-93	1.560.647,66	541.899,59	3.024.045,55	166.407,36
1893-94	1.473.300,90	941.389,86	6.259.399,75	490.559,39
1894-95	1.520.698,94	571.214,13	4.025.150,91	729.286,30
1895-96	1.757.451,58	470.369,44	1.922.201,71	1.193.942,06
1896-97	1.708.296,78	452.167,26	673.082,65	1.644.223,36
Totaux........	22.986.034,12	22.338.699,19	17.814.052,12	4.253.662,16

TOTAL (col. 2 à 5) (6)	Dépenses extraordinaires pour ports d'hivernage, de refuge et de commerce. (7)	OBSERVATIONS (8)
2.228.717,50	»	1. Année budgétaire du 1er janvier au 31 décembre.
2.112.340,00	»	2. Année budgétaire du 1er janvier 1877 au 31 mars 1878.
1.859.093,75	»	3. Année budgétaire du 1er avril 1878 au 31 mars 1879, et ainsi de suite.
1.590.472,50	»	Le développement du cours de l'Oder, depuis la frontière autrichienne (confluent de l'Oppa) mesure :
1.906.317,50	»	Jusqu'à Oderberg, origine du service spécial des travaux de l'Oder.................. 20 kilomèt.
1.824.768,75	»	Jusqu'à Ratibor.................... 51 —
2.011.513,75	»	Jusqu'à Kosel .... 95 —
2.449.538,75	»	Jusqu'à l'embouchure de la Neiss de Glatz........................ 175 —
2.338.051,25	»	Jusqu'à Breslau.................. 232 —
1.877.748,75	»	Jusqu'à Schwedt................. 691 —
2.283.557,50	»	Au delà de Schwedt, entre cette dernière localité et Stettin, le régime du fleuve change du tout au tout. La longueur de cette section est de 52 kilomètres. A l'amont de Kosel, la navigation sur l'Oder n'existe guère que de nom.
2.155.533,75	»	De Kosel à l'embouchure de la Neiss, sur 80 kilomètres de longueur le fleuve a été canalisé d'une manière continue avec des barrages à aiguilles et des écluses.
1.377.911,25	»	Les barrages qui se trouvent plus à l'aval, à Brieg, à Ohlau et dans la ville de Breslau ont été établis anciennement pour créer des chutes hydrauliques et
1.357.577,50	»	sont trop éloignés les uns des autres pour pouvoir constituer une canalisation continue. Les bateaux les franchissent au moyen de 4 écluses : 1 à Brieg, 1 à
1.467.510,45	»	Ohlau et 2 à Breslau.
1.772.189,71	»	Les dépenses faites pour la régularisation de l'Oder, antérieurement à 1874, date de la création du service des travaux de l'Oder, peuvent s'évaluer approximativement, comme suit :
1.855.283,91	»	Période de 1816 à 1842........ 7.016.250 francs.
2.921.585,84	»	— 1843 à 1859........ 5.616.000 —
5.293.000,16	»	— 1860 à 1866..... 5.060.625 —
9.164.649,00	»	— 1867 à 1873........ 8.582.125 —
7.746.350,28	32.469,56	26.305.000 francs. Si on veut avoir, au moins approximativement, le
5.343.964,79	. 32.833,76	total des dépenses faites depuis 1871 pour les travaux d'entretien et d'amélioration de toute nature, il faut
4.484.770,05	14.202,96	ajouter aux totaux des colonnes (6) et (7) les 3/8 des dépenses faites pendant les huit années 1866-1873 ; on arrive ainsi à la somme de
67.422.447,50	79.506,28	$67.422.447,50 + 79.506,28 + \frac{3}{8} 8.582.125,00 = 70.720.250,75$ Ce qui correspond à 105.395 fr. par kilomètre.

C. IV.

RÉCAPITULATION DES DÉPENSES FAITES SUR LE RHONE ENTRE LYON ET LA MER, DEPUIS 1871.

ANNÉES (1)	DÉPENSES		
	Ordinaires [1] (2)	Extraordinaires [2] (3)	Totales (4)
1871	261.290	721.810	983.100
1872	333.020	847.965	1.180.985
1873	404.789	1.232.072	1.636.861
1874	392.123	1.431.672	1.823.795
1875	392.415	1.165.843	1.558.258
1876	340.295	1.631.128	1.971.423
1877	338.130	1.335.517	1.673.647
1878	290.771	3.386.635	3.677.406
1879	237.361	4.643.319	4.880.680
1880	266.872	8.222 945	8.489.817
1881	280.089	7.566.636	7.846.725
1882	254.252	5.198.811	5.453.063
1883	326.917	5.053.588	5.380.505
1884	316.822	2.946.270	3.263.092
1885	327.354	1.375.564	1.702.918
1886	302.742	971.388	1.274.130
1887	317.196	1.114.404	1.431.600
1888	313.842	802.529	1.116.371
1889	326.702	807.143	1.133.845
1890	323.097	784.027	1.107.124
1891	333.871	580.729	914.600
1892	547.284	507.975	1.055.259
1893	758.243	309.000	1.067.243
1894	761.646	99.525	861.171
1895	771.044	210.823	981.867
1896	799.408	69.795	869.203
Totaux.............	10.317.575	53.017.413	63.334.688

OBSERVATIONS

(5)

1. Travaux d'entretien et de grosses réparations.

2. Travaux neufs de régularisation du fleuve.

Le cours du Rhône, de Lyon à la mer, mesure 331 kilomètres de longueur, savoir :

De l'embouchure de la Saône à Fourques, origine du petit Rhône.   280 kil.

De Fourques à la mer par Arles et Saint-Louis (Rhône maritime).   51 —

Total égal...   331 kil.

En ce qui concerne les dépenses antérieures à 1871, on ne trouve que les chiffres relatifs aux travaux neufs (dépenses extraordinaires) et encore par périodes, savoir :

Dépenses extraordinaires en 1846 et 1847.............   228.647 fr.00

—   de 1848 à 1851..............   17.688 , 00

—   de 1852 à 1870..............   13.095.859 , 00

Total.................................   13.342.194 fr.00

Le total des dépenses faites depuis 1871 pour les travaux d'entretien et de régularisation correspond à 191.343 francs par kilomètre.

Laval. — Imprimerie parisienne **L. BARNÉOUD & C⁰.**

.. M. ERNEST HENRY, INSPECTEUR GÉNÉRAL DES PONTS ET CHAUSSÉES

.atique du mouvement des terres, d'après le procédé Bruckner. 1 vol., 2 fr. 50,
.étalliques à travées indépendantes : formules, barèmes et tableaux. 1 vol. de
avec 267 figures, 20 fr. — Traité pratique des chemins vicinaux, volume de
.0 pages. . . . . 20 fr.
.ond de ces ouvrages rend très faciles et d'une rapidité inespérée les calculs
.aux ponts métalliques. — Le troisième élucide toutes les questions concernant
.hemins vicinaux.

OUVRAGES DE DIVERS AUTEURS

M. EMILE BOURRY, ingénieur des Arts et Manufactures, Traité des Industries céramiques,
1 vol. Voir Encyclopédie industrielle. . . . . 20 fr.

M. CHARPENTIER DE COSSIGNY, ingénieur civil des mines, lauréat de la Société des agri-
culteurs de France. Hydraulique agricole. 2e édit., 1 vol., avec 160 figures. . . . . 15 fr.

M. DEGRAND, inspecteur général honoraire des ponts et chaussées. Ponts en maçonnerie
(Voir ci-dessus : J. Résal).

M. DERÔME, Chimie appliquée (Voir ci-dessus Durand-Claye).

M. le Dr DUCHESSE, ancien président de la Société de médecine pratique. Hygiène générale et Hygiène industrielle, ouvrage rédigé conformément au programme du Cours
d'hygiène industrielle de l'École centrale. 1 vol. de 740 pages, avec figures. . . . . 15 fr.

M. FÉRET, Chimie appliquée (Voir ci-dessus Durand-Claye).

M. Maurice KOECHLIN, ingénieur. Applications de la statique graphique. 1 vol., avec 311
figures et 1 atlas de 34 planches, seconde édition, revue et très augmentée. . . . . 30 fr.

M. LALLEMAND, ingénieur en chef des mines. Nivellement de précision (Voir ci-dessus
Durand-Claye).

M. LAVOISNE, ingénieur en chef des ponts et chaussées. La Seine maritime et son estuaire,
avec une Introduction par M. M.-G. LECHALAS. 1 vol., avec 49 figures, 10 fr. Ouvrage
publié avec le concours de la Chambre de commerce de Rouen.

M. LECHALAS père, inspecteur général des ponts et chaussées. Hydraulique fluviale. 1 vol.,
avec 78 figures, 17 fr. 50. — Des conditions générales d'établissement des ouvrages dans
les vallées (Voir ci-dessus : J. Résal et Degrand; c'est l'introduction à leur Traité des
Ponts en maçonnerie).

M. LECHALAS fils, ingénieur en chef des ponts et chaussées. Manuel de droit administratif.
Tome I, 20 fr.; tome II, 1re partie, 10 fr.; tome II, 2e partie. . . . . 10 fr.

M. LÉVY-LAMBERT, ingénieur civil, inspecteur de l'exploitation à la Compagnie du Nord.
Chemins de fer à crémaillère. 1 vol., avec 79 figures. 15 fr. — Chemins de fer funicu-
laires, Transports aériens, 1 vol., avec 150 figures. . . . . 15 fr.

M. LEYGUE, ancien ingénieur auxiliaire des travaux de l'État, agent voyer en chef de la
province d'Oran. Chemins de fer, Notions générales et économiques. 1 vol. de 617 pages,
avec figures. . . . . 15 fr.

M. E. PONTZEN, ingénieur civil (l'un des auteurs de Les chemins de fer en Amérique).
Procédés généraux de construction : Terrassements, tunnels, dragages et dérochements.
1 vol. de 572 pages, avec 234 figures. . . . . 25 fr.

M. TARBÉ DE SAINT-HARDOUIN, inspecteur général des ponts et chaussées, ancien directeur
de l'École de ce corps. Notices biographiques sur les ingénieurs des ponts et chaussées,
un vol. . . . . 5 fr.

Chaque ouvrage se vend séparément (et quelquefois aussi chaque volume des ouvrages qui en comprennent plusieurs). Il n'y a pas de numérotage général des volumes formant la collection.

Les ouvrages formant l'Encyclopédie des Travaux publics sont en vente chez Baudry et
Cie, chez Gauthier-Villars, etc.

LIBRAIRIE POLYTECHNIQUE BAUDRY ET Cie
15, RUE DES SAINTS-PÈRES

CHIMIE ÉLÉMENTAIRE

POUR LES CANDIDATS AU CERTIFICAT D'ÉTUDES PHYSIQUES, CHIMIQUES ET NATURELLES

Par A. JOANNIS

Professeur à la Faculté des Sciences de Paris

Premier fascicule, in-16 de 300 pages avec 95 figures, 3 fr. 50; 2e fascicule, 148 pages avec
29 fig., 1 fr. 50; 3e fascicule, 264 pages avec 34 fig., 3 fr. 50; 4e fascicule, 150 pages avec
23 fig., 1 fr. 50. — Les quatre fascicules ont été réunis en un volume relié de 10 fr. — On
continuera provisoirement à vendre les fascicules brochés, séparément : 1o, généralités,
mécanique chimique, métalloïdes; 2o, sels, métaux; 3o, chimie organique; 4o, analyse
chimique et tables (table générale des matières et index alphabétique).